Haager

Computeralgebra mit Maxima

D1919370

Wilhelm Haager

Computeralgebra mit Maxima

Grundlagen der Anwendung und Programmierung

Fachbuchverlag Leipzig
im Carl Hanser Verlag

Dipl.-Ing. Dr. Wilhelm Haager
HTL St. Pölten

MIX
Papier aus verantwortungsvollen Quellen
FSC www.fsc.org FSC® C014889

Bibliografische Information der Deutschen Nationalbibliothek
Die Deutsche Nationalbibliothek verzeichnet diese Publikation in der Deutschen Nationalbibliografie; detaillierte bibliografische Daten sind im Internet über http://dnb.d-nb.de abrufbar.

ISBN: 978-3-446-44203-0
E-Book-ISBN: 978-3-446-43730-2

Internet: http://www.hanser-fachbuch.de

Lektorat: Mirja Werner, M.A.
Herstellung: Dipl.-Ing. (FH) Franziska Kaufmann
Coverconcept: Marc Müller-Bremer, www.rebranding.de, München
Coverrealisierung: Stephan Rönigk
Druck und Bindung: Pustet, Regensburg
Printed in Germany

Vorwort

Durch die allgegenwärtige Verfügbarkeit hoher Rechenleistung in Form von PCs, Laptops und Netbooks gewinnt der Einsatz von Computeralgebra zunehmend an Bedeutung, nicht nur für Wissenschaftler und Ingenieure, sondern für jeden, der sich in irgendeiner Form mit Rechnen und mathematischen Formeln beschäftigen muss.

Vor 40 Jahren brachte der Einzug des Taschenrechners auf den Schreibtischen von Wissenschaftlern, Ingenieuren, Studenten und Schülern Befreiung von *rechnerischer* Mühsal und damit eine wesentliche Erhöhung der Produktivität; Rechenschieber und Logarithmentafeln konnten auf der Müllhalde (oder im Museum) entsorgt werden. Die Anwendung von Computeralgebra befreit nun von *algorithmischer* Mühsal. Nicht nur das Berechnen von Werten, sondern auch das *Beschreiten* von Lösungswegen kann nun dem Rechner überlassen werden; üblicherweise ist der Rechner dabei wesentlich schneller und weniger fehleranfällig.

Glaubt man sich nun aber aller mathematischen Sorgen entledigt zu haben, so wird man auch bald die Grenzen der Computeralgebra erkennen; Computeralgebra kann menschliches Denken zwar bei Routineaufgaben ersetzen, nicht aber in Bereichen, die Kreativität erfordern: Das Finden von Ansätzen und *Formulieren* von Lösungswegen wird vermutlich immer menschlichen Denkens bedürfen.

Außerdem sollte man beim Einsatz von Computeralgebra folgenden Irrtümern nicht erliegen:

1. Dem Glauben, dass mit Computeralgebra *alles* berechenbar ist. Abgesehen davon, dass sehr viele Dinge prinzipiell nicht analytisch berechnet werden können, sind Berechnungsergebnisse mitunter so komplex, dass sie für die Praxis unbrauchbar sind. Wenn sich eine Lösungsformel über viele Seiten erstreckt und sich in ihr keine Zusammenhänge und Abhängigkeiten mehr erkennen lassen, so hat sie gegenüber einer numerisch (und vielleicht bequemer) gefundenen Lösung wahrscheinlich keinen Vorteil.
2. Dem Glauben des Lernenden, dass Computeralgebra eine rechnerische Routine, die nur durch Training erworben werden kann, überflüssig macht. Computeralgebra kann notwendiges Training zwar begleiten (etwa durch eine rasche Kontrolle von Ergebnissen), aber niemals ersetzen. Wer nicht in der Lage ist, mathematische Ausdrücke mit Papier und Bleistift zu manipulieren, wird weder in der Lage sein, kreative Ansätze und Lösungswege zu finden, noch Computeralgebra erfolgreich einzusetzen.

Das vorliegende Buch kann und will das mehr als tausendseitige Handbuch [Max], das eine vollständige Beschreibung aller Funktionen von Maxima enthält, nicht ersetzen. Zum *Lernen* sind Handbücher in ihrer üblichen, rein deduktiven Struktur aber nicht gut geeignet. Mit diesem Buch soll der Einstieg in Maxima erleichtert werden, indem es die Grundlagen thematisch geordnet, aber doch möglichst aufbauend, vermittelt. Nicht Vollständigkeit ist das Ziel, sondern eine übersichtliche Darstellung jener Prinzipien und Funktionen, die am ehesten benötigt werden.

In danke meinen Kollegen und Freunden an der Abteilung Elektrotechnik der HTL St. Pölten für wertvolle Diskussionen, deren Ergebnisse im Buch ihren Niederschlag fanden. Ganz besonderer Dank gilt dabei Dr. Peter Zaniat. Er hat mich nicht nur wiederholt angehalten, das Buchprojekt konsequent und zügig weiterzuverfolgen, er hat auch mit der Akribie eines professionellen Lektors auf viele Tippfehler und Holprigkeiten im Lesefluss hingewiesen.

Ich bedanke mich bei den Damen und Herren des Carl Hanser Verlages für die perfekte Zusammenarbeit; insbesondere bei Herrn Dr. Martin Feuchte für die Bereitschaft, das Buch in das Verlagsprogramm aufzunehmen, bei den Lektorinnen Frau Mirja Werner M. A. und Frau Franziska Jacob M. A. sowie bei der Herstellerin Frau Dipl.-Ing. Franziska Kaufmann.

Möge das vorliegende Buch dazu beitragen, Maxima nicht nur einem breiten Kreis von Mathematikern und Technikern, Lehrenden und Lernenden bekannt zu machen, sondern auch Freude an dessen Verwendung zu wecken. Gelingt dies, so hat es seinen Zweck erfüllt.

Wieselburg, im Juni 2014 Wilhelm Haager

Inhalt

1 Einführung

The purpose of computing is insight, not numbers.
R. W. HAMMING

Computeralgebra-Programme gibt es seit den Sechzigerjahren des vorigen Jahrhunderts, ihr Einsatz blieb aber lange Zeit im Wesentlichen auf den akademischen Bereich beschränkt. Die billige Verfügbarkeit von PCs brachte zwar die Möglichkeit, Computeralgebra auch in Schulen und Unternehmen einzusetzen, die hohen Kosten kommerzieller Computeralgebra-Programme hemmten aber eine weite Verbreitung.

Mit dem Programm *Maxima* steht eine leistungsfähige, kostenlose Computeralgebra für jedermann zur Verfügung, die den Vergleich mit ihren kommerziellen Schwestern nicht zu scheuen braucht. Auf Grund der Leistungsfähigkeit und der freien Verfügbarkeit gibt es eigentlich keinen Grund, Maxima *nicht* zu verwenden. Mit einem breiten und alltäglich gewordenen Einsatz wird die Beherrschung von Computeralgebra ebenso zu einer selbstverständlichen Kulturtechnik werden, wie es heute schon die Bedienung eines Taschenrechners oder eines Textverarbeitungsprogrammes ist.

Das erste Kapitel des Buches erläutert die Benutzeroberfläche *wxMaxima* und vermittelt die wichtigsten Grundlagen in einem Ausmaß, dass nach dessen Durcharbeiten ein selbständiges und produktives Arbeiten mit dem Programm möglich sein sollte. Die weiteren Kapitel sind nach einzelnen Aspekten von Maxima oder mathematischen Themen systematisch geordnet, aber doch möglichst aufbauend. Sie können je nach Bedarf auch einzeln durchgearbeitet oder als Referenz konsultiert werden. Bezüge auf vorige Kapitel sind in einem aufbauenden Buch natürlich vorhanden, Bezüge auf spätere Kapitel gibt es nur wenige.

Jedes dieser Kapitel enthält die wichtigsten, jeweils thematisch zusammengehörigen Maxima-Befehle in einer tabellarischen Übersicht sowie Eräuterungen und kommentierte Beispiele in Form von zusammenhängenden Arbeitssitzungen. Diese Beispielsitzungen erstrecken sich manchmal auch aufbauend über mehrere Abschnitte. Für das Verständnis vieler Beispiele ist es hilfreich, den Verlauf einer Arbeitssitzung von Beginn an zu kennen, also gegebenenfalls auch unmittelbar vorangegangene Abschnitte zu konsultieren.

1.1 Grundlegendes

Maxima ist ein Open-Source-Abkömmling von *Macsyma*, einem der ersten Computeralgebra-Systeme. Macsyma wurde in den Jahren 1968–1982 am MIT in Boston im Auftrag des US-Energieministeriums *(Department of Energy, DoE)* entwickelt, mitfinanziert von der DARPA *(Defence Advanced Research Projects Agency)*.

1998 wurde eine Version von Macsyma unter der *GNU General Public Licence* (GPL) veröffentlicht und somit jedermann kostenlos verfügbar gemacht. Diese Version wird nun unter dem Namen *Maxima* von einer unabhängigen Gruppe von Anwendern und Entwicklern gepflegt und – insbesondere im Bereich der Benutzerschnittstellen [Vod] und Grafikmöglichkeiten [Rod] – intensiv weiterentwickelt.

1.1.1 Motivation

Maxima weist eine Reihe von Eigenschaften auf, die es gegenüber anderen Rechenprogrammen auszeichnet:

Maxima ist plattformunabhängig: Es ist für alle gängigen Betriebssysteme verfügbar, neuerdings auch für Android.

Maxima ist ein echtes Computeralgebrasystem: Variablen können nicht nur mit numerischen Werten, sondern auch mit symbolischen Ausdrücken belegt werden.

Berechnungsabläufe können direkt auf der Ebene des interaktiven Arbeitens programmiert werden, nicht nur innerhalb von Funktionsdefinitionen.

Maxima ist frei verfügbar, ein wesentliches Argument im Ausbildungsbereich: Für Schulen fallen keine Lizenzgebühren an, die Schüler bekommen ein Werkzeug, das sie auch nach der Ausbildung kostenlos zur Verfügung haben werden – eine Voraussetzung für echte Nachhaltigkeit.

Maxima ist einfach bedienbar: Mathematische Ausdrücke werden in reinem ASCII-Code in der für Programmiersprachen üblichen Notation mit der Tastatur eingegeben; fingerverrenkende Tastenkombinationen und Mausklick-Akrobatik sind nicht erforderlich.

Maxima trennt klar zwischen Rechnung und Dokumentation: Berechnungen können mit Text und Grafiken dokumentiert werden. Für die Nachvollziehbarkeit von Rechengängen ist es dabei vorteilhaft, klar zu erkennen, welche mathematischen Ausdrücke Teil der Berechnung und welche Ausdrücke Teil der erläuternden Dokumentation sind.

Für eine typografisch korrekte Dokumentation können Ausdrücke im TEX-Format ausgegeben werden.

Maxima-Files sind versionskompatibel: Alle Datenfiles (Programmpakete und abgespeicherte Maxima-Sitzungen) sind reine Textdateien oder zip-komprimierte Dateien davon. Dabei ist sowohl Abwärts- als auch Aufwärtskompatibilität zwischen unterschiedlichen Versionen von Maxima gewährleistet.

Maxima ist eine umfangreiche Programmiersprache: Es unterstützt prozedurales Programmieren, funktionales Programmieren und (in beschränktem Ausmaß) auch regelbasiertes Programmieren. Die Funktionalität ist damit beliebig erweiterbar.

Maxima hat eine sehr engagierte Entwickler- und Anwendergemeinde: Anfragen im Userforum werden in der Regel innerhalb weniger Stunden beantwortet, gemeldete Bugs (die gibt es bei *jedem* Programm) innerhalb weniger Tage behoben.

1.1.2 Installation, Bestandteile

Maxima ist für alle gängigen Betriebssysteme verfügbar (Windows, Linux, MacOS, Android); Informationen, Dokumentationen und Links zu den Downloadseiten finden sich auf der Homepage (`http://wxmaxima.sourceforge.net`). Die Installation ist selbsterklärend, bei Problemen mit der Installation oder Ausführung bietet die Homepage Hilfestellung.

Maxima ist prinzipiell kommandozeilenorientiert, es stehen aber eine Reihe grafischer Benutzeroberflächen zur Verfügung, die sich vor allem in den Möglichkeiten der Darstellung von Grafiken unterscheiden. Dieses Buch stützt sich auf die Benutzeroberfläche *wxMaxima*, die bei der Installation von Maxima automatisch als Standardinterface mitinstalliert wird. Zur Erzeugung von Grafiken verwendet Maxima das Programm *Gnuplot*, das ebenfalls automatisch mitinstalliert wird (Bild 1.1).

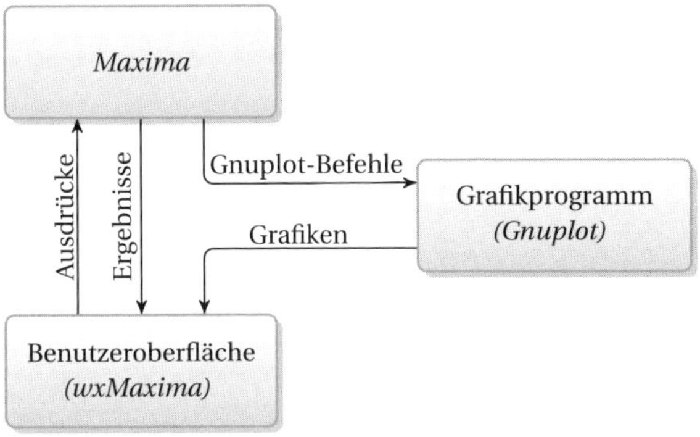

Bild 1.1 Bestandteile einer Maxima-Installation

1.1.3 Links

- `http://maxima.sourceforge.net`

  Homepage mit vielen Informationen, Dokumentationen und Zusatzpaketen
- `http://www.austromath.at/daten/maxima/`

  Maxima Online-Kurs von Walter Wegscheider
- `http://www.computermathematik.info/`

  Homepage von Johann Weilharter mit vielen Maxima-Materialien
- `http://www.csulb.edu/ woollett/`

  Homepage von Ted Woollett mit ausführlichen Tutorials
- `http://crategus.users.sourceforge.net/maxima.html`

  Deutschsprachiges Maxima-Handbuch von Dieter Kaiser („Crategus“)
- `http://maxima.cesga.es`, `http://maxima-online.org`

  Maxima Online-Webinterfaces

1.2 Benutzeroberfläche wxMaxima

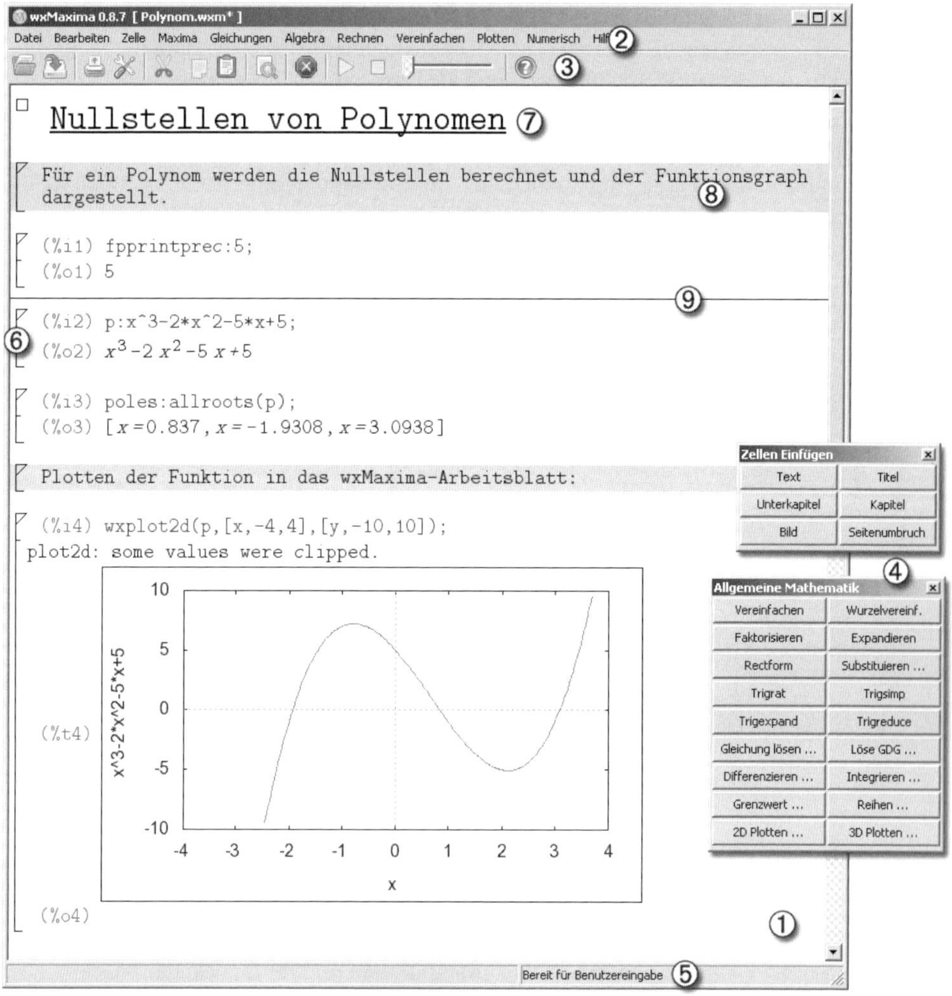

① ... Arbeitsfenster
② ... Menüleiste
③ ... Werkzeugleiste
④ ... Befehlsschaltflächen
⑤ ... Statusfeld
⑥ ... Zellenklammer
⑦ ... Titelzelle
⑧ ... Textzelle
⑨ ... Einfügecursor

Bild 1.2 wxMaxima-Benutzeroberfläche

wxMaxima ist eine von mehreren grafischen Benutzeroberflächen für Maxima. Es ermöglicht die grafische Ausgabe von Formeln, die direkte Ausgabe von Grafiken in das wxMaxima-Arbeitsfenster, das Abspeichern von Arbeitssitzungen sowie (für notorische Mausklicker) den Aufruf der wichtigsten Befehle über Menüs und Befehlsschaltflächen.

1.2.1 Aufbau

Arbeitsfenster: Hier erfolgt die Eingabe sowohl von mathematischen Ausdrücken als auch von gewöhnlichem Text zur Gliederung und Dokumentation von Berechnungen. Mit der Eingabetaste *Enter* erfolgt ein Zeilenumbruch, das Abschließen der Eingabe erfolgt mit der Tastenkombination *Shift+Enter*. Damit wird auch ein eingegebener mathematischer Ausdruck zur Auswertung an Maxima übergeben.

Die Ausgabe des Ergebnisses erfolgt ebenfalls auf dem Arbeitsblatt, unmittelbar unter der Eingabe. Werden den Namen der Grafikroutinen die Buchstaben „wx" vorangestellt, so erfolgt die Ausgabe der Grafiken ebenfalls auf dem Arbeitsblatt. Eine so erstellte Grafik kann in die Zwischenablage kopiert oder als png-File abgespeichert werden; Anklicken und nachfolgender Rechtsklick öffnen ein entsprechendes Kontextmenü.

Menüleiste: Enthält neben den üblichen Menüpunkten zum Laden, Speichern und Konfigurieren wichtige Maxima-Befehle zum Aufruf durch Anklicken.

Werkzeugleiste: Zusätzlich zu einigen als eigene Schaltflächen herausgeführten Menübefehlen finden sich hier Bedienelemente zum Abspielen animierter Grafiken.

Befehlsschaltflächen: Damit können ebenfalls wichtige Befehle durch Anklicken mit der Maus aufgerufen werden; sie können weggeschaltet werden.

Statusfeld: Informiert den Benutzer über den aktuellen Status: entweder die Bereitschaft, Benutzereingaben entgegenzunehmen, eine Berechnung durchzuführen oder eine Ausgabe zu formatieren (um sie entsprechend darzustellen).

Zellenklammer: Eingaben und zugehörige Ausgaben sind zu *Zellen* zusammengefasst, die das Arbeitsblatt strukturieren und durch eine Zellenklammer am linken Rand des Arbeitsblattes gekennzeichnet sind. Durch Anklicken der Zellenklammer kann eine Zelle zwecks Löschens, Verschiebens oder Kopierens markiert werden; Rechtsklick öffnet ein Kontextmenü. Anklicken der dreieckigen Marke am oberen Rand der Zellenklammer blendet die Ausgabe weg.

Titelzelle, Abschnittszelle: Damit kann ein Arbeitsblatt mit Überschriften unterschiedlicher Größen optisch strukturiert werden. Erzeugt werden sie durch Menübefehle [*Bearbeiten*] [*Cell*] oder die Tastenkürzel *Strg*+2 bzw. *Strg*+3.

Textzelle: Dient zur Kommentierung einer Berechnung. Erzeugt wird eine Textzelle über einen Menübefehl oder mit dem Tastenkürzel *Strg*+1.

Einfügecursor: Kennzeichnet den Zwischenraum zweier Zellen, in dem eine neue Eingabe erfolgt (Text oder zu berechnender Ausdruck), durch eine waagerechte Linie. Prinzipiell können Ausdrücke an beliebigen Stellen im Arbeitsblatt eingefügt werden, die Auswertung erfolgt jeweils sofort nach Abschließen der Eingabe (mit *Shift+Enter*). Die Berechnungsreihenfolge entspricht dabei der Reihenfolge der Eingabe – unabhängig von der Anordnung auf dem Arbeitsblatt.

Mit dem Tastenkürzel *Strg*+R kann ein ganzes Arbeitsblatt in einem Zug (von oben nach unten) neu durchgerechnet werden. Die Berechnungsreihenfolge entspricht hier logischerweise aber der *Anordnung auf dem Arbeitsblatt*, die nicht mit der Reihenfolge der ursprünglichen Eingabe übereinstimmen muss.

1.2.2 Abspeichern und Laden

Über das Menü [*Datei*][*Sichern als*] kann eine wxMaxima-Arbeitssitzung auf drei Arten abgepeichert werden:

wxm-File: Es enthält alle eingegebenen Ausdrücke und Texte mit zusätzlichen Kommentaren. Diese Kommentare werden zwar von *Maxima* ignoriert, legen aber die Struktur des Arbeitsblattes in *wxMaxima* fest.

Ein wxm-File ist ein normales ASCII-File, kann daher mit einem Texteditor geöffnet und verändert werden. Die Struktur der Kommentare und Leerzeichen muss dabei aber erhalten bleiben, damit das File bei neuerlichem Einlesen in wxMaxima fehlerfrei erkannt wird.

wxmx-File: Es enthält alle Ausdrücke und Texte einer wxMaxima-Arbeitssitzung sowie Formatierungsanweisungen zum Wiedereinlesen in einem binären XML-Format. Zuätzlich kann es auch in das Arbeitsblatt eingefügte Bilder zur Dokumentation von Berechnungen enthalten.

mac-File: Es enthält die Maxima-Eingaben im ASCII-Format (also editierbar) ohne irgendwelche Formatierungsanweisungen. Texte sind zwar als Kommentare abgespeichert, werden aber beim Wiedereinlesen ignoriert.

wxm-Files und wxmx-Files werden über das Menü [*Datei*][*Öffnen*] in wxMaxima eingelesen. Dabei wird eine neue Arbeitssitzung begonnen. Vorherige Eingaben gehen – wenn sie nicht zuvor abgespeichert wurden – verloren; die Nummerierung der eingegebenen Ausdrücke beginnt wieder bei 1. Beim Einlesen werden zunächst nur die *Eingaben* auf dem Arbeitsblatt dargestellt, die Berechnung wird erst mit der Eingabe von *Strg*+`R` gestartet. Die Reihenfolge der Berechnungen erfolgt dabei nach der Position auf dem Arbeitsblatt, von oben nach unten und *nicht* in der Reihenfolge der ursprünglichen Eingaben.

mac-Files werden über das Menü [*Datei*][*Batch-Datei laden*] oder mit dem Maxima-Befehl `batch` eingelesen. Dabei werden alle im File enthaltenen Anweisungen als *Programm* ausgeführt.

Eine wxMaxima-Arbeitssitzung kann in ein HTML-File und in ein LaTeX-File exportiert werden. Beim Export in HTML werden die Ausgaben von Maxima – sowohl die Texte und Formeln als auch die Grafiken – als png-Files in einem Verzeichnis mit dem Namen *name*`_img` abgespeichert. Der Export in LaTeX funktioniert (noch) nicht ganz fehlerfrei.

1.2.3 Tastenkürzel

Für einen geübten Benutzer sind Tastatureingaben zur Programmbedienung meist bequemer und jedenfalls effizienter als die Auswahl von Menüpunkten und das Drücken von Schaltflächen mit der Maus (Tastatureingabe kann blind erfolgen, Mausbedienung bedarf immer der visuellen Rückkopplung vom Bildschirm zum Auge). Viele Befehle können daher – alternativ zur Auswahl aus Menüs – als Tastenkürzel eingegeben werden.

Strg+`L` ruft den Maxima-Befehl `load` auf, ein mac-File wird eingelesen und ausgeführt. Dabei werden *keine* Ausgaben für die einzelnen im File enthaltenen Ausdrücke (oder Befehle) erzeugt. Diese Art der Ausführung ist in erster Linie für *Pakete* sinnvoll, die vorwiegend Funktionsdefinitionen enthalten.

Tabelle 1.1 wxMaxima Tastenkürzel

Windows-spezifische Tastenkürzel:	
Strg+O	Öffnen eines wxm-Files (und Beginn einer neuen Arbeitssitzung)
Strg+P	Drucken des Arbeitsblattes
Strg+Q	Beenden von wxMaxima
Strg+C	Kopieren des markierten Bereichs in die Zwischenablage
Strg+X	Ausschneiden des markierten Bereichs in die Zwischenablage
Strg+V	Einfügen des Inhalts der Zwischenablage
wxMaxima-spezifische Tastenkürzel:	
Strg+R	Neuberechnung des gesamten Arbeitsblatts
Strg+L	Laden eines Pakets (mac-File)
Strg+B	Ausführen eines Maxima-Programms (mac-File)
Strg+G	Unterbrechen einer Berechnung
Strg+1	Erstellen einer neuen Textzelle
Strg+2	Erstellen einer Titelzelle
Strg+3	Erstellen einer Abschnittszelle
Strg+4	Erstellen einer Unterabschnittszelle
Alt+I	Vergrößern der Darstellung
Alt+O	Verkleinern der Darstellung

Strg+B ruft den Maxima-Befehl `batch` auf, der ebenfalls ein mac-File einliest und ausführt. Dabei werden Ausgaben für alle im File enthaltenen Ausdrücke (oder Befehle) erzeugt, genau so, als wären die Ausdrücke einzeln mit der Tastatur eingegeben worden. Diese Art der Ausführung ist in erster Linie für *Programme* sinnvoll, die (im Gegensatz von Funktionsdefinitionen) unmittelbar auszuführenden Code enthalten.

1.3 Erste Schritte

Maxima arbeitet wie ein Interpreter, ein eingegebener Ausdruck oder eine Anweisung wird sofort evaluiert bzw. ausgeführt. In wxMaxima bewirkt die *Enter*-Taste einen *Zeilenumbruch* bei der Eingabe; die *Auswertung* erfolgt durch Eingabe von *Shift+Enter*.

In Maxima gibt es keinen formalen Unterschied zwischen Daten und Programmcode, es gibt daher auch keinen Unterschied zwischen einem *Ausdruck* und einer *Anweisung*. Daher sind auch die Begriffe aus*werten* (evaluieren) und aus*führen* gleichwertig. Wie und in welchem Ausmaß diese Auswertung erfolgt, kann in vielerlei Hinsicht durch entsprechende Anweisungen und das Setzen globaler Variablen gesteuert werden.

Jede Anweisung wird mit einem Strichpunkt oder dem Dollarzeichen abgeschlossen. Bei Angabe des Strichpunktes wird das Ergebnis der Auswertung ausgegeben, bei Angabe des Dollarzeichens erfolgt keine Ausgabe (Speicherung aber schon).

Bei Verwendung der Benutzeroberfläche wxMaxima müssen die Anweisungen *nicht* mit einem Strichpunkt abgeschlossen werden; er wird am Ende jeder Eingabe automatisch hinzugefügt.

Alle Eingaben und Ergebnisse werden von Maxima mit Marken versehen, die mit fortlaufenden Nummern *xx* gekennzeichnet sind: `%i`*xx* („input") bzw. `%o`*xx* („output"). Mit diesen Nummern kann man sich nachträglich auf die entsprechenden Ausdrücke beziehen. Manche Ausgaben (z. B. Grafiken) werden mit Zwischenmarken der Form `%t`*xx* versehen.

1.3.1 Maxima als Taschenrechner

Mathematische Ausdrücke können in gewohnter Weise mit den gebräuchlichen Operatoren für die Grundrechnungsarten (`+`, `-`, `*`, `/`) und das Potenzieren (`^` oder `**`) sowie mit der gewohnten Notation für mathematische Standardfunktionen (`sin`, `cos`, `sqrt`, `log`,...) formuliert werden.

Mit *runden* Klammern kann die Berechnungsreihenfolge beeinflusst werden; die Argumente von Funktionen werden – gegebenenfalls durch Beistriche getrennt – ebenfalls in *runde* Klam-

Tabelle 1.2 Maxima als Taschenrechner

*a+b, a−b, a*b, a/b*	Addition, Subtraktion, Multiplikation, Division
*a^b oder a**b*	Potenz a^b
`sqrt(`*x*`)`, `exp(`*x*`)`, `log(`*x*`)`	Wurzel, Exponentialfunktion, natürlicher Logarithmus
`sin(`*x*`)`, `cos(`*x*`)`, `tan(`*x*`)`	Winkelfunktionen
`asin(`*x*`)`, `acos(`*x*`)`, `atan(`*x*`)`	Arkusfunktionen
`float(`*x*`)`	Umwandlung aller Zahlen im Ausdruck *x* in Gleitkommazahlen
`floor(`*x*`)`, `round(`*x*`)`	Abschneiden und Runden
`%pi`, `%e`, `%i`	Kreiszahl π, Eulersche Zahl und imaginäre Einheit
Systemvariablen:	
`fpprintprec`	Anzahl der signifikanten Stellen bei der Ausgabe von Gleitkommazahlen
`float`	Umwandlung aller Zahlen in Gleitkommazahlen (Default: `false`)
`numer`	Wie `float`, veranlasst zusätzlich mathematische Funktionen zur Auswertung in Gleitkommadarstellung (Default: `false`)

mern eingeschlossen. *Eckige* Klammern fassen mehrere Ausdrücke – durch Beistriche getrennt – zu einer *Liste* zusammen.

Maxima unterscheidet zwischen Ganzzahlen und Gleitkommazahlen. Rationale Zahlen werden als Brüche dargestellt, Ausdrücke, die irrationale Zahlen ergeben, bleiben unausgewertet, das heißt in symbolischer Form bestehen. Die Umwandlung in Gleitkommazahlen kann mit der Umwandlungsfunktion `float` oder dem Auswertebefehl `ev` mit dem Zusatz `numer` erfolgen.

Eine einfache Rechnung	(%i1) `12*5-30/4+2^3;` (%o1) $\frac{121}{2}$
Die Reihenfolge der Operatoren kann mit *runden* Klammern beeinflusst werden.	(%i2) `(3+5)/(2*(5-2)-2);` (%o2) 2
Eckige Klammern fassen mehrere Ausdrücke zu einer *Liste* zusammen.	(%i3) `[2+5,2*5,2/5,2^5];` (%o3) $[7, 10, \frac{2}{5}, 32]$
Maxima unterscheidet zwischen Ganzzahlen und Gleitkommazahlen.	(%i4) `[4/6, 4/6.0];` (%o4) $[\frac{2}{3}, 0.66666666666667]$
Mit der Systemvariablen `fpprintprec` wird die Anzahl der angezeigten Stellen von Gleitkommazahlen festgelegt.	(%i5) `fpprintprec:5;` (%o5) 5
Ausgabe mit begrenzter Stellenzahl	(%i6) `[4/6, 4/6.0];` (%o6) $[\frac{2}{3}, 0.667]$
Darstellung von rationalen und irrationalen Zahlen	(%i7) `[%pi,sqrt(2),8/3];` (%o7) $[\pi, \sqrt{2}, \frac{8}{3}]$
Umwandlung in die Gleitkommadarstellung mit der Funktion `float`	(%i8) `float([%pi,sqrt(2),8/3]);` (%o8) [3.1416, 1.4142, 2.6667]
Umwandlung in die Gleitkommadarstellung mit dem Auswertebefehl `ev`	(%i9) `ev([%pi,sqrt(2),8/3],numer);` (%o9) [3.1416, 1.4142, 2.6667]
Vereinfachte Anwendung des Befehls `ev`	(%i10) `[%pi,sqrt(2),8/3],numer;` (%o10) [3.1416, 1.4142, 2.6667]
Gibt es kein symbolisches Ergebnis, so bleiben mathematische Funktionen unausgewertet.	(%i11) `[sin(%pi/4),sin(%pi/5),float(sin(%pi/5))];` (%o11) $[\frac{1}{\sqrt{2}}, \sin\left(\frac{\pi}{5}\right), 0.588]$
Abschneiden und Runden von Gleitkommazahlen	(%i12) `[floor(1234.56),round(1234.56)];` (%o12) [1234, 1235]

1.3.2 Maxima als symbolischer Rechner

Die Manipulation von symbolischen Ausdrücken ist eine wesentliche Eigenschaft von Computeralgebra-Programmen, die sie von „gewöhnlicher" Mathematik-Software unterscheidet.

Der Zuweisungsoperator ist in Maxima der Doppelpunkt „:"; damit können beliebige Ausdrücke Symbolen zugewiesen werden. Diese Zuweisung kann auch innerhalb einer Liste erfolgen; mit einem einzigen Ausdruck können somit beliebig viele Zuweisungen erfolgen. Es ist sinnvoll, *jedem* Ausdruck, der später noch benötigt wird, ein (möglichst „sprechendes") Symbol zuzuweisen. Aus diesem Grund werden die meisten eingegebenen Ausdrücke Zuweisungen enthalten.

Beachte: Die versehentliche Verwendung des (gewohnten) Gleichheitsoperators „=" für die Zuweisung ist ein häufiger Fehler, der bei ungeübten Benutzern leicht zu Verwirrung führt.

Die Manipulation und *Auswertung* von Ausdrücken kann in vielfältiger Weise mit verschiedensten Befehlen, insbesondere mit dem sehr universellen Befehl `ev` gesteuert werden.

Tabelle 1.3 Maxima als symbolischer Rechner

$a : b$	Zuweisung; der Wert von b wird dem Symbol a zugewiesen.
`values`	Liste aller mit einem Wert belegten Benutzervariablen
`kill(`$x_1, x_2, \ldots$`)`	Löschen der Variablen $x_1, x_2, \ldots$
`ev(`*expr*, *opts*`)`	Auswerten des Ausdrucks *expr* mit den optionalen Parametern *opts*
expr, *opts*	Verkürzte Form des Auswertebefehls
	Optionen: *var=val* … Einsetzen eines Wertes `eval` … nochmaliges Auswerten `infeval` … wiederholtes Auswerten `numer` … Gleitkommadarstellung
`xthru(`*expr*`)`	Auf gleichen Nenner bringen
`ratsimp(`*expr*`)`	Vereinfachen und auf gleichen Nenner bringen
`expand(`*expr*`)`	Expandieren (Ausmultiplizieren)
`map(expand,`*expr*`)`	Zähler und Nenner getrennt expandieren
`num(`*expr*`)`, `denom(`*expr*`)`	Zähler bzw. Nenner von *expr*

Zuweisung zweier Zahlen zu Symbolen

```
(%i13) [a:5,b:12];
(%o13) [5 , 12]
```

Zuweisung eines symbolischen Ausdrucks

```
(%i14) x1:a+b+c+d;
(%o14) d + c + 17
```

Werden Symbole *nachträglich* mit Werten belegt, …

```
(%i15) [c:25,d:13];
(%o15) [25 , 13]
```

… so bleiben sie in anderen Ausdrücken unausgewertet, …	(%i16) x1; (%o16) $d+c+17$
… deren Auswertung kann aber mit dem Befehl ev („evaluate“) erzwungen werden:	(%i17) ev(x1); (%o17) 55
Liste mit allen Variablen, die mit einem Wert belegt sind	(%i18) values; (%o18) $[a, b, x1, c, d]$
Die Belegung von Symbolen kann mit kill wieder aufgehoben werden.	(%i19) kill(a,b,c,d); (%o19) *done*
Liste mit allen belegten Variablen	(%i20) values; (%o20) $[x1]$ (%i21) ev(x1); (%o21) $d+c+17$
Symbolischer Ausdruck	(%i22) z:1/(x+1)+1/(y+2); (%o22) $\frac{1}{y+2}+\frac{1}{x+1}$
Auf gleichen Nenner bringen	(%i23) xthru(z); (%o23) $\frac{y+x+3}{(x+1)(y+2)}$
„Universal“-Vereinfachungsbefehl	(%i24) ratsimp(z); (%o24) $\frac{y+x+3}{(x+1)\,y+2\,x+2}$
Expandieren	(%i25) expand(z); (%o25) $\frac{1}{y+2}+\frac{1}{x+1}$
Kombination mehrerer Umwandlungsbefehle	(%i26) expand(ratsimp(z)); (%o26) $\frac{y}{x\,y+y+2\,x+2}+\frac{x}{x\,y+y+2\,x+2}+\frac{3}{x\,y+y+2\,x+2}$
Getrenntes Expandieren von Zähler und Nenner	(%i27) map(expand,ratsimp(z)); (%o27) $\frac{y+x+3}{x\,y+y+2\,x+2}$
Zähler und Nenner eines Ausdrucks	(%i28) [num(ratsimp(z)),denom(ratsimp(z))]; (%o28) $[y+x+3, (x+1)\,y+2\,x+2]$

1.3.3 Logische Ausdrücke

Manche Ausdrücke, wie zum Beispiel Vergleichsausdrücke mit den Operatoren = (gleich), # (ungleich), < (kleiner), > (größer) etc. oder logische Ausdrücke mit den Operatoren not, and, or, liefern ein logisches Ergebnis, das einen der beiden Werte *false* („falsch“) oder *true* („wahr“) annehmen kann. Zusätzlich gibt es einen dritten logischen Wert, unknown, den ein Ausdruck dann liefert, wenn ein Ergebnis keinen eindeutigen Wert (*true* oder *false*) ergibt.

Logische Ausdrücke werden so weit wie möglich ausgewertet, Vergleichsausdrücke im Allgemeinen nicht, außer in Bedingungen und als Teil von logischen Ausdrücken. Ihre Auswertung kann mit der Funktion `is(`*Ausdruck*`)` veranlasst werden.

Tabelle 1.4 Logische Ausdrücke

`true`, `false`	Logische Konstanten *wahr* und *falsch*
=, #, <, <=, >, >=	Vergleichsoperatoren *gleich, ungleich, kleiner, kleiner gleich, größer, größer gleich*
`and`, `or`, `not`	Logische Operatoren *und, oder, nicht*
`equal(`*a*, *b*`)`	Überprüfung, ob die beiden Ausdrücke *a* und *b* denselben Wert ergeben
`is(`*expr*`)`	Auswerten des Vergleichsausdrucks *expr* zu `true`, `false` oder unknown

Belegen einer Variablen

```
(%i29) u:5;
(%o29) 5
```

Vergleichsausdrücke bleiben unausgewertet.

```
(%i30) [u=4,u#4,u<4,u>4];
(%o30) [5=4,5#4,5<4,5>4]
```

Mit der Funktion is wird eine Auswertung erzwungen.

```
(%i31) [is(u=4),is(u#4),is(u<4),is(u>4)];
(%o31) [false,true,false,true]
```

Logische Ausdrücke werden ausgewertet.

```
(%i32) u<4 and true;
(%o32) false
```

Logischer Ausdruck mit Konstanten

```
(%i33) true or false;
(%o33) true
```

Ein Symbol in einem logischen Ausdruck wird selbst als logischer Ausdruck angesehen.

```
(%i34) xxx and true;
(%o34) xxx
```

1.3.4 Listen

Mit eckigen Klammern werden mehrere Ausdrücke zu einer *Liste* zusammengefasst; der Zugriff auf ein Listenelement erfolgt über einen ganzzahligen Index in eckigen Klammern, der bei 1 beginnt. Dieser Zugriff kann sowohl *lesend* (beispielsweise auf der rechten Seite einer Zuweisung) als auch *schreibend* (auf der linken Seite einer Zuweisung) erfolgen.

Wird ein Index auf ein Symbol angewendet, das keine Liste ist, so entsteht eine sogenannte *Arrayvariable*, die in weiten Bereichen wie eine *indizierte* Variable verwendet werden kann.

Manche Funktionen werden, wenn sie eine Liste als Parameter enthalten, automatisch auf jedes Listenelement angewendet; man spricht hier von *Abbilden* (engl. „map") einer Funktion auf eine Liste, was ein Grundprinzip der *funktionalen Programmierung* ist. Mit der Funktion

Tabelle 1.5 Listen

`[`x_1`,` x_2`, ...` x_n`]`	Zusammenfassung der Ausdrücke x_1, x_2 … x_n zu einer Liste
w`[`n`]`	n-tes Element der Liste w (Referenz)
`first(`w`), second(`w`), ... tenth(`w`)`	erstes, zweites, … zehntes Element der Liste w (Wert)
`last(`w`)`	letztes Element der Liste w (Wert)
`map(`f`,` w`)`	„Abbilden" der Funktion f auf jedes Element der Liste w
`apply(`op`,` w`)`	Anwenden des Operators *op* auf die Elemente der Liste w
`makelist(`$expr$`,` k`,` k_1`,` k_2`,` d_k`)`	Erzeugen einer Liste aus dem Ausdruck *expr*, der die Variable k enthält, die alle Werte von k_1 bis k_2 im Abstand von d_k durchläuft (d_k und k_1 sind optional).
`create_list(`$expr$`,` k`,` w`)`	Erzeugen einer Liste aus dem Ausdruck *expr*, der die Variable k enthält, die alle Werte der Liste w annimmt.

`map` kann das Abbilden einer Funktion auf eine Liste erzwungen werden, wenn dies nicht automatisch geschieht.

`apply` wendet einen Operator auf alle Listenelemente an; das heißt, alle Listenelemente werden mit diesem Operator zu einem einzigen Ausdruck verknüpft.

Aufbau einer Liste

```
(%i35) liste:[0,%pi/12,%pi/6,%pi/4];
```
(%o35) $[0, \frac{\pi}{12}, \frac{\pi}{6}, \frac{\pi}{4}]$

Anzahl der Listenelemente

```
(%i36) length(liste);
(%o36) 4
```

Zugriff auf ein Listenelement

```
(%i37) liste[2];
```
(%o37) $\frac{\pi}{12}$

Kein Listenelement, sondern eine indizierte Variable

```
(%i38) x[2];
```
(%o38) x_2

Manche Funktionen werden auf jedes Listenelement angewendet.

```
(%i39) floor(6*liste);
(%o39) [0,1,3,4]
```

Manche Funktionen übernehmen eine Liste als einen einzigen Parameter.

```
(%i40) round(6*liste);
```
(%o40) $\mathrm{round}\left([0, \frac{\pi}{2}, \pi, \frac{3\,\pi}{2}]\right)$

Undefinierte Funktionen werden nicht auf jedes Listenelement angewendet, …

```
(%i41) f(liste);
```
(%o41) $f\left([0, \frac{\pi}{12}, \frac{\pi}{6}, \frac{\pi}{4}]\right)$

… was aber mit der Funktion map erzwungen werden kann.

```
(%i42) map(f,liste);
```

(%o42) $[f(0), f\left(\frac{\pi}{12}\right), f\left(\frac{\pi}{6}\right), f\left(\frac{\pi}{4}\right)]$

Erzeugen einer Liste mit einem Zählindex

```
(%i43) makelist(1/(s+k),k,0,2,0.4);
```

(%o43) $[\frac{1}{s}, \frac{1}{s+0.4}, \frac{1}{s+0.8}, \frac{1}{s+1.2}, \frac{1}{s+1.6}, \frac{1}{s+2.0}]$

Erzeugen einer Liste mit den Elementen einer anderen Liste

```
(%i44) create_list(k**2+1,k,[aa,bb,cc]);
```

(%o44) $[aa^2+1, bb^2+1, cc^2+1]$

1.3.5 Komplexe Zahlen

Maxima beherrscht das Rechnen mit komplexen Ausdrücken, die imaginäre Einheit wird als %i dargestellt. Ungebundene Variablen – das sind Variablen, denen kein Wert zugewiesen wurde – werden bei Berechnungen als reell angenommen.

Die Berechnung von Betrag und Argument erfolgt mit den Funktionen cabs bzw. carg. Ist der Quadrant eines komplexen Ausdrucks nicht festgelegt, so erfolgt die Angabe des Arguments mit der Funktion atan2(y, x), sonst mit dem gewöhnlichen Arcustangens atan(y/x).

Die Berechnung von Real- und Imaginärteil erfolgt mit den Funktionen realpart bzw. imagpart. Beliebige komplexe Ausdrücke können sowohl in die kartesische Koordinatendarstellung als auch in die Pokarkoordinatendarstellung umgewandelt werden.

Tabelle 1.6 Komplexe Zahlen

%i	Imaginäre Einheit
realpart(z)	Realteil des komplexen Ausdrucks z
imagpart(z)	Imaginärteil von z
cabs(z)	Betrag von z
carg(z)	Argument von z
rectform(z)	Umwandlung von z in die kartesische Koordinatendarstellung
polarform(z)	Umwandlung von z in die Exponentialform

Imaginäre Einheit

```
(%i45) sqrt(-1);
(%o45) %i
```

Betrag eines komplexen Ausdrucks

```
(%i46) cabs(a+%i*b);
```

(%o46) $\sqrt{b^2+a^2}$

Argument eines komplexen Ausdrucks mit der Funktion atan2

```
(%i47) carg(a+%i*b);
```

(%o47) atan2(b, a)

Einschränkung des Wertebereichs für Variablen

```
(%i48) assume(a>0,b>0);
```

(%o48) $[a>0, b>0]$

Argument bei bekanntem Quadranten

```
(%i49) carg(a+%i*b);
```

(%o49) $\operatorname{atan}\left(\frac{b}{a}\right)$

Für bestimmte Werte werden symbolische Ergebnisse gefunden.

```
(%i50) carg(1+%i*sqrt(3));
```

(%o50) $\frac{\pi}{3}$

Eulersche Formel, sie vereinigt die mathematischen Konstanten e, i und π in einem Ausdruck.

```
(%i51) %e^(%i*%pi)+1;
(%o51) 0
```

Ein komplexer Ausdruck

```
(%i52) z:(1+%i)/(5-2*%i);
```

(%o52) $\frac{\%i+1}{5-2\,\%i}$

Berechnung des Realteils

```
(%i53) realpart(z);
```

(%o53) $\frac{3}{29}$

Berechnung des Imaginärteils

```
(%i54) imagpart(z);
```

(%o54) $\frac{7}{29}$

Darstellung in kartesischen Koordinaten (Real- und Imaginärteil)

```
(%i55) rectform(z),numer;
```

(%o55) $0.241\,\%i+0.103$

Darstellung in Polarkoordinaten (Betrag und Argument)

```
(%i56) polarform(z),numer;
```

(%o56) $0.263\,\%e^{1.1659\,\%i}$

1.3.6 Summen und Grenzwerte

Maxima beherrscht die Berechnung von Summenausdrücken, die so weit wie möglich ausgewertet werden, sowie die Berechnung von Grenzwerten. Die Zahlen „unendlich" (∞) und „minus unendlich" ($-\infty$) werden mit den Ausdrücken `inf` bzw. `minf` angegeben.

Tabelle 1.7 Summen und Grenzwerte

`inf`, `minf`	Symbole für *unendlich* und *negativ unendlich*
`sum(`*expr*, *i*, i_0, i_1`)`	Summe $\sum_{i=i_0}^{i_1} expr$
`limit(`*expr*, *i*, i_0`)`	Grenzwert $\lim_{i \to i_0} expr$
`simpsum`	Systemvariable, veranlasst die Berechnung von Summen mit symbolischen Indexgrenzen (Default: `false`).

Summe, die ein berechenbares Ergebnis liefert

```
(%i57) sum(1/2^n,n,1,10);
```

(%o57) $\frac{1023}{1024}$

Summe mit symbolischen Summanden	`(%i58) sum(x[k],k,1,5);` (%o58) $x_5 + x_4 + x_3 + x_2 + x_1$
Ist die Anzahl der Summanden nicht exakt (als Ganzzahl) festgelegt, so bleibt der Summenausdruck unausgewertet.	`(%i59) sum(x[k],k,1,N);` (%o59) $\sum_{k=1}^{N} x_k$
Wird `simpsum` auf *true* gesetzt, werden auch Summen mit symbolischen Indexgrenzen berechnet.	`(%i60) sum(1/n^2,n,1,inf),simpsum=true;` (%o60) $\frac{\pi^2}{6}$
Grenzwert für eine unbestimmte Form („0/0")	`(%i61) limit(sin(x)/x,x,0);` (%o61) 1
Definition der eulerschen Zahl *e*	`(%i62) limit((1+1/n)^n,n,inf);` (%o62) %e

1.3.7 Differenzial- und Integralrechnung

Mit der Funktion `diff` können beliebige Ausdrücke nach einer Variablen differenziert werden, als zusätzlicher Parameter kann die Ordnung der Ableitung angegeben werden (Default: 1. Ableitung).

Mit der Funktion `integrate` können unbestimmte und bestimmte Integrale berechnet werden. Ist die Berechnung eines Integrals nicht möglich, so bleibt das Integral unausgewertet. In diesem Fall kann aber auf numerische Integrationsmethoden, zum Beispiel auf die Funktionen `romberg` oder `quad_qags` zurückgegriffen werden.

Tabelle 1.8 Differenzial- und Integralrechnung

`diff(`*expr*, *x*[, *n*]`)`	n-te Ableitung des Ausdrucks *expr* nach der Variablen *x*; die Angabe von *n* ist optional, Default: 1.
`integrate(`*expr*, *x*`)`	Unbestimmtes Integral des Ausdrucks *expr* mit der Integrationsvariablen *x*
`integrate(`*expr*, x, x_0, x_1`)`	Bestimmtes Integral des Ausdrucks *expr* mit der Integrationsvariablen *x* zwischen den Grenzen x_0 und x_1
`romberg(`*expr*, x, x_0, x_1`)`	Numerische Integration von *expr* mit dem Romberg-Verfahren
`quad_qags(`*expr*, x, x_0, x_1`)`	Numerische Berechnung des bestimmten Integrals *expr* mit der Integrationsvariablen *x* zwischen den Grenzen x_0 und x_1

Definition eines von *x* abhängigen Ausdrucks	`(%i63) z:(x-1)/(x+5);` (%o63) $\frac{x-1}{x+5}$

Erste Ableitung	`(%i64) diff(z,x);` (%o64) $\frac{1}{x+5}-\frac{x-1}{(x+5)^2}$
Dritte Ableitung	`(%i65) diff(z,x,3);` (%o65) $\frac{6}{(x+5)^3}-\frac{6\,(x-1)}{(x+5)^4}$
Unbestimmtes Integral	`(%i66) integrate(z,x);` (%o66) $x-6\log(x+5)$
Bestimmtes Integral zwischen den Grenzen 0 und 10	`(%i67) integrate(z,x,0,10);` (%o67) $-6\log(15)+6\log(5)+10$
Ausgabe als Gleitkommazahl	`(%i68) integrate(z,x,0,10),numer;` (%o68) 3.4083
Für dieses Integral gibt es keine geschlossene Lösung.	`(%i69) integrate(sin(x)/(x**2+x+1),x,0,%pi);` (%o69) $\int_0^{\pi}\frac{\sin(x)}{x^2+x+1}\,dx$
Numerische Integration nach dem Romberg-Verfahren	`(%i70) romberg(sin(x)/(x**2+x+1),x,0,%pi);` (%o70) 0.504
Numerische Integration mit einer Quadpack-Funktion	`(%i71) quad_qags(sin(x)/(x**2+x+1),x,0,%pi);` (%o71) $[0.504, 1.22306\ 10^{-9}, 21, 0]$

1.3.8 Einschränken des Bereichs von Variablen

Mit der Anweisung `assume` kann der Wertebereich von Variablen eingeschränkt werden. Mitunter kann so eine weitergehende Auswertung von Ausdrücken erreicht werden, beispielsweise bei der Ermittlung des Maximums mehrerer Werte oder bei der Auswertung von Ausdrücken, die einen logischen Wert ergeben. Mit der Anweisung `forget` kann diese Einschränkung wieder aufgehoben werden.

Manchmal hängen Rechenergebnisse nicht nur *numerisch*, sondern auch *strukturell* von Werten von Variablen ab. In diesem Fall müssen bei der Berechnung Fallunterscheidungen getroffen werden. Maxima fragt dann den Benutzer nach anzunehmenden Wertebereichen der

Tabelle 1.9 Einschränken des Bereichs von Variablen

`assume(`vgl_1, vgl_2, ...`)`	Treffen von Annahmen für den Bereich von Variablen in Form von Vergleichsausdrücken vgl_1, vgl_2, ...
`forget(`vgl_1, vgl_2, ...`)`	Aufheben von Annahmen, die mit `assume` getroffen wurden
`facts()`	Liste mit allen getroffenen Annahmen über den Bereich von Variablen

entsprechenden Variablen. Wird der anzunehmende Wertebereich im vorhinein entsprechend festgelegt, so kann die Berechnung ohne nachfragende Unterbrechung erfolgen.

Bei ungebundenen Symbolen ist die Bestimmung des Maximums nicht möglich.

```
(%i72) max(3,5,a,b);
(%o72) max(5, a, b)
```

Einschränkung des Bereichs für zwei Variablen

```
(%i73) assume(a>10,b<a);
(%o73) [a>10, a>b]
```

Damit wird die Ermittlung des Maximums möglich.

```
(%i74) max(3,5,a,b);
(%o74) a
```

Aufhebung der Bereichseinschränkung für eine Variable

```
(%i75) forget(a>b);
(%o75) [a>b]
```

Die Ermittlung des Maximums ist damit nicht mehr möglich.

```
(%i76) max(3,5,a,b);
(%o76) max(a, b)
```

Integral, dessen Berechnung vom Wertebereich einer Variablen abhängt.

```
(%i77) integrate(sin(t)*exp(-s*t),t,0,inf);
Is  s  positive, negative, or zero? p;
```

(%o77) $\frac{1}{s^2+1}$

Wird der Wertebereich dieser Variablen im vorhinein festgelegt, …

```
(%i78) assume(s>0);
(%o78) [s>0]
```

… so erfolgt die Berechnung ohne unterbrechende Nachfrage.

```
(%i79) integrate(sin(t)*exp(-s*t),t,0,inf);
```

(%o79) $\frac{1}{s^2+1}$

Liste mit allen getroffenen Annahmen über den Bereich von Variablen

```
(%i80) facts();
(%o80) [a>0, b>0, a>10, s>0]
```

1.3.9 Gleichungen

`solve` ist der grundlegende Befehl zur Lösung von Gleichungen und Gleichungssystemen. Die Lösungen werden in einer Liste mit Ausdrücken der Form *Variable=Wert* zurückgegeben. Zum bequemen Zugriff auf die Lösungen wird diese Liste zweckmäßigerweise einer Variablen zugewiesen, der Befehl `solve` also als rechter Teil einer Zuweisung aufgerufen.

Bei Gleichungs*systemen* ist diese Liste zweifach geschachtelt, jeder Satz von Lösungen ist in einer Unterliste zusammengefasst.

Für Polynome höherer als vierter Ordnung ist eine geschlossene Lösung im Allgemeinen nicht möglich. Mit der Funktion `allroots` werden alle (komplexen) Nullstellen eines Polynoms beliebiger Ordnung *numerisch* gefunden.

Transzendente Gleichungen besitzen im Allgemeinen keine geschlossene Lösung. Eine numerische Näherung für eine Nullstelle einer transzendenten Funktion innerhalb eines vorgegebenen Intervalls kann mit der Funktion `find_root` gefunden werden. Dabei sind die Intervallgrenzen, innerhalb derer sich die zu berechnende Nullstelle befindet, anzugeben.

Tabelle 1.10 Gleichungen

`solve(`*eqn*, *var*`)`	Lösen der algebraischen Gleichung *eqn* nach der Variablen *var*
`solve(`*eqns*, *vars*`)`	Lösen einer Liste *eqns* von algebraischen Gleichungen nach den Variablen in der Liste *vars*
`allroots(`*p*`)`	Numerische Berechnung *aller* Nullstellen des Polynoms *p*
`find_root(`*expr*, x_1, x_2`)`	Numerische Ermittlung einer Nullstelle des Ausdrucks *expr* innerhalb des Intervalls $x_1 \dots x_2$

Eine quadratische Gleichung liefert zwei Lösungen.

```
(%i81) res1:solve((x+5)/(x^2-a)=2,x);
```

(%o81) $[x=-\frac{\sqrt{16\,a+41}-1}{4}, x=\frac{\sqrt{16\,a+41}+1}{4}]$

Um eine Lösung als *Wert* zu erhalten, ist die entsprechende Variable mit dem Befehl ev und der Angabe der Lösung auszuwerten.

```
(%i82) ev(x,res1);
```

(%o82) $-\frac{\sqrt{16\,a+41}-1}{4}$

Zwei lineare Gleichungen in zwei Variablen

```
(%i83) g1:2*x+y=3;
       g2:2*x-4*y=5;
```

(%o83) $y+2\,x=3$

(%o84) $2\,x-4\,y=5$

Die Lösung für beide Variablen wird in einer doppelt geschachtelten Liste zurückgeliefert.

```
(%i85) res2:solve([g1,g2],[x,y]);
```

(%o85) $[[x=\frac{17}{10}, y=-\frac{2}{5}]]$

Zugriff auf eine Lösungsvariable mit der Anweisung ev:

```
(%i86) ev(x,res2);
```

(%o86) $\frac{17}{10}$

Quadratische Gleichung in zwei Variablen:

```
(%i87) g1:2*x^2+x-y^2=1;
```

(%o87) $-y^2+2\,x^2+x=1$

Auch für nichtlineare Gleichungssysteme können Lösungen gefunden werden.

```
(%i88) res3:solve([g1,g2],[x,y]);
```

(%o88) $[[x=-\frac{4\sqrt{23}+9}{14}, y=-\frac{\sqrt{23}+11}{7}], [x=\frac{4\sqrt{23}-9}{14}, y=\frac{\sqrt{23}-11}{7}]]$

Für ein Polynom 5. Ordnung kann solve keine Nullstellen ermitteln.

```
(%i89) res4:solve(x^5-x^3+2*x^2+5*x-1=0,x);
```

(%o89) $[0=x^5-x^3+2\,x^2+5\,x-1]$

Numerische Berechnung der Nullstellen eines Polynoms:

```
(%i90) res5:allroots(x^5-x^3+2*x^2+5*x-1);
```

(%o90) $[x=0.187, x=0.719\,\%i-1.2334, x=-0.719\,\%i-1.2334, x=1.1496\,\%i+1.1398, x=1.1398-1.1496\,\%i]$

Berechnung einer Nullstelle einer transzendenten Funktion innerhalb eines Intervalls:

```
(%i91) res6:find_root(exp(-x)=x,x,0,10);
(%o91) 0.567
```

1.3.10 Benutzerdefinierte Funktionen

Mit dem Operator „:=“ können eigene Funktionen definiert werden, die formalen Parameter sind hinter dem Funktionsnamen in runden Klammern (durch Beistriche getrennt) anzugeben. Beim Aufruf werden diese formalen Parameter durch die aktuellen Parameter, die Zahlen oder beliebige Ausdrücke sein können, ersetzt. Auch wenn eine Funktion ausnahmsweise überhaupt keine Parameter hat, so sind die Klammern (wie in der Programmiersprache C, als Kennzeichen einer Funktion) trotzdem anzugeben.

Wird ein ungebundenes Symbol, das heißt ein Symbol, dem noch nichts zugewiesen wurde, wie eine Funktion (also mit Parametern) verwendet, so wird es als *symbolische Funktion* angesehen. Mit symbolischen Funktionen kann genauso gerechnet werden wie mit symbolischen Werten.

Tabelle 1.11 Benutzerdefinierte Funktionen

f(x_1, x_2, ...):=*expr*	Definition einer Funktion f mit den formalen Parametern $x_1, x_2, \ldots$ und dem Funktionskörper *expr*

Definition einer Funktion mit dem formalen Parameter t

```
(%i92) f(t):=sin(t)*exp(-5*t);
```
(%o92) $f(t) := \sin(t)\,\exp((-5)\,t)$

Verwendung der Funktion mit unterschiedlichen aktuellen Parametern

```
(%i93) [diff(f(x),x),integrate(f(omega),omega)];
```
(%o93) $\left[\%e^{-5\,x}\cos(x) - 5\,\%e^{-5\,x}\sin(x),\ \frac{\%e^{-5\,\omega}\left(-5\sin(\omega) - \cos(\omega)\right)}{26}\right]$

Definition einer Funktion in drei Variablen

```
(%i94) f(x,y,z):=(2*x**2-y)/(z+1)^2;
```
(%o94) $f(x, y, z) := \frac{2\,x^2 - y}{(z+1)^2}$

Ermittlung eines Funktionswertes

```
(%i95) f(2,2,3);
```
(%o95) $\frac{3}{8}$

Auch das Rechnen mit *symbolischen* Funktionen ist möglich.

```
(%i96) diff(g(x)*sin(x),x);
```
(%o96) $\sin(x)\left(\frac{d}{d\,x}\,g(x)\right) + g(x)\cos(x)$

1.3.11 Vektoren und Matrizen

Matrizen werden in Maxima nicht durch doppelt geschachtelte Listen dargestellt, sondern durch eine eigene Datenstruktur, die mit der Funktion `matrix` gebildet wird. Ein Vektor ist ein eindimensionaler Sonderfall einer Matrix (als Zeile oder Spalte). Die Standard-Rechenoperationen wirken elementweise, für die Matrixmultiplikation und das Potenzieren gibt es eigene Operatoren.

Tabelle 1.12 Vektoren und Matrizen

`matrix(`$z_1, z_2, \dots z_n$`)`	Matrix, deren Zeilen aus den Listen $z_1, \dots z_n$ gebildet werden.
`A[i, j]` *oder* `A[i][j]`	Element in der i-ten Zeile und der j-ten Spalte der Matrix *A*
A. *B*, *A*^^*n*	Matrixmultiplikation zweier Matrizen *A*, *B* und n-te Potenz der Matrix *A*
`invert(A)`	Inversion der Matrix *A*
`transpose(A)`	Transponierte von *A*
`args(A)`	Umwandlung der Matrix *A* in eine geschachtelte Liste
`apply(matrix, liste)`	Umwandlung der geschachtelten Liste *liste* in eine Matrix

Erzeugung einer 3×3-Matrix

```
(%i97) m:matrix([1,2,0],[3,0,-5],[1,1,0]);
```

(%o97) $\begin{bmatrix} 1 & 2 & 0 \\ 3 & 0 & -5 \\ 1 & 1 & 0 \end{bmatrix}$

Skalare Multiplikation (elementweise) und Matrixmultiplikation

```
(%i98) [m*m,m.m];
```

(%o98) $\left[\begin{bmatrix} 1 & 4 & 0 \\ 9 & 0 & 25 \\ 1 & 1 & 0 \end{bmatrix}, \begin{bmatrix} 7 & 2 & -10 \\ -2 & 1 & 0 \\ 4 & 2 & -5 \end{bmatrix}\right]$

Inversion einer Matrix

```
(%i99) invert(m);
```

(%o99) $\begin{bmatrix} -1 & 0 & 2 \\ 1 & 0 & -1 \\ -\frac{3}{5} & -\frac{1}{5} & \frac{6}{5} \end{bmatrix}$

Der Zugriff auf ein Matrixelement erfolgt mit Zeilen- und Spaltenindex, jeweils in einer eckigen Klammer.

```
(%i100) m[2][3];
(%o100) -5
```

Spaltenvektor als Sonderfall einer Matrix

```
(%i101) v:matrix([xx],[yy],[zz]);
```

(%o101) $\begin{bmatrix} xx \\ yy \\ zz \end{bmatrix}$

Multiplikation einer Matrix mit einem Vektor

```
(%i102) m.v;
```

(%o102) $\begin{bmatrix} 2\, yy + xx \\ 3\, xx - 5\, zz \\ yy + xx \end{bmatrix}$

Umwandlung einer Matrix in eine geschachtelte Liste

```
(%i103) args(m);
(%o103) [[1,2,0],[3,0,-5],[1,1,0]]
```

Umwandlung einer geschachtelten Liste in eine Matrix

```
(%i104) apply(matrix,[[1,2],[3,4]]);
```

(%o104) $\begin{bmatrix} 1 & 2 \\ 3 & 4 \end{bmatrix}$

1.3.12 Zeichen und Zeichenketten

Eine Zeichenkette (oder ein Zeichen) wird bei der Eingabe durch Einschließen in doppelte Anführungszeichen gekennzeichnet; bei der Ausgabe erscheinen die Anführungszeichen aber standardmäßig nicht.

Einzelne Zeichen können in den ASCII-Code umgewandelt werden und umgekehrt, einige Sonderzeichen besitzen symbolische Namen.

Ein *Text* kann mit dem Befehl `eval_string` in einen *Ausdruck* umgewandelt und ausgewertet werden. Mit dem Befehl `string` wird ein beliebiger Ausdruck in eine Zeichenkette umgewandelt.

Mit dem Befehl `charlist` wird aus einer Zeichenkette eine Liste aus den einzelnen *Zeichen* erzeugt. Mit dem Befehl `split` wird eine Zeichenkette nach gewissen Regeln, beispielsweise bei den Leerzeichen, aufgespalten und die Elemente werden in einer Liste zurückgegeben. Das Verketten mehrerer Zeichenketten erfolgt mit dem Befehl `sconcat`.

Tabelle 1.13 Zeichen und Zeichenketten

`cint(`*c*`)`	Ermittlung des (ganzzahligen) Codewertes 0...255 des Zeichens *c*
`ascii(`*n*`)`	Ermittlung des Zeichens aus dem ganzzahligen Codewert *n*
`slength(`*s*`)`	Anzahl der Zeichen der Zeichenkette *s*
`string(`*expr*`)`	Umwandlung des Ausdrucks *expr* in eine Zeichenkette
`eval_string(`*s*`)`	Umwandlung der Zeichenkette *s* in einen Ausdruck mit nachfolgender Auswertung
`charlist(`*s*`)`	Liste aus allen Zeichen der Zeichenkette *s*
`split(`*s*[, *delim*[, *mult*]]`)`	Aufspalten der Zeichenkette *s* in eine Liste von Teilen
`sconcat(`$expr_1$, $expr_2$, ...`)`	Verkettung der Ausdrücke $expr_1$, $expr_2$, ... zu einer Zeichenkette

Umwandlung eines Zeichens in den ASCII-Code und umgekehrt

```
(%i105) [cint("A"),ascii(66)];
(%o105) [65,B]
```

Einige Sonderzeichen und Steuerzeichen haben symbolische Namen.

```
(%i106) [cint(newline),cint(space)];
(%o106) [10,32]
```

Zeichenkette mit „mathematischer Bedeutung“	(%i107) `text:"sin(%pi/6)";` (%o107) *sin(%pi/6)*
Ermittlung der Anzahl der Zeichen	(%i108) `slength(text);` (%o108) 10
Auswertung der Zeichenkette als mathematischer Ausdruck	(%i109) `eval_string(text);` (%o109) $\frac{1}{2}$
Erzeugung einer Liste mit den einzelnen Zeichen	(%i110) `charlist(text);` (%o110) [*s* , *i* , *n* , *(* , *%* , *p* , *i* , */* , *6* , *)*]
Zeichenkette mit Zahlenwerten, durch Leerzeichen getrennt	(%i111) `werte:"10 12.5 25 33.33";` (%o111) *10 12.5 25 33.33*
Liste mit den Zahlenwerten als Zeichenketten	(%i112) `liste:split(werte);` (%o112) [*10* , *12.5* , *25* , *33.33*]
Die einzelnen Elemente sind keine Zahlen, sondern Texte; daher kann nicht mit ihnen gerechnet werden.	(%i113) `liste[2]*3;` (%o113) 3 *12.5*
Umwandlung in einen Ausdruck bewirkt Rechenfähigkeit.	(%i114) `eval_string(liste[2])*3;` (%o114) 37.5
Definition zweier Zeichenketten:	(%i115) `[vn:"Rudi",zn:"Huber"];` (%o115) [*Rudi* , *Huber*]
Zusammenketten mehrerer Zeichenketten	(%i116) `sconcat(vn,space,zn);` (%o116) *Rudi Huber*

1.3.13 Grafiken

Zur Darstellung von Grafiken verwendet Maxima das Programm *Gnuplot*, das bei der Erstellung der Grafik aufgerufen wird. Bei Verwendung der Benutzerschnittstelle wxMaxima können die Grafiken direkt in das Arbeitsfenster gezeichnet werden, was durch Voranstellen der Buchstaben „wx“ an die Namen der Plotroutinen erreicht wird.

Zwei verschiedene Gnuplot-Interfaces stehen zur Verfügung: die Standardfunktionen von Maxima sowie die Funktionen des Zusatzpakets *Draw* mit dem Wortstamm `draw` in den Funktionsnamen.

Plotten zweier Funktionen

```
(%i117) wxdraw2d(grid=true,explicit(sin(t),t,0,2*%pi),
        color=red,explicit(cos(t),t,0,2*%pi))$
```

(%t117)

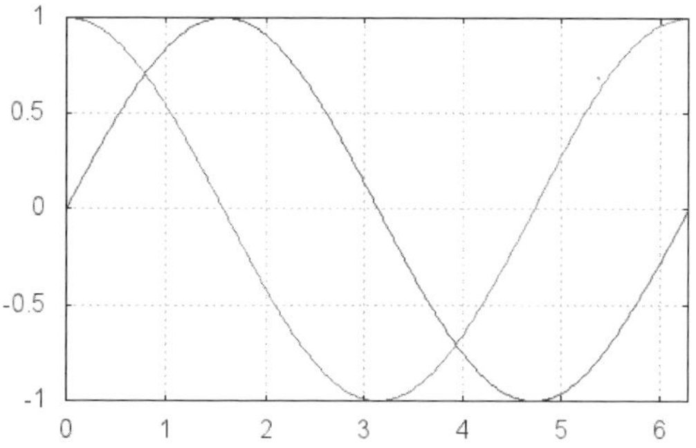

Tabelle 1.14 Grafiken

`load(draw);`	Laden des Grafikpakets *Draw*
`(wx)draw2d(`*opts*, ..., *obj*, ...`)`	2D-Grafik aus Grafikobjekten *obj* mit Optionen *opts*
`(wx)draw3d(`*opts*, ..., *obj*, ...`)`	3D-Grafik aus Grafikobjekten *obj* mit Optionen *opts*
`with_slider_draw(`t, w, *opts*, ..., *obj*, ...`)`	Animation mit dem Parameter t aus einer Liste w von Werten mit Grafikobjekten *obj* und Optionen *opts*
Wichtige Grafikobjekte:	
`explicit(`$f(x)$, x, x_1, x_2`)`	Funktion $f(x)$ zwischen den Werten x_1 und x_2
`parametric(`$x(t)$, $y(t)$, t, t_1, t_2`)`	Kurve $x(t), y(t)$ in Parameterdarstellung mit dem Parameter t zwischen den Werten t_1 und t_2
`implicit(`*equation*, x, x_1, x_2, y, y_1, y_2`)`	Implizite Kurve *equation* in den Variablen x und y innerhalb der Bereiche $x_1 \dots x_2$ und $y_1 \dots y_2$
`points(`*xwerte*, *ywerte*`)`	Punkte; *xwerte* und *ywerte* sind Listen mit den x- bzw. y-Werten; bei 3D-Grafiken gibt es eine dritte Liste mit den z-Werten.
`points(`p_1, p_2, ...`)`	Punkte; jeder Punkt p_i ist eine Liste aus zwei oder drei Koordinatenwerten.
Wichtige Optionen:	
`dimensions=[`*width*, *height*`]`	Abmessungen der Grafik in Bildpunkten (bei Pixelgrafiken)
`color=`*name*	Zeichenfarbe für Linien
`x(yz)range=[`*min*, *max*`]`	Darstellungsbereich auf der x(yz)-Achse
`grid=true/false`	Zeichnen von Gitterlinien in der xy-Ebene
`line_width=`*width*	Linienbreite
`point_size=`*size*	Größe von Punkten bei Punkt-Plots
`point_type=`*n*	Punkt-Typ, mögliche Werte −1,0,1,2, ... 13.
`points_joined=true/false`	Angabe, ob Punkte durch Linienzüge verbunden werden (default: `false`)

Dreidimensionale Darstellung einer Funktion in zwei Variablen

```
(%i118) wxdraw3d(ztics=false,explicit(sin(x+y)*sin(y),
          x,-%pi,%pi,y,-%pi,%pi))$
(%t118)
```

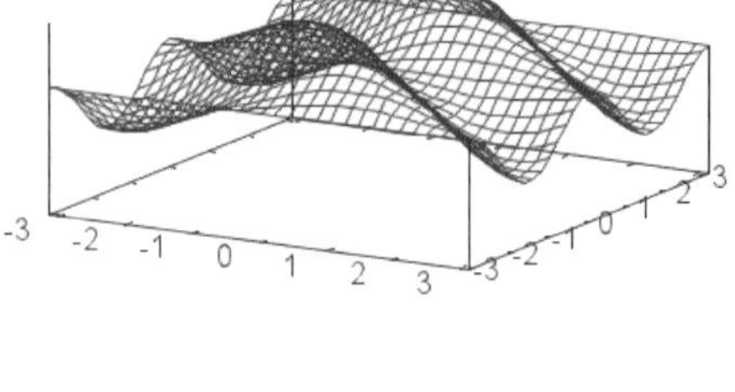

wxMaxima ermöglicht das Erstellen einfacher Animationen; nach Anklicken der Grafik im Arbeitsblatt kann die Animation mit den entsprechenden Schaltflächen und einem Schieber in der Werkzeugleiste oder dem Scrollrad der Maus gesteuert werden.

Animation

```
(%i119) with_slider_draw(t,makelist(t*%pi/20,t,20),
        color=red,yrange=[-1.1,1.1],grid=true,
        explicit(sin(x)*sin(t),x,0,%pi))$
(%t119)
```

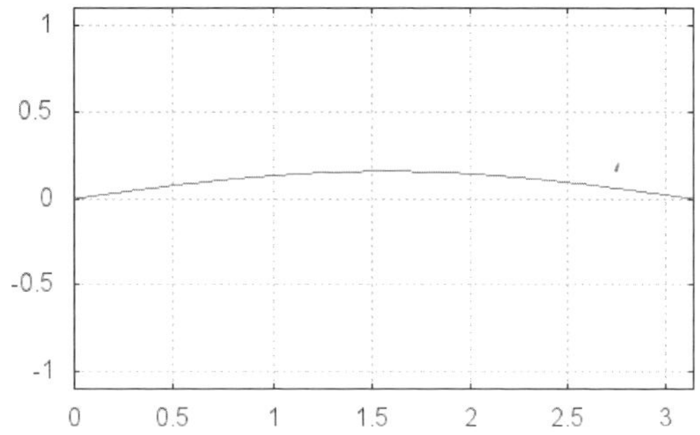

1.3.14 Programmkontrollstrukturen

Umfangreiche Programmkontrollstrukturen machen Maxima zu einer vollständigen, sehr vielseitigen Programmiersprache.

Mit einer *Sequenz* oder einem *Block* können mehrere Ausdrücke – durch Beistriche getrennt – zusammengefasst werden; sie wirken nach außen wie ein einziger Ausdruck. Rückgabewert ist jeweils das Ergebnis des letzten Ausdrucks. Innerhalb eines Blocks ist die Deklaration von lokalen Variablen möglich, außerdem kann ein Block mit der Anweisung `return` mit Angabe eines Rückgabewertes an jeder Stelle vorzeitig verlassen werden.

Mit `if` ... `then` ... `else` können *Bedingungen* formuliert werden, und zwar sowohl im Stil bedingter *Anweisungen* (mit mehreren Ausdrücken, die bedingt ausgewertet werden), als auch im Stil bedingter *Ausdrücke* (mit einer Bedingung innerhalb eines einzigen Ausdrucks).

Mit `for` ... `do` können auf unterschiedliche Weise *Schleifen* zur wiederholten Auswertung von Ausdrücken formuliert werden, was dem *prozeduralen* Programmierstil entspricht. Schleifen werden in Maxima aber selten benötigt; sie können durch Verwendung anderer Konstrukte, die dem *funktionalen* Programmierstil entsprechen, ersetzt werden (siehe Abschnitt 9.2).

Zusammenfassung mehrerer Ausdrücke zu einer *Sequenz*; das Ergebnis ist der Wert des letzten Ausdrucks.

```
(%i120) (a:3,b:7,c:a*b);
(%o120) 21
```

Ein Block mit zwei lokalen Variablen; das Ergebnis ist der Wert des letzten Ausdrucks.

```
(%i121) block([a,b],a:5,b:12,c:a*b);
(%o121) 60
```

Zusammenfassung mehrerer Ausdrücke zu einer *Liste*; beachte: Die lokalen Variablen des Blocks wirken *nicht* nach außen.

```
(%i122) [a,b,c];
(%o122) [3,7,60]
```

Tabelle 1.15 Programmkontrollstrukturen

`(`x_1`, `x_2`, ...`x_n`)`	Zusammenfassen der Ausdrücke $x_1, x_2, \dots x_n$ zu einer Sequenz
`block([`v_1`, `v_2`, ...`v_n`],`x_1`, `x_2`, ...`x_n`)`	Zusammenfassen der Ausdrücke $x_1, x_2, \dots x_n$ zu einem Block mit den lokalen Variablen $v_1, v_2, \dots v_n$
`return(`x`)`	Verlassen des Blocks und Rückgabe von x als Ergebnis
`if` *bed* `then` $expr_1$ `else` $expr_2$	Bedingte Auswertung des Ausdrucks $expr_1$ oder $expr_2$ in Abhängigkeit der Bedingung *bed*; der else-Teil kann auch entfallen.
`for` z`:`z_0 `step` δz `thru` z_1 `do` *expr*	Wiederholte Ausführung von *expr*, wobei die Steuervariable z die Werte von z_0 bis z_1 mit der Schrittweite δz durchläuft.
`for` z `:`z_0 `step` δz `while` *bed* `do` *expr*	Wiederholte Ausführung von *expr* solange die Bedingung *bed* erfüllt ist.
`while` *bed* `do` *expr*	Verkürzte Form der Schleife

Definition einer Funktion mit einem bedingten Ausdruck

```
(%i123) f(t):=if t<0 then 0 else t;
(%o123) f(t):=if t<0 then 0 else t
```

Berechnung von Funktionswerten

```
(%i124) [f(-1),f(-0.5),f(0),f(0.5),f(1)];
(%o124) [0,0,0,0.5,1]
```

Wiederholtes Verändern einer Variablen x in einer Schleife

```
(%i125) for n:1 thru 3 do x:1+1/x;
(%o125) done
```

Endwert von x

```
(%i126) x;
```

(%o126) $$\frac{1}{\frac{1}{\frac{1}{x}+1}+1}+1$$

2 Ausdrücke

Jede Eingabe in Maxima ist ein *Ausdruck*, der von Maxima in bestimmer Weise interpretiert wird und immer ein *Ergebnis* liefert, das – wenn die Eingabe nicht mit einem Dollarzeichen abgeschlossen wurde – ausgegeben wird. Formal besteht kein Unterschied zwischen

- *Befehlen* oder Anweisungen, die bestimmte Aktionen veranlassen (wie zum Beispiel die Umformung mathematischer Ausdrücke oder das Lesen und Schreiben von Files),
- *mathematischen Ausdrücken*, bestehend aus Zahlen, Symbolen, Operatoren und Funktionen sowie
- *Funktionen*, die Parameter übernehmen und ein Ergebnis zurückliefern.

Zusätzlich zur Rückgabe eines Ergebnisses, das unmittelbar weiterverwendet werden kann (beispielsweise als Teil eines größeren Ausdrucks oder in einer Zuweisung), können Ausdrücke auch *Nebeneffekte* produzieren, etwa das Schreiben von Werten in ein File, das Produzieren einer Grafik oder die Ausgabe von informativen Meldungen.

2.1 Grundlegende Datentypen

Die kleinsten Bestandteile von Maxima-Ausdrücken heißen *Atome*. Sie können nicht mehr weiter zerlegt, aber durch *Operatoren* zu komplexeren Ausdrücken verknüpft werden oder Parameter von Funktionen sein, die wiederum komplexere Ausdrücke zurückliefern.

Die unterschiedlichen Arten von Atomen können als die grundlegenden Datentypen von Maxima angesehen werden; das sind:

- Ganzzahlen
- Gleitkommazahlen
- lange Gleitkommazahlen („bigfloat")
- Zeichenketten (sowie einzelne Zeichen)
- symbolische Namen (Namen von Variablen und Funktionen)

2.1.1 Prädikatsfunktionen

Der Typ eines Ausdrucks kann mit sogenannten *Prädikatsfunktionen* (oder Abfragefunktionen) abgefragt werden, die als Ergebnis die logischen Werte *true* oder *false* liefern. Diese Funktionen werden häufig in Programmen benötigt, bei denen Entscheidungen in Abhängigkeit von Datentypen getroffen werden müssen.

Tabelle 2.1 Prädikatsfunktionen für Datentypen

`atom(`x`)`	Überprüft, ob der Ausdruck x ein Atom ist
Überprüfung auf...	
`symbolp(`x`)`	Symbolischer Name
`integerp(`x`)`	Ganzzahl
`evenp(`x`)`	Gerade Ganzzahl
`oddp(`x`)`	Ungerade Ganzzahl
`primep(`x`)`	Primzahl
`floatp(`x`)`	Gleitkommazahl
`bfloatp(`x`)`	Gleitkommazahl mit (beliebig) hoher Genauigkeit („bigfloat")
`numberp(`x`)`	Beliebige Zahl
`ratnump(`x`)`	Rationale Zahl
`constantp(`x`)`	Konstante
`stringp(`x`)`	Zeichenkette

Bei Zahlen wird zwischen Ganzzahlen, Gleitkommazahlen mit *bestimmter* Genauigkeit und Gleitkommazahlen mit *beliebiger* Genauigkeit („bigfloat") unterschieden. Rationale Zahlen werden von Gleitkommazahlen unterschieden; sie sind aber keine Atome, da sie in Zähler und Nenner zerlegt werden können.

Symbolische Namen können aus Buchstaben, Ziffern, dem Unterstrich und beliebigen Zeichen mit vorangestelltem Backslash („\") bestehen, wobei das erste Zeichen keine Ziffer sein darf.

Symbole, Ganzzahlen und Zeichenketten sind Atome, rationale Zahlen aber nicht.

```
(%i1) [atom(a),atom(12),atom(12/7),atom("text")];
(%o1) [true , true , false , true]
```

Zahlen und Zeichenketten sind keine Symbole.

```
(%i2) [symbolp(a),symbolp("a"),symbolp(12)];
(%o2) [true , false , false]
```

Zuweisen einer Ganzzahl

```
(%i3) n1:20;
(%o3) 20
```

Gleitkommazahlen werden von Ganzzahlen unterschieden; Funktionsargumente werden ausgewertet.

```
(%i4) [integerp(12),integerp(12.0),integerp(n1)];
(%o4) [true , false , true]
```

Überprüfung auf eine gerade Zahl, ungerade Zahl und Primzahl

```
(%i5) [oddp(12),evenp(12),primep(12)];
(%o5) [false , true , false]
```

Überprüfung auf eine Gleitkommazahl

```
(%i6) [floatnump(12),floatnump(12.0),floatnump(12b0)];
(%o6) [false , true , false]
```

Überprüfung auf eine lange Gleitkommazahl („bigfloat“)	`(%i7) [bfloatp(12),bfloatp(12.0),bfloatp(12b0)];` `(%o7) [false,false,true]`
Symbolische Konstanten und mathematische Funktionen mit Ganzzahlen bleiben unausgewertet, sie sind daher *keine* Gleitkommazahlen.	`(%i8) [floatnump(%pi),floatnump(sqrt(2))];` `(%o8) [false,false]`
Überprüfung auf eine Zahl	`(%i9) [numberp(12),numberp(n1/7)];` `(%o9) [true,true]`
Mathematische Funktionen werden, wenn möglich, *vereinfacht* und ergeben dann eine Zahl.	`(%i10) [numberp(sqrt(3/9)),numberp(sqrt(4/9))];` `(%o10) [false,true]`
Überprüfung auf eine rationale Zahl; auch Ganzzahlen sind rationale Zahlen.	`(%i11) [ratnump(1/2),ratnump(0.5),ratnump(7)];` `(%o11) [true,false,true]`
Überprüfung auf eine Konstante	`(%i12) [constantp(%pi),constantp(sqrt(2))];` `(%o12) [true,true]`

Eine Zeichenkette ist *keine* Konstante.	`(%i13) constantp("a");`
	`declare: argument must be a symbol; found a`
	` -- an error. To debug this try: debugmode(true);`

Durch Einschließen in doppelte Anführungszeichen wird ein Ausdruck zu einer Zeichenkette.	`(%i14) [stringp(12/7),stringp("12/7")];` `(%o14) [false,true]`

2.1.2 Umwandlungsfunktionen

Mit Hilfe von Umwandlungsfunktionen können Ausdrücke eines Typs in einen anderen Typ umgewandelt werden. Die Umwandlungsfunktionen werten das Funktionsargument *vor* der Typumwandlung aus.

Tabelle 2.2 Umwandlungsfunktionen für Datentypen

`float(`x`)`	Umwandlung von x in eine Gleitkommazahl
`bfloat(`x`)`	Umwandlung von x in eine lange Gleitkommazahl („bigfloat“)
`round(`x`)`	Runden auf die nächstliegende Ganzzahl
`floor(`x`)`	Erzeugung der größten Ganzzahl kleiner oder gleich x
`ceiling(`x`)`	Erzeugung der kleinsten Ganzzahl größer oder gleich x
`string(`x`)`	Umwandlung eines Ausdrucks in eine Zeichenkette x
`eval_string(`x`)`	Auswertung einer Zeichenkette x als Ausdruck

`float` und `bfloat` wandeln alle Zahlen eines Ausdrucks in die Gleitkommadarstellung bzw. lange Gleitkommadarstellung um, `floor` und `ceiling` spalten ganzzahlige Anteile aus einem Ausdruck ab und lassen den Rest unausgewertet.

`string` wertet einen Ausdruck aus und wandelt das Ergebnis in eine Zeichenkette (engl.: „string") um, und zwar in eine Form, in der sie wieder von Maxima als Ausdruck eingelesen werden könnte: als ASCII-Text ohne Bruchstriche sowie ohne Hoch- und Tiefstellungen. `eval_string` interpretiert eine Zeichenkette als Maxima-Ausdruck und wertet diesen aus; Näheres zu den Zeichenketten siehe Abschnitt 2.4.

Umwandlung einer rationalen Zahl in Gleitkommazahlen	(%i15) `[7/20,bfloat(7/20),float(7/20)];` (%o15) $[\frac{7}{20}, 3.5b-1, 0.35]$
Mathematische Funktionen werden, wenn möglich, *vereinfacht* aber nicht zu Gleitkommazahlen ausgewertet.	(%i16) `[sin(%pi/6),sin(%pi/5)];` (%o16) $[\frac{1}{2}, \sin\left(\frac{\pi}{5}\right)]$
Mit der Funktion `float` werden mathematische Funktionen zu Gleitkommazahlen ausgewertet.	(%i17) `float(%);` (%o17) $[0.5, 0.58778525229247]$
Auswertung eines Wurzelausdrucks zu einer Gleitkommazahl	(%i18) `[sqrt(2),float(sqrt(2))];` (%o18) $[\sqrt{2}, 1.414213562373095]$
Enthält ein arithmetischer Ausdruck eine Gleitkommazahl, so wird der gesamte Ausdruck in Gleitkommadarstellung ausgewertet.	(%i19) `[2/3+7,2/3+7.0];` (%o19) $[\frac{23}{3}, 7.666666666666667]$
Anwendung der Funktion `float` auf einen Ausdruck	(%i20) `float((1+3*a)/sqrt(1+b));` (%o20) $\frac{3.0\,a+1.0}{\sqrt{b+1.0}}$
Umwandlung eines Ausdrucks in eine Zeichenkette	(%i21) `str:string((1+3*a)/sqrt(1+b));` (%o21) *(3*a+1)/sqrt(b+1)*
Eine Zeichenkette ist kein mathematischer Ausdruck, daher werden Werte von Variablen nicht eingesetzt.	(%i22) `[a:5,b:3];` (%o22) $[5, 3]$ (%i23) `str;` (%o23) *(3*a+1)/sqrt(b+1)*
Umwandlung der Zeichenkette in einen Ausdruck; die Werte der Variablen werden eingesetzt.	(%i24) `eval_string(str);` (%o24) 8
Ermittlung der nächstkleineren und nächstgrößeren Ganzzahl; ein ganzzahliger Anteil wird abgespalten.	(%i25) `[floor((40/7+x)),ceiling(40/7-x)];` (%o25) $[\mathrm{floor}\left(x+\frac{5}{7}\right)+5, 6-\mathrm{floor}\left(x+\frac{2}{7}\right)]$

2.1.3 Konstanten

Eine Reihe mathematischer Konstanten besitzt symbolische Namen. Als Bestandteil von Ausdrücken bleiben sie im Allgemeinen unausgewertet, es sei denn, ihre Auswertung wird – beispielsweise durch die Funktion `float` – erzwungen.

Die logischen Konstanten *true* und *false* werden kaum in Benutzereingaben verwendet werden, sie sind vielmehr das Ergebnis von logischen Ausdrücken und Vergleichsausdrücken (siehe Abschnitt 2.2.2). Kann ein solcher Ausdruck nicht eindeutig zu *true* oder *false* ausgewertet werden, so liefert er den besonderen Wert *unknown*, der aber von Maxima *nicht* als Konstante angesehen wird.

Die Werte für „unendlich", `inf`, `minv` und `infinity` werden in erster Linie als Integrationsgrenzen für bestimmte Integrale (Abschnitt 6.4) und bei der Berechnung von Grenzwerten (Abschnitt 6.1) verwendet.

Tabelle 2.3 Mathematische Konstanten

`%i`	Imaginäre Einheit i (in der Elektrotechnik meist mit j bezeichnet)
`%pi`	Kreiszahl π
`%e`	Eulersche Zahl e
`%phi`	Goldener Schnitt $\Phi = (1+\sqrt{5})/2$
`%gamma`	Euler-Mascheronische Konstante γ
`true`	Logischer Wert für „wahr"
`false`	Logischer Wert für „falsch"
`infinity`	Komplex unendlich
`inf`	Positiv unendlich
`minf`	Negativ unendlich
`und`	Unbestimmt

Die Wurzel einer negativen Zahl ergibt eine imaginäre Zahl.

```
(%i26) sqrt(-7);
(%o26) √7 %i
```

Die Kreiszahl π

```
(%i27) float(%pi);
(%o27) 3.141592653589793
```

Definition der eulerschen Zahl e

```
(%i28) limit((1+1/n)^n,n,inf);
(%o28) %e
```

Die Exponentialfunktion kann sowohl mit der Zahl `%e` als auch mit der Funktion `exp` realisiert werden.

```
(%i29) %e^x-exp(x);
(%o29) 0
```

Die eleganteste Formel der Mathematik, sie enthält die grundlegenden Konstanten e, i, π, 1 und als Ergebnis 0.

```
(%i30) %e^(%i*%pi)+1;
(%o30) 0
```

Goldener Schnitt	`(%i31) float(%phi);` `(%o31) 1.618033988749895`
Euler-Mascheronische Konstante	`(%i32) float(%gamma);` `(%o32) 0.57721566490153`
Vergleichsausdrücke werden mit der Funktion `is` zu logischen Werten ausgewertet.	`(%i33) [is(1=1.0),is(3<4),is(x<y)];` `(%o33) [false , true , unknown]`
Bestimmtes Integral mit Integrationsgrenzen im Unendlichen	`(%i34) integrate(exp(-x**2),x,minf,inf);` `(%o34)` $\sqrt{\pi}$
Grenzwert, der *positiv unendlich* ergibt	`(%i35) limit((x**2-1)/x,x,inf);` `(%o35)` ∞
Grenzwert, der *komplex unendlich* ergibt	`(%i36) limit(1/x,x,0);` `(%o36) infinity`

2.1.4 Systemvariablen

Maxima kennt eine Reihe von Systemvariablen. Manche dieser Variablen dienen zum Festlegen von Grundeinstellungen und können vom Benutzer verändert werden. Andere Systemvariablen liefern Informationen über den Zustand einer Maxima-Sitzung und können nur von Maxima selbst, aber nicht vom Benutzer verändert werden. Im Folgenden werden grundlegede Systemvariablen erläutert, mit denen Rechengenauigkeit und Ausgabe gesteuert werden können und die Informationen über benutzte Variablen liefern. Weitere Systemvariablen werden in entsprechenden, nachfolgenden Abschnitten vorgestellt.

Tabelle 2.4 Systemvariablen für Datentypen

`values`	Liste mit allen mit einem Wert belegten Benutzervariablen
`fpprec`	Rechengenauigkeit für lange Gleitkommazahlen („bigfloat"), Default: 16
`fpprintprec`	Anzahl der signifikanten Stellen für die *Ausgabe* von Gleitkommazahlen, Default: 0 (volle Genauigkeit)
`ratepsilon`	Toleranz für die Umwandlung von Gleitkommazahlen in rationale Zahlen, Default: 2.0e−8
`ibase`	Basis des Zahlensystems für die *Ein*gabe von Ganzzahlen, Default: 10
`obase`	Basis des Zahlensystems für die *Aus*gabe von Ganzzahlen, Default: 10

`fpprec` gibt die *Rechen*genauigkeit in Stellen für lange Gleitkommazahlen („bigfloat") an, für normale Gleitkommazahlen hat dieser Wert keine Bedeutung. `fpprintprec` gibt die *Ausgabe*genauigkeit in signifikanten Stellen für Gleitkommazahlen an; auf die Rechengenauigkeit hat dieser Wert keinen Einfluss.

`ratepsilon` ist die Toleranzgrenze für die Umwandlung von Gleitkommazahlen in rationale Zahlen, beispielsweise mit dem Befehl `ratsimp` (siehe Abschnitt 5.2).

Liste aller benutzerdefinierten Variablen, die mit einem Wert belegt sind	`(%i37) values;` `(%o37) [n1, str, a, b]`
Festlegen der *Rechen*genauigkeit für lange Gleitkommazahlen	`(%i38) fpprec:30;` `(%o38) 30`
Die Zahl π auf 30 Stellen genau	`(%i39) bfloat(%pi);` `(%o39) 3.14159265358979323846264338328b0`
Festlegen der *Ausgabe*genauigkeit für Gleitkommazahlen	`(%i40) fpprintprec:5;` `(%o40) 5`
Entsprechend verkürzte Ausgabe einer Gleitkommazahl	`(%i41) x1:(1/7+1e-5);` `(%o41) 0.143`

Umwandlung in eine rationale Zahl	`(%i42) ratsimp(x1);`
	`rat: replaced 0.143 by 100007/700000 = 0.143`
	`(%o42)` $\frac{100007}{700000}$

Erhöhung der Toleranz für die Umwandlung in eine rationale Zahl	`(%i43) ratepsilon:1e-4;` `(%o43)` $1.0\ 10^{-4}$

Die rationale Zahl ist jetzt einfacher, aber weniger genau.	`(%i44) ratsimp(x1);`
	`rat: replaced 0.143 by 1/7 = 0.143`
	`(%o44)` $\frac{1}{7}$

Mit den Variablen `ibase` und `obase` kann die Basis des Zahlensystems für die Eingabe bzw. Ausgabe von Ganzzahlen zwischen den Werten 2 und 36 eingestellt werden. Die Eingabe und Darstellung von Gleitkommazahlen bleibt davon unbeeinflusst.

Für die Ziffern größer als 9 werden (wie bei Hexadezimalzahlen üblich) Buchstaben für die *Ausgabe* verwendet, `A` für 10, `B` für 11 etc. Bei der *Eingabe* einer Zahl muss das erste Zeichen jedenfalls eine *Ziffer* sein. Ist das erste Zeichen ein Buchstabe, interpretiert Maxima die Eingabe nicht als *Zahl*, sondern als *Variablenname*. Einem Buchstaben als erstem Zeichen einer Zahl ist daher die Ziffer 0 voranzustellen.

Achtung: Wurde `ibase` verändert, so ist bei der Wiederherstellung des ursprünglichen Wertes die Zahl im *neuen* (geänderten) Zahlensystem anzugeben.

Umschalten der Eingabe und Ausgabe auf das Hexadezimalsystem	`(%i45) [ibase:16,obase:16];` `(%o2D) [10, 10]`
Eine Rechnung mit Ganzzahlen im Hexadezimalsystem, es gibt auch Buchstaben als Ziffern.	`(%i46) 64*5-45;` `(%o2E) 1AF`

AA wird nicht als Zahl, sondern als Variable angenommen.

```
(%i47) AA+5;
(%o2F) AA+5
```

Voranstellen einer *Null* lässt die Eingabe als *Zahl* erkennen.

```
(%i48) 0AA+5;
(%o30) 0AF
```

Gleitkommazahlen werden *immer* im Dezimalsystem ausgegeben.

```
(%i49) float(100);
(%o31) 256.0
```

2.2 Operatoren

Operatoren sind Elemente von Ausdrücken, die Atome oder Teilausdrücke – *Operanden* genannt – entweder miteinander verknüpfen oder auf sie angewendet werden (wenn es nur einen einzigen Operanden gibt). Sie können Namen besitzen (z. B. and, not) oder durch ein Symbol dargestellt werden, das aus einem oder mehreren Zeichen bestehen kann (z. B. +,\,*,\,<=).

Genaugenommen ist ein Operator nichts anderes als eine besondere Darstellungsform einer *Funktion* (siehe Abschnitt 2.3): Eine Funktion verarbeitet *Parameter* (oder *Argumente*) zu einem *Funktionswert*, ein Operator verknüpft *Operanden* zu einem *Verknüpfungsergebnis* – beides ist im Prinzip dasselbe, was in Abschnitt 2.6.1 genauer ausgeführt wird.

2.2.1 Arithmetische Operatoren

Die arithmetischen Operatoren für die Grundrechnungsarten entsprechen den in allen Programmiersprachen üblichen Operatoren, für die Potenz existieren zwei gleichwertige Operatoren: „**" und „^".

Die *Fakultät* einer Ganzzahl n ist definiert als:

$$n! = 1 \cdot 2 \cdot 3 \cdot \dots \cdot n$$

Die *doppelte Fakultät* einer Ganzzahl n ist definiert als:

$$n!! = \begin{cases} n \cdot (n-2) \cdot (n-4) \cdot \ldots 2 & \text{für } n \text{ gerade} \\ n \cdot (n-2) \cdot (n-4) \cdot \ldots 1 & \text{für } n \text{ ungerade} \end{cases}$$

Mit dem „normalen" Zuweisungsoperator „:" wird ein Ausdruck (auf der rechten Seite) einem Symbol (auf der linken Seite) zugewiesen; das Symbol auf der linken Seite wird *nicht* ausgewertet. Mit dem Zuweisungsoperator „::" wird auch die linke Seite ausgewertet, wobei diese Auswertung ein *Symbol* als Ergebnis liefern muss. Mit dem Operator „:=" wird eine *Funktion* definiert (siehe Abschnitt 2.3).

Die vier Grundrechnungsarten

```
(%i1) (a+b)*(c-d)/e;
```

(%o1) $\dfrac{(b+a)(c-d)}{e}$

Für die Potenz gibt es zwei gleichwertige Operatoren.

```
(%i2) [a**b, a^b];
```

(%o2) $[a^b, a^b]$

Tabelle 2.5 Arithmetische Operatoren

$a + b$, $a - b$	Addition und Subtraktion
$a * b$, a / b	Multiplikation und Division
a ^ b oder $a ** b$	Potenz a^b
a!	Fakultät
a!!	Doppelte Fakultät
$a : b$	Zuweisung; der Wert von b wird dem Symbol a zugewiesen.
$a :: b$	Zuweisung; der Wert von b wird dem *Wert* von a zugewiesen.
$f(x_1, x_2, \ldots)$:= *expr*	Definition einer Funktion f mit den Parametern $x_1, x_2, \ldots$

Fakultät

```
(%i3) 10!;
(%o3) 3628800
```

Doppelte Fakultät

```
(%i4) 10!!;
(%o4) 3840
```

Zuweisungen

```
(%i5) [x:5,y:z];
(%o5) [5 , z]
```

Zuweisung, bei der auch die linke Seite ausgewertet wird

```
(%i6) y::100;
(%o6) 100
```

z hat jetzt den Wert 100

```
(%i7) z;
(%o7) 100
```

Hat die linke Seite kein *Symbol* als Wert, so erfolgt eine Fehlermeldung.

```
(%i8) x::200;
assignment: cannot assign to 5
 -- an error. To debug this try: debugmode(true);
```

Definition einer Funktion mit dem formalen Parameter x

```
(%i9) lg(x):=float(log(x)/log(10));
```

$$\text{(\%o9) } \mathtt{lg}(x) := \mathtt{float}\left(\frac{\mathtt{log}(x)}{\mathtt{log}(10)}\right)$$

Aufruf der benutzerdefinierten Funktion

```
(%i10) lg(1000);
(%o10) 3.0
```

2.2.2 Logische Operatoren und Vergleichsoperatoren

Logische Operatoren verknüpfen logische Ausdrücke miteinander, die einen der Werte *true* („wahr") oder *false* („falsch") annehmen; Vergleichsoperatoren verknüpfen arithmetische Ausdrücke miteinander und überprüfen diese auf Gleichheit oder eine eine bestimmte Größenrelation. Das Ergebnis ist in beiden Fällen einer der Werte *true* oder *false*. Führt die Auswertung zu keinem eindeutigen Ergebnis, so erhält es den Wert *unknown*.

Tabelle 2.6 Logische Operatoren und Vergleichsoperatoren

$a = b$	Syntaktische Gleichheit
`equal(`a, b`)`	Semantische Gleichheit (ist genaugenommen kein Operator, sondern eine Funktion)
$a \# b$	Ungleichheit (Inversion von „=“)
`not` a	Negation des logischen Ausdrucks a
a `and` b	Konjunktion zweier logischer Ausdrücke (UND-Verknüpfung)
a `or` b	Disjunktion zweier logischer Ausdrücke (ODER-Verknüpfung)
$a < b$, $a <= b$	Vergleich auf „kleiner“ und „kleiner-gleich“
$a > b$, $a >= b$	Vergleich auf „größer“ und „größer-gleich“
`is(`*expr*`)`	Auswertung eines logischen Ausdrucks auf *true*, *false* oder *unknown* (genaugenommen eine Funktion)

Vergleichsoperatoren werden nur innerhalb von *Bedingungen* zu den Werten *true* oder *false* ausgewertet, bleiben aber sonst unausgewertet. Ihre Auswertung kann aber mit der Funktion `is` erzwungen werden. Logische Operatoren werden immer ausgewertet, wenn ein Ergebnis ermittelt werden kann.

Gleichheit und Ungleichheit

```
(%i11) [x=4,x#4];
(%o11) [5=4,5#4]
```

Die Auswertung kann mit der Funktion `is` erzwungen werden.

```
(%i12) [is(x=4),is(x#4)];
(%o12) [false,true]
```

Vergleichsoperator und seine Auswertung

```
(%i13) [x<10, is(x<10)];
(%o13) [5<10,true]
```

Bei logischen Operatoren erfolgt immer eine Auswertung.

```
(%i14) x<10 and z<100;
(%o14) false
(%i15) x<10 and not z<100;
(%o15) true
(%i16) x<10 or z<100;
(%o16) true
```

Bei der Überprüfung auf Gleichheit zweier Ausdrücke wird zwischen *semantischer* und *syntaktischer* Gleichheit unterschieden: Zwei Ausdrücke sind semantisch gleich (Überprüfung mit der Funktion `equal`) wenn sie gleich*wertig* sind, also gegebenenfalls nach einer Umformung den gleichen Wert ergeben. Zwei Ausdrücke sind darüber hinaus syntaktisch gleich (Überprüfung mit dem Gleichheitsoperator =), wenn sie nach der Auswertung – auch ohne zusätzliche Umformung – gleich sind.

Zwei gleichwertige Ausdrücke

```
(%i17) [x1:a+1/a,x2:(a^2+1)/a];
```

(%o17) $[a+\frac{1}{a}, \frac{a^2+1}{a}]$

Die Audrücke sind *syntaktisch* ungleich, aber *semantisch* gleich.

```
(%i18) [is(x1=x2),is(equal(x1,x2))];
(%o18) [false , true]
```

Werden die Ausdrücke durch Umformen in die gleiche Gestalt gebracht, werden sie auch *syntaktisch* gleich.

```
(%i19) is(ratsimp(x1=x2));
(%o19) true
```

2.2.3 Deklaration von Operatoren

Mit entprechenden Deklarationsbefehlen kann eine Funktion zu einem Operator erklärt werden; dabei wird die Art des Aufrufes dieser Funktion verändert.

Ein Operator kann zunächst wie eine gewöhnliche Funktion definiert werden, wobei der Name eine beliebige Kombination von Zeichen ist. Enthält der Name Sonderzeichen, so ist er bei der Definition (nicht aber bei der Verwendung!) in doppelte Anführungszeichen zu setzen.

Mit einem der Deklarationsbefehle – `prefix`, `infix`, `nary`, `postfix`, `matchfix` oder `nofix` – wird eine Funktion zum Operator „ernannt“:

- Ein *Infix-Operator* steht *zwischen* zwei Operanden, die miteinander verknüpft werden.
- Ein *n-ärer Operator* ist einem Infix-Operator ähnlich, kann aber zwischen beliebig vielen Operanden stehen, die miteinander verknüpft werden.
- Ein *Präfix-Operator* steht *vor* dem Operanden, auf den er angewendet wird.
- Ein *Postfix-Operator* steht *hinter* dem Operanden, auf den er angewendet wird.
- Ein *Matchfix-Operator* besteht aus zwei Teilen, die den oder die Operanden wie Klammern umschließen.
- Ein *Nofix-Operator* besitzt überhaupt keine Operanden, er wirkt wie ein gewöhnlicher Befehl.

Tabelle 2.7 Deklaration von Operatoren

`prefix(`*f*`)`	Präfix-Operator
`infix(`*f*`[, `*lbp*`, `*rbp*`])`	Infix-Operator; optionale Parameter sind die linksseitige Bindungskraft *lbp* und die rechtsseitige Bindungskraft *rbp*
`nary(`*f*`[, `*bp*`])`	n-ärer Operator mit der optionalen Bindungskraft *bp*
`postfix(`*f*`)`	Postfix-Operator
`matchfix(`*lop*`, `*rop*`)`	Matchfix-Operator, bestehend aus linkem Teil *lop* und rechtm Teil *rop*)
`nofix(`*f*`)`	Nofix-Operator
`:lisp(get '$`*op*`'lbp)`	Ausgabe der (linken) Bindungskraft des Operators *op*
`:lisp(get '$`*op*`'rbp)`	Ausgabe der rechten Bindungskraft des Operators *op*

Es ist auch möglich, Operatoren ohne vorherige Funktionsdefinition zu deklarieren; solche Operatoren werten zwar nichts aus, man kann aber mit ihnen symbolisch rechnen.

Die Priorität eines Operators ist durch eine *Bindungskraft* (engl.: „binding power") in Form einer Ganzzahl festgelegt. Je höher dieser Zahlenwert ist, umso höher ist die Priorität. Beispielsweise hat die Addition eine Bindungskraft von 100, die Multiplikation eine Bindungskraft von 120. Infix-Operatoren haben sowohl eine linksseitige als auch eine rechtsseitige Bindungskraft. Die Ermittlung der Bindungskraft eines Operators ist auf Maxima-Ebene nicht möglich, hierzu ist die Verwendung einer Lisp-Funktion notwendig.

Ermittlung der Bindungskraft einer Addition auf Lisp-Ebene	`(%i20) :lisp(get '$+ 'lbp);` `100`
Ermittlung der Bindungskraft einer Multiplikation auf Lisp-Ebene	`(%i20) :lisp(get '$* 'lbp);` `120`
Deklaration eines Präfix-Operators mit einer Bindungskraft von 115 (ohne Definition einer Funktion)	`(%i20) prefix(">>",115);` `(%o20) >>`
Der Operator hat eine *höhere* Priorität als die Addition.	`(%i21) >>a+b;` (%o21) $b+>>(a)$
Der Operator hat eine *niedrigere* Priorität als die Multiplikation.	`(%i22) >>a*b;` (%o22) $>>(a\ b)$

Definition einer Funktion zur Umrechnung vom Bogenmaß in das Gradmaß und Ernennung zum Postfix-Operator	`(%i23) degree(x):=float(x*%pi/180);`
	`postfix("degree");`
	(%o23) $\mathrm{degree}(x):=\mathrm{float}\left(\frac{x\,\pi}{180}\right)$
	(%o24) *degree*

Anwendung des Postfix-Operators	`(%i25) sin(30 degree);` `(%o25) 0.5`

Definition einer Funktion und Ernennung zum Infix-Operator mit einer sehr schwachen linksseitigen und einer mittelstarken rechtsseitigen Bindungskraft	`(%i26) ".."(a,b):=f(a,b);`
	`infix("..",50,115);`
	(%o26) $..(a,b):=f(a,b)$
	`(%o27) ..`

Anwendung des Operators zwischen zwei Additionen; die linke Addition bindet stärker als der Operator.	`(%i28) 2+a..b+3;` (%o28) $f(a+2,b)+3$
Anwendung des Operators zwischen zwei Multiplikationen; beide Multiplikationen binden stärker als der Operator.	`(%i29) 2*a..3*b;` (%o29) $f(2\,a,3\,b)$

Das nachfolgende Beispiel für einen n-ären Operator berechnet den Gesamtwiderstand aus einer Parallelschaltung beliebig vieler elektrischer Widerstände. Da es Konzepte aus nachfolgenden Abschnitten enthält – Funktionen mit optionalen Parametern (Abschnitt 2.3.6) sowie das Anwenden einer Funktion auf eine Liste (Abschnitt 9.2.2) –, sieht es auf den ersten Blick etwas trickreich aus.

Funktion zur Berechnung einer Parallelschaltung beliebig vieler Widerstände und Ernennung zu einem n-ären Operator	(%i30) `"//"([x]):=xthru(1/apply("+",(1/x))); nary("//",115);` (%o30) $//([x]) := \mathrm{xthru}\left(\frac{1}{\mathrm{apply}\left(+,\frac{1}{x}\right)}\right)$ (%o31) //
Parallelschaltung von fünf Widerständen	(%i32) `R1//R2//R3//R4//R5;` (%o32) $\frac{R1\ R2\ R3\ R4\ R5}{(((R2+R1)\ R3+R1\ R2)\ R4+R1\ R2\ R3)\ R5+R1\ R2\ R3\ R4}$
Die Addition hat eine *niedrigere* Priorität als die Parallelschaltung.	(%i33) `2+R1//R2;` (%o33) $\frac{R1\ R2}{R2+R1}+2$
Die Multiplikation hat eine *höhere* Priorität als die Parallelschaltung.	(%i34) `2*R1//R2;` (%o34) $\frac{2\ R1\ R2}{R2+2\ R1}$

Matchfix-Operatoren, die einen oder mehrere durch Beistriche getrennte Operanden umschließen, sowie Nofix-Operatoren, die überhaupt keine Operanden besitzen, haben keine Bindungskraft.

Deklaration eines Matchfix-Operators	(%i35) `matchfix("|","|");` (%o35) /
Nachträgliche Funktionsdefinition für den Matchfix-Operator	(%i36) `|x|:=cabs(x);` (%o36) $(/x/) := \mathrm{cabs}(x)$
Berechnung des Betrags eines komplexen Ausdrucks in gewohnter Schreibweise	(%i37) `|a+%i*b|;` (%o37) $\sqrt{b^2+a^2}$
Funktionsdefinition ohne Parameter zum Vereinfachen des jeweils vorigen Ausdrucks	(%i38) `rr():=ratsimp(%);` (%o38) $\mathrm{rr}() := \mathrm{ratsimp}(\%)$
Ernennung der Funktion zum Nofix-Operator	(%i39) `nofix(rr);` (%o39) *rr*
Ein beliebiger Ausdruck	(%i40) `a/b/(1+(a/b));` (%o40) $\frac{a}{\left(\frac{a}{b}+1\right)\ b}$
Vereinfachen des vorigen Ausdrucks durch bloßes Aufrufen des Nofix-Operators	(%i41) `rr;` (%o41) $\frac{a}{b+a}$

2.2.4 Prädikate von Operatoren

Operatoren können eine Reihe von Eigenschaften („Prädikate") besitzen, die die Vereinfachung von Ausdrücken beeinflussen. Diese Eigenschaften gelten in gleicher Weise für benutzerdefinierte Funktionen (siehe Abschnitt 2.3). Eine Liste aller möglichen Eigenschaften ist in der Systemvariablen `opproperties` abgelegt. Mit dem Befehl `declare` kann einem Operator eine Eigenschaft zugeordnet werden, der Befehl `remove` hebt eine solche Zuordnung wieder auf.

Einige Prädikate schließen einander gegenseitig aus oder sind untereinander inkompatibel. Beispielsweise hat das Prädikat `commutative` nur einen Sinn bei Operatoren mit *mehreren* Operanden, die Prädikate `oddfun` und `evenfun` lassen aber nur *einen einzigen* Operanden zu.

Ein *additiver* Operator wird, wenn er auf eine Summe angewendet wird, auf jeden Summanden einzeln angewendet. Hat ein Operator das Prädikat `outative`, so werden konstante Faktoren aus der Operation herausgehoben. Konstante Faktoren sind Zahlen und Symbole, für welche die Funktion `constantp` den Wert *true* ergibt. Die Prädikate `additive` und `outative` ergeben zusammen das Prädikat `linear`.

Tabelle 2.8 Prädikate von Operatoren

`opproperties`	Liste mit allen möglichen Eigenschaften
`declare(`f_1, p_1, f_2, p_1, ...`)`	Zuweisen der Eigenschaft p_1 dem Operator $f_1, \dots$
`remove(`f_1, p_1, f_2, p_1, ...`)`	Löschen der Eigenschaft p_1 des Operators $f_1, \dots$
Eigenschaften:	
`additive`	Der Operator wird auf jeden einzelnen Summanden angewendet: $f(x+y) \to f(x)+f(y)$
`outative`	Konstante Faktoren werden aus dem (ersten) Parameter herausgehoben: $f(c \cdot x) \to c \cdot f(x)$
`linear`	Linearer Operator, Kombination von `additive` und `outative`
`multiplicative`	Der Operator wird auf jeden einzelnen Faktor angewendet: $f(x \cdot y) \to f(x) \cdot f(y)$
`evenfun`	Der Operator stellt eine *gerade* Funktion dar.
`oddfun`	Der Operator stellt eine *ungerade* Funktion dar.
`commutative`	Kommutativer Operator
`symmetric`	Symmetrischer Operator
`antisymmetric`	Antisymmetrischer Operator
`nary`	„n-ärer" Operator, d. h. eine Verschachtelung mehrerer Operatoren wird aufgelöst: $f(x, f(y,z)) \to f(x,y,z)$

Bei *geraden* Funktionen (Prädikat `evenfun`) werden negative Vorzeichen im Funktionsargument entfernt, $f(-x) \to f(x)$; bei *ungeraden* Funktionen (Prädikat `oddfun`) werden negative Vorzeichen im Funktionsargument aus der Funktion herausgehoben, $f(-x) \to -f(x)$.

Bei *kommutativen* Operatoren (Prädikat `commutative`) werden die Operanden in eine Standardreihenfolge sortiert, ebenso bei *symmetrischen* Operatoren (Prädikat `symmetric`). Bei *antisymmetrischen* Operatoren (Prädikat `antisymmetric`) werden gegebenenfalls auftretende Vorzeichenänderungen beim Sortieren der Operanden herausgehoben.

Ein *n-ärer* Operator (Prädikat `nary`) – d. h. als Verallgemeinerung von *unär, binär, ternär* etc. *n Werte verknüpfend* – besitzt eine beliebige Anzahl von Operanden, deren Reihenfolge bedeutungslos ist. Eine eventuelle Verschachtelung von Operationen wird dabei aufgelöst (wie etwa beim „Verflachen" von Listen mit dem Befehl `flatten`, siehe Abschnitt 3.1.4).

Liste mit allen möglichen Eigenschaften von Operatoren	(%i42) opproperties; (%o42) [*linear*, *additive*, *multiplicative*, *outative*, *evenfun*, *oddfun*, *commutative*, *symmetric*, *antisymmetric*, *nary*, *lassociative*, *rassociative*]
Erklärung von f zum linearen Operator (oder zu einer linearen Funktion)	(%i43) declare(f,linear); (%o43) *done*
Bei einem linearen Operator werden Summen aufgespalten und konstante Faktoren herausgehoben.	(%i44) f(a+5*b); (%o44) 5 f(*b*)+f(*a*)
Entfernung der Linearitätseigenschaft	(%i45) remove(f,linear); (%o45) *done*
Der eingegebene Ausdruck bleibt unverändert.	(%i46) f(a+5*b); (%o46) f(5 *b*+*a*)
Festlegung unterschiedlicher Eigenschaften mehrerer Operatoren in einem einzigen Befehl	(%i47) declare(fe,evenfun,fs,antisymmetric,fn,nary); (%o47) *done*
Vereinfachung einer geraden Funktion	(%i48) fe(-a); (%o48) fe(*a*)
Vereinfachung einer antisymmetrischen Funktion	(%i49) fs(b,a); (%o49) -fs(*a*, *b*)
Vereinfachung einer n-ären Funktion, Verschachtelungen werden aufgelöst.	(%i50) fn(fn(a,b),c,fn(d,e)); (%o50) fn(*a*, *b*, *c*, *d*, *e*)

2.3 Funktionen

Funktionen weisen Ausdrücken $x_1, x_2, \dots x_n$ einen eindeutigen Wert y zu:

$$y = f(x_1, x_2, \dots x_n)$$

Darin sind die x_i die *Parameter* oder *Argumente*, f ist der *Funktionsname* und y das *Ergebnis* der Funktion.

Das Ergebnis y kann ein beliebiger Ausdruck sein – auch eine Liste mit mehreren Ausdrücken $y_1, y_2, \dots y_n$. Eine Funktion kann somit als „Automat“ aufgefasst werden, der die Eingangsgrößen x_i zu Ausgangsgrößen y_i verarbeitet (Bild 2.1).

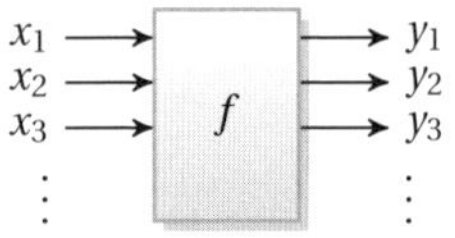

Bild 2.1 Eine Funktion als „Automat“

Das Konzept einer Funktion ist sehr allgemein und vielseitig; im weitesten Sinne ist in Maxima außer den Atomen und den sogenannten speziellen Operatoren `do`, `for`, `if`, `while` und `unless` (siehe Abschnitt 9.1) alles eine Funktion:

- jede mathematische Funktion,
- jede Anwendung von Operatoren,
- jeder zusammengesetzte Ausdruck,
- jeder Befehl.

Zusätzlich zur Rückgabe des *Ergebnisses* kann eine Funktion auch *Nebeneffekte* besitzen, wie zum Beispiel das Einlesen und die Ausgabe von Daten oder das Verändern der Werte von Parametern. Prinzipiell wäre es möglich, dass manche Funktionen überhaupt kein Ergebnis liefern; in Maxima ist dies allerdings nicht möglich. In Maxima liefert jede Funktion ein Ergebnis, auch wenn es nicht immer weiterverwendet wird. In einem solchen Fall wird der Nebeneffekt zur eigentlichen Hauptaufgabe der Funktion.

Es gibt auch Funktionen, die keine Argumente besitzen, und sich die zur Ermittlung des Ergebnisses notwendigen Informationen anderweitig verschaffen, wie zum Beispiel die Zeitfunktionen oder Funktionen zur Erzeugung von Zufallszahlen. In Maxima sind auch solche Funktionen jedenfalls mit Funktionsklammern zu versehen, auch wenn diese in diesem Fall leer sind. Durch die Angabe von Funktionsklammern kann Maxima Funktionen von Variablen unterscheiden.

Die meisten Maxima-Funktionen sind, thematisch geordnet, in anderen Abschnitten erläutert. Dieser Abschnitt enthält jene mathematischen Funktionen, die nicht direkt einem anderen Kapitel zugeordnet werden können. Die Namen der mathematischen Funktionen von Maxima gleichen im Wesentlichen denen anderer Programmiersprachen.

2.3.1 Grundlegende mathematische Funktionen

Ein wesentliches Merkmal von Computeralgebra ist das exakte Rechnen. Gibt es für den Wert einer mathematischen Funktion kein exaktes Ergebnis, so bleibt die Funktion unausgewertet. Ein numerisches Ergebnis in Gleitkommadarstellung kann aber mit der Funktion `float` (so weit wie möglich – die Funktionsargumente können auch Ausdrücke mit Symbolen enthalten) erzwungen werden. Auch die Angabe einer Gleitkommazahl als Funktionsargument liefert ein numerisches Ergebnis.

Tabelle 2.9 Grundlegende mathematische Funktionen

`sqrt(`x`)`	Quadratwurzel $\sqrt{x}$
`isqrt(`x`)`	Ganzzahliger Anteil der Quadratwurzel
`exp(`x`)`	Exponentialfunktion e^x
`log(`x`)`	natürlicher Logarithmus $\ln(x)$
`abs(`x`)`	Betrag von x
`signum(`x`)`	Vorzeichen von x, ergibt -1 ($x < 0$), 0 ($x = 0$) oder 1 ($x > 0$)
`mod(`x, y`)`	Modulo-Funktion, ganzzahliger Rest von x/y
`min(`$x_1, x_2, \ldots$`)`	Minimum aller Werte $x_1, x_2, \ldots$
`max(`$x_1, x_2, \ldots$`)`	Maximum aller Werte $x_1, x_2, \ldots$
`lcm(`$x_1, x_2, \ldots$`)`	Kleinstes gemeinsames Vielfaches aller Werte $x_1, x_2, \ldots$
`gcd(`$x_1, x_2, \ldots$`)`	Größter gemeinsamer Teiler aller Werte $x_1, x_2, \ldots$
`unit_step(`t`)`	Sprungfunktion (Heaviside-Funktion) $\sigma(t)$

Mathematische Funktionen bleiben unausgewertet, wenn kein symbolisches Ergebnis existiert.

```
(%i1) [sqrt(49),sqrt(42),float(sqrt(42))];
(%o1) [7, √42, 6.4807]
```

Die ganzzahlige Wurzel wird immer ausgewertet

```
(%i2) isqrt(42);
(%o2) 6
```

Exponentialfunktion exp(x) und Potenz der eulerschen Zahl e^x sind gleichwertig:

```
(%i3) exp(x)-%e^x;
(%o3) 0
```

Gleitkommadarstellung mit `float`

```
(%i4) [float(exp(%pi*x)),float(log(%pi*x))];
(%o4) [2.7183^(π x), log(3.1416 x)]
```

Exponentialfunktionen werden automatisch zusammengefasst.

```
(%i5) exp(x)/exp(y)*exp(z);
(%o5) %e^(z - y + x)
```

Logarithmen werden *nicht* automatisch zusammengefasst.

```
(%i6) log(x)+log(y);
(%o6) log(y)+log(x)
(%i7) log(%e);
(%o7) 1
```

Erzwingen der Gleitkommadarstellung mit `float`	`(%i8) float(log(100)/log(10));` `(%o8) 2.0`
Die Betragsbildung erfolgt auch symbolisch.	`(%i9) abs((x+2)/(-3));` `(%o9)` $\frac{\lvert x+2\rvert}{3}$
Betrag von komplexen Zahlen	`(%i10) [abs(3+4*%i),abs(x+j*y)];` `(%o10)` $[5, \lvert j\,y+x\rvert]$
Die Signumfunktion ergibt das Vorzeichen einer Zahl.	`(%i11) [signum(%e-%pi),signum(sin(%pi/5))];` `(%o11) [-1,1]`
Rest der Ganzzahldivision	`(%i12) mod(19,7);` `(%o12) 5`
Minimum mehrerer Werte	`(%i13) min(2,3,sqrt(3),sin(%pi/7));` `(%o13)` $\sin\left(\frac{\pi}{7}\right)$
Maximum mehrerer Werte	`(%i14) max(2,3,sqrt(3),sin(%pi/7));` `(%o14) 3`
Die Auswertung erfolgt so weit wie möglich.	`(%i15) max(x,2,3,sqrt(3),sin(%pi/7));` `(%o15)` $\max(3, x)$

`lcm` ermittelt das kleinste gemeinsame Vielfache (engl.: „least common multiple") mehrerer Werte; diese Werte müssen keine Ganzzahlen sein, sondern können beliebige Ausdrücke sein. `lcm` ist im Zusatzpaket *functs* enthalten; bei der erstmaligen Verwendung wird dieses Paket automatisch geladen. `gcd` ermittelt den größten gemeinsamen Teiler (engl.: „greatest common divisor") mehrerer Werte; auch diese Werte können beliebige Ausdrücke sein.

Kleinstes gemeinsames Vielfaches zweier Ausdrücke	`(%i16) lcm((x+1)*3,(x^2+3*x+2)*2);` `(%o16)` $6\,(x+1)\,(x+2)$
Größter gemeinsamer Teiler zweier Ausdrücke	`(%i17) gcd((x+1)*3,(x^2+3*x+2)*2);` `(%o17)` $x+1$

Die Sprungfunktion $\sigma(t)$ ist definiert als

$$\sigma(t) = \begin{cases} 0 & \text{für } t < 0 \\ 1 & \text{für } t \geq 0 \end{cases} \quad l$$

Sie wird in der Systemtheorie und Regelungstechnik häufig zur Untersuchung der Reaktion von Systemen auf zeitlich sprungförmig verlaufende physikalische Größen verwendet, zum Beispiel auf Einschaltvorgänge.

Bei Multiplikation einer beliebigen Funktion $f(t)$ mit der Sprungfunktion werden alle Funktionswerte von f für $t < 0$ zu null gesetzt, alle Funktionswerte für $t \geq 0$ behalten ihren ursprünglichen Wert (Ausblendeigenschaft). Durch Überlagerung mehrerer Sprungfunktionen lassen sich Funktionen stückweise zusammensetzen.

Aus einzelnen Stücken zusammengesetzte Funktion

```
(%i18) wxplot2d(x*unit_step(x)-(x-2)
          *unit_step(x-2),[x,-1,5],[y,-1,3]);
(%t18)
```

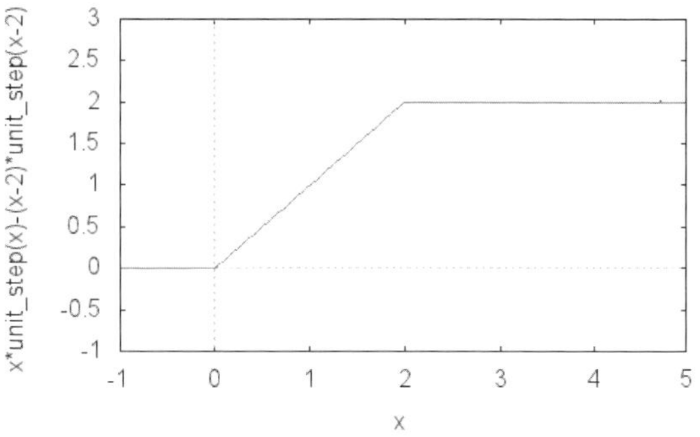

Ausblendeigenschaft der Sprungfunktion

```
(%i19) wxplot2d((1-cos(10*x)*exp(-x))
          * unit_step(x),[x,-1,5])$
(%t19)
```

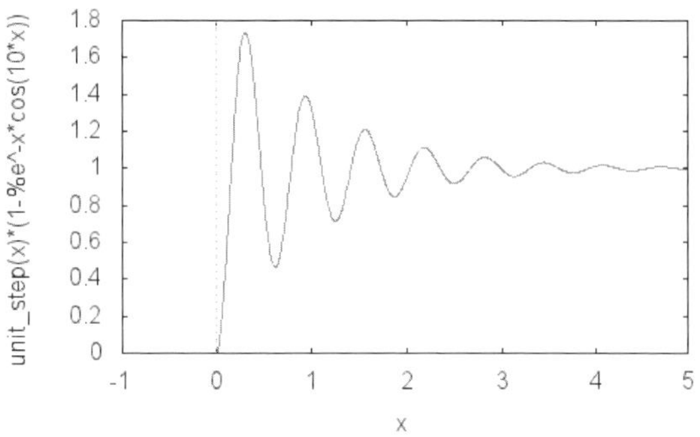

2.3.2 Winkelfunktionen

Wie in den meisten Programmiersprachen üblich, sind die Argumente der Winkelfunktionen im Bogenmaß anzugeben; entsprechend sind die Ergebnisse ihrer Umkehrfunktionen, der Arkusfunktionen, ebenfalls im Bogenmaß angegeben.

Neben den gebräuchlichen Winkelfunktionen `sin`, `cos` und `tan` sind in Maxima auch deren Kehrwerte `csc` *(Kosekans)*, `sec` *(Sekans)* und `cot` *(Kotangens)* definiert. Diese sind aber kaum gebräuchlich und sind nur der Vollständigkeit namentlich angeführt. Gleiches gilt für deren Umkehrfunktionen `acsc` *(Arkuskosekans)*, `asec` *(Arkussekans)* und `acot` *(Arkuskotangens)*.

Die Systemvariable `triginverses` steuert das Aufheben einer Winkelfunktion durch ihre zugehörige Arkusfunktion und umgekehrt; sie ist in Abschnitt 5.4 im Detail beschrieben. In diesem Abschnitt werden auch trigonometrische Umformungen ausführlich erläutert.

Winkelfunktionen mit dem Argument $\pi/3$; für diesen Wert liefern sie exakte Ergebnisse.

```
(%i20) [sin(%pi/3),cos(%pi/3),tan(%pi/3)];
```

(%o20) $[\frac{\sqrt{3}}{2}, \frac{1}{2}, \sqrt{3}]$

Tabelle 2.10 Winkelfunktionen

`sin(x)`	Sinus
`cos(x)`	Kosinus
`tan(x)`	Tangens
`asin(x)`	Arkussinus
`acos(x)`	Arkuskosinus
`atan(x)`	Arkustangens; liefert einen Winkel zwischen $-\pi/2$ und $\pi/2$
`atan2(y, x)`	Arkustangens des Quotienten y/x; liefert einen Winkel zwischen $-\pi$ und π
`triginverses`	Systemvariable; steuert das gegenseitige Aufheben von Winkelfunktionen und Arkusfunktionen.

Arkusfunktionen mit dem Argument 1/2; für den Arkustangens gibt es kein exaktes Ergebnis, er bleibt daher unausgewertet.

```
(%i21) [asin(1/2),acos(1/2),atan(1/2),atan(0.5)];
```
(%o21) $[\frac{\pi}{6}, \frac{\pi}{3}, \mathrm{atan}\left(\frac{1}{2}\right), 0.464]$

Eine Winkelfunktion hebt die zugehörige Arkusfunktion auf.

```
(%i22) sin(asin(x));
```
(%o22) x

Eine Arkusfunktion hebt die zugehörige Winkelfunktion *nicht* auf, ...

```
(%i23) asin(sin(x));
```
(%o23) $\mathrm{asin}(\sin(x))$

... was aber durch Setzen der Systemvariablen `triginverses` auf *all* veranlasst werden kann.

```
(%i24) asin(sin(x)),triginverses=all;
```
(%o24) x

Anwendung von Winkelfunktionen auf verschiedene Arkusfunktionen

```
(%i25) [cos(asin(x)),tan(acos(x))];
```
(%o25) $[\sqrt{1-x^2}, \frac{\sqrt{1-x^2}}{x}]$

Da die Winkelfunktionen periodisch sind, ist ihre Umkehrung nicht eindeutig. Die Arkusfunktionen liefern immer ihren *Hauptwert*, der beim Arkuskosinus im Intervall $[0, \pi]$, beim Arkussinus und Arkustangens im Intervall $[-\pi/2, \pi/2]$ liegt. Zusätzlich zum „normalen" Arkustangens `atan`, der immer einen Winkel zwischen $-\pi/2$ und $\pi/2$ liefert, gibt es in Maxima – wie in vielen anderen Programmiersprachen – eine Funktion `atan2`. Diese Funktion hat zwei Argumente, die der y- und x-Koordinate in einem kartesischen Koordinatensystem oder dem Imaginärteil und Realteil in der gaußschen Zahlenebene entsprechen. Das Funktionsergebnis ist der entsprechende Winkel bzw. das Argument der komplexen Zahl im Bereich zwischen $-\pi$ und π.

Das Argument einer komplexen Zahl ergibt bei bekannten Vorzeichen die Funktion `atan`, sonst `atan2`.

```
(%i26) [carg(3+4*%i),carg(x+y*%i)];
```
(%o26) $[\mathrm{atan}\left(\frac{4}{3}\right), \mathrm{atan2}(y, x)]$

2.3.3 Hyperbelfunktionen

Neben den gebräuchlichen Hyperbelfunktionen `sinh`, `cosh` und `tanh` sind in Maxima auch deren Kehrwerte `csch` *(Kosekans Hyperbolicus)*, `sech` *(Sekans Hyperbolicus)* und `coth` *(Kotangens Hyperbolicus)* definiert. Wie bei den Winkelfunktionen sind diese Kehrwerte wenig gebräuchlich und sind nur der Vollständigkeit halber namentlich angeführt. Gleiches gilt für deren Umkehrfunktionen, den Areafunktionen `acsch` *(Areakosekans Hyperbolicus)*, `asech` *(Areasekans Hyperbolicus)* und `acoth` *(Areakotangens Hyperbolicus)*.

Mit der Funktion `exponentialize` können die Hyperbelfunktionen in die Exponentialdarstellung umgewandelt werden. Für die Areafunktionen bietet Maxima keine eingebaute Funktion zur Umwandlung in die entsprechende Logarithmus-Darstellung an. Dies kann aber mit einer benutzerdefinierten Funktion `logarithmize` erfolgen.

Tabelle 2.11 Hyperbelfunktionen

`sinh(`x`)`	Sinus Hyperbolicus
`cosh(`x`)`	Kosinus Hyperbolicus
`tanh(`x`)`	Tangens Hyperbolicus
`asinh(`x`)`	Areasinus Hyperbolicus
`acosh(`x`)`	Areakosinus Hyperbolicus
`atanh(`x`)`	Areatangens Hyperbolicus
`exponentialize(`z`)`	Umwandlung von Hyperbelfunktionen im Ausdruck z in Exponentialfunktionen

Darstellung des Sinus Hyperbolicus in Exponentialform

```
(%i27) exponentialize(sinh(x));
```

(%o27) $\frac{\%e^{x} - \%e^{-x}}{2}$

Darstellung des Kosinus Hyperbolicus in Exponentialform

```
(%i28) exponentialize(cosh(x));
```

(%o28) $\frac{\%e^{x} + \%e^{-x}}{2}$

Darstellung des Tangens Hyperbolicus in Exponentialform

```
(%i29) exponentialize(tanh(x));
```

(%o29) $\frac{\%e^{x} - \%e^{-x}}{\%e^{x} + \%e^{-x}}$

Funktion zur Umwandlung der Areafunktionen in die Logarithmus-Darstellung

```
(%i30) logarithmize(z):=
       subst([asinh=lambda([u],log(u+sqrt(u^2+1))),
         acosh=lambda([u],log(u+sqrt(u^2-1))),
         atanh=lambda([u],log((1+u)/(1-u))/2)],z)$
```

Umwandlung in die Logarithmus-Darstellung

```
(%i31) logarithmize(asinh(x+y)+1);
```

(%o31) $\log\left(\sqrt{(y+x)^2+1}+y+x\right)+1$

Die Systemvariable `triginverses` (siehe Abschnitt 5.4) steuert das Aufheben einer Hyperbelfunktion durch ihre zugehörige Areafunktion und umgekehrt.

Eine Hyperbelfunktion hebt die zugehörige Areafunktion auf.	(%i32) sinh(asinh(x)); (%o32) x
Aufheben einer Hyperbelfunktion durch eine Areafunktion	(%i33) asinh(sinh(x)),triginverses=all; (%o33) x

2.3.4 Erzeugung von Zufallszahlen

`random(`x`)` liefert eine nicht-negative, gleichverteilte Zufallszahl, die kleiner als x ist. Ist x ganzzahlig, so ist auch das Ergebnis eine Ganzzahl. Ist x eine Gleitkommazahl, so ist auch das Ergebnis eine Gleitkommazahl.

Der augenblickliche Zustand des Zufallsgenerators wird durch ein sogenanntes *Zustands-Objekt*, bestehend aus 627 32-Bit-Zahlen, gebildet. `make_random_state` erzeugt ein Zustands-Objekt, das mit der Funktion `set_random_state` in den Generator geladen werden kann. Für das Argument x von `make_random_state(`x`)` gibt es verschiedene Möglichkeiten:

- Ist x eine Ganzzahl, so wird mit dieser Zahl ein eindeutiges Zustandsobjekt erzeugt.
- Ist x ein Zustandsobjekt, so wird dieses kopiert (eine bloße Zuweisung bildet keine Kopie, sondern nur eine neue *Referenz* auf das ursprüngliche Zustandsobjekt, ähnlich wie bei der Zuweisung von Listen und Matrizen).
- Hat x den Wert *true*, so wird ein Zustandsobjekt aus der augenblicklichen Systemzeit generiert.
- Hat x den Wert *false*, so wird der augenblickliche Zustand des Zufallsgenerators zurückgeliefert.

Tabelle 2.12 Erzeugung von Zufallszahlen

`random(`x`)`	Zufallszahl z zwischen 0 und x ($0 \leq z < x$)
`make_random_state(`x`)`	Erzeugung eines Anfangszustands für den Zufallsgenerator
`set_random_state(`s`)`	Laden des Zustands s in den Zufallsgenerator

Erzeugen eines Zustandsobjektes	(%i34) s:make_random_state(5); (%o34) *Structure [RANDOM-STATE]*
Initialisierung des Zufallsgenerators	(%i35) set_random_state(s); (%o35) *done*
Liste mit ganzzahligen Zufallszahlen	(%i36) makelist(random(100),k,1,10); (%o36) [11 , 14 , 67 , 85 , 6 , 70 , 92 , 33 , 88 , 4]
Bei nochmaliger Initialisierung mit demselben Zustandsobjekt erhält man auch dieselbe Zufallszahlenfolge.	(%i37) set_random_state(s); (%o37) *done* (%i38) makelist(random(100),k,1,10); (%o38) [11 , 14 , 67 , 85 , 6 , 70 , 92 , 33 , 88 , 4]

2.3.5 Zeitfunktionen

Die Zeitfunktionen besitzen kein Argument, sie beziehen die Informationen zur Ermittlung des Rückgabewertes aus der Systemzeit des Rechners.

Tabelle 2.13 Zeitfunktionen

`timedate()`	Datum und Uhrzeit als String
`absolute_real_time()`	Seit dem 1. Jänner 1900 verstrichene Zeit in Sekunden
`elapsed_real_time()`	Seit dem Beginn der Maxima-Sitzung verstrichene Zeit in Sekunden

Datum und Uhrzeit

```
(%i39) timedate();
(%o39) 2013-09-15 22:51:21+10:00
```

Seit dem 1.1.1900 verstrichene Sekunden

```
(%i40) absolute_real_time();
(%o40) 3588238281
```

Seit dem Start von Maxima verstrichene Sekunden

```
(%i41) elapsed_real_time();
(%o41) 25.2
```

2.3.6 Benutzerdefinierte Funktionen

$f(x_1, x_2, \ldots x_n)$:=*expr* ist die übliche Methode zum Definieren einer Funktion mit den formalen Parametern $x_1, x_2, \ldots x_n$. Der Funktionskörper *expr* ist nur in einfachen Fällen ein einzelner Ausdruck; meist ist er eine *Sequenz*, bestehend aus mehreren durch Beistriche getrennten Ausdrücken in runden Klammern oder ein *Block*, der zusätzliche lokale Variablen enthalten kann (siehe Abschnitt 9.1.1).

In Maxima gibt es keine Namensräume, Funktionsnamen sind daher immer global. Bei der Namensgebung benutzerdefinierter Funktionen ist daher darauf zu achten, dass keine Namensgleichheiten mit Maxima-internen Funktionen oder Funktionen aus anderen Paketen auftreten.

Zehnerlogarithmus als benutzerdefinierte Funktion

```
(%i1) lg(x):=float(log(x)/log(10));
```

(%o1) $\mathrm{lg}(x):=\mathrm{float}\left(\frac{\log(x)}{\log(10)}\right)$

Aufruf der benutzerdefinierten Funktion

```
(%i2) [lg(0.01),lg(2),lg(1000)];
(%o2) [-2.0,0.301,3.0]
```

Definition einer Funktion in zwei Variablen

```
(%i3) f(x,y):=(x^2+y^2)/(x+2);
```

(%o3) $f(x,y):=\frac{x^2+y^2}{x+2}$

Tabelle 2.14 Benutzerdefinierte Funktionen

$f(x_1, x_2, \ldots)$:= *expr*	Definieren einer Funktion *f* mit den formalen Parametern x_i; *expr* wird *nicht* ausgewertet
$f(x_1, x_2, \ldots, [opts])$:= *expr*	Funktion *f* mit den formalen Pflichtparametern x_i und zusätzlichen optionalen Parametern *opts*
`define`$(f(x_1, x_2, \ldots), expr)$	Definieren einer Funktion *f* mit den formalen Parametern x_i; *expr* wird ausgewertet
`define`$(f(x_1, x_2, \ldots, [opts]), expr)$	Funktion *f* mit den formalen Pflichtparametern x_i und zusätzlichen optionalen Parametern *opts*
`funmake`$(f, [x_1, x_2, \ldots])$	Liefert einen Funktionsaufruf $f(x_1, x_2, \ldots x_n)$ *ohne* Auswertung
`functions`	Liste mit allen benutzerdefinierten Funktionen
`dispfun`$(f_1, f_2, \ldots)$	Ausgabe der Funktionsdefinitionen für $f_1, f_2, \ldots f_n$ als *Nebeneffekt*
`dispfun(all)`	Ausgabe der Funktionsdefinitionen *aller* benutzerdefinierten Funktionen
`remfunction`$(f_1, f_2, \ldots)$	Löschen der Funktionsdefinitionen von $f_1, f_2, \ldots f_n$ als *Nebeneffekt*
`remfunction(all)`	Löschen der Funktionsdefinitionen *aller* benutzerdefinierten Funktionen
`fundef`(f)	Ausgabe der Funktionsdefinition für *f* als *Ergebnis*

Plotten der Funktion für verschiedene feste Werte der zweiten Variablen

```
(%i4) wxplot2d([f(x,0),f(x,1),f(x,2)],[x,-1,5]);
(%t4)
```

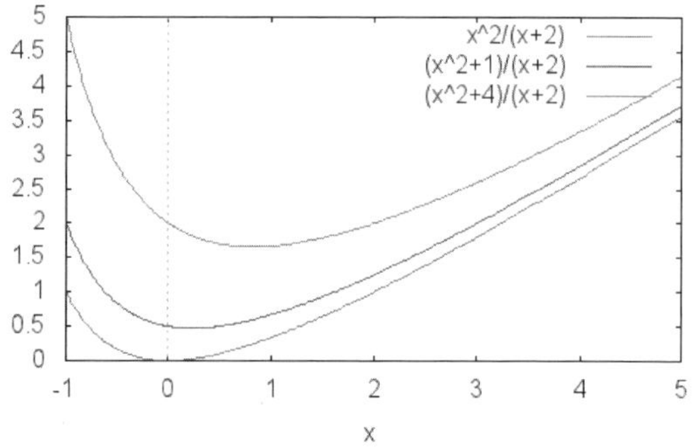

Funktion mit variabler Anzahl an Parametern

```
(%i5) countnumbers([x]):=length(sublist(x,numberp));
(%o5) countnumbers([x]):=length(sublist(x,numberp))
```

Nur zwei Parameter sind Zahlenwerte, π und $\sqrt{2}$ bleiben unausgewertet.

```
(%i6) countnumbers(1,a,b,%pi,sqrt(2),float(sqrt(2)));
(%o6) 2
```

Bei den folgenden benutzerdefinierten Funktionen wird der *Nebeneffekt* zur Hauptsache: push und pop verändern eine Liste als *Nebeneffekt*; die Funktionsergebnisse sind zwar vorhanden, werden aber nicht weiterverwendet. Die Funktion pop, die einen Wert aus der Liste entfernt, hat keinen Parameter. Wird diese Funktion als *Nofix-Operator* deklariert, so können (müssen sogar!) die Funktionsklammern bei ihrem Aufruf weggelassen werden.

Initialisierung des Stapels als leere Liste	`(%i7) stack:[];` `(%o7) []`
Die Funktion push legt einen Wert auf den Stapel.	`(%i8) push(x):=stack:endcons(x,stack);` `(%o8) push(x):=stack : endcons(x , stack)`
Die Funktion pop nimmt den letzten Wert vom Stapel.	`(%i9) pop():=stack:rest(stack,-1);` `(%o9) pop():=stack : rest(stack , -1)`
Auffüllen des Stapels	`(%i10) [push(a),push(b),push(c),push(d)];` `(%o10) [[a] , [a , b] , [a , b , c] , [a , b , c , d]]`
Entleeren des Stapels	`(%i11) pop();` `(%o11) [a , b , c]`

Wird eine Funktion ohne Parameter zum *Nofix-Operator* ernannt, so kann sie ohne Klammern aufgerufen werden.	`(%i12) nofix(pop);`
	`(%o12) pop`
	`(%i13) [pop,pop];`
	`(%o13) [[a , b] , [a]]`

Bei der Definition einer Funktion mit dem Operator := wird der Funktionskörper *nicht* ausgewertet; die Auswertung erfolgt erst beim Funktions*aufruf*. Bei der Definition einer Funktion mit define wird der Funktionskörper sofort ausgewertet. Dies macht einen großen Unterschied, wenn im Funktionskörper Variablen verwendet werden, deren Werte sich im Verlauf des Rechenganges ändern. Eine Alternative zu define ist die Verwendung des ''-Operators, der einen Ausdruck sofort bei der Eingabe auswertet (siehe Abschnitt 5.1.1).

Belegen zweier Variablen mit Werten	`(%i14) [a:5,b:2];` `(%o14) [5 , 2]`
Definition einer Funktion *ohne* Auswertung des Funktionskörpers	`(%i15) f1(x):=a*x+b;` `(%o15) f1(x):=a x+b`
Definition einer Funktion *mit* Auswertung des Funktionskörpers	`(%i16) define(f2(x),a*x+b);` `(%o16) f2(x):=5 x+2`

Werden bei der Funktionsdefinition verwendete Variablen gelöscht (oder verändert), ändern sich auch die Funktionsaufrufe.	`(%i17) kill(a,b);`
	`(%o17) done`
	`(%i18) [f1(3),f2(3)];`
	`(%o18) [b+3 a , 17]`

Ein Funktionsaufruf wird üblicherweise *ausgewertet*. Die Auswertung kann mit funmake unterbunden werden.

Unterdrückung der Auswertung beim Funktions*aufruf*	`(%i19) z:funmake(f2,[3]);` `(%o19) f2(3)`

Die Auswertung kann aber nachträglich mit ev erzwungen werden.

```
(%i20) [z,ev(z)];
(%o20) [f2(3),17]
```

Die Systemvariable `functions` enthält eine Liste mit allen benutzerdefinierten Funktionen. Die Definition einer Funktion wird mit `fundef` oder `dispfun` (auf etwas unterschiedliche Weise) ausgegeben.

Liste aller benutzerdefinierten Funktionen

```
(%i21) functions;
(%o21) [lg(x),f(x,y),countnumbers([x]),push(x),
pop(),f1(x),f2(x)]
```

Funktionsdefinition als *Ergebnis*

```
(%i22) fundef(lg);
```

(%o22) $\mathrm{lg}(x) := \mathrm{float}\left(\frac{\log(x)}{\log(10)}\right)$

Funktionsdefinition als *Nebeneffekt*

```
(%i23) dispfun(lg);
```

(%t23) $\mathrm{lg}(x) := \mathrm{float}\left(\frac{\log(x)}{\log(10)}\right)$

(%o23) [*%t23*]

2.3.7 Arrayfunktionen

Eine *Arrayfunktion* speichert alle berechneten Funktionswerte in einem undeklarierten Array (siehe Abschnitt 3.4). Bei nochmaligem Aufruf mit denselben Argumenten wird der Funktionswert nicht neu berechnet, sondern der zuvor gespeicherte Wert zurückgegeben. Das spart Rechenzeit auf Kosten des Speicherplatzes, was bei sehr rechenintensiven Funktionen vorteilhaft sein kann.

Definintion und Aufruf erfolgen in gleicher Weise wie von gewöhnlichen benutzerdefinierten Funktionen, nur mit eckigen statt runden Klammern. Ebenso werden Funktionsdefinitionen von Arrayfunktionen mit `fundef` oder `dispfun` ausgegeben.

Tabelle 2.15 Arrayfunktionen

$f[x_1, x_2, \ldots x_n]$:=*expr*	Definieren einer Arrayfunktion f mit den formalen Parametern x_i; *expr* wird *nicht* ausgewertet
`arrays`	Liste mit allen benutzerdefinierten Arrays einschließlich Arrayfunktionen
`remarray`($f_1, f_2, \ldots f_n$)	Löschen der Funktionsdefinitionen und Werte von $f_1, f_2, \ldots f_n$ als *Nebeneffekt*

Definition einer Arrayfunktion

```
(%i24) F[x,y]:=sqrt(x^2+y^2);
```

(%o24) $F_{x,y} := \sqrt{x^2+y^2}$

Mehrere Aufrufe der Arrayfunktion

```
(%i25) [F[3,4],F[10,10],F[a,b]];
```

(%o25) $[5, 5\,2^{3/2}, \sqrt{b^2+a^2}]$

Ausgabe der Definition der Arrayfunktion als *Ergebnis*	(%i26) `fundef(F);` (%o26) $F_{x,y} := \sqrt{x^2+y^2}$
Ausgabe der Definition der Arrayfunktion als *Nebeneffekt*	(%i27) `dispfun(F);` (%t27) $F_{x,y} := \sqrt{x^2+y^2}$ (%o27) [*%t27*]

Die in Abschnitt 3.4 erläuterten Arraybefehle sind auch auf Arrayfunktionen anwendbar. Die Namen aller Arrayfunktionen sind nicht in der Liste `functions`, sondern in der Liste `arrays` gespeichert. Das Entfernen von Arrayfunktionen (einschließlich aller gespeicherten Funktionswerte) erfolgt mit dem Befehl `remarray`.

Liste mit Informationen über die Arrayfunktion	(%i28) `arrayinfo(F);` (%o28) [*hashed*, 2, [3, 4], [10, 10], [*a*, *b*]]
Liste mit allen gespeicherten Funktionswerten der Arrayfunktion	(%i29) `listarray(F);` (%o29) $[5, 5\,2^{3/2}, \sqrt{b^2+a^2}]$

2.4 Zeichen und Zeichenketten

Maxima enthält einerseits eine verwirrende Vielfalt von Funktionen zur Bearbeitung von Text in Form von Zeichenketten. Manche Funktionen können leicht durch andere Funktionen ausgedrückt werden und sind daher gar nicht wirklich notwendig. Andererseits fehlt in Maxima ein sehr leistungsfähiges Werkzeug zur Textbearbeitung, nämlich die Möglichkeit, Muster zum Suchen und Ersetzen von Texten mit Hilfe von *regulären Ausdrücken* zu formulieren.

2.4.1 Grundlegendes

Ein einzelnes Zeichen („Character“) und eine Zeichenkette („String“) bilden in Maxima einen gemeinsamen Datentyp; einzelne Zeichen sind Zeichenketten der Länge 1. Eine Zeichenkette kann jedes Byte als Zeichen enthalten, wobei die Kodierung systemabhängig ist. Beispielsweise verwendet wxMaxima unter Windows den ANSI-Zeichensatz, die Kommandozeilen-Version von Maxima aber den erweiterten ASCII-Zeichensatz, die zwar für die Standard-ASCII-Zeichen 0–127 gleich sind, sich aber in den Zeichen 128–255 voneinander unterscheiden. Die Umwandlung eines Zeichens in den Codewert und umgekehrt erfolgt mit der Funktion `cint` bzw. `ascii`.

Bei der Eingabe werden Zeichenketten in doppelte Anführungszeichen gesetzt; die Ausgabe erfolgt nur dann mit Anführungszeichen, wenn die Systemvariable `stringdisp` auf *true* gesetzt ist (Default: *false*).

Maxima kennt nur zwei Escape-Sequenzen zum Einbau von Sonderzeichen in Zeichenketten: \" für das doppelte Anführungszeichen und \\ für den Backslash. Andere Sonderzeichen können durch Verketten mit der Funktion `sconcat` in Zeichenketten eingebaut werden (siehe nächster Abschnitt). Einige Sonderzeichen haben symbolische Namen: `space`, `newline` und

Tabelle 2.16 Grundlegendes über Zeichen und Zeichenketten

s : *"blah blah ... "*	Zuweisen einer Zeichenkette zum Symbol *s*
`cint(c)`	Ermittlung des (ganzzahligen) Codewertes 0 ... 255 des Zeichens *c*
`ascii(n)`	Ermittlung des Zeichens aus dem ganzzahligen Codewert *n*
Escape-Sequenzen in Zeichenketten:	
`\\`	Backslash
`\"`	Anführungszeichen
Symbolische Namen für Sonderzeichen:	
`space`	Leerzeichen (ASCII-Code 32)
`newline`	Neue Zeile *<LF>* (ASCII-Code 10)
`tab`	Tabulator *<HT>* (ASCII-Code 9)
Systemvariable:	
`stringdisp`	Legt fest, ob Zeichenketten mit Anführungszeichen ausgegeben werden (Default: *false*)

`tab` für Leerzeichen, Zeilentrenner und Tabulator. Es kann zweckmäßig sein, auch anderen Zeichen symbolische Namen zuzuweisen, was mit der Funktion `ascii` erfolgen kann.

wxMaxima hat im Standard-Darstellungsmodus Probleme bei der Darstellung von Sonderzeichen, insbesondere beim Zeilentrenner `newline`. Eine korrekte Darstellung von Sonderzeichen in wxMaxima kann durch Setzen des Darstellungsmodus auf `ascii` erreicht werden (siehe Abschnitt 8.2).

Eingabe zweier Zeichenketten

```
(%i1) t1:"Das Gute, dieser Satz steht fest,";
      t2:"ist stets das Böse, das man lässt";
(%o1) Das Gute, dieser Satz steht fest,
(%o2) ist stets das Böse, das man lässt
```

Zeichenkette mit Anführungszeichen und Backslash

```
(%i3) t3:"Daten sind in
      \"c:\\maxima\\test.txt\" gespeichert.";
(%o3)
Daten sind in "c:\maxima\test.txt" gespeichert.
```

Zuweisen des Zeichens *<CR>* („carriage-return“

```
(%i4) cr:ascii(13);
(%o4) ?
```

Ausgabe der Codewerte von mehreren in einer Liste gespeicherten Zeichen

```
(%i5) map(cint,[cr,newline,space,"A","Z","\""]);
(%o5) [13 , 10 , 32 , 65 , 90 , 34]
```

Verketten von Zeichenketten und einzelnen Zeichen

```
(%i6) t4:concat(t1,cr,newline,t2);
(%o6)
Das Gute, dieser Satz steht fest,?ist stets das ...
```

Erst nach Setzen des Darstellungsmodus auf `ascii` ...	`(%i7) set_display('ascii);` `(%o7)                    ascii`

... werden Zeilenumbrüche richtig dargestellt.	`(%i8) t4;`
	`(%o8) Das Gute, dieser Satz steht fest,`
	`ist stets das Böse, das man lässt`

Zurücksetzen des Darstellungsmodus auf den Standardwert `xml`	`(%i9) set_display('xml);` `(%o9) xml`

2.4.2 Abfrage- und Vergleichsfunktionen

Viele Abfrage- und Umwandlungsfunktionen – beispielsweise die Abfrage auf einen Buchstaben oder die Umwandlung von Klein- auf Großbuchstaben – beruhen auf den Standard-ASCII-Zeichen und können *keine* nationalen Sonderzeichen (zum Beispiel Umlaute) richtig verarbeiten. Zur Verarbeitung nicht englischsprachiger Texte ist Maxima daher nur eingeschränkt brauchbar.

`slength` ermittelt die Stringlänge, d. h. die Anzahl der Zeichen einer Zeichenkette.

`ssearch` ermittelt die Position des erstmaligen Vorkommens einer bestimmten Zeichenfolge in einer Zeichenkette. Kommt die Zeichenfolge in der Zeichenkette vor, so ist das Ergebnis eine

Tabelle 2.17 Abfrage- und Vergleichsfunktionen für Zeichen und Zeichenketten

`slength(`s`)`	Anzahl der Zeichen der Zeichenkette s
`ssearch(`seq`, s)`	Ermittlung der Position der Zeichenfolge seq innerhalb der Zeichenkette s
`charp(`x`)`	Überprüfung des Ausdrucks x auf ein Zeichen
`stringp(`x`)`	Überprüfung des Ausdrucks x auf eine Zeichen*kette*
`alphacharp(`c`)`	Überprüfung des Zeichens c auf einen Buchstaben
`digitcharp(`c`)`	Überprüfung von c auf eine Ziffer
`alphanumeric(`c`)`	Überprüfung von c auf ein alphanumerisches Zeichen (Buchstabe oder Ziffer)
`lowercasep(`c`)`	Überprüfung von c auf einen Kleinbuchstaben
`uppercasep(`c`)`	Überprüfung von c auf einen Großbuchstaben
`constituent(`c`)`	Überprüfung von c auf ein *druckbares* Zeichen
`clessp(`c_1`, `c_2`)`	Abfrage zweier Zeichen auf „kleiner" entsprechend cint(c_1)<cint(c_2)
`cgreaterp(`c_1`, `c_2`)`	Abfrage zweier Zeichen auf „größer" entsprechend cint(c_1)>cint(c_2)
`sequal(`s_1`, `s_2`)`	Überprüfung zweier Zeichenketten auf Gleichheit
`smismatch(`s_1`, `s_2`)`	Ermittelt die Position, an der sich die Zeichenketten s_1 und s_2 erstmals unterscheiden.

Ganzzahl, wobei die Zählung beim ersten Zeichen mit 1 beginnt. Kommt die Zeichenfolge in der Zeichenkette überhaupt nicht vor, so ist das Funktionsergebnis *false*.

Ermittlung der Anzahl der Zeichen einer Zeichenkette	`(%i10) slength(t4);` `(%o10) 68`
Ermittlung der Position des erstmaligen Vorkommens einer Zeichenfolge in einer Zeichenkette	`(%i11) ssearch("er",t4);` `(%o11) 15`

`charp` und `stringp` überprüfen, ob ein Ausdruck ein Zeichen bzw. eine Zeichenkette ist. `alphacharp`, `digitcharp`, `uppercasep` und `lowercasep` überprüfen ein Zeichen auf einen Buchstaben, eine Ziffer, einen Großbuchstaben bzw. einen Kleinbuchstaben. Nationale Sonderzeichen (Umlaute etc.) werden dabei aber *nicht* entsprechend erkannt.

`constituent` überprüft, ob ein Zeichen ein *druckbares* Zeichen ist, das heißt, ob es beim Drucken Farbe auf dem Papier hinterlässt, was für die ASCII-Zeichen 32 bis 126 der Fall ist.

Überprüfung auf ein Zeichen: Ein Symbol ist kein Zeichen.	`(%i12) [charp("a"),charp(a)];` `(%o12) [true , false]`
Zahlen und Zeichenketten sind keine Zeichen.	`(%i13) [charp(7),charp("7"),charp("77")];` `(%o13) [false , true , false]`
Überprüfung auf eine Zeichenkette: Ein Symbol ist keine Zeichenkette.	`(%i14) [stringp(hallo),stringp("hallo")];` `(%o14) [false , true]`
Überprüfung auf einen Buchstaben	`(%i15) map(alphacharp,["a","A","ä","7"," "]);` `(%o15) [true , true , false , false , false]`
Überprüfung auf eine Ziffer	`(%i16) map(digitcharp,["a","A","ä","7"," "]);` `(%o16) [false , false , false , true , false]`
Überprüfung auf einen Kleinbuchstaben	`(%i17) map(lowercasep,["a","A","ä","7"," "]);` `(%o17) [true , false , false , false , false]`
Überprüfung auf einen Großbuchstaben	`(%i18) map(uppercasep,["a","A","Ä","7"," "]);` `(%o18) [false , true , false , false , false]`
Überprüfung auf ein druckbares Zeichen	`(%i19) map(constituent,["a","A","ä","$","!"]);` `(%o19) [true , true , false , true , true]`

`clessp` und `cgreaterp` überprüfen die Sortierreihenfolge zweier Zeichen entsprechend ihrer Codewerte auf „kleiner" bzw. „größer". `sequal` überprüft zwei Zeichenketten auf Gleichheit.

Während die Funktionen `charp` und `stringp` auf *beliebige* Ausdrücke angewendet werden können, produzieren die übrigen Prädikatsfunktionen eine Fehlermeldung, wenn sie nicht auf ein *Zeichen* (bzw. eine Zeichenkette für `sequal`) angewendet werden.

Der ASCII-Code von Großbuchstaben ist kleiner als der von Kleinbuchstaben.	`(%i20) clessp("A","a");` `(%o20) true`
Umlaute haben einen höheren ASCII-Code als die entsprechenden „blanken" Buchstaben.	`(%i21) cgreaterp("ä","a");` `(%o21) true`

Überprüfung zweier Zeichenketten auf Gleichheit

```
(%i22) sequal("halli","hallo");
(%o22) false
```

Funktionen zum Überprüfen der Sortierreihenfolge von Zeichen*ketten* auf „kleiner“ oder „größer“ gibt es zwar nicht, können aber leicht als benutzerdefinierte Funktionen formuliert werden:

Funktion zum Vergleich zweier Zeichenketten entsprechend der Sortierreihenfolge auf „kleiner“

```
(%i23) slessp(x,y):=
       if [y,x]#sort([x,y]) then true else false;
(%o23) slessp(x,y):=if [y,x]#sort([x,y])
then true
```

Funktion zum Vergleich zweier Zeichenketten entsprechend der Sortierreihenfolge auf „größer“

```
(%i24) sgreaterp(x,y):=
       if [x,y]#sort([x,y]) then true else false;
(%o24) sgreaterp(x,y):=if [x,y]#sort([x,y])
then true
```

Überprüfung zweier Zeichenketten auf „kleiner“

```
(%i25) slessp("halli","hallo");
(%o25) true
```

Überprüfung zweier Zeichenketten auf „größer“

```
(%i26) sgreaterp("halli","hallo");
(%o26) false
```

`smismatch` ermittelt die Position, ab der sich zwei Zeichenketten unterscheiden.

Ermittlung der Position, ab der sich zwei Zeichenketten unterscheiden.

```
(%i27) smismatch("halli","hallo");
(%o27) 5
```

2.4.3 Zusammenfügen und Zerlegen von Zeichenketten

`concat` verkettet die Argumente zu einer Zeichenkette oder einem Symbol, wobei alle Argumente bei ihrer Auswertung ein Atom ergeben müssen. Ist das erste Argument ein Symbol, so ist auch das Ergebnis ein Symbol. Ist das erste Argument *kein* Symbol (sondern zum Beispiel eine Zeichenkette oder eine Zahl), so ist das Ergebnis eine Zeichenkette. `sconcat` wandelt alle ausgewerteten Argumente in Zeichenketten um und verkettet diese (Bild 2.2). Im Gegensatz zu `concat` müssen die Argumente aber kein Atom ergeben.

`simplode` verkettet – ähnlich der Funktion `sconcat` – Ausdrücke zu einer Zeichenkette; das Argument ist eine *Liste* von Ausdrücken. Als zusätzliches Argument kann ein Trenner (als Zeichen oder Zeichenkette) angegeben werden, der zwischen die einzelnen Teil-Zeichenketten eingebaut wird.

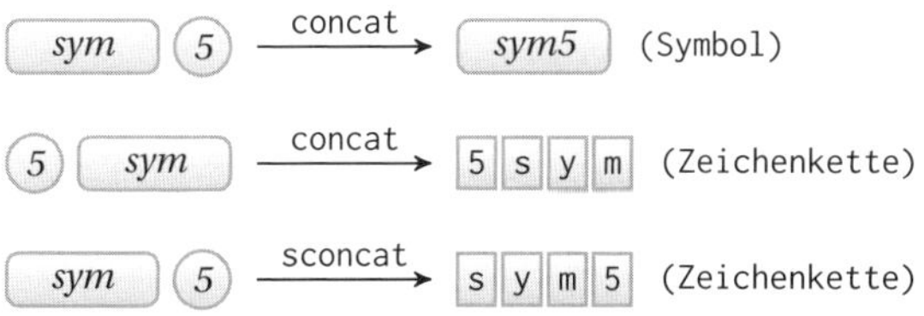

Bild 2.2 Verketten von Symbolen und Zahlen

Tabelle 2.18 Zusammenfügen und Zerlegen von Zeichenketten

`concat(`$expr_1$`, `$expr_2$`, ...)`	Verkettung der Ausdrücke $expr_1, expr_2, \ldots$ zu einem Symbol (wenn $expr_1$ ein Symbol ergibt) oder zu einer Zeichenkette
`sconcat(`$expr_1$`, `$expr_2$`, ...)`	Verkettung der Ausdrücke $expr_1, expr_2, \ldots$ zu einer Zeichenkette
`simplode(`*list*`[, `*delim*`])`	Verkettung von Ausdrücken in der Liste *list* zu einer Zeichenkette; optional kann ein Trenner *delim* angegeben werden.
`charlist(`*s*`)`	Liste aus allen Zeichen der Zeichenkette *s*
`split(`*s*`[, `*delim*`[, `*mult*`]])`	Aufspalten der Zeichenkette *s* in eine Liste von Teilen; die Trennstellen sind durch die Zeichenfolge *delim* (Default: Leerzeichen) festgelegt.

Zusammenfügen eines Symbols und einer Zahl mit concat ergibt ein *Symbol*.

```
(%i28) x1:concat(sym,5);
(%o28) sym5
(%i29) stringp(x1);
(%o29) false
```

Zusammenfügen einer Zahl und eines Symbols mit concat ergibt eine *Zeichenkette*.

```
(%i30) x2:concat(5,sym);
(%o30) 5sym
(%i31) stringp(x2);
(%o31) true
```

Zusammenfügen mehrerer Elemente mit sconcat ergibt immer eine *Zeichenkette*.

```
(%i32) x3:sconcat(sym,5);
(%o32) sym5
(%i33) stringp(x3);
(%o33) true
```

Zusammensetzen einer Liste von Elementen zu einer Zeichenkette

```
(%i34) x:simplode([a,b,c,d]," + ");
(%o34) a + b + c + d
```

`charlist` zerlegt eine Zeichenkette und liefert eine Liste mit den einzelnen Zeichen.

`split` zerlegt eine Zeichenkette in einzelne Teile, die in einer Liste zurückgegeben werden. Als zusätzliches optionales Argument kann eine beliebige Zeichenkette als Trenner angegeben werden. Diese Trenner bleiben aber *nicht* Bestandteile der zerlegten Teile, sie werden bei der Trennung entfernt. Wird kein Trenner angegeben, so erfolgt die Trennung an den Leerzeichen. Unmittelbar aufeinanderfolgende Trenner – typischerweise mehrere Leerzeichen – bewirken nur eine einzige Trennung.

Zerlegen einer Zeichenkette in eine Liste mit einzelnen Zeichen

```
(%i35) charlist(x);
(%o35) [a, ,+, ,b, ,+, ,c, ,+, ,d]
```

Zerlegen einer Zeichenkette an den Leerzeichen

```
(%i36) split(t1);
(%o36) [Das , Gute, , dieser , Satz , steht , fest, ]
```

Zerlegen einer Zeichenkette an den Zeichenfolgen („as“)

```
(%i37) split(t2,"as");
(%o37) [ist stets d , Böse, d , man lässt]
```

2.4.4 Umwandlungsfunktionen

`string` wandelt einen Ausdruck in eine Zeichenkette um. Eine solche Zeichenkette könnte von einem File wieder als Ausdruck eingelesen werden, nicht aber direkt als Eingabe für eine Berechnung verwendet werden.

Die Umwandlung einer Zeichenkette in einen Ausdruck, der für eine Berechnung verwendet werden kann, erfolgt mit der Funktion `eval_string` oder `parse_string`; `eval_string` wertet den Ausdruck aus, `parse_string` lässt den Ausdruck unausgewertet (eine nachfolgende Auswertung kann mit dem Befehl `ev` erfolgen).

Tabelle 2.19 Umwandlung von Ausdrücken in Zeichenketten und umgekehrt

`string(`*expr*`)`	Umwandlung des Ausdrucks *expr* in eine Zeichenkette
`eval_string(`*s*`)`	Umwandlung der Zeichenkette *s* in einen Ausdruck *mit* nachfolgender Auswertung
`parse_string(`*s*`)`	Umwandlung der Zeichenkette *s* in einen Ausdruck *ohne* nachfolgende Auswertung

Definition eines mathematischen Ausdrucks

```
(%i38) z:5*(a+b);
(%o38) 5 (b+a)
```

Umwandlung eines mathematischen Ausdrucks in eine Zeichenkette

```
(%i39) sz:string(z);
(%o39) 5*(b+a)
```

Ein Ausdruck ist keine Zeichenkette.

```
(%i40) [stringp(z),stringp(sz)];
(%o40) [false,true]
```

Umwandlung einer Zeichenkette in einen Ausdruck *mit* nachfolgender Auswertung

```
(%i41) eval_string(sconcat("expand(",sz,")"));
(%o41) 5 b+5 a
```

Umwandlung einer Zeichenkette in einen Ausdruck *ohne* Auswertung

```
(%i42) parse_string(sconcat("expand(",sz,")"));
(%o42) expand(5 (b+a))
```

2.4.5 Bearbeiten von Zeichenketten

Die meisten Funktionen zum Bearbeiten von Zeichenketten erlauben zusätzliche optionale Parameter, die den Bereich innerhalb der Zeichenkette angeben, in dem die Funktion ihre Wirkung entfaltet. Darauf wird aber im Folgenden nicht näher eingegangen, Details dazu finden sich im Maxima Manual [Max].

`supcase`, `sdowncase`, `sinvertcase` dienen zum Umwandeln der Zeichen in einer Zeichenkette in Großbuchstaben, in Kleinbuchstaben bzw. in die jeweils andere Kategorie. Da nationale Sonderzeichen *nicht* als Buchstaben erkannt werden, sind diese Funktionen für nicht englischsprachige Zeichenketten nur bedingt geeignet. `sreverse` dreht die Reihenfolge der Zeichen in einer Zeichenkette um. Als zusätzliche Argumente können Anfangs- und Endposition

Tabelle 2.20 Bearbeiten von Zeichenketten

In den folgenden Funktionen bedeutet der Parameter s immer die zu bearbeitende Zeichenkette.

`supcase(`*s*`)`	Umwandlung in Großbuchstaben
`sdowncase(`*s*`)`	Umwandlung in Kleinbuchstaben
`sinvertcase(`*s*`)`	Vertauschen von Groß- und Kleinbuchstaben
`sreverse(`*s*`)`	Umdrehen der Reihenfolge der Zeichen
`ssort(`*s*`)`	Sortieren der Zeichen nach Kriterien, die mit der Funktion *test* festgelegt werden (Default: `clessp`)
`ssubst(`*new*, *old*, *s*`)`	Ersetzen aller Vorkommen der Zeichenfolge *old* durch die Zeichenfolge *new*
`ssubstfirst(`*new*, *old*, *s*`)`	Wie `ssubst`, nur das erste Vorkommen von *old* wird ersetzt.
`sremove(`*seq*, *s*`)`	Entfernen der Zeichenfolge *seq* aus der Zeichenkette *s*
`sremovefirst(`*seq*, *s*`)`	Wie `sremove`, nur das erste Vorkommen von *seq* wird entfernt.
`strim(`*seq*, *s*`)`	Entfernen aller Zeichen am Anfang oder Ende von *s*, die in der Zeichenfolge *seq* enthalten sind
`striml(`*seq*, *s*`)`	Wie `strim`, entfernt nur Zeichen am *Anfang* von *s*
`strimr(`*seq*, *s*`)`	Wie `strim`, entfernt nur Zeichen am *Ende* von *s*
`sinsert(`*seq*, *s*, *n*`)`	Einfügen der Zeichenfolge *seq* in die Zeichenkette *s* an der Position *n*
`substring(`*s*, p_1[, p_2]`)`	Zeichenfolge ab Position p_1 bis zur Position p_2 (Default: bis zum letzten Zeichen)

für den Bereich innerhalb der Zeichenkette angegeben werden, in dem obige Funktionen ihre Wirkung entfalten.

Umwandlung in Großbuchstaben; funktioniert nicht bei Umlauten

```
(%i43) supcase(t2);
(%o43) IST STETS DAS BöSE, DAS MAN LäSST
```

„Umdrehen" einer Zeichenkette

```
(%i44) sreverse(t1);
(%o44) ,tsef thets ztaS reseid ,etuG saD
```

`ssubst` ersetzt alle Vorkommen einer bestimmten Zeichenfolge in einer Zeichenkette durch eine andere Zeichenfolge. `sremove` entfernt alle Vorkommen einer bestimmten Zeichenfolge; `sremovefirst` entfernt nur deren erstmaliges Vorkommen. Mit zusätzlichen optionalen Argumenten kann die Wirkung der Funktionen auf einen bestimmten Bereich innerhalb der Zeichenkette eingeschränkt werden.

`strim` entfernt am Angfang oder Ende einer Zeichenkette alle Zeichen, die in einer gegebenen Zeichenfolge enthalten sind. `striml` und `strimr` beschränken das Entfernen von Zeichen auf den Anfang bzw. das Ende der Zeichenkette. Eine typische Anwendung ist das Entfernen von Leerzeichen an den Rändern einer Zeichenkette.

Ersetzen von Teilen einer Zeichenkette

```
(%i45) ssubst("das","dieser Satz",t1);
(%o45) Das Gute, das steht fest,
```

Entfernen von Teilen aus einer Zeichenkette

```
(%i46) sremove(" stets",t2);
(%o46) ist das Böse, das man lässt
```

Mit `sinsert` kann eine Zeichenfolge an einer bestimmten Position in eine Zeichenkette eingefügt werden. `substring` liefert einen Teil einer Zeichenkette zwischen einer Anfangs- und Endposition; wird die optionale Endposition nicht angegeben, so erstreckt sich der zurückgegebene Teil bis zum Ende der Zeichenkette.

Eine Funktion zum Ersetzen eines Teils einer Zeichenkette an einer bestimmten Position (bildhaft: zum „Einspleißen") – wie etwa die Funktion *splice* in der Programmiersprache *Perl* [Wal] – gibt es in Maxima nicht; sie kann aber sehr einfach als benutzerdefinierte Funktion definiert werden.

Einfügen einer Zeichenfolge an einer bestimmten Stelle in einer Zeichenkette

```
(%i47) sinsert(" wirklich",t1,4);
(%o47) Das wirklich Gute, dieser Satz steht fest,
```

Teil einer Zeichenkette innerhalb bestimmter Positionen

```
(%i48) substring(t1,11,17);
(%o48) dieser
```

Benutzerdefinierte Funktion zum Ersetzen eines Textteils an einer bestimmten Stelle

```
(%i49) ssplice(s,p,n,t) :=
       sconcat(substring(s,1,p),t,substring(s,n+p));
(%o49)  ssplice(s, p, n, t):=
sconcat(substring(s, 1, p), t, substring(s, n+p))
```

Ersetzen eines Textteils an einer bestimmten Position

```
(%i50) ssplice(t1,11,11,das);
(%o50) Das Gute, das steht fest,
```

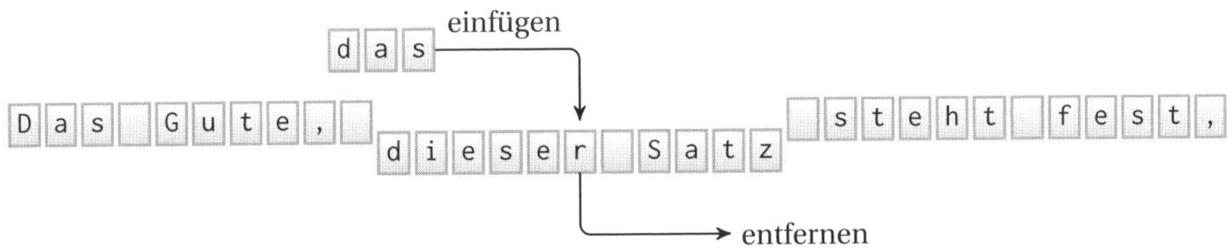

Bild 2.3 Ersetzen eines Teils einer Zeichekette („einspleißen")

2.5 Größen und Einheiten

Das Paket *ezunits* ermöglicht das Rechnen mit dimensionsbehafteten Größen, wie es bei technischen Berechnungen, vor allem in den Bereichen Konstruktion und Dimensionierung häufig üblich ist.

Die Möglichkeiten, mit dimensionsbehafteten Größen zu rechnen, beschränken sich in Maxima auf algebraische Rechenoperationen. Lösen von Gleichungen, Differenzieren und Integrieren ist damit nicht möglich. Da es beim Arbeiten mit Computeralgebra üblich ist, *symbolisch* zu rechnen und aktuelle Werte – in diesem Falle bestehend aus jeweils einem Zahlenwert und einer Einheit – erst in die Ergebnisformeln einzusetzen, bedeutet dies keine wesentliche Einschränkung.

Tabelle 2.21 Größen und Einheiten

val ` *unit*	Größe bestehend aus dem Zahlenwert *val* und der Einheit *unit*
x `` *unit*	Umwandlung der Einheit der Größe *x* in die Einheit *unit*
`qty(`*x*`)`	Zahlenwert der Größe *x*
`units(`*x*`)`	Einheit der Größe *x*
`dimensions(`*x*`)`	Dimension der Größe *x*
`fundamental_units(`*x*`)`	Einheit der Größe *x* in Basiseinheiten
`fundamental_units()`	Erzeugung einer Liste mit allen Basiseinheiten
`fundamental_dimensions`	Liste mit allen Basisgrößen
`known_units()`	Erzeugung einer Liste mit allen definierten Einheiten
`known_unit_conversions`	Liste mit allen definierten Einheiten-Umwandlungen

Vor der Verwendung des Pakets ist es mit dem Befehl `load(ezunits)` zu laden, wobei es aus Effizienzgründen kompiliert wird. Die (für den Benutzer wenig interessanten) Meldungen des Compilers können in wxMaxima ausgeblendet werden.

Die parameterlose Funktion `known_units` erzeugt eine Liste mit allen definierten Einheiten; beliebige weitere Einheiten können mit der Funktion `declare_unit_conversions` hinzugefügt werden. Die Variable `known_unit_conversions` enthält eine Menge aus allen definierten Einheiten mit ihren Umrechnungen.

`fundamental_dimensions` ist eine Liste mit allen Basisgrößen, `fundamental_units` (ohne Parameter) liefert alle Basiseinheiten. Beachte: Ersteres ist eine *Variable*, letzteres eine *Funktion* (mit Funktionsklammern).

Laden des Pakets *ezunits* (Ausgabe ausgeblendet)

```
(%i1) load(ezunits)$
```

Liste mit allen bekannten Einheiten (Maxima-Ausgabe gekürzt)

```
(%i2) known_units();
ezunits: computing conversions to base units;

(%o2) [acre, astronomical_unit, becquerel, Bq,
Btu, candela, cd, cfm, cm, coulomb, cup, day,
degree, farad, feet, fluid_ounce, fl_oz, foot, ft,
g, gallon, GHz, gill, GOhm, GPa, gram, gray, GWb,
```

Menge mit den Definitionen aller Einheiten (Maxima-Ausgabe gekürzt)

```
(%i3) display2d:false$
      linel:55$
      known_unit_conversions;
      display2d:true$
(%o5) {acre = 4840*yard^2,
       astronomical_unit = 149597870700*m,
       becquerel = 1/s,Bq = becquerel,Btu = 1055*J,
       candela = cd,cfm = feet^3/minute,cm = m/100,
       coulomb = C,cup = pint/2,day = 86400*s,
```

Basisgrößen des Einheitensystems (beachte: eine *Liste*)

```
(%i7) fundamental_dimensions;
(%o7) [length, mass, time, current, temperature,
quantity, luminous_intensity]
```

Basiseinheiten des Einheitensystems (beachte: eine *Funktion*, die eine Liste erzeugt)

```
(%i8) fundamental_units();
(%o8) [m, kg, s, A, K, mol, cd]
```

Mit der Funktion `member` kann rasch überprüft werden, ob eine Einheit definiert ist.

```
(%i9) member(kWh,known_units());
      member(MJ,known_units());
      member(Nm,known_units());
      member(Ws,known_units());
(%o9) false
(%o10) true
(%o11) false
(%o12) false
```

Definition der Einheiten kWh, Nm und Ws

```
(%i13) declare_unit_conversion(1'kWh=1'kW*1'hour,
         1'Nm=1'N*m,1'Ws=1'Nm);
(%o13) done
```

Eine dimensionsbehaftete Größe setzt sich aus einem Zahlenwert und einer Einheit zusammen. Der Operator ` (Gravis) trennt in einer Größe den Zahlenwert und die Einheit. Mit dem Einheiten-Umwandlungsoperator `` (doppelte Gravis) kann für eine Größe eine beliebige Einheit vorgegeben werden.

Die Funktion `qty` („quantity") liefert den Zahlenwert einer Größe, `unit` seine Einheit. Wird die Funktion `fundamental_units` mit einem Parameter aufgerufen, ist ihr Ergebnis die Einheit der Größe in Basiseinheiten; `dimensions` liefert die Dimension der Größe.

Definition einer Variablen als physikalische Größe, bestehend aus Zahlenwert und Einheit

```
(%i14) W1:25'kWh;
(%o14) 25 ' kWh
```

Überprüfung einer Variablen auf eine physikalische Größe

```
(%i15) unitp(W1);
(%o15) true
```

Ermittlung des *Zahlenwertes* einer Größe

```
(%i16) qty(W1);
(%o16) 25
```

Ermittlung der *Einheit* einer Größe	`(%i17) units(W1);` (%o17) *kWh*
Einheit einer Größe in Basiseinheiten	`(%i18) fundamental_units(W1);` (%o18) $\frac{kg\ m^2}{s^2}$
Dimension einer Größe	`(%i19) dimensions(W1);` (%o19) $\frac{length^2\ mass}{time^2}$
Definition einer zweiten Größe	`(%i20) W2:30'kW*1500's;` (%o20) 45000 ' *s kW*
Bei der Addition zweier Größen bleiben die ursprünglichen Einheiten erhalten.	`(%i21) W1+W2;` (%o21) 45000 ' *s kW* + 25 ' *kWh*
Umwandlung in die Einheit MJ	`(%i22) (W1+W2)''MJ;` *ezunits: computing conversions to base units* (%o22) 135 ' *MJ*
Umwandlung in die Einheit Nm	`(%i23) (W1+W2)''(Nm);` (%o23) 135000000 ' *Nm*

Wird bei der Einheiten-Umwandlung eine für die Größe inkompatible Einheit angegeben, so werden zum Zahlenwert passende Einheiten hinzugefügt, sodass sich für die gesamte Größe wieder die ursprüngliche Einheit ergibt. Mehrere Größen können beliebig algebraisch verknüpft werden, wobei eine Summe oder Differenz nur bei Größen mit gleicher Dimension physikalisch einen Sinn ergibt.

Multiplikation von Größen mit unterschiedlichen Dimensionen	`(%i24) (230'V * 0.45'A)''kW;` (%o24) 0.104 ' *kW*
Ergänzung des Zahlenwertes mit einer passenden Einheit	`(%i25) (230'V * 0.45'A)''J;` (%o25) $\frac{103.5}{s}$ ' *J*
Die Addition von Größen mit unterschiedlichen Dimensionen ist physikalisch nicht sinnvoll.	`(%i26) (230'V + 0.45'A)''A;` (%o26) $\left(\frac{230\ kg\ m^2}{s^3\ A^2}+0.45\right)$ ' *A*

Zusätzlich zu bekannten und gebräuchlichen Einheiten können beliebige neue Einheiten erfunden werden, die mit ihrer Umrechnung in die Liste der bekannten Einheiten hinzugefügt werden können.

Definition einer neuen Einheit: die Masse eines DIN-A4-Blattes Standardpapier	`(%i27) declare_unit_conversion(1'a4pap = 80'g/m**2 * 297*210'mm**2);` (%o27) *done*
Masse eines 500-Blatt-Papierpakets in kg	`(%i28) 500'a4pap''kg,numer;` *ezunits: computing conversions to base units* (%o28) 2.4948 ' *kg*

2.6 Der Aufbau von Ausdrücken

Eine wesentliche Eigenschaft von Computeralgebra ist die Möglichkeit, Ausdrücke – insbesondere mathematische Formeln – nicht nur auszuwerten, sondern in unterschiedlichster Weise zu manipulieren, beispielsweise umzuformen und Teile herauszunehmen oder zu ersetzen. Dies setzt eine Kenntnis über den Aufbau von Ausdrücken voraus.

2.6.1 Baumstruktur eines Ausdrucks

Unabhängig von der Komplexität und der äußeren Erscheinung besteht jeder zusammengesetzte Ausdruck aus einem *Operator* (oder Funktionsnamen) und aus *Operanden* (oder Argumenten). Prinzipiell besteht kein Unterschied zwischen einem Operator und einer Funktion, nur ihre „äußere Erscheinung" ist unterschiedlich: Operatoren werden meist durch Symbole angegeben (zum Beispiel $+$, $*$, %, $=$) und *verknüpfen* Ausdrücke. Funktionen werden meist durch Namen angegeben (zum Beispiel sin, cos, exp, log, max) und haben Ausdrücke als *Parameter*.

Die Operanden sind entweder sogenannte *Atome*, das sind Ausdrücke, die nicht weiter zerlegt werden können (Zahlen und nicht weiter auswertbare Symbole) oder selbst wieder zusammengesetzte Ausdrücke. Damit erhält man für einen zusammengesetzten Ausdruck eine baumartige Struktur mit dem „äußersten" Operator, dem *Hauptoperator*, als Wurzel. Maxima-intern (bzw. Lisp-intern) ist ein Ausdruck als verschachtelte Liste abgespeichert, wobei jeweils das erste Listenelement den Operator darstellt.

Beispielsweise hat der Ausdruck

$$u/x = \sqrt{1+\sin^2 x}$$

folgenden grundlegenden Aufbau, wobei die Operatoren zwecks leichterer Verständlichkeit durch Funktionsnamen ersetzt wurden:

$$equal(divide(u,x),sqrt(plus(1,power(sin(x),2))))$$

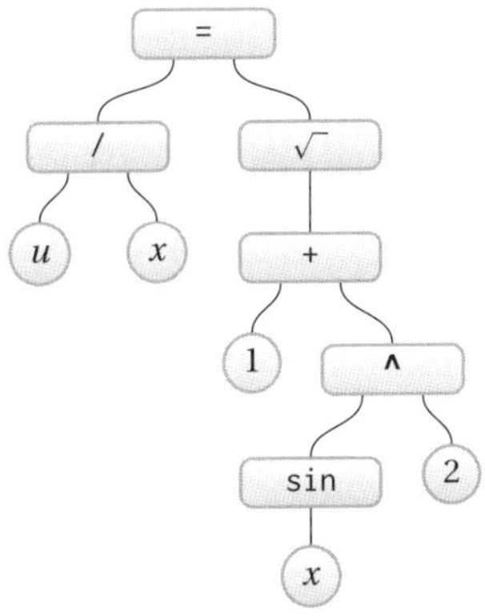

Bild 2.4 Baumstruktur eines Ausdrucks

Dieser Aufbau entspricht einer Baumstruktur, wie in Bild 2.4 dargestellt. Dabei stellt der Hauptoperator den Stamm dar, alle weiteren Operatoren die Äste und Zweige; die Atome sind die einzelnen Blätter.

Jede mit einem Operatorsymbol durchgeführte *Verknüpfung* mehrerer Elemente kann auch wie eine *Funktion* angegeben werden, wobei das Operatorsymbol in doppelte Anführungszeichen einzuschließen ist; beispielsweise sind folgende beiden Darstellungen für eine Addition zulässig und gleichwertig:

`a+b+c` ist gleichbedeutend wie `"+"(a,b,c)`

Tabelle 2.22 Die Struktur von Ausdrücken

`op(`*expr*`)`	Hauptoperator des Ausdrucks *expr*
`args(`*expr*`)`	Liste mit den Hauptoperanden des Ausdrucks *expr*
`length(`*expr*`)`	Anzahl der Hauptoperanden des Ausdrucks *expr*
`part(`*expr*, n`)`	n-ter Hauptoperand des Ausdrucks *expr*, d. h. jener Teilausdruck, der dem Index n entspricht
`first(`w`)`, ...last(w)	Erster, ... letzter Hauptoperand (Alternative zu `part`)
`part(`*expr*, n_1, n_2, ...`)`	Jener Teil von *expr*, der den Indizes n_1, n_2, ... entspricht
`dpart(`*expr*, n_1, n_2, ...`)`	Ausgabe von *expr* mit optischer Hervorhebung jenes Teils, der den Indizes n_1, n_2, ... entspricht
`listofvars(`*expr*`)`	Liste mit allen im Ausdruck *expr* vorkommenden Variablen
`freeof(`var_1, ... var_n, *expr*`)`	Überprüfung, ob der Ausdruck *expr* frei von allen Variablen var_1, ... var_n ist
`inflag`	Systemvariable; legt fest, ob bei der Ermittlung von Teilausdrücken die *interne* Darstellung verwendet wird (Default: `false`)

Die benutzerdefinierte Funktion `show_form` von Stavros Macrakis [Mai] liefert die Struktur eines Ausdrucks. Darin sind alle Operationen als Funktionen dargestellt.

Die *interne* Darstellung eines Ausdrucks kann sich von der ausgegebenen Struktur unterscheiden. Beispielsweise wird ein Bruch intern durch eine negative Potenz ausgedrückt, eine Wurzel durch eine nicht ganzzahlige Potenz.

Zusammengesetzter Ausdruck, eine Wurzelgleichung

```
(%i1) z:u/x=sqrt(1+sin(x)^2);
```

(%o1) $\frac{u}{x}=\sqrt{\sin(x)^2+1}$

Benutzerdefinierte Funktion zur Darstellung der Struktur eines Ausdrucks

```
(%i2) show_form(x) := if atom(x) then x
        else funmake(nounify(concat(" ", part(x, 0))),
           map(show_form, args(x)))$
```

Struktur der Wurzelgleichung

```
(%i3) show_form(z);
```

(%o3) $=\left(/\left(u\,,x\right),\ \mathrm{sqrt}\left(+\left(\hat{}\left(\sin\left(x\right),2\right),1\right)\right)\right)$

Interne Struktur der Wurzelgleichung	(%i4) show_form(z),inflag=true; (%o4) =(*(u, ^(x,-1)), ^(+(1, ^(sin(x),2)), /(1,2)))

Die Funktion op liefert den *Hauptoperator* eines Ausdrucks, args seine unmittelbaren Operanden, die *Hauptoperanden* (die selbst wieder aus Operatoren und Operanden bestehen können). args erstellt eine Liste mit den Hauptoperanden eines Ausdrucks; genaugenommen wird dabei nur der Hauptoperator durch den Listenoperator "[" ersetzt.

Mit der Funktion freeof kann überprüft werden, ob eine bestimmte Variable in einem Ausdruck enthalten ist. listofvars liefert eine Liste mit allen in einem Ausdruck enthaltenen Variablen. In Maxima gibt es zwar keine eingebaute Funktion zum Erzeugen einer Liste mit allen in einem Ausdruck enthaltenen *Funktionen* und *Operatoren*; dies kann aber mit einer benutzerdefinierten Funktion operators erreicht werden.

Hauptoperator des Ausdrucks	(%i5) op(z); (%o5) =
Liste mit den Operanden des Ausdrucks	(%i6) args(z); (%o6) $[\frac{u}{x}, \sqrt{\sin(x)^2+1}]$
Liste mit allen in einem Ausdruck enthaltenen Variablen	(%i7) listofvars(z); (%o7) $[u, x]$
Überprüfung, ob eine Variable in einem Ausdruck enthalten ist	(%i8) [freeof(x,z),freeof(a,z)]; (%o8) [false, true]

Benutzerdefinierte Funktion zum Erzeugen einer Liste mit allen in einem Ausdruck enthaltenen Funktionen und Operatoren

```
(%i9) operators(x):=block([l:[]],local(o),
         o(x):=if atom(x) then l
            else (if not member(op(x),l)
               then l:cons(op(x),l),map(o,args(x))),
         o(x),l)$
```

Liste mit allen Funktionen und Operatoren, die in einem Ausdruck enthalten sind	(%i10) operators(z); (%o10) [*sin*, ^, +, *sqrt*, /, =]

Der Hauptoperator eines Ausdrucks *expr* kann auch als „nullter" Teilausdruck angesehen werden. Alternativ zu op(*expr*) kann daher auch part(*expr*, 0) geschrieben werden. Die Funktionen first, ... last und part liefern den der Nummer entsprechenden Operanden. Sie sind allerdings nur dann sinnvoll anwendbar, wenn die Reihenfolge der Operanden bekannt ist; bei kommutativen Operatoren werden die Operanden von Maxima in eine Standardreihenfolge gebracht (siehe Abschnitt 2.6.2). Wird die Systemvariable inflag auf *true* gesetzt, so wird für die Ermittlung von Teilausdrücken die *interne* Darstellung des Gesamtausdrucks verwendet.

dpart liefert den gesamten Ausdruck, wobei der entsprechende Teilausdruck optisch – in wxMaxima durch rote Farbe – hervorgehoben wird.

Der „nullte" Teilausdruck ist der Hauptoperator.	(%i11) part(z,0); (%o11) =
Erster, zweiter und letzter Hauptoperand eines Ausdrucks	(%i12) [first(z),second(z),last(z)]; (%o12) $[\frac{u}{x}, \sqrt{\sin(x)^2+1}, \sqrt{\sin(x)^2+1}]$

Zugriff auf einen beliebigen Teilausdruck	(%i13) [part(z,2),part(z,2,1),part(z,2,1,1)]; (%o13) $[\sqrt{\sin(x)^2+1}, \sin(x)^2+1, \sin(x)^2]$
Hauptoperator des zweiten Hauptoperanden	(%i14) part(z,2,0); (%o14) *sqrt*
Hauptoperator des zweiten Hauptoperanden eines Ausdrucks in der *internen* Darstellung	(%i15) part(z,2,0),inflag=true; (%o15) ^
Optische Hervorhebung von Teilausdrücken	(%i16) [dpart(z,2),dpart(z,2,1),dpart(z,2,1,1,2)]; (%o16) $[\frac{u}{x}=\left(\sqrt{\sin(x)^2+1}\right), \frac{u}{x}=\sqrt{\sin(x)^2+1}, \frac{u}{x}=\sqrt{\sin(x)^2+1}]$

2.6.2 Reihenfolge der Operanden

Maxima ordnet die Operanden von kommutativen Operatoren bei der Vereinfachung eines Ausdrucks (zum Beispiel '+' oder '*') in eine Standardreihenfolge:

1. Zahlen
2. Konstanten
3. Variablen
4. Hauptvariablen (siehe unten)

Bei der Addition erfolgt die Sortierreihenfolge genau umgekehrt.

Innerhalb eines Typs wird alphabetisch gereiht, wobei die Reihenfolge von Variablen verändert werden kann: `orderless` reiht Variablen nach *vorne*, `ordergreat` nach *hinten*. Die parameterlose Funktion `unorder` hebt diese Reihung wieder auf. Mit den Prädikatsfunktionen `orderlessp` und `ordergreatp` kann die Sortierreihenfolge zweier Variablen geprüft werden. Diese beiden

Tabelle 2.23 Reihenfolge der Operanden

orderless(var_1, var_2, ...)	Reihung der Variablen var_1, var_2, ... nach vorne (bei der Addition nach hinten)
ordergreat(var_1, var_2, ...)	Reihung der Variablen var_1, var_2, ... nach hinten (bei der Addition nach vorne)
unorder()	Wiederherstellen der Standardreihenfolge
declare(*var*,mainvar)	Erklärung der Variablen *var* zur Hauptvariablen
orderlessp(var_1, var_2)	Überprüfung, ob var_1 in der Sortierreihenfolge vor var_2 liegt
ordergreatp(var_1, var_2)	Überprüfung, ob var_1 in der Sortierreihenfolge nach var_2 liegt

Funktionen können auch als Kriterium zum Sortieren der Elemente einer Liste verwendet werden (siehe Abschnitt 3.1.4). Zusätzlich können „besonders wichtige" Variablen als sogenannte *Hauptvariablen* deklariert werden (siehe auch Abschnitt 9.3.2); diese werden ganz nach hinten gereiht.

Bei Funktionsaufrufen wird nicht nach den Funktionsnamen, sondern nach den Argumenten sortiert; bei indizierten Variablen wird nicht nach den Variablennamen, sondern nach den Indizes sortiert.

Standard-Sortierreihenfolge bei der Addition und der Multiplikation	(%i17) [a+b+c+d+e+2,a*b*c*d*e*2]; (%o17) $[e+d+c+b+a+2, 2\,a\,b\,c\,d\,e]$
Reihung zweier Variablen nach hinten (bei der Addition nach vorne)	(%i18) ordergreat(a,c); (%o18) *done*
Reihung einer Variablen nach vorne (bei der Addition nach hinten)	(%i19) orderless(d); (%o19) *done*
Überprüfung, ob die Reihenfolge der Funktionsargumente der Sortierreihenfolge entspricht	(%i20) [orderlessp(c,d),orderlessp(d,e)]; (%o20) [false , true]
Überprüfung, ob die Reihenfolge der Funktionsargumente der *inversen* Sortierreihenfolge entspricht	(%i21) [ordergreatp(a,e),ordergreatp(b,e)]; (%o21) [true , false]
Addition und Multiplikation mit geänderter Sortierreihenfolge	(%i22) [a+b+c+d+e+2,a*b*c*d*e*2]; (%o22) $[a+c+e+b+d+2, 2\,d\,b\,e\,c\,a]$
Das Sortieren der Elemente einer Liste erfolgt gemäß der Funktion `orderlessp`.	(%i23) sort([a,b,c,d,e,f]); (%o23) $[d, b, e, f, c, a]$
Wiederherstellen der Standard-Sortierreihenfolge	(%i24) unorder(); (%o24) $[d, c, a]$
Deklaration einer Hauptvariablen	(%i25) declare(s,mainvar); (%o25) *done*
Addition mit einer Hauptvariablen	(%i26) 2+s+f(x)+%pi+a; (%o26) $s+\mathrm{f}(x)+a+\pi+2$
Multiplikation mit einer Hauptvariablen	(%i27) 2*s*f(x)*%pi*a; (%o27) $2\,\pi\,a\,\mathrm{f}(x)\,s$
Funktionen werden nicht nach den Namen, sondern nach den Argumenten sortiert.	(%i28) sin(a)+tan(b)+cos(c); (%o28) $\cos(c)+\tan(b)+\sin(a)$

3 Datenstrukturen

Ausdrücke können auf unterschiedliche Weise zu komplexeren Datenstrukturen zusammengefasst werden:

- Listen
- Matrizen (und Vektoren)
- Mengen
- Arrays
- Assoziative Arrays

3.1 Listen

Listen sind geordnete Zusammenstellungen von Elementen; sie bilden eine grundlegende Datenstruktur von Maxima. Listenelemente können unterschiedlichen Typs sein, ein Listenelement kann selbst wieder eine Liste sein. Listen lassn sich also beliebig verschachteln, womit beliebig komplexe Datenstrukturen aufgebaut werden können.

3.1.1 Erzeugen von Listen

Auf ein Listenelement wird mit einem ganzzahligen Index in eckigen Klammern, der bei 1 beginnt, zugegriffen. Mit `w[i]:x` kann einem Element der Liste `w` ein Wert zugewiesen werden, es kann aber kein neues Listenelement erzeugt werden. Der Versuch, eine Liste mit n Elementen mit `w[n+1]:x` zu erweitern, führt zu einer Fehlermeldung. Bei einer mehrfach verschachtelten Liste sind die Indizes jeweils in einer eckigen Klammer anzugeben.

Erzeugen einer Liste

```
(%i1) z1:[a,b,c,d,e];
(%o1) [a,b,c,d,e]
```

Ändern einzelner Listenelemente; mit dem Index `[n]` wird auf das n-te Element zugegriffen.

```
(%i2) [z1[2],z1[4]]:[(z1[1]+z1[3])/2,(z1[3]+z1[5])/2];
```

(%o2) $[\frac{c+a}{2}, \frac{e+c}{2}]$

Die geänderte Liste

```
(%i3) z1;
```

(%o3) $[a, \frac{c+a}{2}, c, \frac{e+c}{2}, e]$

`makelist` und `create_list` sind die Standardfunktionen zum Erzeugen einer Liste aus einem Ausdruck, der eine Laufvariable enthält; für jeden Wert dieser Laufvariablen wird ein Listenelement erzeugt. In `makelist` durchläuft die Laufvariable alle Werte zwischen einer Untergrenze

Tabelle 3.1 Erzeugen von Listen

`[`x_1`, `x_2`, ...]`	Liste mit den Elementen $x_1, x_2, \ldots$
w`[`n`]`	Zugriff auf das n-te Listenelement (sowohl lesend als auch schreibend)
w`[`m`][`n`]`	mn-tes Element einer zweifach geschachtelten Liste
`makelist(`*expr*, n, n_0, n_1[, δ]`)`	Erzeugen einer Liste aus dem Ausdruck *expr* mit der Laufvariablen n, die mit der optionalen Schrittweite δ (Default: 1) von n_0 bis n_1 läuft.
`create_list(`*expr*, n, *liste*`)`	Erzeugen einer Liste aus dem Ausdruck *expr*, der die Variable n enthält, die jeden Wert der Liste *liste* annimmt.
`read_list(`*file*`)`	Erzeugen einer Liste aus dem Datenfile *file*
`read_nested_list(`*file*`)`	Erzeugen einer verschachtelten Liste aus dem Datenfile *file*; jede Zeile im Datenfile wird zu einer Unterliste.
`copylist(`w`)`	Kopieren der Liste w

und einer Obergrenze mit einer bestimmten Schrittweite. Wird keine Schrittweite als Funktionsargument angegeben, so wird sie zu 1 angenommen; wird außerdem keine Untergrenze angegeben, so wird auch diese zu 1 angenommen. Die Laufvariable nimmt dann alle natürlichen Zahlen von 1 beginnend bis zu einer Obergrenze an, die in jedem Fall angegeben werden muss. In `create_list` durchläuft die Laufvariable alle Werte einer als zusätzliches Funktionsargument anzugebenden Liste. `create_list` ist aber eigentlich gar nicht nötig, da diese Funktion leicht durch `map` ersetzt werden kann.

Erzeugen einer Liste mit `makelist`

```
(%i4) z2:makelist(sin(n*%pi/6),n,1,5);
```

(%o4) $[\frac{1}{2}, \frac{\sqrt{3}}{2}, 1, \frac{\sqrt{3}}{2}, \frac{1}{2}]$

Erzeugen einer Liste mit `create_list`

```
(%i5) z3:create_list(k**2,k,z1);
```

(%o5) $[a^2, \frac{(c+a)^2}{4}, c^2, \frac{(e+c)^2}{4}, e^2]$

Mit `read_list` und `read_nested_list` werden die Listenelemente aus einem Datenfile eingelesen (siehe Abschnitt 7.4). Alle Zeichen, die keine gültige Zahl oder kein gültiges Symbol ergeben, dienen als Trennzeichen; bei `read_nested_list` wird jede Zeile im Datenfile zu einer Unterliste. Mathematische Ausdrücke müssen im Datenfile als Zeichenketten (in doppelte Anführungszeichen eingeschlossen) abgespeichert sein. Nach dem Einlesen können sie mit der Funktion `eval_string` wieder in Ausdrücke umgewandelt werden.

Einlesen von Daten (Zeichenketten und Gleitkommazahlen) aus einem File in eine Liste

```
(%i6) daten1:read_list("d:/maxima/daten.txt");
(%o6)    [x1, 0.599, x2, 0.062, x3, 0.281, x4, 0.057
, x5, 0.414]
```

Einlesen in eine geschachtelte Liste, jede Datenzeile wird eine Unterliste.

```
(%i7) daten2:read_nested_list("d:/maxima/daten.txt");
(%o7)  [[x1,0.599],[x2,0.062],[x3,0.281],[
x4,0.057],[x5,0.414]]
```

Beachte: Eingelesene Texte sind Zeichenketten und *keine* Namen (von Variablen und Symbolen).

```
(%i8) [is(daten1[1]=x1),is(daten1[1]="x1")];
(%o8) [false,true]
```

Sie können aber mit `eval_string` in symbolische Namen umgewandelt werden.

```
(%i9) is(eval_string(daten1[1])=x1);
(%o9) true
```

`copylist(z)` erzeugt die Kopie einer Liste z; eine bloße Zuweisung gemäß `z1:z0` erzeugt mit z_1 nur eine *Referenz* auf die Liste z_0, vorstellbar als zweiter Name für die ursprüngliche Liste.

Eine Zuweisung einer Liste erzeugt eine Referenz (d. h. einen neuen Namen) auf diese Liste.

```
(%i10) daten1_ref:daten1;
(%o10)  [x1,0.599,x2,0.062,x3,0.281,x4,0.057
,x5,0.414]
```

`copylist` erzeugt eine echte Kopie.

```
(%i11) daten1_copy:copylist(daten1);
(%o11)  [x1,0.599,x2,0.062,x3,0.281,x4,0.057
,x5,0.414]
```

Ändern eines Elements der ursprünglichen Liste ...

```
(%i12) daten1[1]:"changed!";
(%o12) changed!
```

... ändert auch die Referenz, nicht aber die Kopie.

```
(%i13) [daten1_ref[1],daten1_copy[1]];
(%o13) [changed!,x1]
```

Zugriff auf ein Element einer verschachtelten Liste erfolgt über mehrere Indizes; ein Index für ein Symbol, das keine Liste ist, erzeugt eine *indizierte* Variable.

```
(%i14) [daten2[1],daten2[1][2],x[1]];
(%o14) [[x1,0.599],0.599,x_1]
```

3.1.2 Elementweise Operationen

Manche Operatoren und Funktionen, auf Listen angewendet, werden auf die einzelnen Listenelemente abgebildet, das heißt, die Operationen werden elementweise durchgeführt. Bei elementweisen Operationen mit zwei Listen müssen beide Listen die gleiche Anzahl an Elementen haben.

Zu beachten ist, dass *nicht alle* Operationen elementweise durchgeführt werden. Beispielsweise werden die Vergleichsoperatoren (=, <, >, ...) und die logischen Operatoren (`and`, `or`, ...) *nicht* elementweise durchgeführt. Um dies dennoch zu erreichen, müssten die Operatoren explizit mit der Funktion `map` auf jedes einzelne Listenelement angewendet werden (siehe Abschnitt 9.2.2).

Elementweise Addition zweier Listen

```
(%i15) z1+z2;
```

(%o15) $[a+\frac{1}{2}, \frac{c+a}{2}+\frac{\sqrt{3}}{2}, c+1, \frac{e+c}{2}+\frac{\sqrt{3}}{2}, e+\frac{1}{2}]$

Tabelle 3.2 Elementweise Operationen

`[`x_1`,` x_2`,...] : [`y_1`,` y_2`,...]`	Zuweisung
`[`x_1`,` x_2`,...] + [`y_1`,` y_2`,...]`	Addition zweier Listen
`[`x_1`,` x_2`,...] - [`y_1`,` y_2`,...]`	Subtraktion zweier Listen
`[`x_1`,` x_2`,...] * [`y_1`,` y_2`,...]`	Multiplikation zweier Listen
`[`x_1`,` x_2`,...] / [`y_1`,` y_2`,...]`	Division zweier Listen
`[`x_1`,` x_2`,...] +` a	Addition mit einer Zahl a
`[`x_1`,` x_2`,...] -` a	Subtraktion mit einer Zahl a
`[`x_1`,` x_2`,...] *` a	Multiplikation mit einer Zahl a
`[`x_1`,` x_2`,...] /` a	Division durch eine Zahl a
`[`x_1`,` x_2`,...] ^` a	Potenzieren

Auch komplexe Berechnungen können elementweise ausgeführt werden.

```
(%i16) 25*z1^2/z2;
```

(%o16) $[50\,a^2, \frac{25\,(c+a)^2}{2\,\sqrt{3}}, 25\,c^2, \frac{25\,(e+c)^2}{2\,\sqrt{3}}, 50\,e^2]$

Eine Zuweisung erfolgt elementweise

```
(%i17) [a1,a2,a3,a4,a5]:z2;
```

(%o17) $[\frac{1}{2}, \frac{\sqrt{3}}{2}, 1, \frac{\sqrt{3}}{2}, \frac{1}{2}]$

Gleichsetzen erfolgt *nicht* elementweise.

```
(%i18) [a1,a2,a3,a4,a5]=z2;
```

(%o18) $[\frac{1}{2}, \frac{\sqrt{3}}{2}, 1, \frac{\sqrt{3}}{2}, \frac{1}{2}] = [\frac{1}{2}, \frac{\sqrt{3}}{2}, 1, \frac{\sqrt{3}}{2}, \frac{1}{2}]$

Bei einer Zuweisung wird die linke Seite sinnvollerweise *nicht* ausgewertet. Ist die linke Seite nicht elementweise angegeben, sondern nur als *Name* der Liste, muss sie durch die einzelnen Elemente ersetzt, also ausgewertet werden, was mit dem „Doppel-Quote-Operator“ erfolgen kann:

```
''liste : [1,2,3]
```

Alternativ dazu könnte der Zuweisungsoperator „`::`“ verwendet werden, der auch die linke Seite auswertet.

3.1.3 Skalarwertige Listenfunktionen

Eine Reihe von Listenfunktionen liefert einen skalaren Wert als Ergebnis, entweder ein spezielles Listenelement oder Information über die Liste selbst.

Für die ersten 10 Elemente und für das letzte Element gibt es eigene Zugriffsfunktionen `first`, ... `tenth` und `last`. Im Gegensatz zur Schreibweise *w[n]* kann aber damit nur *lesend* auf die Listenelemente zugegriffen werden, diese Funktionen dürfen also nicht auf der linken Seite einer Zuweisung stehen.

Tabelle 3.3 Skalarwertige Listenfunktionen

`first(`*w*`)`	Erstes Listenelement (Alternative zu *w*`[1]`)
`second(`*w*`)`	Zweites Listenelement
⋮	
`tenth(`*w*`)`	Zehntes Listenelement
`last(`*w*`)`	Letztes Listenelement
`member(`*exp*, *w*`)`	Überprüft, ob der Ausdruck *exp* Bestandteil der Liste *w* ist; liefert *true* oder *false*
`listp(`*w*`)`	Überprüft, ob der Ausdruck *w* eine Liste ist; liefert *true* oder *false*
`length(`*w*`)`	Anzahl der Elemente von *w*
`lmin(`*w*`)`	Minimum aller Listenelemente
`lmax(`*w*`)`	Maximum aller Listenelemente
`some(`*p*, *w*`)`	Überprüft, ob die Prädikatsfunktion *p* auf *irgendein* Element der Liste *w* zutrifft; liefert *true* oder *false.*
`every(`*p*, *w*`)`	Überprüft, ob die Prädikatsfunktion *p* auf *alle* Elemente der Liste *w* zutrifft; liefert *true* oder *false.*
`emptyp(`*w*`)`	Überprüft, ob die Liste *w* leer ist, das heißt, *keine* Elemente enthält; liefert *true* oder *false*

Die Funktionen `length`, `first`, ... `last` können nicht nur auf eine Liste, sondern auf einen beliebigen Ausdruck angewendet werden. Dies ist allerdings nur dann sinnvoll, wenn die *Struktur* des Ausdrucks bekannt ist (siehe Abschnitt 2.6.1).

Die Funktionen `lmin` und `lmax` liefern das kleinste bzw. größte Listenelement, wenn alle Elemente zu einer Zahl evaluiert werden können. Ergeben nicht alle Listenelemente eine Zahl, dann ist das Ergebnis der Funktionsaufruf der Maxima-Funktionen `min` bzw. `max` als mathematischer Ausdruck.

Der Zugriff auf einzelne Listenelemente kann über einen *Index* oder über eigene Zugriffsfunktionen erfolgen.

```
(%i19) first(z1)-last(z2);
```

(%o19) $a-\frac{1}{2}$

Überprüfung, ob ein Wert Element einer Liste ist (Beachte: Gleitkommazahlen und Brüche sind unterschiedliche Dinge.)

```
(%i20) [member(1/2,z2),member(0.5,z2)];
(%o20) [true , false]
```

Prüfung, ob eine Variable eine Liste ist

```
(%i21) [listp(daten1[1]),listp(daten2[2])];
(%o21) [false , true]
```

Anzahl der Listenelemente

```
(%i22) length(z1);
(%o22) 5
```

Minimum und Maximum von Listenelementen; ergeben einige Elemente keine Zahlenwerte, so ist das Ergebnis der Funktionsaufruf `min` oder `max`.

```
(%i23) [lmin(z2),lmax(z1)];
```

(%o23) $[\frac{1}{2}, \max\left(a, c, \frac{c+a}{2}, e, \frac{e+c}{2}\right)]$

Die Funktionen `some` und `every` überprüfen, ob eine Prädikatsfunktion auf irgendein Element einer Liste bzw. auf alle Elemente einer Liste zutrifft. Eine Prädikatsfunktion ist eine Funktion, die als Ergebnis einen logischen Wert *true* oder *false* liefert. Die Ergebnisse von `some` und `every` sind ebenfalls *true* oder *false*.

Die Liste enthält Elemente, die Symbole sind.

```
(%i24) some(symbolp,z1);
(%o24) true
```

Nicht alle Listenelemente sind Symbole.

```
(%i25) every(symbolp,z1);
(%o25) false
```

3.1.4 Listenwertige Listenfunktionen

Eine Reihe von Listenfunktionen liefert als Ergebnis wieder eine Liste. Dabei ist zu beachten, dass alle diese Funktionen die als Funktionsparameter angegebene Liste *nicht* verändern! Die veränderte Liste ist der zurückgegebene *Funktionswert*, der bei weiterer Verwendung sinnvollerweise wieder einer Variablen zugewiesen wird. Ist der Name dieser Variablen gleich dem Funktionsparameter, dann wird die ursprüngliche Liste überschrieben, beispielsweise:

```
liste:f(liste)
```

`flatten` löst beliebig tiefe Verschachtelungen von Listen auf und legt alle Elemente „flach“ in eine Liste. `reverse` erzeugt eine Liste mit umgekehrter Reihenfolge der Elemente. `cons` und `endcons` fügen ein Listenelement an den Anfang bzw. das Ende einer Liste an.

Bei jedem Anfügen eines Elements an das Ende einer Liste (mit `endcons`) muss die gesamte Liste durchlaufen werden, was bei sehr langen Listen beträchtliche Rechenzeit in Anspruch nimmt. Mehrmaliges Hinzufügen von Elementen an eine lange Liste sollte aus Effizienzgründen daher an den *Anfang* der Liste (mit `cons`) erfolgen; bei Bedarf kann die Liste anschließend mit `reverse` umgedreht werden.

`rest` entfernt die ersten oder letzten Elemente einer Liste.

Obige Funktionen sind nicht auf Listen beschränkt, sondern können auf beliebige Ausdrücke angewendet werden, was allerdings nur dann sinnvoll ist, wenn die *Struktur* des Ausdrucks bekannt ist (siehe Abschnitt 2.6.1).

Verflachen einer Liste, d. h. Auflösen aller Unterlisten

```
(%i26) flatten([[[[[1]],2],3],[[4,5,6],[7,8]]]);
(%o26) [1,2,3,4,5,6,7,8]
```

Umkehren der Reihenfolge der Listenelemente

```
(%i27) reverse(z1);
```

(%o27) $[e, \frac{e+c}{2}, c, \frac{c+a}{2}, a]$

Hinzufügen von Elementen an den Anfang und an das Ende einer Liste

```
(%i28) endcons("ende",cons("anfang",z1));
```

(%o28) $[anfang, a, \frac{c+a}{2}, c, \frac{e+c}{2}, e, ende]$

Tabelle 3.4 Listenwertige Listenfunktionen

flatten(w)	„Verflachen“ der Liste w; d. h. Unterlisten werden aufgelöst und deren Elemente „flach“ in die Liste w eingebettet
reverse(w)	Anordnung der Listenelemente von w umkehren
cons(x, w)	Hinzufügen des Elements x an den Anfang der Liste w
endcons(x, w)	Hinzufügen des Elements x an das Ende der Liste w
rest(w, n)	Entfernen der ersten n Elemente der Liste w
rest(w,-n)	Entfernen der letzten n Elemente der Liste w
append(w_1, w_2, ...)	Zusammenketten mehrerer Listen w_1, w_2, ...
join(w_1, w_2)	Verschränken zweier Listen w_1 und w_2
sublist(w, f)	Liste mit jenen Elementen der Liste w, für welche die Funktion f den Wert *true* ergibt
sublist_indices(w, f)	Liste mit jenen Indizes der Liste w, für welche die Funktion f den Wert *true* ergibt
delete(x, w)	Löschen aller Elemente x aus der Liste w
map(f, w)	Anwenden der Funktion f auf jedes Element der Liste w
map(f, w_1, w_2)	Elementweise Verknüpfung f zweier Listen w_1 und w_2
sort(w)	Sortieren der Liste w in die Standardreihenfolge
sort(w, P)	Sortieren der Liste w in eine durch die Prädikatsfunktion P festgelegte Reihenfolge

Entfernen von Listenelementen

```
(%i29) [rest(z1,2),rest(z1,-1)];
```

(%o29) $[[c, \frac{e+c}{2}, e], [a, \frac{c+a}{2}, c, \frac{e+c}{2}]]$

Mit der Funktion append können mehrere Listen aneinandergehängt werden, mit der Funktion join werden zwei Listen „verschränkt“. Die Ergebnisliste enthält dabei abwechselnd die Elemente der beiden Listen.

sublist erzeugt eine Ergebnisliste aus allen Elementen einer Liste, die eine bestimmte Bedingung erfüllen, das heißt, für die eine Prädikatsfunktion den Wert *true* liefert. Ähnlich arbeitet die Funktion sublist_indices; die Ergebnisliste enthält aber nicht die Elemente der ursprünglichen Liste, sondern deren *Indizes*. Die Funktion delete löscht Elemente aus einer Liste.

Aneinanderhängen zweier Listen

```
(%i30) append(z1,z2);
```

(%o30) $[a, \frac{c+a}{2}, c, \frac{e+c}{2}, e, \frac{1}{2}, \frac{\sqrt{3}}{2}, 1, \frac{\sqrt{3}}{2}, \frac{1}{2}]$

Verschränken zweier Listen

```
(%i31) join(z1,z2);
```

(%o31) $[a, \frac{1}{2}, \frac{c+a}{2}, \frac{\sqrt{3}}{2}, c, 1, \frac{e+c}{2}, \frac{\sqrt{3}}{2}, e, \frac{1}{2}]$

Alle *Elemente* einer Liste, für die eine Funktion den Wert *true* ergibt

```
(%i32) sublist(z1,symbolp);
```

(%o32) $[a, c, e]$

Alle *Indizes* einer Liste, für die eine Funktion den Wert *true* ergibt

```
(%i33) sublist_indices(z1,symbolp);
```

(%o33) $[1, 3, 5]$

Löschen von Elementen aus einer Liste

```
(%i34) delete(1/2,z2);
```

(%o34) $[\frac{\sqrt{3}}{2}, 1, \frac{\sqrt{3}}{2}]$

Wie bei den Operatoren werden auch viele Funktionen automatisch auf jedes einzelne Element einer Liste, die als Funktionsargument angegeben wird, angewendet. Für Funktionen, bei denen das nicht automatisch geschieht, kann es mit der Funktion `map` veranlasst werden (siehe auch Abschnitt 9.2.2).

Umwandlungsfunktionen werden auf jedes Listenelement angewendet.

```
(%i35) float(z2);
```

(%o35) $[0.5, 0.866, 1.0, 0.866, 0.5]$

Die meisten mathematischen Standardfunktionen werden auf jedes Listenelement angewendet.

```
(%i36) asin(z2);
```

(%o36) $[\frac{\pi}{6}, \frac{\pi}{3}, \frac{\pi}{2}, \frac{\pi}{3}, \frac{\pi}{6}]$

Ein beliebiger Funktionsaufruf erfolgt jedoch *nicht* elementweise.

```
(%i37) f(z2);
```

(%o37) $f\left([\frac{1}{2}, \frac{\sqrt{3}}{2}, 1, \frac{\sqrt{3}}{2}, \frac{1}{2}]\right)$

Mit `map` wird jede beliebige Funktion auf die einzelnen Listenelemente angewendet.

```
(%i38) map(f,z2);
```

(%o38) $[f\left(\frac{1}{2}\right), f\left(\frac{\sqrt{3}}{2}\right), f(1), f\left(\frac{\sqrt{3}}{2}\right), f\left(\frac{1}{2}\right)]$

Elementweise Verknüpfung zweier Listen

```
(%i39) map("=",z1,z2);
```

(%o39) $[a=\frac{1}{2}, \frac{c+a}{2}=\frac{\sqrt{3}}{2}, c=1, \frac{e+c}{2}=\frac{\sqrt{3}}{2}, e=\frac{1}{2}]$

Mit der Funktion `sort` wird eine Liste sortiert. Die Elemente werden dabei entsprechend `orderlessp` in die Standardreihenfolge gebracht (siehe Abschnitt 2.6.2). Als zusätzliches Funktionsargument kann ein beliebiges Sortierkriterium in Form einer Prädikatsfunktion mit zwei Argumenten angegeben werden. Diese Prädikatsfunktion wird üblicherweise als zweidimensionaler λ-Ausdruck formuliert (siehe Abschnitt 9.2.3) und soll den Wert *true* liefern, wenn die Reihenfolge der beiden Argumente dem gewünschten Sortierkriterium entspricht, ansonsten *false*.

Eine Liste mit Zeichenketten

```
(%i40) names:["Uwe","Rudi","Walter","Erich"];
(%o40) [Uwe, Rudi, Walter, Erich]
```

Sortieren der Liste in die Standardreihenfolge (bei Zeichenketten alphabetisch)

```
(%i41) sort(names);
(%o41) [Erich, Rudi, Uwe, Walter]
```

Sortieren der Liste invers zur Standardreihenfolge

```
(%i42) sort(names,ordergreatp);
(%o42) [Walter, Uwe, Rudi, Erich]
```

Sortieren der Liste nach der Anzahl der Buchstaben

```
(%i43) sort(names,lambda([u,v],slength(u)<slength(v)));
(%o43) [Uwe, Rudi, Erich, Walter]
```

3.2 Matrizen und Vektoren

Matrizen und Vektoren sind in Maxima nicht wie in anderen Programmiersprachen oder Computeralgebra-Programmen (z. B. *Mathematica*) als zweifach geschachtelte Listen realisiert, sondern bilden eine eigene Datenstruktur. Trotzdem haben Listen und Matrizen viele Gemeinsamkeiten; viele Listenfunktionen können auch auf Matrizen angewendet werden. Vektoren sind Spezialfälle von Matrizen: Ein n-dimensionaler Spaltenvektor ist eine $n \times 1$-Matrix, ein n-dimensionaler Zeilenvektor ist eine $1 \times n$-Matrix.

Einige Matrizenfunktionen sind Bestandteile des Zusatzpakets *eigen* oder *linearalgebra*. Bei der erstmaligen Verwendung einer dieser Funktionen innerhalb einer Maxima-Sitzung wird das entsprechende Paket automatisch geladen.

3.2.1 Erzeugen von Matrizen

Eine Matrix wird mit der gleichnamigen Funktion `matrix` erzeugt. Die Funktionsargumente sind Listen (gleicher Länge); sie bilden die einzelnen Zeilen der Matrix. Auf eine Matrixzeile wird mit einem ganzzahligen Index in eckigen Klammern, der bei 1 beginnt, zugegriffen. Mit `A[i]:w` kann eine ganze Matrixzeile mit Werten aus der Liste `w` belegt werden. Eine neue Zeile kann aber zu einer bestehenden Matrix auf diese Weise *nicht* hinzugefügt werden.

Mit `A[`i`, `j`]` wird auf ein Matrixelement mit dem Zeilenindex i und dem Spaltenindex j zugegriffen; der Zugriff kann auch schreibend erfolgen, ein Matrixelement kann somit auch auf der linken Seite einer Zuweisung stehen.

Erzeugen einer 3×3-Matrix; die einzelnen Zeilen werden als Listen übergeben.

```
(%i1) A:matrix([0,1,0],[0,0,1],[-6,4,-1]);
```

$$(\%o1)\quad \begin{bmatrix} 0 & 1 & 0 \\ 0 & 0 & 1 \\ -6 & 4 & -1 \end{bmatrix}$$

Erzeugen eines Spaltenvektors

```
(%i2) B:matrix([1],[0],[0]);
```

$$(\%o2)\quad \begin{bmatrix} 1 \\ 0 \\ 0 \end{bmatrix}$$

Erzeugen eines Zeilenvektors

```
(%i3) C:matrix([5,1,1]);
```

$$(\%o3)\quad \begin{bmatrix} 5 & 1 & 1 \end{bmatrix}$$

Erzeugen einer Einheitsmatrix

```
(%i4) I:ident(3);
```

$$(\%o4)\quad \begin{bmatrix} 1 & 0 & 0 \\ 0 & 1 & 0 \\ 0 & 0 & 1 \end{bmatrix}$$

Die Funktion `genmatrix` erzeugt eine Matrix aus einem Ausdruck x. Dieser Ausdruck kann entweder ein Symbol sein, die Matrixelemente sind dann doppelt indizierte Symbole $x_{1,1}$, $x_{1,2}$ etc. Die Bereiche für die Zeilen- und Spaltenindizes werden als weitere Funktionsargumente angegeben. Die Angabe der Untergrenzen ist optional, ihr Defaultwert ist 1. x kann aber auch ein

Tabelle 3.5 Erzeugen von Matrizen

`matrix(`z_1`, `z_1`, `$\ldots z_n$`)`	Erzeugung einer Matrix, alle Zeilen $z_1, \ldots z_n$ sind Listen mit der gleichen Anzahl an Elementen.
`apply(matrix,`*liste*`)`	Erzeugung einer Matrix aus einer doppelt verschachtelten Liste *liste*
`matrix([`a_1`, `a_2`, `$\ldots a_n$`])`	n-dimensionaler Zeilenvektor
`matrix([`a_1`],[`a_2`]`$\ldots$`[`a_n`])`	n-dimensionaler Spaltenvektor
A`[`i`]`	Liste mit den Elementen der i-ten Zeile der Matrix A
A`[`i`, `j`]`	Element in der i-ten Zeile und j-ten Spalte der Matrix A
`ident(`n`)`	n-dimensionale Einheitsmatrix
`zeromatrix(`n`, `m`)`	n×m-Nullmatrix
`ematrix(`n`, `m`, `x`, `i`, `j`)`	n×m-Matrix mit dem Wert x an der Stelle $[i, j]$; alle anderen Elemente sind 0.
`genmatrix(`x`, `i_2`, `j_2`, `i_1`, `j_1`)`	Generische Erzeugung einer Matrix aus einem Ausdruck x mit dem Zeilenindex $i_1 \ldots i_2$ und dem Spaltenindex $j_1 \ldots j_2$; i_1 und j_1 sind optional, Default: 1.
`coefmatrix([`g_1`, `$\ldots g_n$`],[`x_1`, `$\ldots x_m$`])`	Koeffizientenmatrix der linearen Gleichungen $g_1 \ldots g_n$ in den Variablen $x_1 \ldots x_m$
`augcoefmatrix([`g_1`, `$\ldots g_n$`],[`x_1`, `$\ldots x_m$`])`	Erweiterte Koeffizientenmatrix der linearen Gleichungen $g_1 \ldots g_n$ in den Variablen $x_1 \ldots x_m$
`jacobian([`f_1`, `$\ldots f_n$`],[`x_1`, `$\ldots x_m$`])`	Jacobimatrix der Funktionen $f_1 \ldots f_n$ nach den Variablen $x_1 \ldots x_m$
`copymatrix(`A`)`	Kopieren einer Matrix

zweidimensionaler λ-Ausdruck sein, nach dem sich die einzelnen Matrixelemente berechnen (siehe Abschnitt 9.2.3).

Generische Erzeugung einer Matrix mit indizierten Symbolen

```
(%i5) genmatrix(a,2,3);
```

$$(\%o5)\quad \begin{bmatrix} a_{1,1} & a_{1,2} & a_{1,3} \\ a_{2,1} & a_{2,2} & a_{2,3} \end{bmatrix}$$

Generische Erzeugung einer Matrix mit einem zweidimensionalen λ-Ausdruck

```
(%i6) genmatrix(lambda([u,v],a^u-b*v),2,3,1,0);
```

$$(\%o6)\quad \begin{bmatrix} a & a-b & a-2\,b & a-3\,b \\ a^2 & a^2-b & a^2-2\,b & a^2-3\,b \end{bmatrix}$$

`coefmatrix` erstellt die Koeffizientenmatrix eines linearen Gleichungssystems, `augcoefmatrix` dessen erweiterte Koeffizientenmatrix, die eine zusätzliche Spalte mit den rechten Seiten der Gleichungen enthält.

Lineares Gleichungssystem in den Variablen x und y

```
(%i7) eqs:[2*x+5*(y-1)=x+1, 2*(3*x+y)=7];
```

(%o7) $[5\,(y-1)+2\,x=x+1, 2\,(y+3\,x)=7]$

Koeffizientenmatrix des linearen Gleichungssystems

```
(%i8) coefmatrix(eqs,[x,y]);
```

(%o8) $\begin{bmatrix} 1 & 5 \\ 6 & 2 \end{bmatrix}$

Erweiterte Koeffizientenmatrix des linearen Gleichungssystems

```
(%i9) augcoefmatrix(eqs,[x,y]);
```

(%o9) $\begin{bmatrix} 1 & 5 & -6 \\ 6 & 2 & -7 \end{bmatrix}$

`jacobian` ermittelt die Jacobimatrix eines Systems von Funktionen $f_1, f_2, \ldots f_m$ in den Variablen $x_1, x_2, \ldots x_n$. Das ist die Matrix der partiellen Ableitungen der Funktionen f_i nach den Variablen x_j [Zak]:

$$\begin{pmatrix} \frac{\partial f_1}{\partial x_1} & \frac{\partial f_1}{\partial x_2} & \cdots & \frac{\partial f_1}{\partial x_n} \\ \frac{\partial f_2}{\partial x_1} & \frac{\partial f_2}{\partial x_2} & \cdots & \frac{\partial f_2}{\partial x_n} \\ \vdots & & & \vdots \\ \frac{\partial f_m}{\partial x_1} & \frac{\partial f_m}{\partial x_2} & \cdots & \frac{\partial f_m}{\partial x_n} \end{pmatrix}$$

Die Funktionen f_i und die Variablen x_i werden als Listen übergeben.

Berechnung der Jacobimatrix

```
(%i10) jacobian([x^2/(y+1),x*y+x^2],[x,y]);
```

(%o10) $\begin{bmatrix} \frac{2\,x}{y+1} & -\frac{x^2}{(y+1)^2} \\ y+2\,x & x \end{bmatrix}$

`copymatrix(`A`)` erzeugt die Kopie einer Matrix A; eine bloße Zuweisung erzeugt nur eine *Referenz* auf die Matrix A, vorstellbar als zweiter Name für die ursprüngliche Matrix.

Eine Zuweisung einer Matrix erzeugt eine Referenz (d. h. einen neuen Namen) auf diese Matrix.

```
(%i11) C_ref:C;
```

(%o11) $\begin{bmatrix} 5 & 1 & 1 \end{bmatrix}$

`copylist` erzeugt eine echte Kopie.

```
(%i12) C_copy:copymatrix(C);
```

(%o12) $\begin{bmatrix} 5 & 1 & 1 \end{bmatrix}$

Ändern eines Elementes der ursprünglichen Matrix …

```
(%i13) C[1,3]:0;
(%o13) 0
```

… ändert auch die Referenz, nicht aber die Kopie.

```
(%i14) [C,C_ref,C_copy];
```

(%o14) $[\begin{bmatrix} 5 & 1 & 0 \end{bmatrix}, \begin{bmatrix} 5 & 1 & 0 \end{bmatrix}, \begin{bmatrix} 5 & 1 & 1 \end{bmatrix}]$

3.2.2 Matrizenoperatoren

Die Listenoperatoren aus Abschnitt 3.1.2 arbeiten (mit Ausnahme des Zuweisungsoperators) in gleicher Weise auch für Matrizen elementweise, für die Matrixmultiplikation und das Potenzieren von Matrizen gibt es eigene Operatoren.

Entgegen den üblichen Rechenregeln kann das Matrizenprodukt „." auch auf zwei Zeilenvektoren, zwei Spaltenvektoren und zwei Listen (der gleichen Länge) angewendet werden, ohne die Dimensionskompatibilität zu verletzen. Das Ergebnis ist in allen Fällen das innere Produkt der Vektoren.

Die Inversion einer Matrix erfolgt mit der Funktion `invert`, Transponieren (Vertauschen der Zeilen und Spalten) mit `transpose`.

Tabelle 3.6 Matrizenoperatoren

A+*B*, *A*-*B*, *A***B*, *A*/*B*	Elementweise Verknüpfung zweier Matrizen *A* und *B*
A+*x*, *A*-*x*, *A***x*, *A*/*x*, *A*^*x*	Elementweise Verknüpfung einer Matrix *A* mit einem Skalar *x*
A.*B*	Matrixmultiplikation zweier Matrizen *A* und *B*
A^^*n*	n-te Potenz der Matrix *A*
`invert(`*A*`)`	Inversion der Matrix *A*
`transpose(`*A*`)`	Transponierte von *A*
`ctranspose(`*A*`)`	Konjugiert Transponierte von *A*
`scalarmatrixp`	Systemvariable; bei *true* wird eine 1×1-Matrix zu einem Skalar (Default), bei *false* bleibt sie eine Matrix.

Elementweise Verknüpfungen bei einer Matrix

```
(%i15) (C+a)^2;
```

(%o15) $\begin{bmatrix} (a+5)^2 & (a+1)^2 & a^2 \end{bmatrix}$

Inversion einer Matrix

```
(%i16) A1:invert(A);
```

(%o16) $\begin{bmatrix} \frac{2}{3} & -\frac{1}{6} & -\frac{1}{6} \\ 1 & 0 & 0 \\ 0 & 1 & 0 \end{bmatrix}$

Matrizenprodukt und elementweises Produkt

```
(%i17) [A.A1, A*A1];
```

(%o17) $\left[\begin{bmatrix} 1 & 0 & 0 \\ 0 & 1 & 0 \\ 0 & 0 & 1 \end{bmatrix}, \begin{bmatrix} 0 & -\frac{1}{6} & 0 \\ 0 & 0 & 0 \\ 0 & 4 & 0 \end{bmatrix} \right]$

Potenzieren einer Matrix und elementweises Potenzieren

```
(%i18) [A^^2, A^2];
```

(%o18) $\left[\begin{bmatrix} 0 & 0 & 1 \\ -6 & 4 & -1 \\ 6 & -10 & 5 \end{bmatrix}, \begin{bmatrix} 0 & 1 & 0 \\ 0 & 0 & 1 \\ 36 & 16 & 1 \end{bmatrix} \right]$

Inneres Produkt zweier Vektoren	(%i19) `matrix([a,b,c]).transpose(matrix([d,e,f]));` (%o19) $c\,f+b\,e+a\,d$
Das Matrizenprodukt zweier Zeilenvektoren liefert ebenfalls das innere Produkt.	(%i20) `matrix([a,b,c]).matrix([d,e,f]);` (%o20) $c\,f+b\,e+a\,d$
Das Matrizenprodukt zweier Listen liefert ebenfalls das innere Produkt.	(%i21) `[a,b,c].[d,e,f];` (%o21) $c\,f+b\,e+a\,d$
Eine 1×1-Matrix „entartet" zu einem Skalar.	(%i22) `ratsimp(C.invert(s*I-A).B);` (%o22) $\frac{5\,s^2+5\,s-26}{s^3+s^2-4\,s+6}$
Wird die globale Variable `scalarmatrixp` auf *false* gesetzt, …	(%i23) `scalarmatrixp:false;` (%o23) `false`
… so bleibt eine 1×1-Matrix als Matrix bestehen.	(%i24) `ratsimp(C.invert(s*I-A).B);` (%o24) $\begin{bmatrix}\frac{5\,s^2+5\,s-26}{s^3+s^2-4\,s+6}\end{bmatrix}$
Transponieren einer Matrix	(%i25) `transpose(B);` (%o25) $\begin{bmatrix}1 & 0 & 0\end{bmatrix}$

3.2.3 Kenngrößen von Matrizen

Die Prädikatsfunktion `matrixp` prüft, ob ein Ausdruck eine Matrix ergibt. `matrix_size` liefert eine Liste mit Zeilenzahl und Spaltenzahl einer Matrix. Zeilenzahl und Spaltenzahl können auch mit der Funktion `length` ermittelt werden, die ganz allgemein die Anzahl der Hauptoperanden eines Ausdrucks zurückgibt.

`mat_trace` ermittelt die *Spur* einer Matrix; das ist die Summe ihrer Hauptdiagonalelemente. `rank` ermittelt den *Rang* einer Matrix; das ist die Anzahl der linear unabhängigen Zeilen- oder Spaltenvektoren. `det` berechnet die Determinante, `charpoly` das charakteristische Polynom einer Matrix.

Überprüfung eines Symbols, ob es eine Matrix ist	(%i26) `[matrixp(A), matrixp(a)];` (%o26) `[true , false]`
Dimension einer Matrix als zweielementige Liste	(%i27) `matrix_size(A);` (%o27) `[3 , 3]`
Spur einer Matrix	(%i28) `mat_trace(A);` (%o28) -1
Rang einer Matrix	(%i29) `rank(A);` (%o29) 3
Determinante einer Matrix	(%i30) `expand(determinant(s*I-A));` (%o30) $s^3+s^2-4\,s+6$
Charakteristisches Polynom einer Matrix in der Variablen *s*	(%i31) `p:expand(charpoly(A,s));` (%o31) $-s^3-s^2+4\,s-6$

Tabelle 3.7 Kenngrößen von Matrizen

`matrixp(`*A*`)`	Überprüft, ob der Ausdruck *A* eine Matrix ist; liefert *true* oder *false*
`matrix_size(`*A*`)`	Liste mit Zeilenzahl und Spaltenzahl von *A*
`length(`*A*`)`	Zeilenzahl von *A*
`length(`*A*`[1])`	Spaltenzahl von *A*
`mat_trace(`*A*`)`	Spur von *A* (Summe aller Hauptdiagonalelemente)
`determinant(`*A*`)`	Determinante von *A*
`rank(`*A*`)`	Rang von *A*
`charpoly(`*A*, *s*`)`	Charakteristisches Polynom von *A* mit der Variablen *s*
`eigenvalues(`*A*`)`, `eivals(`*A*`)`	Eigenwerte von *A* und ihre Vielfachheiten
`eigenvectors(`*A*`)`, `eivects(`*A*`)`	Eigenvektoren und Eigenwerte von *A*
`mat_norm(`*A*, *type*`)`	Matrixnorm von *A*; gültige Werte für *type*: `1` ... 1-Norm `frobenius` ... Frobenius-Norm `inf` ... Unendlich-Norm

Die Funktion `eigenvalues(A)` liefert eine Liste bestehend aus zwei Unterlisten: eine Liste mit den Eigenwerten der Matrix *A* sowie eine Liste mit deren Vielfachheiten. Das analytisch berechnete Ergebnis besteht mitunter aus sehr komplexen Ausdrücken. Es ist dann sinnvoll, das Ergebnis mit Hilfe anderer Funktionen zu vereinfachen, zum Beispiel mit

```
rectform(float(eigenvalues(A))).
```

`eigenvectors(A)` liefert eine Liste bestehend aus mehreren Unterlisten: Die erste Unterliste entspricht dem Ergebnis der Funktion `eigenvalues`, besteht also aus den Eigenwerten und ihren Vielfachheiten, die weiteren Unterlisten enthalten die Komponenten der Eigenvektoren.

`mat_norm` berechnet eine von drei Matrixnormen: die 1-Norm, die Frobenius-Norm oder die Unendlich-Norm.

Eigenwerte der Matrix *A* und ihre Vielfachheiten

```
(%i32) eigenvalues(A);
(%o32) [[1-%i,%i+1,-3],[1,1,1]]
```

Die Eigenwerte sind die Nullstellen des charakteristischen Polynoms.

```
(%i33) solve(p=0,s);
(%o33) [s=1-%i,s=%i+1,s=-3]
```

Verschachtelte Liste aus Eigenwerten (als Ergebnis der Funktion `eigenvalues`) und Eigenvektoren

```
(%i34) ev:eigenvectors(A);
(%o34)  [[[1-%i,%i+1,-3],[1,1,1]],[[[1,1
-%i,-2%i]],[[1,%i+1,2%i]],[[1,-3,9]]]]
```

1-Norm (Spaltensummen-Norm) einer Matrix

```
(%i35) mat_norm(A,1);
(%o35) 6
```

Frobenius-Norm (euklidische Norm) einer Matrix	(%i36) `mat_norm(A,frobenius);` (%o36) $\sqrt{55}$
∞-Norm (Zeilensummen-Norm) einer Matrix	(%i37) `mat_norm(A,inf);` (%o37) 11

3.2.4 Verändern von Matrizen, Extrahieren von Teilen

Die folgenden Funktionen haben nicht den *Nebeneffekt*, die als Funktionsparameter angegebenen Matrizen zu verändern, sie liefern die geänderten Matrizen als *Funktionswert* zurück, denen gegebenenfalls wieder ein Name zugewiesen werden muss; dieser kann auch der gleiche Name wie der Parameter sein, beispielsweise:

```
A:f(A)
```

Die Funktionen `addrow` und `addcol` fügen einer Matrix eine Zeile bzw. Spalte hinzu, die als *Liste* anzugeben ist. `row` und `col` extrahieren eine Zeile bzw. Spalte aus einer Matrix. `submatrix` entfernt Zeilen und Spalten aus einer Matrix; die Indizes der zu entfernenden Zeilen sind *vor* der Matrix, die Indizes der zu entfernenden Spalten sind *nach* der Matrix als Funktionsargumente anzugeben.

Tabelle 3.8 Verändern von Matrizen, Extrahieren von Teilen

addcol(A, s_1, s_2, ...)	Hinzufügen von Spalten zur Matrix A; s_1, s_2, ... sind Listen.
addrow(A, r_1, r_2, ...)	Hinzufügen von Reihen zur Matrix A; r_1, r_2, ... sind Listen.
col(A, j)	j-te Spalte von A; das Ergebnis ist ein Spaltenvektor.
row(A, i)	i-te Zeile von A; das Ergebnis ist ein Zeilenvektor.
submatrix(i_1, ... i_2, A)	Entfernt die Zeilen $i_1 \ldots i_2$ aus der Matrix A
submatrix(A, j_1, ... j_2)	Entfernt die Spalten $j_1 \ldots j_2$ aus der Matrix A
submatrix(i_1, ... i_2, A, j_1, ... j_2)	entfernt die entsprechenden Zeilen und Spalten aus A
gramschmidt(A)	Gram-Schmidt-Orthogonalisierung von A
triangularize(A)	Berechnung der oberen Dreiecksmatrix durch gaußsche Elimination

Hinzufügen von Spalten zu einer Matrix	(%i38) `addcol(B,[a,b,c]);` (%o38) $\begin{bmatrix} 1 & a \\ 0 & b \\ 0 & c \end{bmatrix}$
Hinzufügen von Zeilen zu einer Matrix	(%i39) `addrow(C,[a,b,c]);` (%o39) $\begin{bmatrix} 5 & 1 & 0 \\ a & b & c \end{bmatrix}$

Matrixzeile als Zeilenvektor	(%i40)	`row(genmatrix(a,4,4),2);`
	(%o40)	$\begin{bmatrix} a_{2,1} & a_{2,2} & a_{2,3} & a_{2,4} \end{bmatrix}$
Matrixspalte als Spaltenvektor mit nachfolgender Umwandlung in eine Liste	(%i41)	`flatten(args(col(genmatrix(a,4,4),2)));`
	(%o41)	$[a_{1,2}, a_{2,2}, a_{3,2}, a_{4,2}]$
Entfernen der letzten drei Zeilen sowie der ersten und letzten Spalte einer 5 × 5-Matrix	(%i42)	`submatrix(3,4,5,genmatrix(a,5,5),1,5);`
	(%o42)	$\begin{bmatrix} a_{1,2} & a_{1,3} & a_{1,4} \\ a_{2,2} & a_{2,3} & a_{2,4} \end{bmatrix}$

`gramschmidt` führt die Gram-Schmidt-Orthogonalisierung aus. Das Funktionsargument kann dabei eine Matrix oder eine zweifach geschachtelte Liste sein. Das Ergebnis ist eine Liste von Listen, die jeweils die Komponenten der orthogonalen Vektoren enthalten. `triangularize` wandelt eine Matrix mit dem gaußschen Eliminationsverfahren in eine obere Dreiecksmatrix um.

Orthogonalisierung nach Gram-Schmidt	(%i43)	`gs:gramschmidt(matrix([a,b],[c,d]));`
	(%o43)	$[[a, b], [-\frac{b\,(a\,d-b\,c)}{b^2+a^2}, \frac{a\,(a\,d-b\,c)}{b^2+a^2}]]$
Das innere Produkt der Ergebnisvektoren ist 0.	(%i44)	`gs[1].gs[2];`
	(%o44)	0
Erzeugung einer oberen Dreiecksmatrix	(%i45)	`triangularize(matrix([a,b],[c,d]));`
	(%o45)	$\begin{bmatrix} a & b \\ 0 & a\,d-b\,c \end{bmatrix}$

3.3 Mengen

Eine Menge ist eine *ungeordnete* Zusammenstellung *verschiedener* Elemente. Mengenelemente können – ebenso wie Listenelemente – unterschiedlichen Typs sein, ein Element kann selbst wieder eine Menge sein. Obwohl die Reihenfolge von Mengenelementen prinzipiell bedeutungslos ist, haben Mengen in Maxima trotzdem eine innere Ordnung: Sie entspricht der Standardreihenfolge gemäß der Funktion `orderlessp` (siehe Abschnitt 2.6.2). Auf ein einzelnes Element kann daher mit denselben Funktionen wie bei Listen (`first`, `last`, `part` etc.) zugegriffen werden. Viele Listenfunktionen sind in gleicher Weise auch auf Mengen anwendbar.

3.3.1 Erzeugen von Mengen, Umwandlungsfunktionen

Eine *Menge* kann mit der Funktion `set` oder durch Einschließen der Elemente in geschwungene Klammern `{...}` erzeugt werden. Da eine Menge nur aus *unterschiedlichen* Elementen bestehen kann, werden mehrfach vorkommende Elemente, genau genommen *syntaktisch* gleiche Elemente, entfernt (siehe Abschnitt 2.2.2).

Tabelle 3.9 Erzeugen von Mengen, Umwandlungsfunktionen

`set(`*a*`,` *b*`,` *c*`, ...)`	*oder*
`{`*a*`,` *b*`,` *c*`, ...}`	Erzeugen einer Menge mit den Elementen *a*, *b*, *c*, ...
`setify(`*w*`)`	Umwandeln einer Liste *w* in eine Menge
`fullsetify(`*w*`)`	Umwandeln einer Liste *w* und aller darin enthaltenen Unterlisten in eine Menge
`listify(`*set*`)`	Umwandeln einer Menge *set* in eine Liste
`full_listify(`*expr*`)`	Umwandeln aller im Ausdruck *expr* enthaltenen Mengen in Listen
`divisors(`*n*`)`	Menge aus allen *Teilern* der Ganzzahl *n*
`integer_partitions(`*n*`)`	Menge aus allen *ganzzahligen Partitionen* der Ganzzahl *n*
`integer_partitions(`*n*`,` *k*`)`	Menge aus allen *ganzzahligen Partitionen* der Ganzzahl *n* mit jeweils *k* Elementen

`setify` und `fullsetify` wandeln eine Liste in eine Menge um, wobei `fullsetify` auch in der Liste vorkommende Unterlisten in Mengen umwandelt. `listify` wandelt eine Menge in eine Liste um. `full_listify` wandelt *alle* in einem Ausdruck vorkommende Mengen in Listen um, also nicht nur Untermengen.

`divisors(`*n*`)` erzeugt von einer Ganzzahl *n* die Menge aller Teiler, `integer_partitions(`*n*`)` die Menge aller ganzzahligen Partitionen. Jede Partition ist darin eine Liste mit Ganzzahlen, deren Summe *n* ergibt.

Menge mit zwei algebraischen Ausdrücken

```
(%i1) s1:{(x+1)*(x-1),(x^2-1)};
```
(%o1) $\{(x-1)(x+1), x^2-1\}$

Die beiden Mengenelemente sind zwar *semantisch* gleich, aber *syntaktisch* verschieden.

```
(%i2) [ is(equal((x+1)*(x-1),(x^2-1))),
        is((x+1)*(x-1)=(x^2-1)) ];
(%o2) [true , false]
```

Durch Expandieren werden die Ausdrücke auch *syntaktisch* gleich, ein gleichwertiges Element wird entfernt.

```
(%i3) expand(s1);
```
(%o3) $\{x^2-1\}$

Umwandlung einer Liste in eine Menge

```
(%i4) s2:setify([[0,0],[1,2],[2,4]]);
(%o4) {[0,0],[1,2],[2,4]}
```

Mit `fullsetify` werden auch Unterlisten umgewandelt.

```
(%i5) s3:fullsetify([[0,0],[1,2],[2,4]]);
(%o5) {{0},{1,2},{2,4}}
```

Umwandlung einer Menge in eine Liste

```
(%i6) listify(s3);
(%o6) [{0},{1,2},{2,4}]
```

Umwandlung aller Mengen in Listen

```
(%i7) full_listify(s3);
(%o7) [[0],[1,2],[2,4]]
```

`fullsetify` wandelt nur eine verschachtelte Liste um, aber nicht Listen als Teile von Ausdrücken.	`(%i8) fullsetify([[1,2],f([3,4])]);` `(%o8) {{1,2},f([3,4])}`
`full_listify` wandelt *alle* Mengen in einem Ausdruck in Listen um.	`(%i9) full_listify({{1,2},f({3,4})});` `(%o9) [[1,2],f([3,4])]`
Zerlegung einer Ganzzahl in ihre Teiler	`(%i10) sd:divisors(60);` `(%o10) {1,2,3,4,5,6,10,12,15,20,30,60}`
Zerlegung einer Ganzzahl in ihre Partitionen	`(%i11) ip:integer_partitions(5);` `(%o11) {[1,1,1,1,1],[2,1,1,1],[2,2,1],[3,1,1],[3,2],[4,1],[5]}`

3.3.2 Skalarwertige Mengenfunktionen

`cardinality` liefert die *Mächtigkeit* einer Menge, d. h. die Anzahl ihrer Elemente. Im Allgemeinen liefert die Funktion `length` das gleiche Ergebnis; außer in Sonderfällen, wenn die Vereinfachung von Ausdrücken durch Setzen der Systemvariablen `simp` auf *false* generell ausgeschaltet ist; `cardinality` vereinfacht in diesem Fall trotzdem.

Die restlichen skalarwertigen Mengenfunktionen sind Abfragefunktionen, die als Ergebnis *true* oder *false* liefern. `some` und `every` überprüfen, ob mindestens ein bzw. alle Elemente einer Menge eine bestimmte Bedingung erfüllen. Diese Bedingung wird meist durch eine Prädikatsfunktion (siehe Abschnitt 2.1.1) oder eine anonyme Funktion (siehe Abschnitt 9.2.3) angegeben.

Tabelle 3.10 Skalarwertige Mengenfunktionen

`cardinality(`*set*`)`	Kardinalität (Mächtigkeit) der Menge *set*
`some(`f, *set*`)`	Überprüft, ob die Funktion f für mindestens ein Element der Menge *set* den Wert *true* ergibt
`every(`f, *set*`)`	Überprüft, ob die Funktion f für *alle* Elemente der Menge *set* den Wert *true* ergibt
`elementp(`x, *set*`)`	Überprüft, ob x ein Element der Menge *set* ist
`setequalp(`set_1, set_2`)`	Überprüft die Mengen set_1 und set_2 auf Gleichheit
`disjointp(`set_1, set_2`)`	Überprüft, ob die Mengen set_1 und set_2 disjunkt sind
`setp(`w`)`	Überprüft, ob der Ausdruck w eine Menge ist; liefert *true* oder *false*
`subsetp(`set_1, set_2`)`	Überprüft, ob set_1 eine Teilmenge von set_2 ist

Anzahl der Mengenelemente, `cardinality` liefert das gleiche Ergebnis wie `length`.	`(%i12) [length(s1),cardinality(s1)];` `(%o12) [2,2]`
Einige Mengenelemente sind Primzahlen.	`(%i13) some(primep,sd);` `(%o13) true`

Nicht alle Mengenelemente sind Primzahlen.	`(%i14) every(primep,sd);` `(%o14) false`
Beide Mengen sind gleich; im Gegensatz zu Listen ist die Reihenfolge der Elemente ohne Bedeutung.	`(%i15) setequalp({sqrt(9),4*sin(%pi/6),1},{1,2,3});` `(%o15) true`
Überprüfung, ob ein Ausdruck Element einer Menge ist.	`(%i16) elementp(6,sd);` `(%o16) true`
Überprüfung, ob eine Menge Teilmenge einer anderen Menge ist.	`(%i17) subsetp({5,6},sd);` `(%o17) true`

3.3.3 Mengenwertige Mengenfunktionen

`adjoin` fügt ein Element zu einer Menge hinzu, `disjoin` entfernt ein Element.

`subset` liefert eine Teilmenge aus allen Elementen einer Menge, die eine bestimmte Bedingung erfüllen. Diese Bedingung wird meist durch eine Prädikatsfunktion (siehe Abschnitt 2.1.1) oder eine anonyme Funktion (siehe Abschnitt 9.2.3) angegeben. `extremal_subset` liefert eine Teilmenge aus allen Elementen einer Menge, für die eine Funktion ein Minimum oder Maximum annimmt.

Tabelle 3.11 Mengenwertige Mengenfunktionen

`adjoin(`*x*`,` *set*`)`	Hinzufügen des Elements *x* zur Menge *set*
`disjoin(`*x*`,` *set*`)`	Entfernen des Elements *x* aus der Menge *set*
`subset(`*set*`,` *f*`)`	Teilmenge mit allen Elementen von *set*, für die *f* den Wert *true* ergibt.
`extremal_subset(`*set*`,` *f*`,min)`	Teilmenge mit allen Elementen von *set*, für die *f* ein *Minimum* annimmt.
`extremal_subset(`*set*`,` *f*`,max)`	Teilmenge mit allen Elementen von *set*, für die *f* ein *Maximum* annimmt.
`partition_set(`*set*`,` *f*`)`	Zerlegung der Menge *set* in zwei Partitionen gemäß der Funktion *f*
`equiv_classes(`*set*`,` *F*`)`	Zerlegung der Menge *set* in Äquivalenzklassen entsprechend der Äquivalenzrelation *F*
`powerset(`*set*`[,` *n*`])`	Menge mit allen Teilmengen von *set*, gegebenenfalls der Länge *n*
`permutations(`*set*`)`	Menge mit allen Permutationen von *set* jeweils in einer Liste
`random_permutation(`*set*`)`	Zufalls-Permutationen der Menge *set*

partition_set zerlegt eine Menge in zwei Partitionen gemäß einer logischen Funktion. Das Ergebnis ist eine Liste mit den zwei disjunkten Teilmengen, wobei das erste Listenelement die Teilmenge aller Elemente ist, für welche die logische Funktion den Wert *false* ergibt. equiv_classes zerlegt eine Menge gemäß einer Relation F in Äquivalenzklassen. F ist als anonyme Funktion in zwei Variablen formuliert, die für jeweils zwei Mengenelemente das Ergebnis *true* oder *false* liefert. Prinzipiell kann F jede beliebige Relation darstellen; einen Sinn ergibt aber nur eine *Äquivalenzrelation*, die üblicherweise mit equal(x, y) oder x=y formuliert wird.

Hinzufügen eines Elements zu einer Menge	(%i18) adjoin(x,{a,f,c,d}); (%o18) $\{a, c, d, f, x\}$
Entfernen eines Elements aus einer Menge	(%i19) disjoin(b,{a,b,c,d}); (%o19) $\{a, c, d\}$
Teilmenge von sd mit allen Primzahlen	(%i20) subset(sd,primep); (%o20) $\{2, 3, 5\}$
Teilmenge von sd mit allen durch 3 teilbaren Elementen	(%i21) subset(sd,lambda([u],is(mod(u,3)=0))); (%o21) $\{3, 6, 12, 15, 30, 60\}$
Teilmengen von ip, die die größte Anzahl an Elementen besitzen (hier nur eine)	(%i22) extremal_subset(ip,length,max); (%o22) $\{[1, 1, 1, 1, 1]\}$
Teilmengen von ip mit der kleinsten Anzahl an Elementen (hier ebenfalls nur eine)	(%i23) extremal_subset(ip,length,min); (%o23) $\{[5]\}$
Eine Menge mathematischer Ausdrücke mit mehreren Variablen	(%i24) s:{(x+y)/(x-y),y**2+2*y,x+y+z,x-y,x^y,(1+x)^2}; (%o24) $\{(x+1)^2, x^y, x-y, \frac{y+x}{x-y}, y^2+2y, z+y+x\}$
Variablenlisten für jedes Mengenelement	(%i25) map(listofvars,s); (%o25) $\{[x], [x, y], [x, y, z], [y]\}$
Zerlegung der Menge s in Äquivalenzklassen gemäß der Anzahl der in den Elementen vorkommenden Variablen	(%i26) equiv_classes(s,lambda([u,v], length(listofvars(u))=length(listofvars(v)))); (%o26) $\{\{(x+1)^2, y^2+2y\}, \{x^y, x-y, \frac{y+x}{x-y}\}, \{z+y+x\}\}$
Partitionierung der Menge s in Ausdrücke mit einer einzigen Variablen und Ausdrücke mit mehreren Variablen	(%i27) partition_set(s,lambda([u], is(length(listofvars(u))>1))); (%o27) $[\{(x+1)^2, y^2+2y\}, \{x^y, x-y, \frac{y+x}{x-y}, z+y+x\}]$

powerset liefert alle Teilmengen einer Menge (einschließlich der leeren Menge); mit einem optionalen ganzzahligen Parameter kann das Ergebnis auf Teilmengen mit einer bestimmten Mächtigkeit eingeschränkt werden.

permutations liefert eine Menge mit allen Permutationen einer Menge, wobei jede einzelne Permutation als *Liste* dargestellt ist (in einer Menge ginge ja die – hier wesentliche – Reihenfolge verloren). Eine einzelne, zufällige Permutation wird mit random_permutation erzeugt.

Menge aller Teilmengen	`(%i28) powerset({a,b,c});` (%o28) {{},{a},{a,b},{a,b,c},{a,c},{b}, {b,c},{c}}
Menge aller Teilmengen mit der Mächtigkeit 2	`(%i29) powerset({a,b,c},2);` (%o29) {{a,b},{a,c},{b,c}}
Menge aller Permutationen	`(%i30) permutations({a,b,c});` (%o30) {[a,b,c],[a,c,b],[b,a,c],[b,c,a] ,[c,a,b],[c,b,a]}
Zufalls-Permutation	`(%i31) random_permutation({a,b,c});` (%o31) [c,b,a]

3.3.4 Mengenverknüpfungen

Arithmetische Verknüpfungen von Mengen mit Skalaren erfolgen *nicht* (wie bei Listen) automatisch elementweise. Mit der Funktion `map` kann aber jede Verknüpfung sowie jede beliebige Funktion auf die einzelnen Mengenelemente angewendet werden. Arithmetische Verknüpfungen zweier Mengen wären zwar möglich, ergeben aber keinen Sinn, da in einer Menge die Reihenfolge der Elemente grundsätzlich nicht festgelegt ist.

Mit der Funktion `makeset` können Mengenelemente trotzdem paarweise verknüpft werden, wobei zusammengehörige Paare in Listen zusammengefasst werden. Der erste Parameter von `makeset` ist eine Verknüpfung zweier Variablen, die auch eine zweidimensionale anonyme Funktion sein kann. Der zweite Parameter von `makeset` ist eine Liste mit den in der Verknüpfung vorkommenden Variablen; diese müssen ungebunden (d. h. nicht mit einem Wert belegt) sein und dürfen keine *indizierten* Variablen sein. Der dritte Parameter ist eine Menge (oder Liste) mit den zu verknüpfenden Elementen, jeweils zu Listen zusammengefasst. `makeset` ist nicht auf die Verknüpfung jeweils zweier Elemente beschränkt, es können beliebig viele, jeweils zusammengehörige Elemente verknüpft werden.

`union`, `intersect` und `setdifference` sind die Funktionen für die „klassischen" Mengenoperatoren zur Bildung der Vereinigungsmenge, Durchschnittsmenge bzw. Differenzmenge.

`cartesian_product` liefert das *kartesische Produkt* zweier Mengen. Das ist die Menge aller geordneten Paare in Listen mit jeweils einem Element aus der ersten Menge und einem Element aus der zweiten Menge.

Tabelle 3.12 Mengenverknüpfungen

`makeset(`*expr*, *x*, *set*`)`	Paarweise Verknüpfung von Mengenelementen in der Menge *set*
`union(`set_1, set_2`)`	Vereinigungsmenge $set_1 \cup set_2$
`intersect(`set_1, set_2`)`	Durchschnittsmenge $set_1 \cap set_2$
`setdifference(`set_1, set_2`)`	Differenzmenge $set_1 \setminus set_2$
`cartesian_product(`set_1, set_2`)`	Kartesisches Produkt $set_1 \times set_2$

Die arithmetische Verknüpfung mit einem Skalar erfolgt nicht elementweise.	`(%i32) {a,b,c,d}+1;` (%o32) $\{a, b, c, d\}+1$
Anwenden einer arithmetischen Verknüpfung auf jedes Mengenelement	`(%i33) map(lambda([u],u+1),{a,b,c,d});` (%o33) $\{a+1, b+1, c+1, d+1\}$
Paarweise Verknüpfung von Mengenelementen	`(%i34) makeset(sqrt(u^2+v^2),[u,v],{[x,y],[3,4],[4,7]});` (%o34) $\{5, \sqrt{65}, \sqrt{y^2+x^2}\}$
Vereinigungsmenge zweier Mengen	`(%i35) union({a,b,c,d},{c,d,e,f});` (%o35) $\{a, b, c, d, e, f\}$
Durchschnittsmenge zweier Mengen	`(%i36) intersect({a,b,c,d},{c,d,e,f});` (%o36) $\{c, d\}$
Differenzmenge zweier Mengen	`(%i37) setdifference({a,b,c,d},{c,d,e,f});` (%o37) $\{a, b\}$
Kartesisches Produkt zweier Mengen	`(%i38) cartesian_product({a,b,c,d},{c,d,e,f});` (%o38) $\{[a, c], [a, d], [a, e], [a, f], [b, c], [b, d], [b, e], [b, f], [c, c], [c, d], [c, e], [c, f], [d, c], [d, d], [d, e], [d, f]\}$

3.4 Arrays

Ein *Array* ist in Maxima eine Zusammenstellung mehrerer Elemente, auf die wie bei Listen mit Indizes in eckigen Klammern zugegriffen wird. Diese Zusammenstellung kann eindimensional sein (wie *Listen*) oder mehrdimensional (wie Matrizen und verschachtelte Listen); maximal fünf Dimensionen sind möglich.

Zwei Arten von Arrays werden unterschieden:

Deklariertes Array: Der Befehl `array` erzeugt Arrays mit ganzzahligen Indizes. Im Gegensatz zu Listen beginnen die Indizes nicht bei 1, sondern bei 0.

Deklarierte Arrays werden kaum benötigt – außer zur Erstellung von optimiertem Code durch erfahrene Benutzer – und daher selten verwendet. Sie sind hier nur der Vollständigkeit halber erwähnt, nähere Informationen finden sich im Maxima Manual [Max].

Undeklariertes Array: Wird einer indizierten Variablen, die weder ein deklariertes Array noch eine Liste ist, ein Wert zugewiesen, so entsteht ein *undeklariertes Array* (auch *hashed* Array genannt). Die Indizes müssen dabei keine ganzzahligen Werte sein, sondern können auch Symbole oder Ausdrücke sein. Ein undeklariertes Array wächst dynamisch mit der Zuweisung von Werten.

Undeklarierte Arrays können zum Aufbau von *assoziativen Arrays* verwendet werden (siehe Abschnitt 3.5); sie werden aber auch gerne „missbraucht“, um Variablennamen mit Indizes zu versehen. Eine solche Verwendung kann aber mitunter zu Problemen führen, da indizierte Variablen in manchen Fällen nicht wie gewöhnliche Variablen verwendet werden können.

Tabelle 3.13 Arrays

`A[index] : expr`	Erzeugen eines undeklarierten Arrays durch Zuweisen eines Ausdrucks *expr* an eine indizierte Variable
`arrays`	Liste aller definierten Arrays
`arrayinfo(A)`	Informationen über das Array A
`listarray(A)`	Erzeugen einer Liste mit allen Elementen des Arrays A
`remvalue(A[...],A[...],...)`	Entfernen einzelner Elemente aus dem Array A
`remarray(A1,...An)`	Entfernen der Arrays $A_1 \dots A_n$

Erzeugen eines undeklarierten Arrays bestehend aus drei Werten

```
(%i1) omega[n]:100;
      omega[0]:x;
      omega[1]:y;
(%o1) 100
(%o2) x
(%o3) y
```

Erzeugen eines dreidimensionalen undeklarierten Arrays aus zwei Werten sowie Zuweisen einer indizierten Variablen

```
(%i4) A[1,2,3]:42;
      A[x,y,z]:a+1;
      var:A[x,x*y,x+y];
(%o4) 42
(%o5) a+1
(%o6) A_{x, x y, y+x}
```

Beachte: Indizes werden ausgewertet.

```
(%i7) var,x=1,y=1;
      var,x=1,y=2;
(%o7) A_{1, 1, 2}
(%o8) 42
```

Arrayvariablen werden von Maxima nicht wie gewöhnliche Variablen verwaltet. In der Liste `values`, die alle Benutzervariablen enthält, sind Arrays *nicht* enthalten; die Namen aller Arrays sind in der Liste `arrays` zusammengefasst.

Arrays sind *nicht* in der Variablenliste enthalten.

```
(%i9) values;
(%o9) [var]
```

Liste mit allen Arrays

```
(%i10) arrays;
(%o10) [ω, A]
```

`arrayinfo` liefert eine Liste mit Informationen über ein Array: für ein undeklariertes Array eine Liste mit dem Ausdruck *hashed*, die Zahl der Indizes sowie Unterlisten mit den einzelnen Indizes. `listarray` erzeugt eine Liste mit allen Arrayelementen, „zeilenweise" angeordnet.

Informationen über ein Array: Art und belegte Indizes (in Listen)

```
(%i13) arrayinfo(omega);
(%o13) [hashed, 1, [0], [n]]
```

Liste mit allen Werten eines Arrays

```
(%i14) listarray(omega);
(%o14) [x, 100]
```

Maxima hat für Arrays, Funktionen und gewöhnliche Variablen getrennte Namensräume; Variablen können daher prinzipiell dieselben Namen wie Arrays besitzen. Dies kann aber zu Problemen führen, wenn eine Funktion statt einem Array eine gleichnamige Variable als Parameter übernimmt.

Mit `remvalue` können einzelne Elemente aus einem Array entfernt werden, `remarray` löscht das gesamte Array.

Belegen einer gewöhnlichen Variablen mit einem Wert	(%i15) omega:2*%pi*f; (%o15) $2\,\pi\,f$
Die Funktion `listarray` übernimmt fälschlicherweise die gleichnamige Variable.	(%i16) listarray(omega); listarray: argument must be an array; found: $2\,\pi$ f -- an error. To debug this try: debugmode(true);
Erst nach Löschen der Wertes der Variablen ...	(%i17) remvalue(omega); (%o17) $[\omega]$
... wird das Array als Parameter übernommen.	(%i18) listarray(omega); (%o18) $[x, y, 100]$
Entfernen eines Arrayelements	(%i19) remvalue(omega[n]); (%o19) $[\omega_n]$
Auflisten aller verbleibenden Elemente	(%i20) listarray(omega); (%o20) $[x, y]$
Entfernen eines gesamten Arrays	(%i21) remarray(omega); (%o21) $[\omega]$
Auflisten aller verbleibenden Arrays	(%i22) arrays; (%o22) $[A]$

3.5 Assoziative Arrays

Ein *assoziatives Array* – in anderen Programmiersprachen auch *Hash* oder *Dictionary* genannt – ist, ebenso wie eine Liste, eine Zusammenstellung mehrerer Elemente. Der Zugriff auf ein Element, den *Wert*, erfolgt jedoch nicht über einen ganzzahligen Index, sondern über einen beliebigen Ausdruck, den sogenannten *Schlüssel*. Dieser muss nicht – wie in anderen Programmiersprachen üblich – eine Zeichenkette sein. Assoziative Arrays bestehen also aus *Schlüssel-Wert-Paaren*.

In Maxima kann ein assoziatives Array auf zwei verschiedene Arten realisiert werden:

- als *Liste*, deren Elemente jeweils ein Schlüssel-Wert-Paar enthalten oder
- als *undeklariertes Array*, wobei die Indizes die *Schlüssel* und die Arrayelemente die *Werte* sind.

Assoziative Listen können auch die Grundlage für *objektorientiertes Programmieren* darstellen, wie dies zum Beispiel in *Perl* [Wal] der Fall ist. Hierbei stellt die assoziative Liste ein *Objekt* dar, die Schlüssel-Wert-Paare sind die Namen und Werte von *Eigenschaften*.

3.5.1 Realisierung mit einer Liste

In Maxima sind diese Schlüssel-Wert-Paare normale Listenelemente, die auf unterschiedliche Weisen realisiert sein können: *Schlüssel* und *Wert* können zwei Elemente einer Liste sein (was naheliegend ist), aber auch zwei durch einen Vergleichsoperator oder logischen Operator (=, >, <, `and`, `or`, ...) verknüpfte Elemente.

Da ein assoziatives Array in Maxima als *Liste* realisiert ist, könnte auf ein einzelnes Element auch mit dem ganzzahligen *Index* zugegriffen werden, was aber den Prinzipien von assoziativen Arrays widerspräche. Daher ist auch die Reihenfolge der Schlüssel-Wert-Paare in der Liste bedeutungslos.

Ist der Schlüssel ein symbolischer Name (und keine Zeichenkette), so ist es sinnvoll, diesen durch Quotieren vor einer unbeabsichtigten Auswertung zu schützen.

Mit der Funktion `assoc` wird auf ein Element zugegriffen, wobei ein Defaultwert zurückgegeben werden kann, wenn ein angegebener Schlüssel nicht existiert. Ist ein Defaultwert nicht angegeben, so ist das Ergebnis in einem solchen Fall *false*.

Das Hinzufügen von Schlüssel-Wert-Paaren erfolgt mit den Funktionen `cons` oder `endcons` (siehe Abschnitt 3.1.4), das Entfernen eines Schlüssel-Wert-Paares mit `delete`. Zum Setzen von Werten – sowohl zum Hinzufügen eines neuen Schlüssel-Wert-Paares als auch zum Ändern eines vorhandenen Wertes – kann es zweckmäßig sein, eine eigene Funktion zu definieren. Diese Funktion löscht ein bereits vorhandenes Listenelement und fügt das neue Element am Anfang (oder Ende) der Liste hinzu. Ebenso kann zum Löschen eines Elements eine eigene Funktion definiert werden.

Tabelle 3.14 Assoziative Arrays (aus Listen)

`[[`k_1`, `v_1`],[`k_2`, `v_2`], ...]`	Assoziatives Array mit Schlüsseln k_1, k_2, ... und den Werten v_1, v_2, ...
`[`k_1`>`v_1`, `k_2`>`v_2`, ...]`	Assoziatives Array mit Schlüssel-Wert-Paaren, durch den Vergleichsoperator verbunden
`assoc(`*key*`, `*w*`)`	Liefert den zugehörigen Wert zum Schlüssel *key* aus der Liste *w*
`assoc(`*key*`, `*w*`,`*default*`)`	Ist der Schlüssel *key* nicht vorhanden, so wird der Wert *default* zurückgegeben.
`cons(`*element*`, `*w*`)`	Hinzufügen des Schlüssel-Wert-Paares *element* an den *Anfang* der Liste *w*
`endcons(`*element*`, `*w*`)`	Hinzufügen des Schlüssel-Wert-Paares *element* an das *Ende* der Liste *w*
`delete(`*element*`, `*w*`)`	Entfernen des Schlüssel-Wert-Paares *element* aus der Liste *w*
`map(first,`*w*`)`	Liste mit den *Schlüsseln* aus *w*
`map(last,`*w*`)`	Liste mit den *Werten* aus *w*

Beachte: Die *Änderung* einer Liste hat immer in einer Zuweisung der geänderten Liste (als Rückgabewert einer Funktion) zum Listennamen zu erfolgen. Der bloße Aufruf einer Funktion kann die Liste, die als Parameter der Funktion (zum Beispiel `cons`, `endcons`, `delete`) übergeben wird, *nicht* ändern; es wird nur der geänderte Wert als Funktionsergebnis *zurückgegeben*.

Eine Liste mit allen Schlüsseln oder allen Werten kann mit der Funktion `map` (siehe Abschnitt 9.2.2) erzeugt werden.

Deklaration eines assoziativen Arrays, die Schlüssel-Wert-Paare sind mit dem Gleichheitsoperator verbunden.

```
(%i1) person:['name    = "Rudi",
              'alter   = 18,
              'freunde = ["Emil","Toni","Willi"]];
(%o1)  [name=Rudi , alter=18 , freunde=[Emil ,
Toni , Willi]]
```

Zugriff auf ein Element mit Angabe eines Defaultwertes

```
(%i2) assoc('freunde,person,"unknown");
(%o2) [Emil , Toni , Willi]
```

Ist ein angegebener Schlüssel nicht existent, so wird der Defaultwert zurückgegeben.

```
(%i3) assoc('gewicht,person,"unknown");
(%o3) unknown
```

Definition einer Funktion zum bequemen Löschen eines Elements

```
(%i4) hdel(k,h):=delete(k=assoc(k,h),h);
(%o4) hdel(k , h):=delete(k=assoc(k , h), h)
```

Entfernen eines Elements

```
(%i5) person:hdel(alter,person);
(%o5) [name=Rudi , freunde=[Emil , Toni , Willi]]
```

Definition einer Funktion zum bequemen Hinzufügen und Ändern eines Elements

```
(%i6) hset(x,h):=endcons(x,hdel(first(x),h));
(%o6) hset(x , h):=endcons(x , hdel(first(x), h))
```

Hinzufügen eines Elements

```
(%i7) person:hset(alter=19,person);
(%o7)  [name=Rudi , freunde=[Emil , Toni , Willi]
, alter=19]
```

Ändern eines Elements

```
(%i8) person:hset(alter=20,person);
(%o8)  [name=Rudi , freunde=[Emil , Toni , Willi]
, alter=20]
```

Liste aus allen Schlüsseln

```
(%i9) map(first,person);
(%o9) [name , freunde , alter]
```

Liste aus allen Werten

```
(%i10) map(last,person);
(%o10) [Rudi , [Emil , Toni , Willi] , 20]
```

3.5.2 Realisierung mit einem undeklarierten Array

Ein undeklariertes Array entspricht im Wesen bereits einem assoziativen Array. Daher reichen bei der Behandlung von assoziativen Arrays die in Abschnitt 3.4 angeführten Arraybefehle aus; für einen bequemen Umgang brauchen keine zusätzlichen Funktionen definiert werden.

Entfernen des zuvor mit einer *Liste* realisierten assoziativen Arrays

```
(%i11) kill(person);
(%o11) done
```

Tabelle 3.15 Assoziative Arrays (aus undeklarierten Arrays)

`A[`k_1`]:`v_1`;A[`k_2`]:`v_2`;...`	Assoziatives Array mit Schlüsseln $k_1, k_2, \ldots$ und den Werten $v_1, v_2, \ldots$
`A[`*key*`]`	Liefert den zugehörigen Wert zum Schlüssel *key*
`remvalue(A[`k_1`],A[`k_2`],...)`	Entfernen der Schlüssel $k_1, k_2, \ldots$
`flatten(rest(arrayinfo(A),2))`	Liste mit den *Schlüsseln* aus A
`listarray(A)`	Liste mit den *Werten* aus A

Aufbau eines assoziativen Arrays mit indizierten Variablen

```
(%i12) person['name]:"Rudi";
       person['alter]:18;
       person['freunde]:["Emil","Toni","Willi"];
(%o12) Rudi
(%o13) 18
(%o14) [Emil, Toni, Willi]
```

Ausgabe eines Wertes

```
(%i15) person['freunde];
(%o15) [Emil, Toni, Willi]
```

Ist ein Schlüssel nicht vorhanden, so wird die indizierte Variable zurückgegeben.

```
(%i16) person['gewicht];
```
(%o16) $person_{gewicht}$

Ändern (oder Hinzufügen) eines Elements

```
(%i17) person['alter]:19;
(%o17) 19
```

Liste aus allen Schlüsseln

```
(%i18) flatten(rest(arrayinfo(person),2));
(%o18) [alter, freunde, name]
```

Liste aus allen Werten

```
(%i19) listarray(person);
(%o19) [19, [Emil, Toni, Willi], Rudi]
```

4 Erstellung von Grafiken

Zur Darstellung von Grafiken verwendet Maxima das Programm *Gnuplot* [Gnu], das bei der Erstellung der Grafik aufgerufen wird. Dabei gibt es zwei verschiedene Methoden des Aufrufs:

1. Bei Aufruf der Standard-Plotroutinen `plot2d`, `plot3d`, `draw2d`, `draw3d` etc. wird ein Gnuplot-Fenster geöffnet, in das die Grafik gezeichnet wird. Die Größe dieses Fensters und somit die Größe der Grafik kann mit der Maus verändert werden. Bei 2D-Plots können mit der Maus

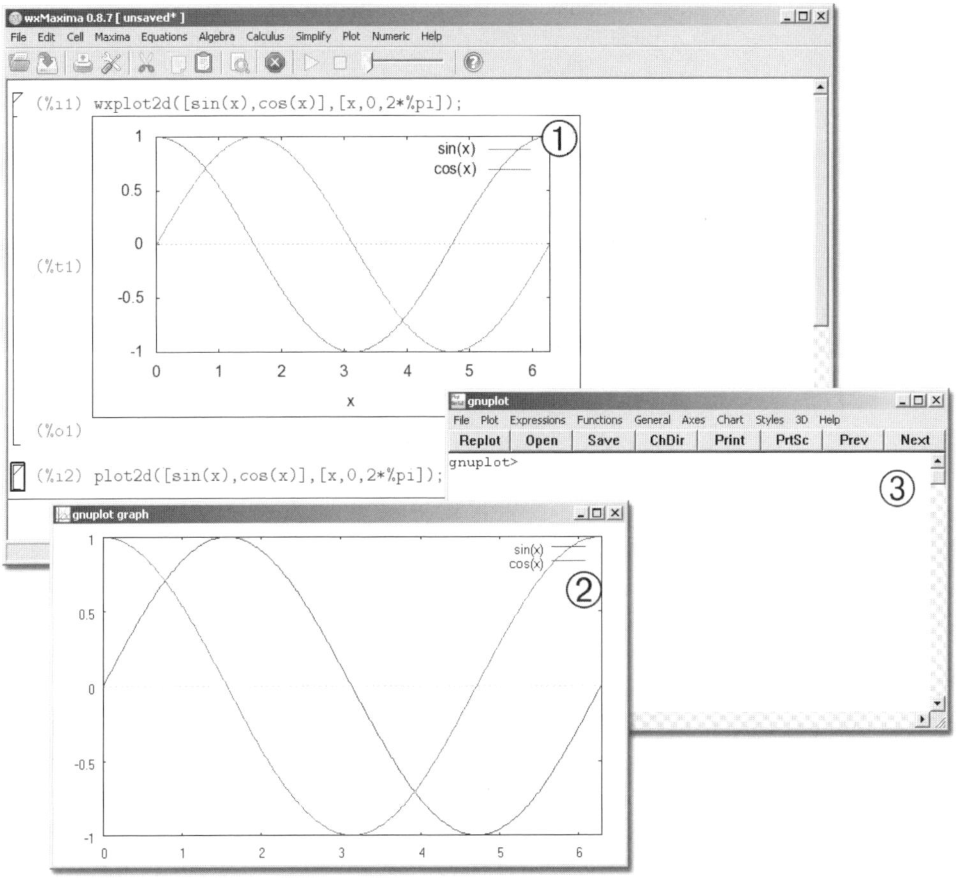

① … Grafik im wxMaxima-Arbeitsfenster ② … Grafik im Gnuplot-Ausgabefenster
③ … Gnuplot-Konsole

Bild 4.1 Grafiken in Maxima

Koordinaten gemessen werden, bei 3D-Plots kann mit der Maus die Grafik in eine beliebige Richtung gedreht werden.

2. Durch Voranstellen der Buchstaben „`wx`“ an die Namen der Plotroutinen (`wxplot2d, wxplot3d, wxdraw2d, wxdraw3d, ...`) werden die Grafiken von Gnuplot im Hintergrund im PNG-Format in Bildschirmauflösung erstellt und direkt in das wxMaxima-Arbeitsfenster gezeichnet. Diese Methode zur Erzeugung von Grafiken ist bequem und vorteilhaft für interaktives Arbeiten, da die Grafiken während der gesamten Maxima-Sitzung im Arbeitsfenster erhalten bleiben. Durch Anklicken mit der Maus kann die Grafik in die Zwischenablage kopiert oder als File abgespeichert werden, auf Grund ihrer geringen Auflösung ist aber eine Weiterverwendung nicht sinnvoll.

Zwei verschiedene Gnuplot-Interfaces stehen zur Verfügung: die Standardfunktionen von Maxima mit dem Wortstamm `plot` in den Funktionsnamen sowie die Funktionen des Zusatzpaketes *Draw* mit dem Wortstamm `draw` in den Funktionsnamen. Die Plotroutinen des Zusatzpaketes *Draw* sind zwar etwas komplizierter in der Anwendung, bieten aber wesentlich mehr Möglichkeiten, die Grafiken mit Hilfe von Optionen an die eigenen Wünsche anzupassen.

4.1 Gnuplot

Gnuplot ist ein befehlszeilenorientiertes Plotprogramm. Beim Aufruf durch Maxima ist die Eingabe von Befehlen in der Gnuplot-Konsole im Allgemeinen nicht erforderlich, kann aber, insbesondere bei Verwendung des Gnuplot-Interfaces *Draw*, sehr hilfreich sein. Daher werden im Folgenden die Grundprinzipien von Gnuplot und die (wenigen) wichtigsten Befehle erläutert.

4.1.1 Verhalten des Gnuplot-Fensters

Das Verhalten des Gnuplot-Fensters ist betriebssystemabhängig: Unter Windows kann erst nach Schließen dieses Fensters mit Maxima weitergearbeitet werden; jede Grafik wird in ein neues Gnuplot-Fenster gezeichnet. Unter Linux kann das Gnuplot-Fenster während der gesamten Maxima-Sitzung geöffnet bleiben; alle weiteren Grafiken werden in dieses Fenster gezeichnet.

Hat das Gnuplot-Fenster den Fokus, so wird unter Windows durch Betätigen der *Leertaste* die Gnuplot-Konsole geöffnet, in der interaktiv mit Gnuplot gearbeitet werden kann. Eine typische Anwendung ist das nachträgliche Schreiben einer von Maxima erstellten Grafik in einem bestimmen Format in ein File mit dem Gnuplot-Befehl `replot` (siehe nächsten Abschnitt 4.1.2). Mit der Gnuplot-Konsole könnte Gnuplot als eigenständiges Plotprogramm – auch unabhängig von Maxima – verwendet werden.

Unter Linux können entsprechende Gnuplot-Befehle mit der Funktion `gnuplot_replot` direkt aus Maxima heraus aufgerufen werden. Das Öffnen einer Gnuplot-Konsole, die an eine von Maxima erstellten Grafik gekoppelt ist, ist unter Linux offenbar nicht möglich.

4.1.2 Befehle

Gnuplot-Befehle können entweder in der Gnuplot-Konsole eingegeben werden (Windows) oder mit der Funktion `gnuplot_replot` aus Maxima heraus aufgerufen werden (Linux). Bei Eingabe mehrerer Befehle in einer Zeile sind diese durch einen Strichpunkt zu trennen. Befehle und Parameter sind durch Leerzeichen zu trennen, einzelne Koordinaten durch Beistriche. Koordinaten*bereiche* sind in der Form `[`$x_1 : x_2$`]` anzugeben.

Tabelle 4.1 Wichtige Gnuplot-Befehle

`plot` *f(x) opts*	Plotten der Funktion *f(x)* mit den Optionen *opts*; wird aber im Zusammenhang mit Maxima nicht benötigt
`replot`	Erneutes Zeichnen einer Grafik, gegebenenfalls mit geänderten Einstellungen
`set terminal` *term opts*	Festlegen des Ausgabeformats, gegebenenfalls mit Optionen `opts`
`set output` "*filename*"	Festlegen des Ausgabezieles (Filename mit der passenden Erweiterung)
`set size` *xscale, yscale*	Skalierung des Diagramms im Verhältnis zur Größe der gesamten Grafik
`set size ratio` *n*	Festlegen des Ansichtsverhältnisses Höhe/Breite des Diagramms
`show` *item*	Anzeigen der aktuellen Einstellungen für *item*
`cd` "*directory*"	Wechsel des Arbeitsverzeichnisses für die Grafikausgabe
`pwd`	Anzeigen des Arbeitsverzeichnisses
`load` "*filename*"	Laden von Gnuplot-Befehlen aus einem File *filename*
`set/unset key`	Ein-/Ausschalten der Legende
`set/unset hidden3d`	Ein-/Ausschalten der Anzeige verdeckter Linien bei 3D-Plots
`set/unset grid`	Ein-/Ausschalten eines Koordinatengitters
`set cntrparam` *spez*	Steuerung der Isolinien in einem Contour-Plot
`set view` *rotx rotz scale scaley*	Festlegen der Ansicht von 3D-Plots
`quit`	Beenden von Gnuplot; wird im Zusammenhang mit Maxima nicht benötigt
Maxima-Funktion (unter Linux):	
`gnuplot_replot(`*string*`)`	Aufruf der in der Zeichenkette *string* enthaltenen Gnuplot-Befehle und nochmaliges Erstellen der aktuellen Grafik

Der grundlegende Plotbefehl `plot` wird bei Erstellung der Grafik von Maxima automatisch aufgerufen, eine Eingabe des Befehls durch den Benutzer in der Gnuplot-Konsole ist nicht sinnvoll. Mit `set terminal` (abgekürzt `set term`) wird das Fileformat für die erstellte Grafik festgelegt. Eine Vielzahl von Formaten ist möglich [Gnu], die wichtigsten sind im Abschnitt 4.1.4 zusammengefasst.

Mit `set output` wird das Ausgabeziel, der Name des Grafikfiles, festgelegt. Wird nicht der vollständige Pfadname als Parameter angegeben, sondern nur der Filename, so wird das File im augenblicklichen Arbeitsverzeichnis (gesetzt mit `cd`, angezeigt mit `pwd`) abgespeichert. Mit dem Filenamen `stdout` wird die Grafik (unabhängig vom eingestellten Gnuplot-Terminal) im Gnuplot-Ausgabefenster ausgegeben. Der Befehl `set output` sollte immer *nach* einem eventuellen Befehl `set terminal` erfolgen.

Der Befehl `set size` legt nicht die Größe der Grafik selbst fest, sondern die Diagrammgröße innerhalb der Grafik im Verhältnis zur Standardgröße. Bei Werten größer als 1 werden Teile des Diagramms abgeschnitten. Mit `set size ratio` wird das Ansichtsverhältnis Höhe/Breite des Diagramms festgelegt, ein negativer Wert bewirkt nicht ein Verhältnis der Achsen*längen*, sondern der Achsen*skalierungen*. So bewirkt beispielsweise `set size ratio -1`, dass x- und y-Achse gleich skaliert werden (und somit beispielsweise ein Kreis unverzerrt ein Kreis bleibt).

Mit dem Befehl `set cntrparam` können die Anzahl und die Werte der Isolinien bei Contour-Plots auf unterschiedlichste Weise angegeben werden:

`set cntrparam levels` *n*	... Automatische Berechnung von *n* Isolinien
`set cntrparam discrete` *z1, z2,...*	... Angabe der Werte der Isolinien
`set cntrparam incremental` *z1, dz, z2*...	Isolinien von *z1* bis *z2* im Abstand von *dz*

Der Befehl `set view` *rotx rotz scale scalez* legt die Ansicht von 3D-Plots fest. Dabei ist *rotx* der Drehwinkel um die x-Achse (von der senkrechten Ansicht weggerechnet), *rotz* der Drehwinkel um die z-Achse, *scale* ein globaler Skalierungsfaktor und *scalez* ein zusätzlicher Skalierungsfaktor für die z-Achse.

Mit dem Befehl `load` kann eine Batchverarbeitung von Gnuplot-Befehlen, die in einem (editierbaren) File abgespeichert sind, durchgeführt werden.

4.1.3 Initialisierung

Gewünschte Standardeinstellungen für die Erstellung von Grafiken, beispielsweise das Gnuplot-Arbeitsverzeichnis, können in einem File mit dem Namen `gnuplot.ini` festgelegt werden. Die-

Tabelle 4.2 Gnuplot-Initialisierung

`gnuplot.ini`	Initialisierungsfile für die Erstellung von Grafiken
`wgnuplot.ini`	Initialisierungsfile für das Erscheinungsbild von Gnuplot
`GNUPLOT`	Umgebungsvariable, enthält den Pfad für die Initialisierungsfiles

ses File kann beliebige Gnuplot-Befehle enthalten, die beim Starten von Gnuplot ausgeführt werden.

Standardeinstellungen für das Erscheinungsbild von Gnuplot selbst, beispielsweise Textgröße und Fenstergröße, sind im File `wgnuplot.ini` festgelegt. Dieses File wird aber vom Benutzer nicht direkt erstellt, sondern über das Kontextmenü der Gnuplot-Konsole.

Die Verzeichnisse, in denen sich die Initialisierungsfiles `gnuplot.ini` und `wgnuplot.ini` befinden, sind in der Umgebungsvariable `GNUPLOT` festzulegen.

4.1.4 Gnuplot-Terminals

Die meisten Gnuplot-Terminals besitzen zusätzliche Optionen, mit denen die Eigenschaften der Grafik in Bezug auf Auflösung, Bildgröße, Farbtiefe, Schriftart und Schriftgröße eingestellt werden können. Anzahl und Format dieser Optionen sind aber leider nicht einheitlich für alle Terminals gleich, im Einzelfall ist das Gnuplot-Manual [Gnu] zu konsultieren.

Tabelle 4.3 Wichtige Gnuplot-Terminals

Pixel-Grafikformate:	
`dumb`	ASCII-Art-Grafik im Retrolook
`gif`	GIF-Grafik (8 Bit Farbtiefe)
`png`	Portable Network Graphics (24 Bit Farbtiefe)
`jpeg`	JPG-Grafik
`latex`	LaTeX-Code mit der *Picture*-Umgebung
`windows`	Zur direkten Bildschirmanzeige im Gnuplot-Ausgabefenster
Vektor-Grafikformate:	
`aifm`	Adobe-Illustrator-Format (Dateierweiterung `.ai`)
`dxf`	Zeichnungs-Austauschformat von AutoCAD
`eepic`	LaTeX-Code in der erweiterten *Picture*-Umgebung (mit dem Paket `eepic`)
`hpgl`	Hewlett-Packard Graphics Language für Stiftplotter
`postscript`	Postscript-Grafik (Dateierweiterung `.ps`)
`postscript eps`	Encapsulated Postscript-Grafik (Dateierweiterung `.eps`)
`svg`	Scaleable Vector Graphics
`pdf`	Portable Document Format

4.2 Grafik-Interface *Plot*

Plot ist das Standard-Gnuplot-Interface von Maxima, relativ bequem in der Anwendung, aber nicht sehr flexibel in den Gestaltungsmöglichkeiten für Grafiken; außerdem sind die Möglichkeiten zur Erstellung von 3D-Grafiken eingeschränkt.

4.2.1 Plotbefehle

Der Befehl `(wx)plot2d` stellt einen Kurvenverlauf oder einen durch Punkte vorgegebenen Linienzug in einem zweidimensionalen kartesischen Koordinatensystem dar. Dafür gibt es drei Möglichkeiten, die beliebig in einem einzigen Diagramm kombiniert dargestellt werden können:

Tabelle 4.4 Plotbefehle des Gnuplot-Interfaces *Plot*

`plot2d(`$f(x)$`,` *xrange, opts*)	Plotten der Funktion $f(x)$, mit den Optionen *opts* im Bereich *xrange*; der Bereich *xrange* *muss* hier angegeben werden.
`plot2d([discrete,`*xwerte*, *ywerte*], *opts*)	Plotten der Punkte mit der Angabe der x-Werte und y-Werte in zwei getrennten Listen *xwerte* und *ywerte*; die Angabe eines Bereichs für die x-Werte ist hier optional.
`plot2d([discrete,`*werte*`],`*opts*)	Andere Möglichkeit zum Plotten von Punkten; die Punkte sind hier in einer doppelt geschachtelten Liste `[[`x_1, y_1`],[`x_2, y_2`],\,...]` angegeben.
`plot2d([parametric,`$x(t)$, $y(t)$, *trange*`],`*opts*)	Plotten einer Kurve in Parameterdarstellung mit dem Parameter t im Parameterbereich *trange*
`plot3d(`$f(x,y)$, *xrange*, *yrange*, *opts*)	Plotten der Funktion $f(x,y)$ mit den Optionen *opts* im Bereich *xrange* und *yrange*
`plot3d([`$x(u,v)$, $y(u,v)$, $z(u,v)$`],` *urange*, *vrange*, *opts*)	Plotten eines dreidimensionalen Objekts in Parameterdarstellung mit den Parametern u und v in den jeweiligen Bereichen *urange* und *vrange*.
`contour_plot(`$f(x,y)$, *xrange*, *yrange*, *opts*)	Plotten der Isolinien einer Funktion $f(x,y)$ mit den Optionen *opts* im Bereich *xrange* und *yrange*
`[`x, x_1, x_2`]`	Angabe eines Bereichs für die Variable x mit der Untergrenze x_1 und der Obergrenze x_2

1. Eine Funktion $y = f(x)$; der Darstellungsbereich auf der x-Achse muss in der Form [x_1, x_2, x_3] angegeben werden, die Angabe eines Bereichs auf der y-Achse ist optional.
2. Eine Kurve in Parameterdarstellung $x(t), y(t)$ in Abhängigkeit eines beliebig wählbaren Parameters t. Hat dieser Parameter tatsächlich den Namen „t“, so kann die Angabe eines Bereichs entfallen, er wird dann entsprechend dem in den Plot-Optionen eingestellten Wert (für alle parametrischen Kurven gleich) vorgegeben (siehe Abschnitt 4.2.2).
3. Einzelne Punkte, die gegebenenfalls – bei entsprechenden Optionen – durch einen Linienzug verbunden werden. Für die Angabe der Punkte gibt es zwei Möglichkeiten: entweder als zwei Listen mit jeweils den x-Werten und den y-Werten oder aus einer einzigen zweifach geschachtelten Liste mit den einzelnen Punkten, die jeweils aus einer Liste mit dem x-Wert und dem y-Wert bestehen.

In ein einziges Diagramm können beliebig viele Kurvenverläufe, zu einer Liste zusammengefasst, gezeichnet werden.

Plotten einer Funktion in einem vorgegebenen Intervall; der Bereich für die y-Achse wird automatisch ermittelt.

```
(%i1) wxplot2d(sin(x),[x,-%pi,%pi])$
(%t1)
```

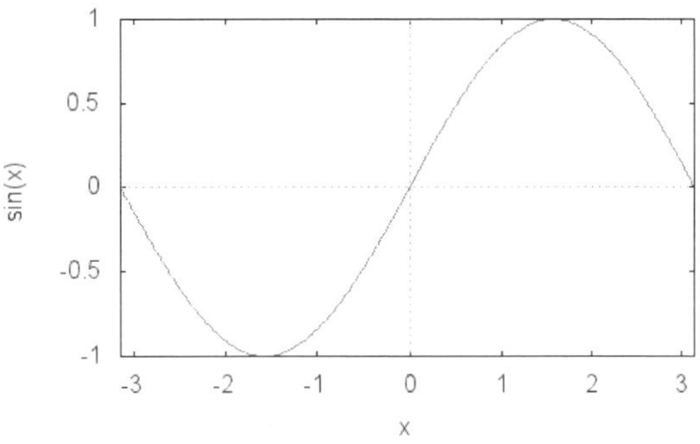

Liste mit x-Werten

```
(%i2) xwerte:[0,3,6,4,6,3,0,2,0];
(%o2) [0,3,6,4,6,3,0,2,0]
```

Liste mit y-Werten

```
(%i3) ywerte:[0,2,0,3,6,4,6,3,0];
(%o3) [0,2,0,3,6,4,6,3,0]
```

Zwei punktweise Plots in einem Diagramm mit beiden Methoden der Punktevorgabe. Standardmäßig werden die Punkte durch Liniensegmente verbunden.

```
(%i4) wxplot2d([[discrete,xwerte,ywerte],
      [discrete,[[3,1],[5,3],[3,5],[1,3],[3,1]]]])$
(%t4)
```

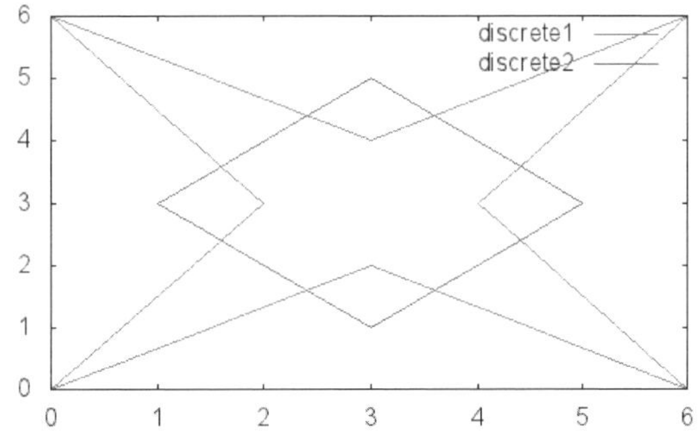

Plotten einer Kurve in Parameterdarstellung; um eine glatte Kurve zu erhalten, muss hier die Anzahl der Stützstellen mit der Option `nticks` erhöht werden.

```
(%i5) wxplot2d([parametric,sin(t),sin(2*t),
         [t,0,2*%pi]],[nticks,100])$
(%t5)
```

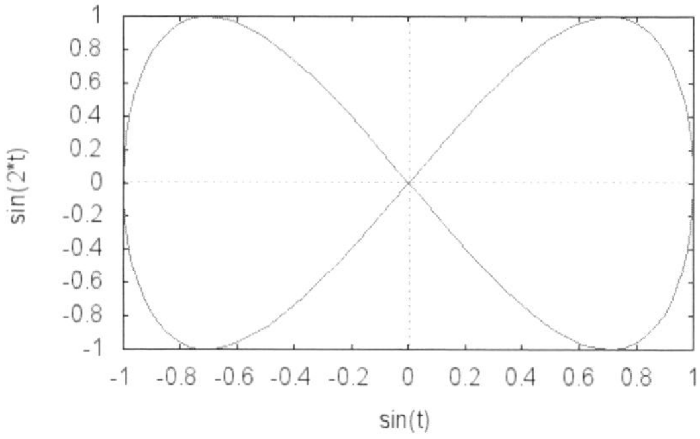

Kombination von drei unterschiedlichen 2D-Plots in einem einzigen Diagramm; die drei Kurven sind in einer Liste anzugeben.

```
(%i6) wxplot2d([sin(x),[discrete,xwerte,ywerte],
         [parametric,10+3*sin(2*t),2+2*cos(3*t),
         [t,0,2*%pi]]],[x,0,15],[nticks,100])$
(%t6)
```

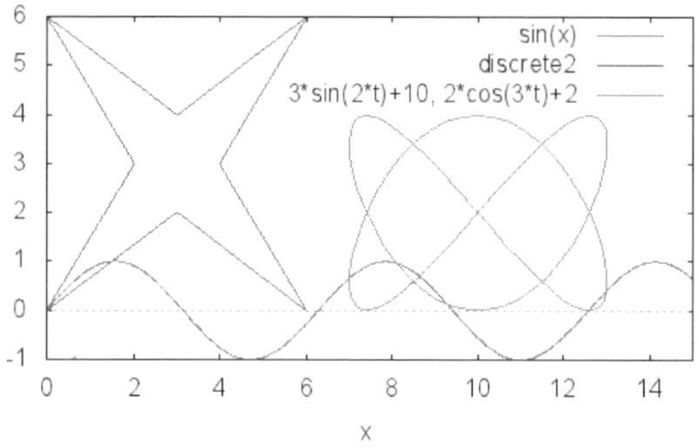

Die Möglichkeiten zum Erstellen von 3D-Grafiken mit dem Gnuplot-Interface *Plot* sind sehr beschränkt, nur der Vollständigkeit halber sind sie hier erwähnt. Empfehlenswert für 3D-Grafiken ist jedenfalls die Verwendung des Gnuplot-Interfaces *Draw*.

4.2.2 Optionen

Mit zusätzlichen optionalen Parametern der Plotfunktionen kann die Gestalt der Grafiken in Hinblick auf Farben, Linientypen, Diagrammgrößen, Beschriftung, Ausgabeformate etc. den Bedürfnissen angepasst werden. Die Optionen bestehen aus Listen (meist mit zwei Elementen); das erste Element ist immer der Optionsname, die weiteren Elemente sind die zugehörigen Werte. Die Plot-Optionen können in jedem Plot-Befehl als zusätzliche Parameter angegeben werden, sie können mit dem Befehl `set_plot_option` aber als Defaultwerte auch global festgelegt werden und gelten dann für alle nachfolgenden Plotbefehle. Mit dem Befehl `plot_options` werden die eingestellten Defaultwerte aller Plot-Optionen angezeigt.

Die Optionen `x` und `y` legen die angezeigten Koordinatenbereiche fest, bei 2D-Plots ist `x` kein optionaler Parameter, sondern ein Pflichtparameter.

Tabelle 4.5 Plot-Optionen für das Gnuplot-Interface *Plot*

Befehle:	
`plot_options`	Ausgabe aller Plot-Optionen
`set_plot_option([`*name*`,` *v*`])`	Setzen der Plot-Option *name* auf den Wert *v*
Wichtige Optionen:	
`[y,` *ymin*`,` *ymax*`]`	Skalierung der y-Achse
`[x,` *xmin*`,` *xmax*`]`	Skalierung der x-Achse, Pflichtparameter bei 2D-Plots, Option bei 3D-Plots
`[nticks,`*n*`]`	Anzahl der Stützstellen zur Kurvenberechnung (Default: 10)
`[adapt_depth,`*n*`]`	Maximale Zahl der Aufteilung der Kurvenabschnitte zwischen zwei Stützstellen (Default: 10)
`[gnuplot_preamble, "`*text*`"]`	Gnuplot-Vorspann, enthält beliebige Gnuplot-Befehle, die *vor* dem Plot ausgeführt werden.
`[xlabel,"`*text*`"]`	Beschriftung der x-Achse bei 2D-Plots
`[ylabel,"`*text*`"]`	Beschriftung der y-Achse bei 2D-Plots
`[logx]/[logy]`	Logarithmische Skalierung der x-/y-Achse bei 2D-Plots
`[legend,"`*text1*`","` *text2*`",...]`	Legenden für die einzelnen Kurven in einem 2D-Plot
`[style,\,`*style1*`,` *style2*`,...]`	Plotstile für die einzelnen Kurven in einem 2D-Plot in der Form `[`*name*`,` *w*`,` *c*`]`.
`[gnuplot_term,` *terminal*`]`	Ausgabe*format* (Gnuplot-Terminal); ignoriert bei den wx-Routinen
	`[gnuplot_out_file, "`*filename*`"]` Ausgabe*ziel*; ignoriert bei den wx-Routinen
`[grid,`n_x`,` n_y`]`	Anzahl der Gitterlinien bei 3D-Plots in x- und y-Richtung
`[gnuplot_pm3d, true/false]`	Kontrolliert farbiges Ausfüllen der Flächen bei 3D-Plots

`nticks` und `adapt_depth` legen die Anzahl und maximale Teilung von Stützstellen für die Kurvenberechnung fest. Eine explizite Angabe ist nur dann notwendig, wenn die dargestellten Kurven nicht hinreichend „glatt" erscheinen.

Die Option `gnuplot_preamble` kann als Zeichenkette beliebige, durch Strichpunkte getrennte Gnuplot-Befehle enthalten, die vor dem eigentlichen Zeichenvorgang ausgeführt werden. Damit können Einstellungen an Gnuplot weitergereicht werden, für die es in Maxima keine eigenen Plot-Optionen gibt (etwa für die Steuerung der Isolinien bei Contour-Plots oder für die Einstellung des Ansichtsverhältnisses).

Lissajous-Figur; mit dem Gnuplot-Vorspann „`set size ratio -1`“ werden gleiche Skalierungen für beide Achsen erzwungen, mit `nticks` wird die Punktezahl entsprechend erhöht.

```
(%i7) wxplot2d([parametric,sin(3*t),sin(4*t),
        [t,0,2*%pi]],[nticks,100],
        [gnuplot_preamble,"set size ratio -1"])$
(%t7)
```

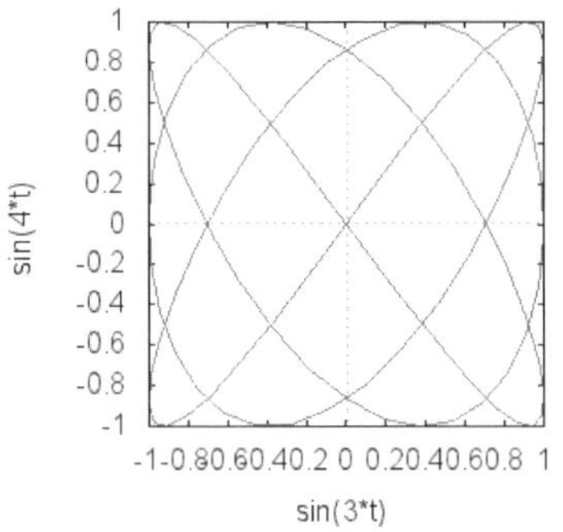

Die Option `style` legt Kurventyp, Linienstärke und Linienfarbe (und gegebenenfalls den Punktetyp) fest. Die Linienstärke ist bei Pixelgrafiken in Pixel angegeben, bei Vektorgrafiken in Vielfachen von 0.25 pt (etwa 0.088 mm). Für den Kurventyp sind folgende Werte möglich:

`lines` ... Linienzug
`points` ... Punkte (mit zusätzlicher Angabe des Punktetyps als Ganzzahl)
`linespoints` ... Linienzug und Punkte
`impulses` ... Balken (Angaben für Linienbreite und Farbe werden ignoriert.)

Für die Farben gelten folgende Ganzzahlwerte:

1 ... Blau 2 ... Rot 3 ... Magenta 4 ... Gelb
5 ... Braun 6 ... Grün 7 ... Cyan

Liste mit x-Werten

```
(%i8) lx:[1,2,3,4,5,6,7,8,9];
(%o8) [1,2,3,4,5,6,7,8,9]
```

Liste mit y-Werten

```
(%i9) ly:[1,2,2.4,2.4,1.7,1.5,1.6,2,2.7];
(%o9) [1,2,2.4,2.4,1.7,1.5,1.6,2,2.7]
```

Plotten von Punkten mit verschiedenen Plotstilen: als Linienzug, als Punkte (in verschiedenen Größen und Formen) sowie als Kombination von beiden

```
(%i10) wxplot2d(makelist([discrete,lx,c+ly],c,1,4),
         [x,0,10],[y,1,8],[legend,""],
         [style,[lines,2,1],[points,2,6,1],
         [points,4,2,7],[linespoints,3,4,3]])$
(%t10)
```

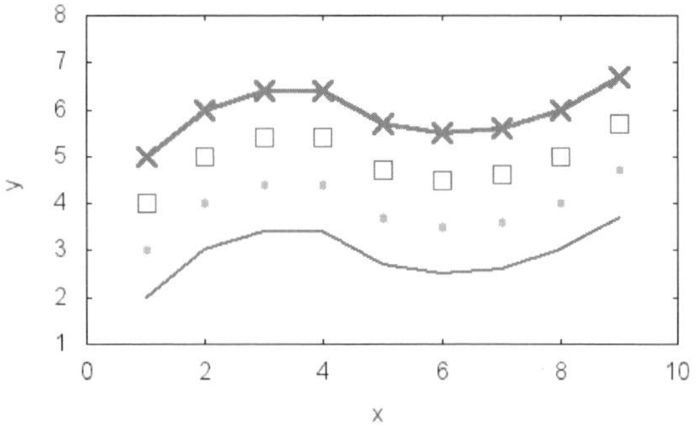

(Etwas trickreiche) Erzeugung einer Liste von Punkt-Plots mit jeweils einem einzigen Punkt

```
(%i11) plotlist:apply(append,makelist(makelist
         ([discrete,[[nx,ny]]],nx,1,13),ny,1,7))$
```

(Etwas trickreiche) Erzeugung einer Liste von Plotstilen mit allen Farben und allen Punktformen

```
(%i12) stylelist:cons(style,apply(append,makelist(
         makelist([points,4,ny,nx],nx,1,13),ny,1,7)))$
```

Plotten aller möglichen Farben und Punktformen. Mit Hilfe entsprechender Optionen wird die Legende unterdrückt und eine Beschriftung der Achsen veranlasst.

```
(%i13) wxplot2d(plotlist,stylelist,[x,0,14],[y,0,8],
         [legend,""],[xlabel,"Point numbers"],
         [ylabel,"Color numbers"])$
(%t13)
```

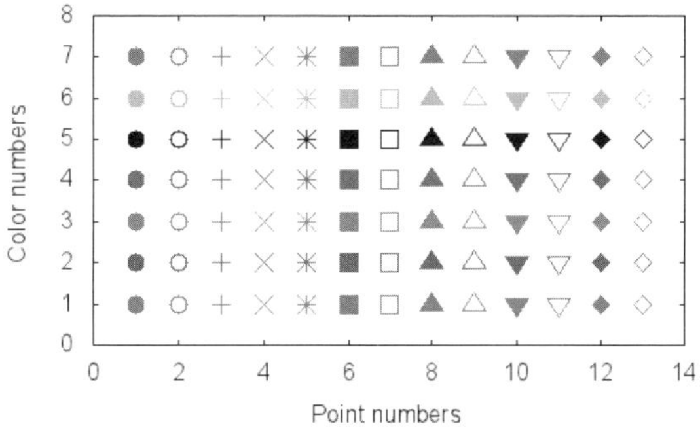

gnuplot_term legt das Ausgabe*format* fest, wobei neben den Werten default und ps (für encapsulated postscript) sämtliche Gnuplot-Terminals (Abschnitt 4.1.4) möglich sind. Das Ausgabe*ziel* wird mit der Option gnuplot_out_file festgelegt, bei fehlender Pfadangabe wird aber (unverständlicherweise) *nicht* das Gnuplot-Arbeitsverzeichnis verwendet, sondern das Verzeichnis entsprechend der Betriebssystem-Umgebungsvariablen HOMEPATH. Die Optionen gnuplot_term und gnuplot_out_file werden von den wx-Plotroutinen ignoriert.

4.3 Grafik-Interface *Draw*

Das Gnuplot-Interface *Draw* von Mario Rodríguez Riotorto [Rod] stellt einen weiteren Satz von Maxima-Grafikroutinen zur Verfügung, die sich in den Parametern, insbesondere in der Stuktur der Optionen, von den Standardroutinen unterscheiden. Die Anwendung dieser Routinen, alle mit dem Wortstamm draw in den Befehlsnamen, ist zwar etwas komplizierter als die der Standardroutinen, sie sind aber wesentlich flexibler in den Gestaltungsmöglichkeiten für Grafiken. Außerdem ist es mit ihnen möglich, nachträglich Änderungen in Bezug auf Ausgabeformat und Ausgabeziel in der Gnuplot-Konsole vorzunehmen.

Das Paket *Draw* wird bei erstmaligem Aufruf einer darin enthaltenen Grafikfunktion automatisch geladen. Trozdem ist es sinnvoll, das Paket mit dem Befehl load explizit zu laden, denn nur dann können Defaultwerte für die Optionen verändert werden, *bevor* das erste Mal eine Grafikfunktion aufgerufen wird.

4.3.1 Plotbefehle

Eine Grafik besteht aus einzelnen (2D- und 3D-)*Szenen*, die mit dem grundlegenden Plotbefehl `draw` in einer rechteckigen Anordnung ausgedruckt werden; jede Szene entspricht dabei einem einzelnen Diagramm. Eine Szene wird mit den Befehlen `gr2d` (für den zweidimensionalen Fall) und `gr3d` (für den dreidimensionalen Fall) aus einzelnen *Grafikobjekten* und gegebenenfalls zusätzlichen *Optionen* zusammengesetzt.

In den meisten Fällen enthält eine Grafik nur ein einziges Diagramm, das heißt nur eine einzige Szene. In diesem Fall bewirken die Plotbefehle `draw2d` und `draw3d` die Zusammenstellung der Grafikobjekte zu einer Szene und gleichzeitig das Erstellen der Grafik aus dieser Szene. Die Befehle

`draw2d(. . . )` und `draw3d(. . . )`

sind also gleichbedeutend mit

`draw(gr2d(. . . ))` und `draw(gr3d(. . . ))`.

Die Parameterliste enthält beliebige Grafikobjekte und Optionen. Die zu einem Grafikobjekt gehörenden Optionen sind diesen *voranzustellen*. Die Position *globaler* Parameter (zum Beispiel zum Festlegen von Ausgabeformat und Ausgabeziel) ist beliebig.

Optionen haben die Form von Gleichungen mit der linken Seite als Name und der rechten Seite als Wert, wobei der Wert auch eine Liste (zum Beispiel bei Bereichsangaben) sein kann. Mit dem Befehl `set_draw_defaults` können Standardwerte für die Optionen festgelegt werden, die für alle nachfolgenden Grafiken gelten.

Tabelle 4.6 Plotbefehle des Gnuplot-Interfaces *Draw*

`draw(`*scene1*, *scene2*, ..., *opts*, ...`)`	Erstellen einer Grafik als Zusammenstellung von *Szenen* und globalen Optionen *opts*
`gr2d(`*opts*, *graphic_object*, ...`)`	Erstellen einer 2D-*Szene* als Zusammenstellung von beliebigen 2D-Grafikobjekten mit den Optionen *opts*
`gr3d(`*opts*, *graphic_object*, ...`)`	Erstellen einer 3D-*Szene* als Zusammenstellung von beliebigen 3D-Grafikobjekten mit den Optionen *opts*
`draw2d(`*opts*, *graphic_object*, ...`)`	Erstellen einer 2D-Grafik als Zusammenstellung von beliebigen 2D-Grafikobjekten mit den Optionen *opts*
`draw3d(`*opts*, *graphic_object*, ...`)`	Erstellen einer 3D-Grafik als Zusammenstellung von beliebigen 3D-Grafikobjekten mit den Optionen *opts*
`set_draw_defaults(`*opts*, ...`)`	Setzen von Defaultwerten für Optionen
Optionen:	
name1=value1, *name2=value2*, ...	

Bei komplexeren Grafiken mit vielen Objekten kann die Parameterliste der Plotbefehle sehr lang und unübersichtlich werden. Es ist daher guter Stil, entweder

- die Eingabe in diesem Falle durch Zeilenvorschübe und Einrückungen entsprechend zu strukturieren oder (noch besser)
- die Grafikobjekte nicht direkt in der Parameterliste der Plotbefehle zu formulieren, sondern ihnen in eigenständigen Anweisungen Variablennamen zuzuweisen und diese Variablen in die Parameterliste einzusetzen.

4.3.2 2D-Grafikobjekte

`explicit`, `parametric` und `implicit` erzeugen Grafikobjekte aus mathematischen Ausdrücken in kartesischen Koordinaten: eine Funktion, eine Kurve in Parameterdarstellung sowie eine implizite Kurve. `polar` erzeugt ein Grafikobjekt einer Funktion in Polarkoordinaten. Da die darzustellenden Bereiche fixer Bestandteil der Grafikobjekte sind, müssen sie im Gegensatz zum Gnuplot-Interface *Plot* nicht im Stil von Optionen angegeben werden.

Laden des Pakets *Draw* und Setzen von Defaultwerten für die Zeichenfarbe und die Darstellung von Gitterlinien

```
(%i14) load(draw)$
       set_draw_defaults(color=red,grid=true);
(%o15) [color=red, grid=true]
```

Definition einer Funktion $y=f(x)$ als Grafikobjekt

```
(%i16) g1:explicit(2*sin(x),x,-%pi,%pi);
(%o16) explicit(2 sin(x), x, -π, π)
```

Kurve in Parameterdarstellung als Grafikobjekt

```
(%i17) g2:parametric(2*sin(phi),2*cos(phi),phi,0,2*%pi);
(%o17) parametric(2 sin(φ), 2 cos(φ), φ, 0, 2 π)
```

Implizite Funktion als Grafikobjekt

```
(%i18) g3:implicit(x^2-y^2=1,x,-4,4,y,-4,4);
(%o18) implicit(x^2 - y^2 = 1, x, -4, 4, y, -4, 4)
```

Funktion $r=f(\phi)$ in Polarkoordinaten als Grafikobjekt

```
(%i19) g4:polar(1+0.8*sin(13*t),t,0,2*%pi);
(%o19) polar(0.8 sin(13 t)+1, t, 0, 2 π)
```

Plotten aller Grafikobjekte in ein einziges Diagramm; um glatte Kurven zu erhalten und dem Diagramm etwas „Farbe“ zu verleihen, wurden entsprechende Optionen angegeben.

```
(%i20) wxdraw2d(nticks=200,color=red,g1,color=blue,g2,
                color=green,g3,color=orange,g4)$
(%t20)
```

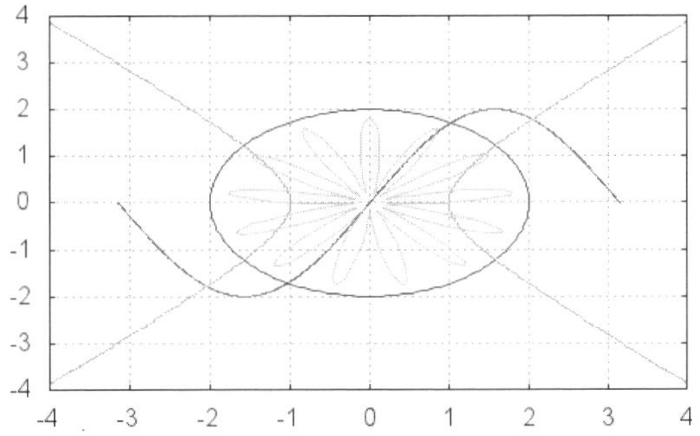

Tabelle 4.7 2D-Grafikobjekte

`explicit(`$f(x)$, x, x_1, x_2`)`	Funktion $f(x)$ zwischen den Werten x_1 und x_2
`parametric(`$x(t)$, $y(t)$, t, t_1, t_2`)`	Kurve $x(t), y(t)$ in Parameterdarstellung mit dem Parameter t zwischen den Werten t_1 und t_2
`implicit(`*equation*, x, x_1, x_2, y, y_1, y_2`)`	Implizite Kurve, durch die Gleichung *equation* angegeben, in den Variablen x und y innerhalb der Bereiche $x_1 \ldots x_2$ und $y_1 \ldots y_2$
`polar(`$r(\phi)$, ϕ, ϕ_1, ϕ_2`)`	Funktion in Polarkoordinaten: Radius r in Abhängigkeit des Winkels ϕ innerhalb des Bereichs $\phi_1 \ldots \phi_2$
`points(`*xwerte,ywerte*`)`	Punkte; *xwerte* und *ywerte* sind Listen mit den x- und y-Werten
`points([`p_1, p_2, ...`])`	Punkte; jeder Punkt p_i ist eine Liste aus den Koordinatenwerten: $[p_x, p_y]$
`bars([`x_1, h_1, w_1`],[`x_2, h_2, w_2`],` ...`)`	Vertikale Balken mit den Höhen $h_1, h_2, \ldots$, den Breiten $b_1, b_2, \ldots$ an den x-Werten (zentriert) $x_1, x_2, \ldots$
`polygon(`*xwerte,ywerte*`)`	Polygon mit Angabe der Eckpunkte in den Listen *xwerte* und *ywerte*
`polygon(`p_1, p_2, ...`)`	Polygon; jeder Eckpunkt p_i ist eine Liste aus den Koordinatenwerten: $[p_x, p_y]$
`rectangle(`p_1, p_2`)`	Rechteck mit den diametralen Eckpunkten p_1 und p_2 in der Form $[p_x, p_y]$
`ellipse(`x_0, y_0, a, b, w_1, w_2`)`	Ellipse (oder Kreis) mit dem Mittelpunkt $[x_0, y_0]$, den Halbachsen a und b sowie dem Anfangs- und Endwinkel w_1 bzw. w_2
`label([`*text*, x, y`],` ...`)`	Schreibt die Zeichenkette *text* an die Position $[x, y]$; Bündigkeit und Orientierung können über Optionen festgelegt werden.
`vector([`x, y`],[`dx, dy`])`	Vektor mit dem Ursprung $[x, y]$ und den Koordinaten $[dx, dy]$
`image(`m, x, y, n_x, n_y`)`	Bildobjekt mit der Matrix m aus $n_x \times n_y$ Bildpunkten und den Koordinaten $[x, y]$ des linken unteren Bildpunktes

Zusätzlich steht eine Vielzahl an geometrischen Formen zur Verfügung, mit denen beliebige Grafiken erstellt werden können. `points` dient prinzipiell zur Darstellung diskreter Punkte; diese Punkte können durch Setzen entsprechender Optionen durch Geradenstücke verbunden werden. Somit lassen sich mit dem Grafikobjekt `points` auch beliebige Linienzüge und angenäherte Kurven darstellen (siehe Abschnitt 4.3.4).

Mit dem Grafikobjekt `bars` kann ein Balkendiagramm erstellt werden, `polygon`, `rectangle` und `ellipse` stellen die entsprechenden grafischen Formen dar. Mit Optionen kann festgelegt werden, ob und mit welcher Farbe diese Formen ausgefüllt werden (Abschnitt 4.3.6).

Texte können mit dem Grafikobjekt `label` erstellt und innerhalb der Grafik beliebig positioniert werden; Vektoren mit unterschiedlichen Pfeilspitzen werden mit dem Grafikobjekt `vector` erstellt.

Erzeugung eines Polygons als Grafikobjekt aus jeweils einer Liste von x-Werten und y-Werten

```
(%i21) poly:polygon(xwerte+2,ywerte+2);
(%o21)  polygon
([2,5,8,6,8,5,2,4,2],[2,4,2,5,8,6,8,5,2])
```

Erzeugung eines Grafikobjekts „Punkte“ aus jeweils einer Liste von x-Werten und y-Werten

```
(%i22) punkte:points([1,3,5,7,9,9,9,9,9,7,5,3,1,1,1,1],
       [1,1,1,1,1,3,5,7,9,9,9,9,9,7,5,3]);
(%o22)  points([1,3,5,7,9,9,9,9,9,7,5,3,1,1,1,1
],[1,1,1,1,1,3,5,7,9,9,9,9,9,7,5,3])
```

Festlegung eines Rechtecks mit zwei diagonal gegenüberliegenden Punkten

```
(%i23) rechteck:rectangle([1,-2],[6,-7]);
(%o23) rectangle([1,-2],[6,-7])
```

Ellipse als Grafikobjekt

```
(%i24) ell:ellipse(6,-6,3,2,0,360);
(%o24) ellipse(6,-6,3,2,0,360)
```

Balkendiagramm als Grafikobjekt

```
(%i25) balken:bars([-7,2,1],[-5,5,1],[-3,7,1],[-1,6,1]);
(%o25)
bars([-7,2,1],[-5,5,1],[-3,7,1],[-1,6,1])
```

Erzeugung dreier Vektoren als Grafikobjekte

```
(%i26) [v1,v2,v3]:[vector([-8,-8],[6,0]),
       vector([-8,-8],[6,6]),vector([-2,-8],[0,6])];
(%o26)  [vector([-8,-8],[6,0]),
vector([-8,-8],[6,6]),vector([-2,-8],[0,6])]
```

Diagrammbeschriftung als Grafikobjekt „Label“; alle Beschriftungen bilden hier ein einziges Grafikobjekt.

```
(%i27) text1:label(["Bars",-5,-1],
                   ["Points and Polygon",5,-1],
                   ["Vectors",-5,-9],
                   ["Rectangle and Ellipse",5,-9]);
(%o27)  label([Bars,-5,-1],[Points and Polygon,5,-
1],[Vectors,-5,-9],[Rectangle and Ellipse,5,-9])
```

Plotten aller Grafikobjekte in ein einziges Diagramm; zum Setzen von Farben und der Gestalt der Vektorspitzen wurden entsprechende Optionen angegeben.

```
(%i28) wxdraw2d(xrange=[-10,10],yrange=[-10,10],
          punkte,poly,fill_color=blue,rechteck,
          fill_color=orange,ell,
          fill_color=green,balken,
          head_length=0.8,head_angle=15,v1,
          color=blue,v2,color=red,v3,
          color=black,text1)$
```

(%t28)

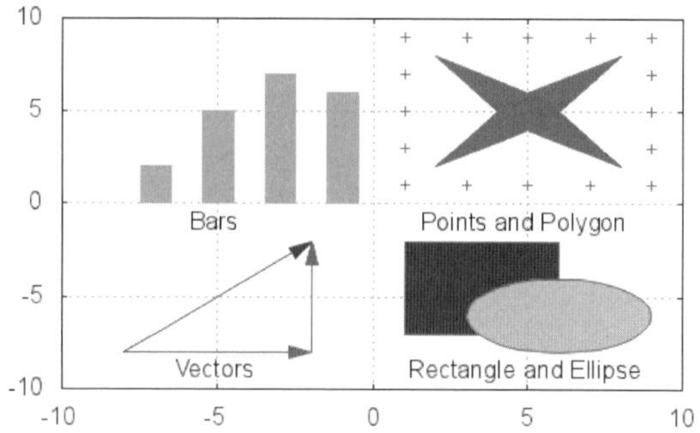

4.3.3 3D-Grafikobjekte

Viele 3D-Grafikobjekte sind einfach Erweiterungen von 2D-Grafikobjekten um eine dritte Dimension. `explicit` und `implicit` erzeugen im Dreidimensionalen keine *Kurven*, sondern *Flächen*. `parametric` erzeugt eine *Kurve* in Parameterdarstellung, `parametric_surface` erzeugt eine *Fläche*. `cylindrical` und `spherical` erstellen eine Fläche aus einer Funktion in Zylinderkoordinaten bzw. Kugelkoordinaten.

Im Gegensatz zum Gnuplot-Interface *Plot* kann ein einziges Diagramm beliebig viele 3D-Grafikobjekte enthalten.

Erzeugung einer Kugel mit Hilfe einer impliziten Funktion

```
(%i29) gimp:implicit(1=x**2+y**2+z**2,
             x,-1,1,y,-1,1,z,-1,1);
(%o29)
```

$\mathtt{implicit}\left(1=z^2+y^2+x^2\,,x\,,-1\,,1\,,y\,,-1\,,1\,,z\,,-1\,,1\right)$

Zweidimensionale Funktion

```
(%i30) gexp:explicit(sin(2*x)*sin(2*y),x,-2,2,y,-2,2);
```

(%o30) $\mathtt{explicit}\left(\sin(2\,x)\,\sin(2\,y)\,,x\,,-2\,,2\,,y\,,-2\,,2\right)$

Darstellung der Kugel und der zweidimensionalen Funktion in einem Diagramm. Zum Verdecken von unsichtbaren Gitterlinien und Umrissen wurde die Option `surface_hide` gesetzt.

```
(%i31) wxdraw3d(surface_hide=true,gexp,
            color=blue,gimp)$
(%t31)
```

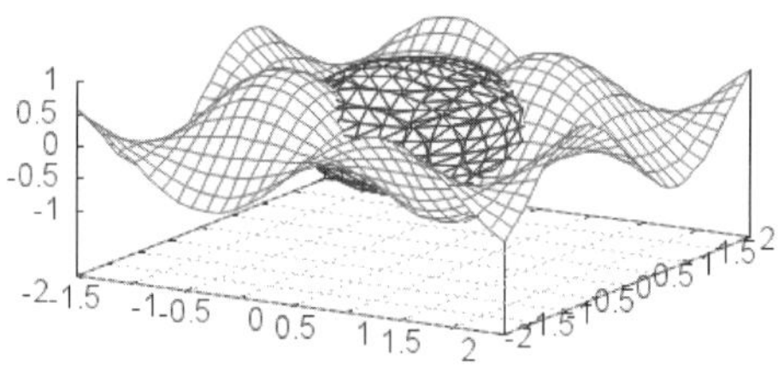

Tabelle 4.8 3D-Grafikobjekte

`explicit(`$f(x,y)$, x, x_1, x_2, y, y_1, y_2`)`	Funktion $f(x,y)$ in den Bereichen $x_1 \dots x_2$ und $y_1 \dots y_2$
`implicit(`*equation*, x, x_1, x_2, y, y_1, y_2, z, z_1, z_2`)`	Implizite Kurve, durch die Gleichung *equation* angegeben, in den Variablen x, y und z innerhalb des Bereichs $x_1 \dots x_2$, $y_1 \dots y_2$, $z_1 \dots z_2$
`parametric(`$x(t)$, $y(t)$, $z(t)$, t, t_1, t_2`)`	Kurve $x(t), y(t), z(t)$ in Parameterdarstellung mit dem Parameter t zwischen den Werten t_1 und t_2
`parametric_surface(`$x(u,v)$, $y(u,v)$, $z(u,v)$, u, u_1, u_2, v, v_1, v_2`)`	Parametrische Fläche $x(u,v), y(u,v), z(u,v)$ mit den Parametern u und v in den Bereichen $u_1 \dots u_2$ und $v_1 \dots v_2$
`cylindrical(`$r(z,\phi)$, z, z_1, z_2, ϕ, ϕ_1, ϕ_2`)`	Fläche in Zylinderkoordinaten; Radius $r(z,\phi)$ in Abhängigkeit der z-Koordinate z innerhalb des Bereichs $z_1 \dots z_2$ und des Azimutwinkels ϕ innerhalb des Bereichs $\phi_1 \dots \phi_2$
`spherical(`$r(\phi,\theta)$, ϕ, ϕ_1, ϕ_2, θ, θ_1, θ_2`)`	Fläche in Kugelkoordinaten; Radius $r(\phi,\theta)$ in Abhängigkeit des Polarwinkels θ innerhalb des Bereichs $\theta_1 \dots \theta_2$ und des Azimutwinkels ϕ im Bogenmaß innerhalb des Bereichs $\phi_1 \dots \phi_2$
`points(`*xwerte*, *ywerte*, *zwerte*`)`	Punkte; *xwerte*, *ywerte* und *zwerte* sind Listen mit den x-, y- und z-Werten.
`points([`p_1, p_2, ...`])`	Punkte; jeder Punkt `p_i` ist eine Liste aus den Koordinatenwerten: $[p_x, p_y]$.
`label(["`*text*`",`x, y, z`],...)`	Schreibt ein Label *text* an die Position $[x,y,z]$; Bündigkeit, Schriftart etc. können über Optionen festgelegt werden.
`vector([`x, y, z`],[`dx, dy, dz`])`	Vektor mit dem Ursprung $[x,y,z]$ und den Koordinaten $[dx,dy,dz]$

Erzeugung einer toroidalen Spirale als parametrische Kurve im dreidimensionalen Raum mit vier Windungen um einen Torus

```
(%i32) spiral:parametric((2-0.5*cos(t))*sin(t/4),
            (2-0.5*cos(t))*cos(t/4),
            0.5*sin(t),t,0,8*%pi);
```

(%o32) $\mathrm{parametric}\left(\sin\left(\frac{t}{4}\right)\left(2-0.5\cos(t)\right), \cos\left(\frac{t}{4}\right)\left(2-0.5\cos(t)\right), 0.5\sin(t), t, 0, 8\pi\right)$

Erzeugung eines Torus als 3D-Fläche in Parameterdarstellung

```
(%i33) torus:parametric_surface(
          (2-0.2*cos(phi))*sin(theta),
          (2-0.2*cos(phi))*cos(theta),
          0.2*sin(phi),phi,0,2*%pi,theta,0,2*%pi);
```

(%o33) parametric_surface $\left(\left(2-0.2\cos(\varphi)\right)\sin(\theta),\left(2-0.2\cos(\varphi)\right)\cos(\theta),0.2\sin(\varphi),\varphi,0,2\pi,\theta,0,2\pi\right)$

Gemeinsame Darstellung von Torus und Spirale

```
(%i34)     wxdraw3d(nticks=200,ztics=false,
              color=orange,torus,surface_hide=true,
              line_width=2,color=blue,spiral)$
(%t34)
```

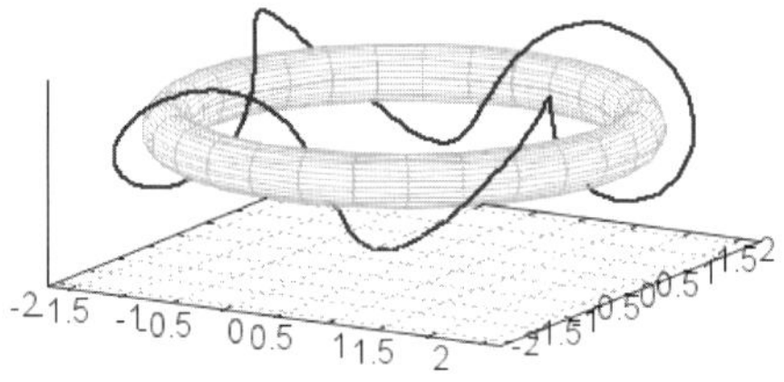

Erzeugung eines Kegels mit einer Funktion in Zylinderkoordinaten

```
(%i35) cone:cylindrical(
          (z-15)*0.05,z,-15,15,phi,0,2*%pi);
```

(%o35) cylindrical$\left(0.05\left(z-15\right),z,-15,15,\varphi,0,2\pi\right)$

Erzeugung einer schneckenhausartigen Fläche mit einer Funktion in Kugelkoordinaten

```
(%i36) snail:spherical(4+0.5*t,t,-2*%pi,%pi,tht,0,%pi);
```

(%o36) spherical$\left(0.5\,t+4,t,-2\pi,\pi,tht,0,\pi\right)$

Gemeinsame Darstellung von Kegel und Schneckenhaus

```
(%i37) wxdraw3d(surface_hide=true,color=green,cone,
          color=brown,snail,dimensions=[500,400])$
(%t37)
```

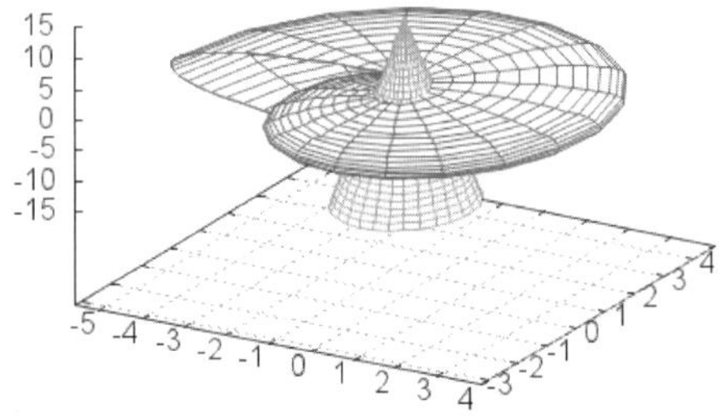

Erzeugung von 3D-Punkten in der xy-Ebene, in einem Kreis angeordnet

```
(%i38) pts:points(makelist(
          [sin(t*%pi/10),cos(t*%pi/10),0],t,1,20))$
```

Erzeugung von vier Vektoren, in Form einer Windrose angeordnet

```
(%i39) [w1,w2,w3,w4]:[vector([0,0,1],[0.7,0,0]),
          vector([0,0,1],[0,0.7,0]),vector([0,0,1],
          [-0.7,0,0]),vector([0,0,1],[0,-0.7,0])]$
```

Texte im dreidimensionalen Raum, der Text ist nicht auf *Achsen*, sondern auf die *Ansicht* ausgerichtet.

```
(%i40) text2:label(["North",0,1,1],["East",1,0,1],
                   ["South",0,-1,1],["West",-1,0,1]);
```

(%o40) label$\left([North,0,1,1],[East,1,0,1],[South,0,-1,1],[West,-1,0,1]\right)$

3D-Grafik mit Punkten, Vektoren und Texten

```
(%i41) wxdraw3d(color=red,pts,color=orange,
         head_angle=15,head_length=0.1,
         w1,w2,w3,w4,color=blue,text2)$
(%t41)
```

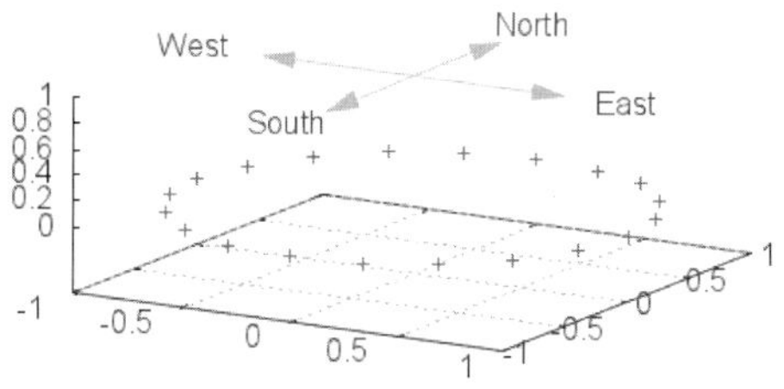

4.3.4 Allgemeine Optionen

Optionen können zu *Listen* zusammengefasst werden, diese Listen können – auch verschachtelt – anstelle einzelner Optionen in die Plotroutinen eingesetzt werden.

`terminal` und `file_name` geben Ausgabeformat und Ausgabeziel für die Grafik an. Die möglichen Ausgabeformate entsprechen aber *nicht* den in Abschnitt 4.1.4 angegebenen Gnuplot-Terminals. Der angegebene Filename (Default: `maxima_out`) darf keine Erweiterung enthalten, die passende Erweiterung (`.eps`, `.png`, `.jpg` etc.) wird automatisch hinzugefügt. Wird der Pfadname nicht angegeben, so wird das File im Gnuplot-Arbeitsverzeichnis abgespeichert. Bei den wx-Plotroutinen ist eine Angabe von `terminal` oder `file_name` nicht sinnvoll und führt zu einer Fehlermeldung.

Die Option `user_preamble` kann als Zeichenkette beliebige Gnuplot-Befehle, durch Strichpunkte getrennt, enthalten, die vor dem eigentlichen Plotbefehl ausgeführt werden. Damit können Einstellungen an Gnuplot weitergereicht werden, für die es in Maxima keine eigenen Plot-Optionen gibt. So können unter anderem Ausgabeformate, die nicht mit der Option `terminal` gesetzt werden können – zum Beispiel *dxf* zur Weiterverarbeitung mit CAD-Programmen wie *AutoCAD* – auf Gnuplot-Ebene festgesetzt werden.

Achsen können in Gnuplot vielfältiger skaliert werden, als dies mit der Option `proportional_axes` möglich ist. Mit folgender Option können Achsen beliebig skaliert werden:

`user_preamble="set size ratio` *n*`"`

Darin bedeutet eine *positive* Zahl n das Verhältnis der Achsenlängen; für $n = 1$ wird das Diagramm quadratisch. Eine *negative* Zahl n legt das Skalierungsverhältnis der Achsen fest; für $n = -1$ sind beide Achsen gleich skaliert, was eine unverzerrte Darstellung geometrischer Formen bewirkt.

Mit der Option `dimensions` wird die Größe der Grafik festgelegt. Die Angaben für die Breite und Höhe gelten nicht für das Diagramm, sondern für die gesamte Grafik einschließlich Achsenbeschriftung und Rand:

- Bei Pixelgrafiken (`png`, `jpg`, `gif`) werden die Abmessungen in Pixel angegeben, der Defaultwert ist `[600,500]`. Die wx-Routinen, die Grafiken nicht in Files abspeichern, sondern direkt auf die Arbeitsfläche zeichnen, verwenden einen Defaultwert von `[500,300]`.
- Bei Vektorgrafiken (`eps`, `pdf`) werden die Abmessungen in 1/10 mm angegeben. Der Defaultwert ist ebenfalls `[600,500]`, was einer Bildgröße von 6 cm × 5 cm entspricht.

Tabelle 4.9 Allgemeine Plot-Optionen für das Gnuplot-Interface *Draw*

`terminal=`*term*	Ausgabeformat für die Grafik; mögliche Werte: `screen` (Default), `png`, `jpg`, `eps`, `eps_color`, `pdf`, `animated_gif`
`file_name="`*file*`"`	Ausgabeziel für die Grafik; Default: `maxima_out`
`user_preamble="`*text*`"`	Gnuplot-Vorspann, enthält beliebige Gnuplot-Befehle, die *vor* dem Plot ausgeführt werden
`dimensions=[`*width*, *height*`]`	Abmessungen der Grafik: in Bildpunkten bei Pixelgrafiken, in 1/10 mm bei Vektorgrafiken
`proportional_axes=xy/xyz`	Erzwingen gleicher Skalierungen für die x-, y- (und z-)Achse
`columns=`*n*	Anzahl der Spalten bei mehreren Szenen in einer Grafik
`color=`*colorname*	Zeichenfarbe für Linien
`background_color=`*name*	Hintergrundfarbe für das Diagramm
`x(yz)range=[`*min*, *max*`]`	Darstellungsbereich auf der x(yz)-Achse
`logx(yz)=true/false`	Logarithmische Skalierung der x(yz)-Achse
`grid=true/false`	Zeichnen von Gitterlinien in der xy-Ebene
`x(yz)tics=true/false`	Bestimmt, ob Skalenpunkte auf der x(yz)-Achse automatisch gesetzt werden sollen
`x(yz)tics_rotate=true/false`	Bestimmt, ob die Beschriftung der Skalenpunkte um 90 Grad gedreht werden soll
`title="`*text*`"`	Diagrammtitel
`key="`*text*`"`	Angabe eines Funktionsnamens in der Legende (Default: Leerstring)
`x(yz)label="`*text*`"`	Beschriftung der x(yz)-Achse
`x(yz)axis=true/false`	Bestimmt, ob eine x(yz)-Achse gezeichnet werden soll
`x(yz)axis_width=`*width*	Linienbreite für die entsprechende Achse
`x(yz)axis_color=`*color*	Farbe für die entsprechende Achse
`x(yz)axis_type=solid/dots`	Linientyp für die entsprechende Achse: durchgezogen (`solid`) oder punktiert (`dots`), Default: `dots`
`line_width=`*width*	Linienbreite
`line_type=solid/dots`	Linientyp (Default: `solid`)
`point_size=`*size*	Größe von Punkten bei Punkt-Plots
`point_type=`*n*	Punkt-Typ, mögliche Werte $-1, 0, 1, 2, \ldots$ 13
`points_joined=true/false`	Angabe, ob Punkte durch Linienzüge verbunden werden (Default: `false`)
`nticks=`*n*	Anzahl der primären Kurvenpunkte für den adaptiven Plotalgorithmus (Default: 30)
`adapt_depth=`*n*	Maximale Anzahl der Splittings für den adaptiven Plotalgorithmus (Default: 10)

Setzen neuer Defaultwerte für einige Optionen

```
(%i42) set_draw_defaults(color=red,nticks=200,
           proportional_axes=xy,dimensions=[200,200])$
```

Erzeugung einer Lissajous-Figur als Kurve in Parameterdarstellung

```
(%i43) lissa:parametric(sin(3*t),sin(4*t),t,0,2*%pi);
```

(%o43) $\mathrm{parametric}\left(\sin(3\,t),\sin(4\,t),t,0,2\,\pi\right)$

Optionen zum Unterdrücken der Achsen

```
(%i44) noframe:[axis_left=false,axis_right=false,
           axis_top=false,axis_bottom=false,
           xtics=false,ytics=false]$
```

Plotten der Lissajous-Figur mit den neuen Defaultwerten und einer Liste von Optionen

```
(%i45) wxdraw2d(lissa,noframe)$
```

(%t45)

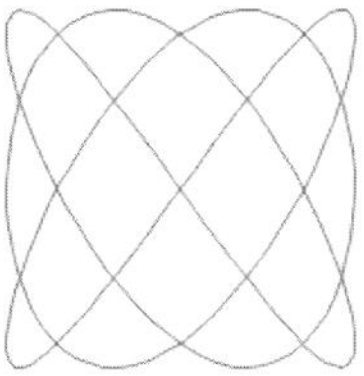

Zurücksetzen der Defaultwerte auf ihre vorigen Werte

```
(%i46) set_draw_defaults(grid=true,color=red);
```

(%o46) $[grid = \mathrm{true}, color = red]$

Die Optionen `color`, `fill_color` und `background_color` legen Farben für Linien und Umrisse, für ausgefüllte Flächen bzw. für den Hintergrund fest. Die Farben können in hexadezimaler Schreibweise (`#rrggbb`) als Zeichenkette oder mit Namen entsprechend Tabelle 4.10 angegeben werden.

`xrange`, `yrange` und `zrange` sind die Darstellungsbereiche in den entsprechenden Koordinaten in der Form `[`*min*, *max*`]`. Ihr Defaultwert ist *false*; in diesem Fall wird der Darstellungsbereich automatisch gewählt. Mit `logx`, `logy` und `logz` können die entsprechenden Achsen logarithmisch skaliert werden.

Tabelle 4.10 Farbnamen für das Gnuplot-Interface *Draw*

white	black	gray0	gray10	gray20
gray30	gray40	gray50	gray60	gray70
gray80	gray90	gray100	gray	light-gray
dark-gray	red	light-red	dark-red	yellow
light-yellow	dark-yellow	green	light-green	dark-green
spring-green	forest-green	sea-green	blue	light-blue
dark-blue	midnight-blue	navy	medium-blue	royalblue
skyblue	cyan	light-cyan	dark-cyan	magenta
light-magenta	dark-magenta	turquoise	light-turquoise	dark-turquoise
pink	light-pink	dark-pink	coral	light-coral
orange-red	salmon	light-salmon	dark-salmon	aquamarine
khaki	dark-khaki	goldenrod	light-goldenrod	dark-goldenrod
gold	beige	brown	orange	dark-orange
violet	dark-violet	plum	purple	

`grid`, `xtics`, `ytics` und `ztics` steuern die Darstellung von Gitterlinien und Skalenpunkten auf den Koordinatenachsen. Bei `grid=true` werden Gitterlinien an den Skalenpunkten gezeichnet. Der Wert von `xtics`, `ytics` und `zticks` kann *false* (keine Skalenpunkte), *true* (automatisches Ermitteln von Skalenpunkten) oder eine *Menge* von Werten sein, an denen Skalenpunkte (und ggf. Gitterlinien) gezeichnet werden:

x(yz)tics={ w_1 , w_2 , ...}

Jeder Wert kann auch eine *Liste* aus zwei Elementen sein: einer Zeichenkette, die dargestellt wird und dem Koordinatenwert, an dem die Zeichenkette dargestellt wird:

x(yz)tics={["*text1*", *w1*],["*text2*",*w2*], ...}

Die Skalenbeschriftung der x(yz)-Achse kann mit `x(yz)tics_rotate=true` um 90 Grad gedreht werden. `title`, `xlabel`, `ylabel`, `zlabel` und `key` steuern die Diagrammbeschriftung.

Erstellen einer *Menge* aus Werten für Skalenpunkte auf der y-Achse und horizontale Gitterlinien

```
(%i47) yt:{-1,-0.5,0,0.5,1};
(%o47) {-1,-0.5,0,0.5,1}
```

Werte für Skalenpunkte auf der x-Achse und vertikale Gitterlinien als Listen, jeweils bestehend aus dem auszugebenden Text und der x-Koordinate

```
(%i48) xt:setify(makelist(
          [string(30*n),30*n*%pi/180],n,0,12));
```

(%o48) $\{[0,0],[120,\frac{2\pi}{3}],[150,\frac{5\pi}{6}],[180,\pi],[210,\frac{7\pi}{6}],[240,\frac{4\pi}{3}],[270,\frac{3\pi}{2}],[30,\frac{\pi}{6}],[300,\frac{5\pi}{3}],[330,\frac{11\pi}{6}],[360,2\pi],[60,\frac{\pi}{3}],[90,\frac{\pi}{2}]\}$

Sinusfunktion mit Gitterlinien und Achsenbeschriftungen

```
(%i49) wxdraw2d(yrange=[-1.5,1.5],xtics=xt,
          ytics=yt,explicit(sin(x),x,0,2*%pi),
          xlabel="phi (Grad)",ylabel="sin(phi)")$
(%t49)
```

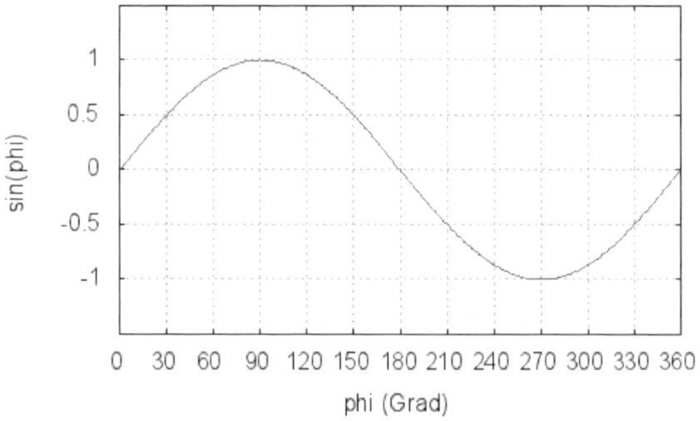

Bei Punkt-Plots (mit dem Grafikobjekt `points`) kann der Punkt-Typ mit der Option `point_type` als Ganzzahl zwischen −1 und 16 oder als Name entsprechend Tabelle 4.11 eingegeben werden:

Erzeugung von Punkten entlang einer Sinuskurve als Grafikobjekt

```
(%i50) sine:points(float(map(lambda([u],
          [u,sin(u)]),makelist(u,u,-6,6)/2)));
(%o50) points([[-3.0,-0.141],[-2.5,-0.598],[-2.0
,-0.909],[-1.5,-0.997],[-1.0,-0.841],[-0.5,-
0.479],[0.0,0.0],[0.5,0.479],[1.0,0.841],[1.5,
0.997],[2.0,0.909],[2.5,0.598],[3.0,0.141]])
```

Tabelle 4.11 Werte für die Option `point_type`

-1 ... $none	4 ... square	9 ... filled_up_triangle
0 ... dot	5 ... filled_square	10 ... down_triangle
1 ... plus	6 ... circle	11 ... filled_down_triangle
2 ... multiply	7 ... filled_circle	12 ... diamant
3 ... asterisk	8 ... up_triangle	13 ... filled_diamant

Erzeugung von Punkten auf einer Geraden als Grafikobjekt

```
(%i51) line:points(float(makelist([k,-k/4],k,-3,3)));
(%o51)  points([[-3.0,0.75],[-2.0,0.5],[-1.0,0.25
],[0.0,0.0],[1.0,-0.25],[2.0,-0.5],[3.0,-0.75]])
```

Sinuskurve und zwei Punkt-Plots: Punkte entlang der Sinuslinie sowie durch Liniensegmente verbundene Punkte auf einer Geraden

```
(%i52) wxdraw2d(color=blue,line_width=2,
         explicit(sin(x),x,-%pi,%pi),
         color=red,point_size=2,point_type=7,
         sine,points_joined=true,point_type=4,
         color=goldenrod,line,yrange=[-1.5,1.5])$
(%t52)
```

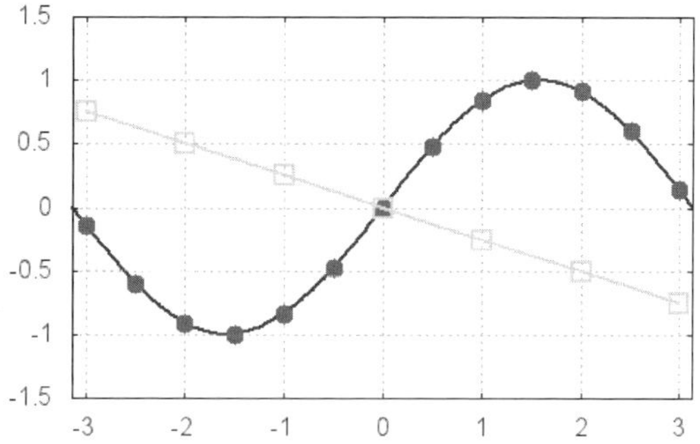

4.3.5 Spezielle Optionen für Labels und Vektoren

Mit den Optionen `label_alignment` und `label_orientation` können die Ausrichtung (linksbündig, zentriert oder rechtsbündig) und die Orientierung (horizontal oder vertikal) von Labels festgelegt werden. `font` legt die Schriftart und `font_size` die Schriftgröße – für alle Texte innerhalb der Grafik gemeinsam – fest. Es ist nicht möglich, in einer Grafik mehrere Schriftarten und Schriftgrößen zu verwenden. Das Erscheinungsbild von Vektoren kann mit den Optionen `head_length`, `head_angle`, `head_type` und `head_both` vorgegeben werden.

Erzeugung dreier Zeichenketten

```
(%i53) [l1,l2,l3]:["left aligned label",
       "centered label","right aligned label"]$
```

Zuweisen von langen Optionsnamen zu kurzen Variablennamen bringt zukünftige Schreiberleichterung.

```
(%i54) [la,hs,ha,hl]:[label_alignment,
         head_size,head_angle,head_length]$
```

Tabelle 4.12 Plot-Optionen für Labels und Vektoren

label_alignment=*value*	Ausrichtung des Labels; mögliche Werte: center (Default), left, right
label_orientation=*value*	Orientierung des Labels; mögliche Werte: horizontal (Default), vertical
font="*name*"	Schriftart für alle Texte in einer Grafik
font_size=*value*	Schriftgröße für alle Texte in einer Grafik
head_length=*len*	Länge der Pfeilspitzen von Vektoren in Einheiten der x-Achse (Default: 2)
head_angle=*winkel*	Winkel der Pfeilspitzen von Vektoren (Default: 45 Grad)
head_type=*typ*	Typ der Pfeilspitze von Vektoren; mögliche Werte: filled (Default), empty, nofilled
head_both=true/false	Angabe, ob Vektoren Pfeilspitzen an beiden Enden haben

Vektoren und unterschiedlich ausgerichtete Texte

```
(%i55) wxdraw2d(xrange=[-1,1],yrange=[-6,5],
         font="Helvetica",font_size=18,color=black,
         line_width=4,la=left,label([l1,0,4]),
         la=center,label([l2,0,2]),la=right,
         label([l3,0,0]),ha=15,hl=0.2,color=red,
         vector([-0.5,-2],[0.5,0]),hl=0.3,color=blue,
         vector([-0.5,-4],[1,0]))$
(%t55)
```

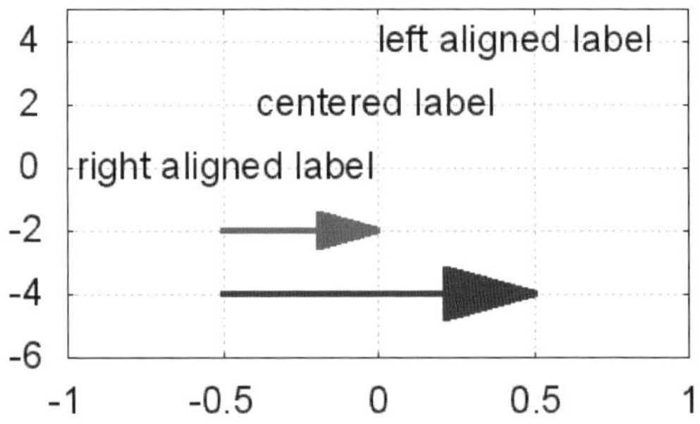

4.3.6 Optionen für 2D-Grafiken

Eine Reihe von Optionen sind nur für 2D-Grafiken anwendbar, mit denen die Darstellung der Achsen und Farbfüllungen festgelegt werden können.

Tabelle 4.13 Plot-Optionen für 2D-Grafiken

`axis_bottom=true/false`	Koordinatenachse auf der Diagramm-Unterseite (Default: *true*)
`axis_top=true/false`	Koordinatenachse auf der Diagramm-Oberseite (Default: *true*)
`axis_left=true/false`	Koordinatenachse auf der linken Diagrammseite (Default: *true*)
`axis_right=true/false`	Koordinatenachse auf der rechten Diagrammseite (Default: *true*)
`filled_func=true/false`	Bestimmt, ob der Bereich zwischen der Diagramm-Unterkante und der geplotteten Funktion farbig ausgefüllt werden soll
`filled_func=`*f*	Farbiges Ausfüllen des Bereichs zwischen der zu plottenden Funktion und der Funktion *f*
`fill_color=`*name*	Füllfarbe für Rechtecke, Polygone und Kreise
`transparent=true/false`	Bestimmt, ob Polygone (entsprechend der Option `fill_color`) ausgefüllt werden sollen
`border=true/false`	Bestimmt, ob der Umriss von flächenhaften Objekten gezeichnet werden soll

Zeichnen verschiedener Formen mit unterschiedlichen Optionen

```
(%i56) wxdraw2d(noframe,line_width=2,
         fill_color=khaki,color=forest-green,rechteck,
         border=false,fill_color=orange,ell,
         dimensions=[500,200])$
(%t56)
```

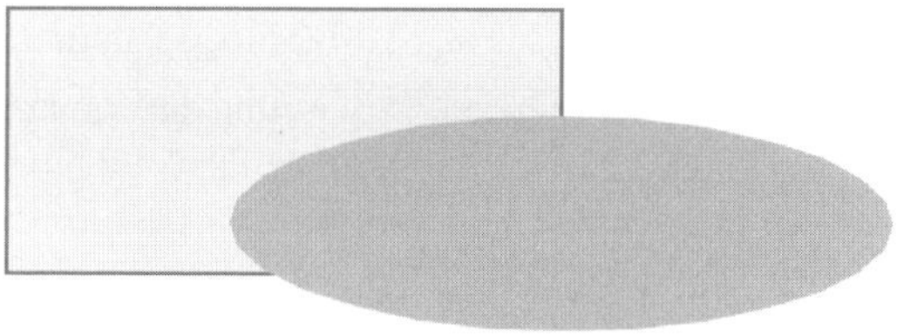

Farbiges Ausfüllen von Funktionen

```
(%i57) wxdraw2d(filled_func=true,dimensions=[500,200],
         fill_color=cyan,explicit(x**2/4,x,-2,2),
         filled_func=-x**2/8+0.5,fill_color=gray40,
         explicit(-0.7*cos(3*x),x,-3,3))$
(%t57)
```

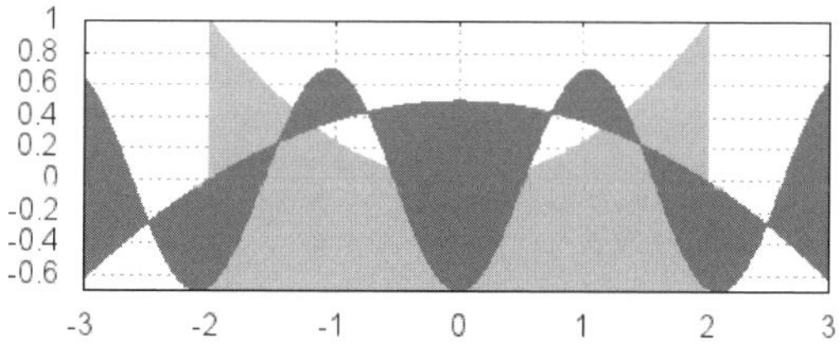

4.3.7 Optionen für 3D-Grafiken

Die Option `view=[`ϕ`,` θ`]` legt die Ansicht auf die 3D-Grafik mit zwei Listenelementen fest:

- ϕ ist der Drehwinkel um die x-Achse aus der Waagerechten heraus; $\phi = 0$ ergibt eine waagerechte Blickrichtung, $\phi = 90$ eine Draufsicht.
- θ ist der Drehwinkel um die z-Achse. $\theta = 0$ ergibt eine Vorderansicht, $\theta = 90$ eine Seitenansicht.

`axis_3d` legt die Darstellung aller Achsen von 3D-Grafiken fest. Um die Achsen zur Gänze auszuschalten, müssen zusätzlich zu `axis_3d=false` die Achsenmarkierungen mit `x(xz)tics=false` unterdrückt werden.

Tabelle 4.14 Plot-Optionen für 3D-Grafiken

`view=[`ϕ`,` θ`]`	Festlegen des Ansichtswinkels: ϕ ... um die x-Achse, θ ... um die z-Achse
`axis_3d=true/false`	Anzeige aller Achsen in 3D-Grafiken (Default: *true*)
`xu_grid=`n	Anzahl der Koordinatenwerte für Gitterlinien entlang der x-Achse
`yv_grid=`n	Anzahl der Koordinatenwerte für Gitterlinien entlang der y-Achse
`surface_hide=true/false`	Steuerung der Sichtbarkeit verdeckter Teile von 3D-Flächen
`enhanced3d=true/false`	Bestimmt das Einfärben von 3D-Flächen
`palette=[`r`,` g`,` b`]`	Nummern der Farbpaletten für die Rot-, Grün- und Blaukomponenten für Bildobjekte und 3D-Oberflächen
`colorbox=true/false`	Angabe, ob bei Diagrammen mit Farbpalette eine Farbskala gezeichnet werden soll (Default: `true`)
`contour=`*value*	Steuerung der Darstellung von Isolinien (Höhenlinien) von 3D-Flächen; mögliche Werte: `none` (Default), `base`, `surface`, `both`, `map`.
`contour_levels=`n	Festlegung der Isolinien auf t gleichverteilte Werte
`contour_levels=[`x_1`,` dx`,` x_2`]`	Festlegung von Isolinien im Abstand dx mit der Untergrenze x_1 und der Obergrenze x_2
`contour_levels={`x_1`,` x_2`,` ...`}`	Isolinien werden an den Werten $x_1, x_2, \ldots$ gezeichnet.
`ip_grid=[`n_x`,` n_y`]`	Anzahl der primären Gitterpunkte in x- bzw. y-Richtung bei `implicit`-Plots für den adaptiven Plotalgorithmus (Default: `[50,50]`)
`ip_grid_in=[`n_x`,` n_y`]`	Anzahl der sekundären Gitterpunkte bei `implicit`-Plots (Default: `[5,5]`)

`xu_grid` und `yv_grid` legen Anzahl der *Koordinatenwerte* für Gitterlinien entlang der x- bzw. y-Achse an. Die Anzahl der *Gitterlinien* in der jeweiligen Richtung ist um 1 höher als die in diesen Optionen angegebenen Werte. Die Gitterpunkte werden durch Geradenstücke verbunden, die Oberfläche wird daher umso genauer nachgebildet, je größer diese Werte sind.

Definition einer Funktion in zwei Variablen

```
(%i58) f:2/(x^2+y^2+1)+1/((x-5)^2+y^2+1);
```

(%o58) $\frac{2}{y^2+x^2+1}+\frac{1}{y^2+(x-5)^2+1}$

Erzeugung eines Grafikobjekts

```
(%i59) g:explicit(f,x,-4,8,y,-6,6)$
```

3D-Darstellung der Funktion

```
(%i60) wxdraw3d(xtics=false,ytics=false,
        ztics=false,axis_3d=false,xu_grid=50,
        color=red,surface_hide=true,g)$
(%t60)
```

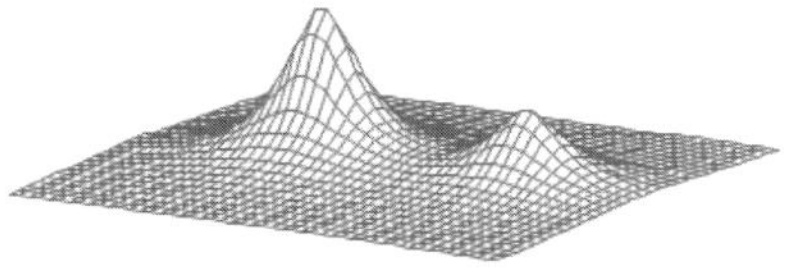

Wird die Option `enhanced3d` auf *true* gesetzt, so werden die Oberflächen mit einem Farbverlauf, der immer von der z-Koordinate abhängt, eingefärbt. Der Farbverlauf kann mit der Option `palette` eingestellt werden, wobei die Farbfunktionen, getrennt für den Rot-, Grün- und Blauanteil, mit einer Nummer von 0 bis 26 ausgewählt werden. Die Farbfunktionen sind in [Max] angeführt. Mit der Option `colorbox` kann die Darstellung einer Farbskala für den Farbverlauf gesteuert werden.

Funktion mit eingefärbter Oberfläche. Die gesamte Farbpalette füllt unabhängig von den absoluten Koordinaten immer den gesamten Darstellungsbereich der z-Achse aus.

```
(%i61) wxdraw3d(xtics=false,ytics=false,
        ztics=false,axis_3d=false,xu_grid=50,
        enhanced3d=true,surface_hide=true,
        colorbox=false,view=[60,30],g)$
(%t61)
```

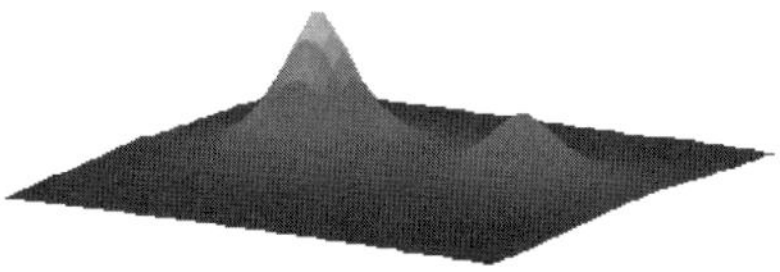

Die Option `contour` steuert die Darstellung von Höhenschichtlinien, dabei sind folgende Werte möglich:

- `none`: Isolinien werden nicht gezeichnet (Default).
- `base`: Isolinien werden auf die xy-Ebene projiziert.
- `surface`: Isolinien werden auf der Oberfläche gezeichnet.
- `both`: Isolinien werden sowohl in der xy-Ebene als auch auf der Oberfläche gezeichnet.
- `map`: Ansicht von oben, das Oberflächengitter wird nicht dargestellt.

Mit der Option contour_levels können Anzahl und Werte der Isolinien festgelegt werden.

Darstellung von Isolinien auf der Oberfläche

```
(%i62) wxdraw3d(xtics=false,ytics=false,
         ztics=false,axis_3d=false,
         contour_levels=10,contour=surface,g)$
(%t62)
```

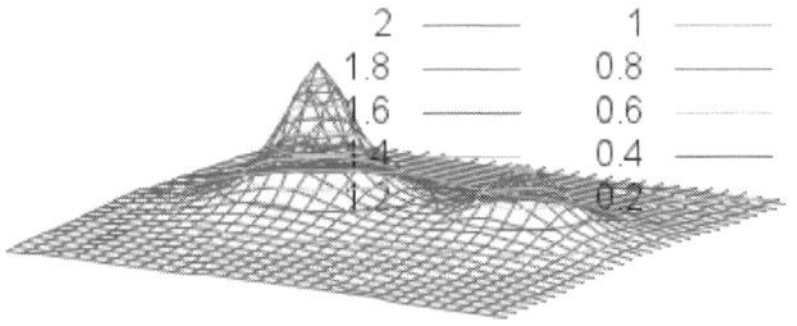

Darstellung der Funktion als Isolinien-Diagramm

```
(%i63) wxdraw3d(xtics=false,ytics=false,
         ztics=false,axis_3d=false,
         contour_levels=10,contour=map,g)$
(%t63)
```

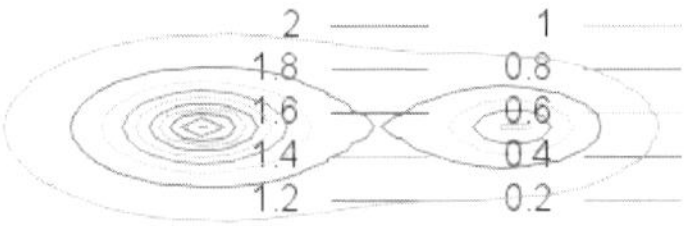

Eine sehr elegante und optisch ansprechendere Methode zum Erstellen von Isolinien-Diagrammen ist die mehrfache Darstellung von 2D-Grafikobjekten implicit in einem einzigen Diagramm (siehe Abschnitt 4.3.2). Jedes implicit-Objekt stellt eine Isolinie einer zweidimensionalen Funktion dar; die Liste der Objekte kann mit der Funktion makelist erzeugt werden.

Liste mit implicit-Objekten, welche die Isolinien darstellen.

```
(%i64) fli:makelist(implicit(f=k,x,-4,8,y,-6,6),
       k,1/5,2,1/5)$
```

Darstellung aller implicit-Objekte als Isolinien-Diagramm

```
(%i65) wxdraw2d(fli)$
(%t65)
```

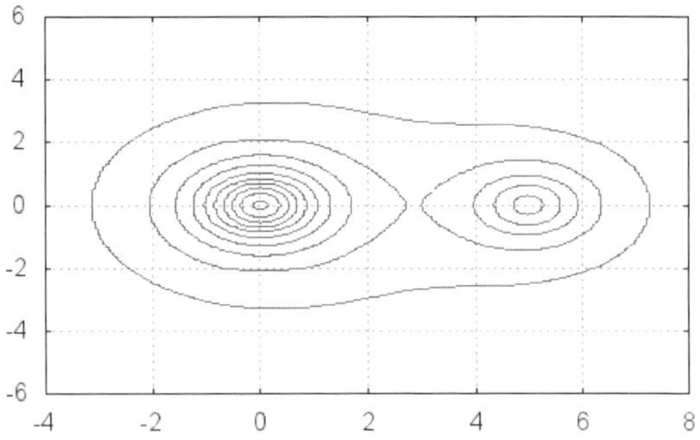

4.3.8 Animationen

Eine Liste von *Szenen* (Abschnitt 4.3.1) kann zu einer gif-Animation zusammengefügt werden, indem das Ausgabeformat auf `animated_gif` gesetzt wird. Mit der zusätzlichen Option `delay` kann die Bildverzögerung für die Einzelbilder (in Hundertstelsekunden) festgelegt werden.

wxMaxima bietet die Möglichkeit, Animationen direkt in das Arbeitsfenster einzubauen: `with_slider_draw` und `with_slider_draw3d` erstellen eine zweidimensionale bzw. dreidimensionale animierte Grafik im Arbeitsfenster. Das erste Argument dieser Funktionen ist ein Parameter a, der für jedes Einzelbild der Animation einen Wert der Liste, die als zweites Argument angegeben ist, annimmt. Dieser Parameter a ist Bestandteil von Grafikobjekten oder Optionen, die als weitere Funktionsargumente angegeben sind. Die Animation wird durch Anklicken der Grafik mit der Maus aktiviert und mit Elementen in der Werkzeugleiste oder dem Mausrad gesteuert.

Tabelle 4.15 Animationen

`with_slider_draw(`*a*, *w*, ...*xxx*...`)`	Erstellen einer 2D-Animation mit beliebigen Grafikobjekten und Optionen *xxx* in wxMaxima, in der *a* alle Werte der Liste *w* durchläuft
`with_slider_draw3d(`*a*, *w*, ...*xxx*...`)`	Erstellen einer 3D-Animation in wxMaxima, in der *a* alle Werte der Liste *w* durchläuft
`draw([gr2(3)d(...),gr2(3)d(...),...],`*opts*`)`	Erstellen einer gif-Animation aus einer Liste von 2D- oder 3D-Szenen mit den Optionen *opts*
`terminal=animated_gif`	Ausgabeformat für eine gif-Animation
`delay=`*n*	Bildverzögerung für gif-Animationen in 1/100 Sekunden (Default: 5)

Definition dreier Funktionen; zwei davon haben einen zusätzlichen Parameter ϕ.

```
(%i66) f1(x):=sin(x);
       f2(x,phi):=sin(4*x-phi);
       f3(x,phi):=f1(x)*f2(x,phi);
```

(%o66) $f1(x):=\sin(x)$

(%o67) $f2(x,\varphi):=\sin(4\,x-\varphi)$

(%o68) $f3(x,\varphi):=f1(x)\,f2(x,\varphi)$

Liste mit Werten für den Parameter der Animation

```
(%i69) werte:makelist(k,k,0,350,10)*%pi/180$
```

Animation im wxMaxima-Arbeitsfenster

```
(%i70) with_slider_draw(t,werte,
           color=blue,explicit(f1(x),x,-%pi,%pi),
           color=green,explicit(f2(x,t),x,-%pi,%pi),
           color=red,explicit(f3(x,t),x,-%pi,%pi),
           yrange=[-1.5,1.5])$
(%t70)
```

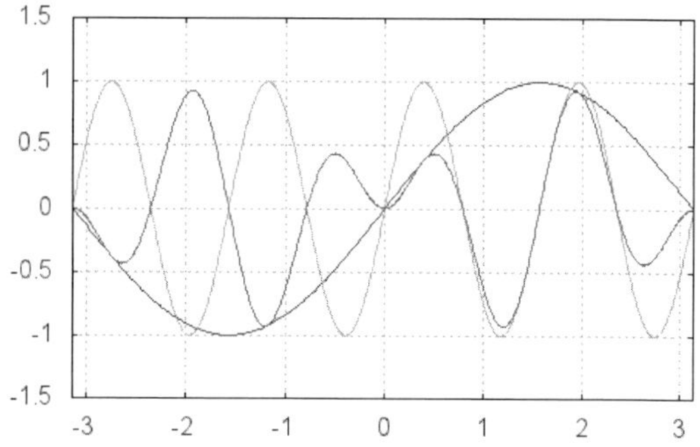

Erstellen einer gif-Animation aus einer Liste von *Szenen*

```
(%i71) draw(terminal=animated_gif,delay=2,
          file_name="d:/maxima/animation",
          makelist(gr2d(yrange=[-1.5,1.5],
             color=blue,explicit(f1(x),x,-%pi,%pi),
             color=green,explicit(f2(x,t),x,-%pi,%pi),
             color=red,explicit(f3(x,t),x,-%pi,%pi)),
         t,0,350*%pi/180,10*%pi/180))$
```

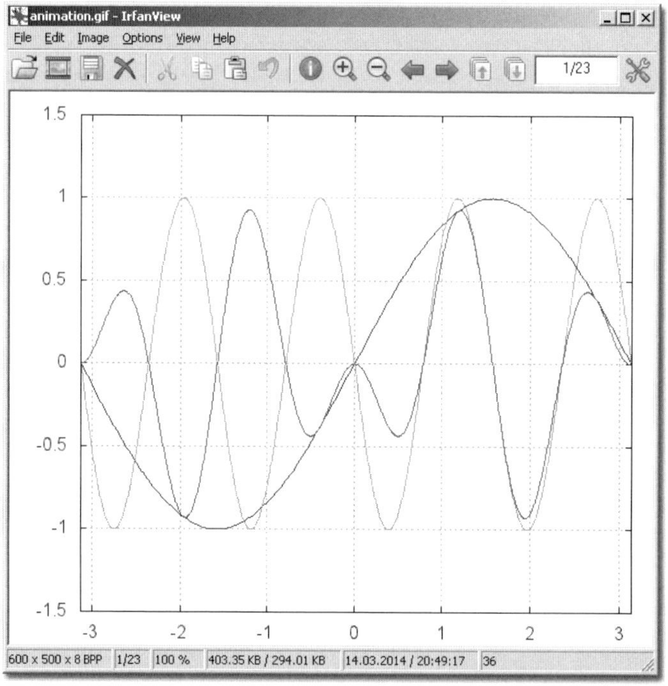

Bild 4.2 Von Maxima erstellte Animation in einem externen Bildbetrachter

5 Algebra

Algebraische Umformungen, Vereinfachen von Ausdrücken und das analytische Lösen von Gleichungen und Gleichungssystemen sind Kernaufgaben der Computeralgebra.

Eine Vielzahl an Befehlen – größtenteils Funktionen – erlauben in Maxima die Umformung von Ausdrücken, wobei meist eine Vereinfachung angestrebt wird. Was „einfach" ist, lässt sich aber häufig nicht eindeutig sagen – es gibt oft keine kanonische, „einfachste" Darstellung eines Ausdrucks.

5.1 Vereinfachung und Auswertung

Maxima unterscheidet bei der Bearbeitung eingegebener Ausdrücke zwischen *Vereinfachung* (engl. „simplification") und *Auswertung* (engl. „evaluation"). Die Vereinfachung wird nach bestimmten Regeln auf jeden eingegebenen Ausdruck automatisch angewendet, auch wenn eine Auswertung unterbunden wird. Unter anderem fallen folgende Aktionen unter den Begriff Vereinfachung:

- algebraische Operationen mit Zahlen
- die Anwendung mathematischer Funktionen auf Gleitkommazahlen
- Kürzen von Brüchen

5.1.1 Steuern der Vereinfachung und Auswertung

Durch Setzen der Systemvariablen `simp` auf *false* kann die *Vereinfachung* generell ausgeschaltet werden, was aber in den seltensten Fällen sinnvoll sein wird. Innerhalb eines Blocks (Abschnitt 9.1.1 oder im Rahmen des Auswertebefehls `ev` kann das *vorübergehende* Ausschalten der Vereinfachung schon sinnvoll sein.

Setzen der Systemvariablen `float` auf *true* bewirkt eine Umwandlung von rationalen Zahlen in Gleitkommazahlen. Durch Setzen der Systemvariablen `numer` auf *true* werden darüber hinaus mathematische Funktionen immer im Gleitkommaformat ausgewertet. Damit kann Maxima an die Arbeitsweise von numerischen Rechenprogrammen angepasst werden (z. B. Tabellenkalkulationsprogramme, Mathcad, Matlab). Aufgrund von unvermeidlichen Rundungsfehlern geht dabei allerdings die numerische Exaktheit verloren.

`infeval` steuert die wiederholte Auswertung eines Ausdrucks bei Substitutionen. Wird `infeval` auf *true* gesetzt, so werden Substitutionen im Rahmen des Auswertebefehls `ev` so oft wiederholt, bis sich der Ausdruck nicht mehr ändert. Allerdings kann das unbeabsichtigterweise zu einer Endlosschleife führen.

Tabelle 5.1 Steuern der Vereinfachung und Auswertung

Systemvariablen:	
`noundisp`	Nach Setzen auf *true* wird der Quote-Operator bei der Ausgabe angezeigt, wenn er auf einen *Operator* angewendet wird.
`simp`	Durch Setzen auf *false* wird die *Vereinfachung* ausgeschaltet.
`float`	Durch Setzen auf *true* werden rationale Zahlen in Gleitkommazahlen umgewandelt.
`numer`	Durch Setzen auf *true* werden zusätzlich mathematische Funktionen in Gleitkommadarstellung ausgewertet.
`infeval`	Setzen auf *true* bewirkt wiederholtes Auswerten bei Substitutionen.
Operatoren:	
'*expr*	Unterdrücken der Auswertung von *expr*
''*expr*	Erzwingen der Auswertung von *expr*

Vereinfachung eines arithmetischen Ausdrucks und eines mathematischen Funktionsaufrufs	(%i1) `[a+b+a/2,sin(%pi/6)];` (%o1) $[b+\frac{3\,a}{2}, \frac{1}{2}]$
Generelles Ausschalten der Vereinfachung	(%i2) `simp:false;` (%o2) `false`
Die Ausdrücke bleiben unvereinfacht.	(%i3) `[a+b+a/2,sin(%pi/6)];` (%o3) $[a+b+\frac{a}{2}, \sin\left(\frac{\pi}{6}\right)]$
Einschalten der Vereinfachung und der Gleitkommadarstellung von Zahlen	(%i4) `[simp:true,float:true];` (%o4) `[true , true]`
Alle Zahlen werden in das Gleitkommaformat umgewandelt.	(%i5) `[a+b+a/2,sin(%pi/6)];` (%o5) $[b+1.5\,a, \sin(0.166\,\pi)]$
Nach Setzen von `numer` auf *true* ...	(%i6) `numer:true;` (%o6) `true`
... werden auch mathematische Funktionen und Konstanten im Gleitkommaformat *vereinfacht*.	(%i7) `[a+b+a/2,sin(%pi/6)];` (%o7) $[b+1.5\,a, 0.499]$
Rücksetzen von `numer` und `float` auf ihre Standardwerte	(%i8) `[float:false,numer:false];` (%o8) `[false , false]`

Die *Auswertung* kann in vielerlei Hinsicht gesteuert werden, um ein Ergebnis in einer gewünschten Form zu erhalten. Mit dem *Quote-Operator* `'` kann die Auswertung eines Ausdrucks unterbunden werden; im Maxima- und Lisp-Jargon spricht man auch vom „Quotieren“ des Ausdrucks. Wird der Quote-Operator auf einen eingeklammerten Ausdruck angewendet, so bleiben alle Symbole innerhalb der Klammern unausgewertet. Wird der Quote-Operator auf einen Funktionsnamen angewendet, werden zwar die Funktionsargumente ausgewertet, die Funktion selbst bleibt jedoch unausgewertet.

In Fällen in denen eine Auswertung von Haus aus nicht stattfände, kann die Auswertung mit dem *Doppelquote-Operator* `''` erzwungen werden. Die Auswertung erfolgt dann direkt nach der Eingabe des Ausdrucks; der Doppelquote-Operator wird dabei aufgelöst und kann somit (im Gegensatz zum Quote-Operator) *nicht* Bestandteil eines gespeicherten Ausdrucks sein.

Belegen einer Variablen mit einem Wert	`(%i9) a:5;` `(%o9) 5`
Ausgewerteter Ausdruck; Variablen werden durch ihren Wert ersetzt.	`(%i10) z1:ratsimp((a^2-1)/(a+1));` `(%o10) 4`
Unterdrücken der Auswertung des gesamten Ausdrucks	`(%i11) z2:'(ratsimp((a^2-1)/(a+1)));` (%o11) $\mathrm{ratsimp}\left(\frac{a^2-1}{a+1}\right)$
Unterdrücken der Auswertung eines Operators; die Operanden werden schon ausgewertet.	`(%i12) z3:'ratsimp((a^2-1)/(a+1));` `(%o12) ratsimp(4)`
Einschalten der Darstellung des Quote-Operators in der Ausgabe	`(%i13) noundisp:true;` `(%o13) true`
Der Quote-Operator wird nur bei quotierten Operatoren, nicht aber bei Ausdrücken angezeigt.	`(%i14) [z1,z2,z3];` (%o14) $[4, \mathrm{ratsimp}\left(\frac{a^2-1}{a+1}\right), \mathrm{'ratsimp}(4)]$
Quotieren hat *keinen* Einfluss auf die *Vereinfachung*.	`(%i15) ['(a+b+a/2),'(sin(%pi/6))];` (%o15) $[b+\frac{3\,a}{2}, \frac{1}{2}]$
Erzwingen der Auswertung eines quotierten *Ausdrucks* durch den Doppelquote-Operator	`(%i16) ''z2;` `(%o16) 4`
Ein gequoteter *Operator* bleibt unausgewertet.	`(%i17) ''z3;` `(%o17) 'ratsimp(4)`

5.1.2 Der Auswertebefehl *ev*

Mit dem Auswertebefehl `ev` kann die Auswertung eines Ausdrucks in sehr vielfältiger Weise gesteuert werden. Dieser Befehl besitzt ein wahres „Sammelsurium“ von Eigenschaften, die nicht immer leicht durchschaubar und teilweise nicht dokumentiert sind. Aus diesem Grund wird in manchen Beiträgen der Maxima-Mailingliste [Mai] empfohlen, den Befehl `ev` möglichst zu vermeiden und durch andere Befehle zu ersetzen, was nicht immer möglich ist.

Die Bearbeitung eines Ausdrucks erfolgt von `ev` in vier Schritten:

1. Auswerten der optionalen Parameter *opts*, mit denen eine Auswerteumgebung eingerichtet wird, innerhalb derer die Auswertung erfolgt
2. Ersetzen von Variablen, die *nicht* im nächsten Schritt substituiert werden, durch ihre Werte
3. Durchführen von Substitutionen, die als Optionen angeführt sind
4. Erneute Auswertung des resultierenden Ausdrucks

Daraus geht hervor, dass `ev` keine *Funktion* im üblichen Sinn ist, die im Stil des funktionalen Programmierens geschachtelt werden kann. `ev` ist vielmehr als *Befehl* zu sehen, der mit Hil-

Tabelle 5.2 Der Auswertebefehl *ev*

`ev(`*expr*, *opts*`)`	Auswerten des Ausdrucks *expr* mit den optionalen Parametern *opts*
expr, *opts*	Verkürzte Form des Auswertebefehls
Optionen:	
var=val	Ersetzen der Variablen (oder eines Ausdrucks) *var* durch den Wert *val*
var	Setzen des *Auswerteschalters var*
f	Anwenden der Funktion *f* auf den ausgewerteten Ausdruck, wenn *f* als *Auswertungsfunktion* deklariert ist
`float`	Durchführen von arithmetischen Operationen in Gleitkommadarstellung
`numer`	Auswerten mathematischer Funktionen in Gleitkommadarstellung (zusätzlich zu `float`)
`simp`	Bewirkt Vereinfachung (auch wenn die Systemvariable `simp` auf *false* gesetzt ist)
`noeval`	Unterdrücken der Auswertungsphase
`eval`	Nochmaliges Auswerten
`infeval`	Wiederholtes Auswerten (solange, bis sich der Ausdruck *expr* nicht mehr ändert)
`nouns`	Auswertung quotierter Ausdrücke und Operatoren
`expand`	Bewirkt Expansion des Ausdrucks *expr*
`pred`	Auswertung von Prädikaten
`diff`	Auswertung aller Ableitungen
`derivlist(`x_1, x_2, ...`)`	Auswertung aller Ableitungen bezüglich $x_1, x_2, \ldots$
$f(x)$`:=`*expr*	Definition einer lokalen Funktion
Spezielle Prädikate:	
`evflag`	Deklaration eines Symbols zum *Auswerteschalter*
`evfun`	Deklaration eines Symbols zur *Auswertungsfunktion*

fe von Optionen eine *Auswerteumgebung* schafft und Variablen mit Werten belegt, *bevor* der Ausdruck innerhalb dieser Umgebung ausgewertet wird. Somit ist beispielsweise bei der Substitution von Variablen

$$\mathrm{ev}\big(f(x), var = val\big) \text{ gleichbedeutend mit } f\big(\mathrm{ev}(x, var = val)\big),$$

was für Funktionen im Allgemeinen nicht gilt und daher den Prinzipien der funktionalen Programmierung widerspricht.

Der Befehl `ev` besitzt auch eine verkürzte, implizite Form: die bloße Angabe des auszuwertenden Ausdrucks, mit den Optionen dahinter angeführt, durch Beistriche getrennt. Diese Form kann allerdings nicht auf Teile von Ausdrücken angewendet werden, sondern nur auf einen eingegebenen Gesamtausdruck.

Optionen

Sie definieren die *Auswerteumgebung* und legen fest, nach welchen Kriterien die Auswertung erfolgt.

Optionen können prinzipiell in beliebiger Reihenfolge angegeben werden; mit Ausnahme von Substitutionen und Auswertungsfunktionen, die von links nach rechts ausgeführt werden. Optionen können auch als Listen zusammengefasst übergeben werden.

Optionen können sein:

- Substitutionen in Form von Zuweisungen oder Gleichungen: Sie beschränken sich nicht auf das bloße Einsetzen von Werten in Variablen, auch ganze Ausdrücke lassen sich damit durch andere ersetzen. Außerdem können Systemvariablen auf einen Wert gesetzt werden.
- Auswerteschalter
- Auswertungsfunktionen
- Lokale Funktionsdefinitionen

Prädikate

Bei den Optionen sind zwei Prädikate, die mit dem Befehl `declare` (Abschnitt 9.3.2) gesetzt werden können, von besonderer Bedeutung:

- `evflag`

  Durch das Prädikat `evflag` wird eine logische Variable zum *Auswerteschalter*, ihre bloße Angabe als Option wirkt dann wie ihrem Gleichsetzen mit *true*. Die Angabe von *var* in der Optionenliste ist also gleichbedeutend mit *var*`=true`.

  Viele Systemvariablen sind Auswerteschalter, beispielsweise die im vorigen Abschnitt erläuterten Variablen `simp`, `float`, `numer` und `infeval`.

- `evfun`

  Durch das Prädikat `evfun` wird eine Funktion *Auswertungsfunktion*, ihre bloße Angabe als Option wirkt dann wie das Anwenden der Funktion auf den ausgewerteten Ausdruck; $\mathrm{ev}(x, f)$ ist also gleichbedeutend mit $f\big(\mathrm{ev}(x)\big)$.

Mehrere Zuweisungen in einer Liste, nacheinander ausgeführt	`(%i18) [a:b,b:c,c:d,d:e];` `(%o18) [b, c, d, e]`

a hat den symbolischen Wert *b*, obwohl *b* (*nach* der Zuweisung zu *a*) auch einen Wert bekommen hat.

```
(%i19) a;
(%o19) b
```

Auswerten von *a* bedeutet, den *Wert seines Wertes b* zu ermitteln.

```
(%i20) ev(a);
(%o20) c
```

Mit `noeval` wird die Auswertungsphase des Befehls `ev` unterdrückt.

```
(%i21) ev(a,noeval);
(%o21) b
```

`eval` bewirkt eine zusätzliche Auswertung.

```
(%i22) ev(a,eval);
(%o22) d
```

Jede Angabe von `eval` bewirkt eine *zusätzliche* Auswertung.

```
(%i23) ev(a,eval,eval);
(%o23) e
```

`infeval` bewirkt eine wiederholte Auswertung, bis sich der Ausdruck nicht mehr ändert.

```
(%i24) ev(a,infeval);
(%o24) e
```

Definition einer Formel

```
(%i25) V:r^2*%pi*h;
```
(%o25) $\pi\ h\ r^2$

Festlegen von Zahlenwerten für Variablen

```
(%i26) werte:[r=2,h=5];
```
(%o26) $[r=2\ ,h=5]$

Einsetzen der Zahlenwerte in die Formel

```
(%i27) ev(V,werte);
```
(%o27) $20\ \pi$

Verkürzte Form des Auswertebefehls `ev`

```
(%i28) V,werte;
```
(%o28) $20\ \pi$

Zusätzliches Erzwingen einer Gleitkommazahl als Ergebnis

```
(%i29) V,werte,numer;
(%o29) 62.831
```

Gescheiterter Versuch der Schachtelung des Auswertebefehls `ev`, die Variable *x* enthält einen Wert *vor* dem Differenzieren.

```
(%i30) float(ev(diff(sin(x),x),x=0));
diff : second argument must be a variable; found
0
 -- an error. To debug this try: debugmode(true);
```

Der Befehl `subst` kann wie erwartet geschachtelt werden.

```
(%i31) float(subst(x=0,diff(sin(x),x)));
(%o31) 1.0
```

Die Symbole *f* und *g* haben keine Bedeutung für die Auswertung.

```
(%i32) ev(x,f,g);
(%o32) x
```

Ernennung der Symbole *f* und *g* zu Auswertungsfunktionen

```
(%i33) declare(f,evfun,g,evfun);
(%o33) done
```

Auswertungsfunktionen werden auf den ausgewerteten Ausdruck angewendet.

```
(%i34) ev(x,f,g);
```
(%o34) $\mathrm{g}(\mathrm{f}(x))$

Ausschalten der Vereinfachung (hier die Addition dreier Zahlen) während der Auswertungsphase

```
(%i35) ev(args(1+2+3),simp=false);
(%o35) [1,2,3]
```

Definition einer Funktion

```
(%i36) fun(x,y):=sqrt(x^2+y^2);
```
(%o36) $\mathrm{fun}(x\ ,y):=\sqrt{x^2+y^2}$

Zuweisen der quotierten Funktion einem Symbol	`(%i37) z:'fun(3,4);` (%o37) 'fun(3,4)
Auswerten einer quotierten Funktion mit der Option nouns	`(%i38) ev(z,nouns);` (%o38) 5
Expandieren eines Ausdrucks	`(%i39) ev((x+y)^3,expand);` (%o39) $y^3+3\,x\,y^2+3\,x^2\,y+x^3$
Ein Vergleichsausdruck wird vereinfacht aber nicht ausgewertet.	`(%i40) 1+1=2;` (%o40) $2=2$
Auswerten eines Vergleichsausdrucks	`(%i41) 1+1=2,pred;` (%o41) true
Ausdruck in zwei Variablen ...	`(%i42) z:sin(x+2*y);` (%o42) $\sin(2\,y+x)$
... und ein Ausdruck mit unausgewerteten (quotierten) partiellen Ableitungen davon	`(%i43) zz:'diff(z,x)+'diff(z,y);` (%o43) $\frac{d}{d\,y}\sin(2\,y+x)+\frac{d}{d\,x}\sin(2\,y+x)$
Auswerten aller Ableitungen	`(%i44) ev(zz,diff);` (%o44) $3\cos(2\,y+x)$
Auswerten der Ableitungen nach einer Variablen	`(%i45) ev(zz,derivlist(x));` (%o45) $\frac{d}{d\,y}\sin(2\,y+x)+\cos(2\,y+x)$
Auswerten unter Verwendung einer lokalen Funktion	`(%i46) ev(f(25)+g(25),f(x):=sqrt(x));` (%o46) $g(25)+5$

5.2 Algebraische Umformungen

Bei algebraischen Umformungen werden Ausdrücke in ihrer *Form* verändert, der *Wert* bleibt jedoch unverändert. Maxima stellt eine Vielzahl von Umwandlungsfunktionen bereit, mit denen Ausdrücke zusammengefasst, aufgespalten oder sonst in irgendeiner Weise umgeformt werden können. Viele Umwandlungsfunktionen reagieren ähnlich und liefern mitunter auch von der *Form* her gleiche Ergebnisse; welcher Befehl für bestimmte Fälle am besten geeignet ist, kann am besten durch Probieren gefunden werden.

5.2.1 Expandieren

Expandieren eines Ausdrucks ist im Wesentlichen das Ausmultiplizieren von Klammerausdrücken; ein vollständig expandierter Ausdruck hat (außer Funktionsklammern) keine Klammern mehr.

expand expandiert einen Ausdruck; dabei werden alle Produkte und Potenzen von Summen ausmultipliziert. Brüche werden in eine Summe von einzelnen Brüchen aufgespalten, für jeden Summanden des Zählers ein eigener Bruch. Durch Setzen der Systemvariablen expop und

Tabelle 5.3 Algebraische Umformungen – Expandieren

Funktionen:	
`expand(`*expr*`)`	Expandieren eines Ausdrucks *expr* (Auflösen aller Klammern)
`ratexpand(`*expr*`)`	Vereinfachen eines gebrochen rationalen Ausdrucks *expr* und Expandieren
`distrib(`*expr*`)`	Ausmultiplizieren von Summen
`multthru(`*expr*`)`	Multiplizieren von Faktoren in eine Summe
`expandwrt(`*expr*, x_1, x_2, ...`)`	Expandieren eines Ausdrucks in Bezug auf die Variablen $x_1, x_2, \ldots$
Systemvariablen:	
`expop`	Höchster Exponent eines Ausdrucks im *Zähler*, der automatisch expandiert wird (Default: 0)
`expon`	Höchster Exponent eines Ausdrucks im *Nenner*, der automatisch expandiert wird (Default: 0)
`expandwrt_denom`	Veranlasst den Befehl `expandwrt`, dass auch der Nenner expandiert wird (Default: *false*)

`expon` auf einen ganzzahligen Wert kann eine automatische Expandierung bei jeder Auswertung veranlasst werden: `expop` ist der höchste positive Exponent, bei dem eine Potenz automatisch expandiert wird, `expon` der höchste negative Exponent.

Zum Expandieren von Polynomen und gebrochen rationalen Ausdrücken empfiehlt das Maxima Manual [Max] den Befehl `ratexpand`, der für solche Ausdrücke einen effizienteren Algorithmus hat und eine zusätzliche Vereinfachung durch Kürzen von Brüchen versucht. Außerdem wandelt `ratexpand` Gleitkommazahlen in rationale Zahlen um, was aber durch Setzen der Systemvariablen `keepfloat` auf *true* unterdrückt werden kann. Die dabei ausgegebene informative Meldung ist üblicherweise ziemlich unnötig und eher störend; sie kann durch Setzen der Systemvariablen `ratprint` auf *false* unterdrückt werden.

`distrib` multipliziert Produkte von Summen aus, aber nur auf der äußersten Klammerungsebene. `multthru` multipliziert einen oder mehrere Faktoren in eine Summe hinein. `distrib` und `multthru` liefern mitunter gleiche Ergebnisse.

Definition eines Polynoms in x in Linearfaktoren zerlegt	`(%i1) p1:(x+a)^2*(x+2);` (%o1) $(x+2)(x+a)^2$
Definition eines Polynoms in x mit numerischen Koeffizienten	`(%i2) p2:x^3+2*x^2+2*x+1;` (%o2) $x^3+2\,x^2+2\,x+1$
Expandieren eines Ausdrucks ist das Ausmultiplizieren aller Klammerausdrücke.	`(%i3) expand(p1);` (%o3) $x^3+2\,a\,x^2+2\,x^2+a^2\,x+4\,a\,x+2\,a^2$

Expandieren in Bezug auf die Variable x liefert hier das gleiche Ergebnis.

```
(%i4) expandwrt(p1,x);
```
(%o4) $x^3+2\ a\ x^2+2\ x^2+a^2\ x+4\ a\ x+2\ a^2$

Expandieren in Bezug auf die Variable a

```
(%i5) expandwrt(p1,a);
```
(%o5) $x^2\left(x+2\right)+2\ a\ x\left(x+2\right)+a^2\left(x+2\right)$

Ausmultiplizieren, auf die oberste Ebene beschränkt mit `distrib`

```
(%i6) distrib(p1);
```
(%o6) $x\left(x+a\right)^2+2\left(x+a\right)^2$

Multiplizieren eines Faktors in eine Summe mit `multthru`; liefert hier das gleiche Ergebnis wie `distrib`.

```
(%i7) multthru(p1);
```
(%o7) $x\left(x+a\right)^2+2\left(x+a\right)^2$

Vergleich von `distrib` und `multthru`

```
(%i8) [distrib((a+b)*(c+d)),multthru((a+b)*(c+d))];
```
(%o8) $[b\ d+a\ d+b\ c+a\ c,\left(b+a\right)d+\left(b+a\right)c]$

Durch Setzen von `expop` auf 1 werden lineare Faktoren automatisch ausmultipliziert (beachte die implizite Anwendung des Befehls `ev`).

```
(%i9) (x+a)*(x+b)^2*(x+c)^3,expop=1;
```
(%o9) $x\left(x+b\right)^2\left(x+c\right)^3+a\left(x+b\right)^2\left(x+c\right)^3$

Automatisches Expandieren bis zur zweiten Potenz

```
(%i10) (x+a)*(x+b)^2*(x+c)^3,expop=2;
```
(%o10) $x^3\left(x+c\right)^3+2\ b\ x^2\left(x+c\right)^3+a\ x^2\left(x+c\right)^3+b^2\ x\left(x+c\right)^3+2\ a\ b\ x\left(x+c\right)^3+a\ b^2\left(x+c\right)^3$

Gebrochen rationaler Ausdruck

```
(%i11) z:p2/p1;
```
(%o11) $\dfrac{x^3+2\ x^2+2\ x+1}{\left(x+2\right)\left(x+a\right)^2}$

Expandieren eines Bruchs: Der Bruch wird in einzelne Summanden, jeweils mit dem gleichen Nenner, aufgespalten.

```
(%i12) expand(z);
```
(%o12) $\dfrac{x^3}{x^3+2\ a\ x^2+2\ x^2+a^2\ x+4\ a\ x+2\ a^2}+\dfrac{2\ x^2}{x^3+2\ a\ x^2+2\ x^2+a^2\ x+4\ a\ x+2\ a^2}+\dfrac{2\ x}{x^3+2\ a\ x^2+2\ x^2+a^2\ x+4\ a\ x+2\ a^2}+\dfrac{1}{x^3+2\ a\ x^2+2\ x^2+a^2\ x+4\ a\ x+2\ a^2}$

Expandieren in Bezug auf eine Variable: Der Nenner wird *nicht* expandiert (im Zähler kommt sie hier nicht vor).

```
(%i13) expandwrt(z,a);
```
(%o13) $\dfrac{x^3+2\ x^2+2\ x+1}{\left(x+2\right)\left(x+a\right)^2}$

Expandieren in Bezug auf eine Variable, wobei auch der Nenner expandiert wird.

```
(%i14) expandwrt(z,a),expandwrt_denom=true;
```
(%o14) $\dfrac{x^3+2\ x^2+2\ x+1}{x^2\left(x+2\right)+2\ a\ x\left(x+2\right)+a^2\left(x+2\right)}$

Getrennte Expansion von Zähler und Nenner mit Hilfe von `map`

```
(%i15) map(expand,z);
```
(%o15) $\dfrac{x^3+2\ x^2+2\ x+1}{x^3+2\ a\ x^2+2\ x^2+a^2\ x+4\ a\ x+2\ a^2}$

Gebrochen rationaler Ausdruck mit „verstecktem" gemeinsamen Faktor $(x+1)$ in Zähler und Nenner

```
(%i16) zz:(x^2-1)/(x^2+(a+1)*x+a);
```
(%o16) $\dfrac{x^2-1}{x^2+\left(a+1\right)x+a}$

Bei Anwendung von `expand` wird *nicht* gekürzt.

```
(%i17) expand(zz);
```

(%o17) $\frac{x^2}{x^2+a\,x+x+a}-\frac{1}{x^2+a\,x+x+a}$

Bei Anwendung von `ratexpand` wird vor dem Expandieren durch den gemeinsamen Faktor in Zähler und Nenner gekürzt.

```
(%i18) ratexpand(zz);
```

(%o18) $\frac{x}{x+a}-\frac{1}{x+a}$

`ratexpand` wandelt Gleitkommazahlen in rationale Zahlen um.

```
(%i19) ratexpand((x+2.7)/(2.8*x+1));
rat: replaced 2.7 by 27/10 = 2.7
rat: replaced 2.8 by 14/5 = 2.8
```

(%o19) $\frac{27}{28\,x+10}+\frac{5\,x}{14\,x+5}$

Die (meist unnötige) Meldung kann durch Setzen von `ratprint` auf *false* unterdrückt werden.

```
(%i20) ratexpand((x+2.7)/(2.8*x+1)),ratprint=false;
```

(%o20) $\frac{27}{28\,x+10}+\frac{5\,x}{14\,x+5}$

5.2.2 Faktorisieren

Das Aufspalten eines Ausdrucks in mehrere Faktoren ist in gewissem Sinn das Gegenstück zum Expandieren. `factor` versucht einen Ausdruck mit beliebigen Variablen in Faktoren zu zerlegen, also als Produkt einzelner Terme darzustellen. Ein Polynom wird in lineare und quadratische Faktoren zerlegt, was nur dann gelingt, wenn die Polynomnullstellen *analytisch* berechnet werden können. Ein Polynom, dessen Koeffizienten Zahlenwerte sind, kann mit Hilfe der Funktion `allroots` (Abschnitt 5.7.1) durch *numerische* Berechnung der Polynomnullstellen *jedenfalls* faktorisiert werden.

Angewandt auf eine Ganzzahl führt `factor` eine Primfaktorzerlegung durch; das Ergebnis ist das *unvereinfachte* Produkt seiner Primfaktoren. Innerhalb eines Ausdrucks werden Ganzzahlen nur dann in Primfaktoren zerlegt, wenn die Systemvariable `factorflag` auf *true* gesetzt ist.

Tabelle 5.4 Algebraische Umformungen – Faktorisieren

`factor(`*expr*`)`	Faktorisieren eines Ausdrucks *expr*; Primfaktorzerlegung einer Ganzzahl
`factorflag`	Systemvariable; veranlasst den Befehl `factor` zur Primfaktorzerlegung von Ganzzahlen in rationalen Ausdrücken (Default: *false*)

Zerlegen eines Polynoms in lineare und quadratische Faktoren

```
(%i21) factor(p2);
```

(%o21) $(x+1)\left(x^2+x+1\right)$

Die Zerlegung in Faktoren gelingt nicht immer auf *analytischem* Weg.

```
(%i22) factor(p2+x);
```

(%o22) $x^3+2\,x^2+3\,x+1$

Numerisches Faktorisieren gelingt immer (beachte die implizite Form des Befehls `ev`).

```
(%i23) allroots(p2+x),polyfactor=true;
```

(%o23) $1.0\,(x+0.43)\left(x^2+1.5698\,x+2.3247\right)$

Zerlegung einer Ganzzahl in Primfaktoren; das Ergebnis bleibt unvereinfacht.	`(%i24) n:factor(240);` (%o24) $2^4\ 3\ 5$
Erst eine Auswertung führt die Multiplikation der Primfaktoren durch.	`(%i25) ev(n);` (%o25) 240
Ganzzahlen als Teil eines Ausdrucks werden nicht faktorisiert, ...	`(%i26) factor(240*p2);` (%o26) $240\,(x+1)\,(x^2+x+1)$
... was aber durch Setzen von `factorflag` auf *true* erzwungen werden kann.	`(%i27) factor(240*p2),factorflag=true;` (%o27) $2^4\ 3\ 5\,(x+1)\,(x^2+x+1)$

5.2.3 Partialbruchzerlegung

Mit einer Partialbruchzerlegung wird eine gebrochen rationale Funktion in eine *Summe* von Brüchen umgewandelt, deren einzelne Nenner die linearen und quadratischen Faktoren des ursprünglichen Nennerpolynoms sind. Dies gelingt allerdings nur dann, wenn das Nennerpolynom faktorisiert werden kann.

Ein Nennerpolynom, dessen Koeffizienten Zahlenwerte sind, kann mit Hilfe von `allroots` (Abschnitt 5.7.1) *jedenfalls* numerisch faktorisiert werden. Wird darauf die Partialbruchzerlegung angewendet, so werden die Gleitkommazahlen in (üblicherweise sehr große) rationale Zahlen umgewandelt. Die Zurück-Umwandlung in Gleitkommazahlen liefert Partialbrüche mit sehr unhandlichen (sehr großen und sehr kleinen) Zahlenwerten. Dieses Problem kann mit einer kleinen benutzerdefinierten Funktion `trim` behoben werden. `trim` dividiert Zähler und Nenner eines Bruchs durch den führenden Koeffizienten des Nennerpolynoms. Wird diese Funktion mit `map` auf die gesamte Partialbruchzerlegung angewendet, so erhält man Partialbrüche mit „schönen" Zahlenwerten, deren führende Nennerkoeffizienten 1 sind.

Tabelle 5.5 Algebraische Umformungen – Partialbruchzerlegung

`partfrac(`*expr*, *var*`)`	Partialbruchzerlegung einer gebrochen rationalen Funktion *expr* mit der Variablen *var*

Gebrochen rationaler Ausdruck mit einem Nennerpolynom, das faktorisiert werden kann	`(%i28) z1:1/(x**4+2*x**3+2*x**2+2*x+1);` (%o28) $\frac{1}{x^4+2\,x^3+2\,x^2+2\,x+1}$
Durchführen der Partialbruchzerlegung	`(%i29) partfrac(z1,x);` (%o29) $-\frac{x}{2\,(x^2+1)}+\frac{1}{2\,(x+1)}+\frac{1}{2\,(x+1)^2}$
Gebrochen rationaler Ausdruck mit einem Nennerpolynom, das *nicht* faktorisiert werden kann	`(%i30) z2:1/(x**4+2*x**3+2*x**2+3*x+1);` (%o30) $\frac{1}{x^4+2\,x^3+2\,x^2+3\,x+1}$

Die Partialbruchzerlegung versagt in diesem Fall.

```
(%i31) partfrac(z2,x);
```

$$\text{(\%o31)}\quad \frac{1}{x^4+2\,x^3+2\,x^2+3\,x+1}$$

Mit `allroots` kann ein Polynom (mit numerischen Koeffizienten) immer faktorisiert werden.

```
(%i32) z3:1/ev(allroots(denom(z2)),polyfactor=true);
```

$$\text{(\%o32)}\quad \frac{1.0}{(x+0.408)\,(x+1.6644)\,(x^2-0.0728\,x+1.4711)}$$

Damit gelingt auch die Partialbruchzerlegung, wenn auch mit unschönen Zahlenwerten.

```
(%i33) z4:float(partfrac(z3,x)),ratprint=false;
```

$$\text{(\%o33)}\quad -\frac{4.97615\,10^{-61}\,(1.48333\,10^{75}\,x+4.39173\,10^{74})}{2.50294\,10^{15}\,x^2-1.82227\,10^{14}\,x+3.68231\,10^{15}}+\frac{3.89967\,10^{7}}{8.16862\,10^{7}\,x+3.33593\,10^{7}}-\frac{2653600.}{1.45409\,10^{7}\,x+2.42022\,10^{7}}$$

Eine benutzerdefinierte Funktion dividiert Zähler und Nenner eines gebrochen rationalen Ausdrucks durch den führenden Nennerkoeffizienten.

```
(%i34) trim(f) :=
       if length(listofvars(f))=1 then block(
         [s:first(listofvars(f)),n,zz:num(f),
           nn:denom(f)],
         n:coeff(denom(f),s,hipow(denom(f),s)),
         [zz,nn]:expand([zz,nn]/n),
         subst(1.0 = 1,zz/nn))
       else f$
```

Damit kann das Ergebnis der Partialbruchzerlegung in eine ordentliche Form gebracht werden.

```
(%i35) map(trim,z4);
```

$$\text{(\%o35)}\quad \frac{-0.294\,x-0.0873}{x^2-0.0728\,x+1.4711}-\frac{0.182}{x+1.6644}+\frac{0.477}{0.999\,x+0.408}$$

5.2.4 Zusammenfassen von Brüchen

Mit dem Befehl `xthru` wird eine Summe von Brüchen zu einem Bruch mit gemeinsamem Nenner zusammengefasst, Mehrfachbrüche werden aufgelöst.

`ratsimp` ist ein sehr universeller Befehl zum Vereinfachen eines Ausdrucks. Er fasst nicht nur mehrere Brüche zu einem einzigen zusammen und löst Mehrfachbrüche auf, er versucht auch Brüche durch Kürzen zu vereinfachen. Zusätzlich werden Gleitkommazahlen in rationale Zahlen umgewandelt, was aber durch Setzen der Systemvariablen `keepfloat` auf *true* unterdrückt werden kann. Setzen der Systemvariablen `ratprint` auf *false* unterdrückt die (ziemlich unnötige) Meldung über die Umwandlung in rationale Zahlen.

Als zusätzliche Parameter können dem Befehl `ratsimp` Variablennamen übergeben werden, nach denen der Ergebnisausdruck sortiert wird.

Mehrfachbrüche werden nicht automatisch aufgelöst, mehrere Summanden werden nicht automatisch zu einem einzigen Bruch zusammengefasst.

```
(%i36) [pp:1/(1+1/p1), qq:1/a+1/b+1/c];
```

$$\text{(\%o36)}\quad \left[\frac{1}{\frac{1}{(x+2)\,(x+a)^2}+1},\ \frac{1}{c}+\frac{1}{b}+\frac{1}{a}\right]$$

Auflösen von Mehrfachbrüchen und Zusammenfassen zu einem einzigen Bruch mit `xthru`

```
(%i37) [xthru(pp),xthru(qq)];
```

$$\text{(\%o37)}\quad \left[\frac{(x+2)\,(x+a)^2}{(x+2)\,(x+a)^2+1},\ \frac{(b+a)\,c+a\,b}{a\,b\,c}\right]$$

Tabelle 5.6 Algebraische Umformungen – Zusammenfassen von Brüchen

Funktionen:	
`xthru(`*expr*`)`	Zusammenfassen des Ausdrucks *expr* zu einem gemeinsamen Bruch
`ratsimp(`*expr*`)`	Vereinfachen des Ausdrucks *expr* und Zusammenfassen zu einem gemeinsamen Bruch
`ratsimp(`*expr*, x_1, x_2, ...`)`	Vereinfachen des Ausdrucks *expr* und Ordnen nach den Variablen $x_1, x_2, \ldots$
`fullratsimp(`*expr*`)`	Wiederholte Anwendung von `ratsimp` mit zusätzlichen Vereinfachungen
`combine(`*expr*`)`	Zusammenfassen von Termen mit gleichem Nenner
Systemvariablen:	
`ratprint`	Veranlasst die Befehle `ratexpand` und `ratsimp` zur informativen Meldung über die Umwandlung von Gleitkommazahlen in rationale Zahlen (Default: *true*)
`keepfloat`	Unterdrückt bei den Befehlen `ratexpand` und `ratsimp` die Umwandlung von Gleitkommazahlen in rationale Zahlen (Default: *false*)

`xthru` kürzt gemeinsame Faktoren in Zähler und Nenner *nicht*.

```
(%i38) [zz,xthru(zz)];
```

$$(\%o38)\quad \left[\frac{x^2-1}{x^2+(a+1)\,x+a},\frac{x^2-1}{x^2+(a+1)\,x+a}\right]$$

`ratsimp` findet gemeinsame Faktoren und kürzt *schon*.

```
(%i39) [zz,ratsimp(zz)];
```

$$(\%o39)\quad \left[\frac{x^2-1}{x^2+(a+1)\,x+a},\frac{x-1}{x+a}\right]$$

`ratsimp` expandiert (zumindest teilweise); Zähler und Nenner können nach gewünschten Variablen geordnet werden.

```
(%i40) ratsimp(pp,a);
```

$$(\%o40)\quad \frac{x^3+a\left(2\,x^2+4\,x\right)+2\,x^2+a^2\,(x+2)}{x^3+a\left(2\,x^2+4\,x\right)+2\,x^2+a^2\,(x+2)+1}$$

`ratsimp` wandelt Gleitkommazahlen in rationale Zahlen um.

```
(%i41) ratsimp(1.5/(x+3.7));
rat: replaced 1.5 by 3/2 = 1.5
rat: replaced 3.7 by 37/10 = 3.7
```

$$(\%o41)\quad \frac{15}{10\,x+37}$$

Die (meist unnötige) Meldung kann durch Setzen von `ratprint` auf *false* unterdrückt werden.

```
(%i42) ratsimp(1.5/(x+3.7)),ratprint=false;
```

$$(\%o42)\quad \frac{15}{10\,x+37}$$

Mit `keepfloat` bleiben Gleitkommazahlen erhalten.

```
(%i43) ratsimp(1.5/(x+3.7)),keepfloat=true;
```

$$(\%o43)\quad \frac{1.5}{1.0\,x+3.7}$$

5.3 Umformungen mit Logarithmen, Exponentialfunktionen und Wurzeln

`rootscontract` fasst Wurzelausdrücke (Produkte und Brüche von Wurzeln) zusammen; das Ausmaß der Zusammenfassung wird mit der Systemvariablen `rootsconmode` gesteuert:

Hat `rootsconmode` den Wert *false*, so werden nur „gleichartige" Wurzeln zusammengefasst, das heißt Ausdrücke mit rationalen Exponenten mit gleichen Nennern. Hat `rootsconmode` den Wert *true* (Default), so werden alle Wurzeln zusammengefasst, deren Nenner der rationalen Exponenten den gleichen Wert oder ein Vielfaches davon haben. Hat `rootsconmode` den Wert *all*, so werden alle Wurzeln zu einem Ausdruck mit gebrochen rationalem Exponenten, dessen Nenner das kleinste gemeinsame Vielfache aller Nenner der einzelnen Exponenten ist, zusammengefasst.

Hat `rootsconmode` den Wert *false*, werden nur gleichartige Wurzeln zusammengefasst.

```
(%i1) rootscontract(sqrt(x)*y^(1/4)*z^(1/2)),
      rootsconmode=false;
```

(%o1) $y^{1/4}\sqrt{x\,z}$

Hat `rootsconmode` den Wert *true* (Default), wird auch eine vierte Wurzel einbezogen, …

```
(%i2) rootscontract(sqrt(x)*y^(1/4)*z^(1/2));
```

(%o2) $\sqrt{x\,\sqrt{y}\,z}$

… nicht aber eine dritte Wurzel.

```
(%i3) rootscontract(sqrt(x)*y^(1/3));
```

(%o3) $\sqrt{x}\,y^{1/3}$

Tabelle 5.7 Umformungen mit Logarithmen, Exponentialfunktionen und Wurzeln

Funktionen:	
`rootscontract(`*expr*`)`	Zusammenfassen eines Produkts von (unterschiedlichen) Wurzeln zu einem einzigen Wurzelausdruck
`logcontract(`*expr*`)`	Zusammenfassen einer Summe von Logarithmen zum Logarithmus eines Produkts
`radcan(`*expr*`)`	Vereinfachung von Ausdrücken mit Wurzeln, Exponentialfunktionen und Logarithmen
Systemvariablen:	
`rootsconmode`	Steuert das Verhalten von `rootscontract`; mögliche Werte: *false, true* (Default), *all*
`radexpand`	Steuert das Auflösen von Wurzeln bei der Vereinfachung; mögliche Werte *false, true* (Default), *all*
`logexpand`	Steuert das Aufspalten von Logarithmen bei der Vereinfachung; mögliche Werte *false, true* (Default), *all, super*

Hat rootsconmode den Wert all, werden *alle* Wurzeln zusammengefasst.

```
(%i4) rootscontract(sqrt(x)*y^(1/3)),rootsconmode=all;
```
(%o4) $\left(x^3\, y^2\right)^{1/6}$

radexpand steuert die Vereinfachung von Wurzelausdrücken, mögliche Werte sind *false*, *true* und *all*. Der Wert *false* unterbindet die Vereinfachung von Wurzelausdrücken. Der Wert *true* bewirkt das Herausziehen von ganzzahligen und rationalen Faktoren aus der Wurzel, außerdem wird $\sqrt(x^2)$ zu $|(x)|$ vereinfacht. Beim Wert *all* wird eine Wurzel eines Produkts in ein Produkt von Wurzeln aufgespalten sowie $\sqrt(x^2)$ zu x vereinfacht. Dabei werden nicht nur Wurzeln, sondern beliebige Potenzen eines Produkts in ein Produkt von Potenzen aufgespalten.

Hat radexpand den Wert *false*, werden Wurzelausdrücke nicht vereinfacht.

```
(%i5) [sqrt(2.0*x*y),sqrt(2*x^2*y)],radexpand=false;
```
(%o5) $[\sqrt{2.0\, x\, y}, \sqrt{2\, x^2\, y}]$

Hat radexpand den Wert *true* (Default), werden Zahlen und Quadrate aus der Wurzel herausgezogen.

```
(%i6) [sqrt(2.0*x*y),sqrt(2*x^2*y)],radexpand=true;
```
(%o6) $[1.4142\, \sqrt{x\, y}, \sqrt{2}\, |x|\, \sqrt{y}]$

Hat radexpand den Wert all, werden nicht nur Wurzeln in einzelne Faktoren aufgespalten, ...

```
(%i7) [sqrt(2.0*x*y),sqrt(2*x^2*y)],radexpand=all;
```
(%o7) $[1.4142\, \sqrt{x}\, \sqrt{y}, \sqrt{2}\, x\, \sqrt{y}]$

... sondern auch beliebige Potenzen.

```
(%i8) (x*y*z)^a,radexpand=all;
```
(%o8) $x^a\, y^a\, z^a$

Die Systemvariable logexpand steuert die Vereinfachung von logarithmischen Ausdrücken. Hat logexpand den Wert *true* (Default), so werden die Exponenten von Potenzen als Faktoren aus dem Logarithmus herausgehoben. Beim Wert *all* wird auch der Logarithmus eines Produkts in eine Summe von Logarithmen umgewandelt. Beim Wert *super* werden darüber hinaus auch rationale Zahlen innerhalb von Logarithmen in Differenzen zerlegt.

Hat logexpand den Wert *false* (Default), werden Logarithmen nicht vereinfacht.

```
(%i9) log(2/7*x)+log(x^a),logexpand=false;
```
(%o9) $\log\left(x^a\right) + \log\left(\frac{2\, x}{7}\right)$

Hat logexpand den Wert *true*, werden Potenzen aus dem Logarithmus als Faktor herausgezogen.

```
(%i10) log(2/7*x)+log(x^a);
```
(%o10) $a\, \log\left(x\right) + \log\left(\frac{2\, x}{7}\right)$

Hat logexpand den Wert *all*, werden Produkte in einem Logarithmus in eine Summe von Logarithmen aufgespalten.

```
(%i11) log(2/7*x)+log(x^a),logexpand=all;
```
(%o11) $a\, \log\left(x\right) + \log\left(x\right) + \log\left(\frac{2}{7}\right)$

Hat logexpand den Wert *super*, werden auch rationale Zahlen aufgespalten.

```
(%i12) log(2/7*x)+log(x^a),logexpand=super;
```
(%o12) $a\, \log\left(x\right) + \log\left(x\right) - \log\left(7\right) + \log\left(2\right)$

Die Funktion logcontract ist in gewissem Sinn das Gegenstück zur Vereinfachung eines logarithmischen Ausdrucks mit der Systemvariablen logexpand: Durch sie werden Summen von

Logarithmen zu einem Logarithmus eines Produkts zusammengefasst. *Ganzzahlige* Faktoren mit Logarithmen werden dabei in Exponenten innerhalb der Logarithmen umgewandelt (nicht aber *beliebige* Faktoren).

Zusammenfassen von Logarithmen

```
(%i13) logcontract(log(x)-2*log(y)+a*log(z));
```

(%o13) $a\log(z)+\log\left(\frac{x}{y^2}\right)$

`radcan` versucht, einen Ausdruck, der Wurzeln, Logarithmen und Exponentialfunktionen enthält, durch Anwendung einer Reihe von Rechenregeln zu vereinfachen und in eine Standardform zu bringen, was mitunter sehr rechenintensiv sein kann. In manchen Fällen liefern die Funktionen `rootscontract` und `logcontract` das gleiche Ergebnis wie `radcan`, meist aber schneller.

Zwei Ausdrücke mit Logarithmen im Exponenten; nur einer wird vereinfacht

```
(%i14) [%e^(2*log(x)),%e^(a*log(x))];
```

(%o14) $[x^2, \%e^{a\log(x)}]$

Vereinfachung mit `radcan`

```
(%i15) radcan([%e^(2*log(x)),%e^(a*log(x))]);
```

(%o15) $[x^2, x^a]$

Vereinfachung eines Wurzelausdrucks

```
(%i16) radcan(sqrt(x^4-1)/sqrt(x^2+1));
```

(%o16) $\sqrt{x-1}\,\sqrt{x+1}$

5.4 Trigonometrische Umformungen

Trigonometrische Ausdrücke lassen sich in vielfältiger Weise umformen: Aufspalten in eine Summe gemäß den Additionstheoremen, Umwandeln von Potenzen in Summen, Umwandeln in Exponentialfunktionen sowie jeweils auch in die andere Richtung. Das genaue Verhalten der Umwandlungsfunktionen kann mit einer Reihe von Systemvariablen gesteuert werden, wobei Experimentieren mit verschiedenen Einstellungen hilfreich sein kann. Hyperbelfunktionen lassen sich in gleicher Weise wie Winkelfunktionen umformen.

`trigexpand` expandiert trigonometrische Funktionen entsprechend dem ersten Additionstheorem:

$$\sin(\alpha\pm\beta) = \sin\alpha\cdot\cos\beta\pm\cos\alpha\sin\beta$$
$$\cos(\alpha\pm\beta) = \cos\alpha\cdot\cos\beta\mp\sin\alpha\sin\beta$$

Dabei wird entweder eine Summe von Winkeln *oder* ein ganzzahliges Vielfaches eines Winkels expandiert; bei jedem Aufruf aber nur eines von beiden. Durch mehrmaligen Aufruf von `trigexpand` kann die Expansion stufenweise erweitert werden. Volle Expansion, auch bei einmaligem Aufruf von `trigexpand`, erfolgt durch Setzen der gleichnamigen Systemvariablen `trigexpand` auf *true*.

Das Aufspalten von Summen gemäß dem ersten Additionstheorem kann durch Setzen der Systemvariablen `trigexpandplus` auf *false* unterdrückt werden, das Aufspalten ganzzahliger Vielfacher von Winkeln durch Setzen der Systemvariablen `trigexpandtimes` auf *false*.

Tabelle 5.8 Trigonometrische Umformungen

Funktionen:	
`trigexpand(`*expr*`)`	Aufspalten trigonometrischer Funktionen von Summen (gemäß den Additionstheoremen) und Produkten mit ganzen Zahlen
`trigreduce(`*expr*`)`	Umwandlung von Potenzen trigonometrischer Funktionen in Linearkombinationen mit vielfachen Winkeln
`trigsimp(`*expr*`)`	Vereinfachen trigonometrischer Ausdrücke
`trigrat(`*expr*`)`	Umwandlung eines trigonometrischen Ausdrucks in eine Standardform, in der Zähler und Nenner linear in Sinus- und Kosinusfunktionen sind
`exponentialize(`*expr*`)`	Umwandlung trigonometrischer Funktionen in Exponentialfunktionen
Systemvariablen:	
`trigexpand`	Steuert das Verhalten der *Funktion* `trigexpand`; mögliche Werte: *false* (Default), *true*
`trigexpandplus`	Legt fest, ob `trigexpand` *Summen* aufspaltet; mögliche Werte: *false, true* (Default)
`trigexpandtimes`	Legt fest, ob `trigexpand` *Produkte* mit ganzen Zahlen aufspaltet; mögliche Werte: *false, true* (Default)
`halfangles`	Legt fest, ob die Halbwinkelformeln bei der Vereinfachung angewendet werden; mögliche Werte: *false* (Default), *true*
`trigsign`	Steuert das Auflösen von Vorzeichen in den Argumenten der trigonometrischen Funktionen; mögliche Werte: *false, true* (Default)
`triginverses`	Steuert die Vereinfachung der Zusammensetzung trigonometrischer Funktionen mit ihren Inversen; mögliche Werte: *false, true* (Default), *all*
`exponentialize`	Legt fest, ob trigonometrische Funktionen in ihre Exponentialdarstellungen vereinfacht werden; mögliche Werte: *false* (Default), *true*

Aufspalten des Sinus einer *Summe* nach dem ersten Additionstheorem (die *Produkte* werden nicht aufgespalten).

```
(%i1) trigexpand(sin(3*x+3*y));
```

(%o1) $\cos(3\,x)\,\sin(3\,y)+\sin(3\,x)\,\cos(3\,y)$

Aufspalten des Sinus eines *Produkts* mit einer ganzen Zahl (die *Summe* wird nicht aufgespalten).

```
(%i2) trigexpand(sin(3*(x+y)));
```

(%o2) $3\cos(y+x)^2\sin(y+x)-\sin(y+x)^3$

Wird die Systemvariable `trigexpand` auf *true* gesetzt, werden alle Summen und Produkte aufgespalten.

```
(%i3) trigexpand(sin(3*(x+y))),trigexpand=true;
```

(%o3) $3\left(\cos(x)\sin(y)+\sin(x)\cos(y)\right)\left(\cos(x)\cos(y)-\sin(x)\sin(y)\right)^2-\left(\cos(x)\sin(y)+\sin(x)\cos(y)\right)^3$

Zweimalige Ausführung von `trigexpand` liefert hier das gleiche Ergebnis.

```
(%i4) trigexpand(trigexpand(sin(3*(x+y))));
```

(%o4) $3\left(\cos(x)\sin(y)+\sin(x)\cos(y)\right)\left(\cos(x)\cos(y)-\sin(x)\sin(y)\right)^2-\left(\cos(x)\sin(y)+\sin(x)\cos(y)\right)^3$

Das Additionstheorem für den Tangens

```
(%i5) trigexpand(tan(x+y));
```

(%o5) $\dfrac{\tan(y)+\tan(x)}{1-\tan(x)\tan(y)}$

In umfangreichen Ausdrücken wirkt `trigexpand` auf alle trigonometrischen Funktionen.

```
(%i6) trigexpand((1+sin(x+y))/cos(x-y));
```

(%o6) $\dfrac{\cos(x)\sin(y)+\sin(x)\cos(y)+1}{\sin(x)\sin(y)+\cos(x)\cos(y)}$

Unterdrücken der Aufspaltung einer Summe durch Setzen von `trigexpandplus` auf *false*

```
(%i7) trigexpand(sin(2*x+3*y)),trigexpandplus=false;
```

(%o7) $\sin(3\,y+2\,x)$

Additionstheorem für den Arkustangens

```
(%i8) atan(trigexpand(tan(atan(x)+atan(y))));
```

(%o8) $\operatorname{atan}\left(\dfrac{y+x}{1-x\,y}\right)$

Addition zweier unterschiedlicher Arkusfunktionen

```
(%i9) trigexpand(sin(asin(x)+acos(y)));
```

(%o9) $\sqrt{1-x^2}\,\sqrt{1-y^2}+x\,y$

Die *Halbwinkelformeln* werden bei der Vereinfachung von Ausdrücken normalerweise nicht angewendet. Dies kann aber durch Setzen der Systemvariablen `halfangles` auf *true* veranlasst werden:

Halbwinkelformeln werden normalerweise nicht angewendet.

```
(%i10) [sin(x/2),cos(x/2),tan(x/2)];
```

(%o10) $\left[\sin\left(\frac{x}{2}\right),\cos\left(\frac{x}{2}\right),\tan\left(\frac{x}{2}\right)\right]$

Anwenden der Halbwinkelformeln durch Setzen von `halfangles` auf *true*

```
(%i11) [sin(x/2),cos(x/2),tan(x/2)],halfangles=true;
```

(%o11) $\left[\dfrac{(-1)^{\operatorname{floor}\left(\frac{x}{2\pi}\right)}\sqrt{1-\cos(x)}}{\sqrt{2}},\dfrac{(-1)^{\operatorname{floor}\left(\frac{x+\pi}{2\pi}\right)}\sqrt{\cos(x)+1}}{\sqrt{2}},\dfrac{1-\cos(x)}{\sin(x)}\right]$

Wird der Bereich des Arguments entsprechend eingeschränkt, ...

```
(%i12) assume(x>0,x<%pi);
```

(%o12) $[x>0\,,\,x<\pi]$

… bekommen die Halbwinkelformeln ihre vertraute Form (ohne Vorzeichen berücksichtigen zu müssen).	(%i13) `[sin(x/2),cos(x/2),tan(x/2)],halfangles=true;` (%o13) $[\frac{\sqrt{1-\cos(x)}}{\sqrt{2}}, \frac{\sqrt{\cos(x)+1}}{\sqrt{2}}, \frac{1-\cos(x)}{\sin(x)}]$
Aufheben der Bereichseinschränkung	(%i14) `forget(x>0,x<%pi);` (%o14) $[x>0, x<\pi]$

`trigreduce` wandelt Potenzen von trigonometrischen Funktionen in Linearkombinationen von trigonometrischen Funktionen mit vielfachen Winkeln um. In gewissem Sinne ist es somit das Gegenstück zu `trigexpand`.

`trigsimp` versucht, trigonometrische Ausdrücke durch Anwenden der Identitäten

$$\cos^2 x + \sin^2 x = 1 \quad \text{für Winkelfunktionen}$$

$$\cosh^2 x - \sinh^2 x = 1 \quad \text{für Hyperbelfunktionen}$$

zu vereinfachen.

Trigonometrischer Ausdruck mit Potenzen von Winkelfunktionen	(%i15) `z1:cos(x)^3+sin(x)^2;` (%o15) $\sin(x)^2+\cos(x)^3$
Umwandlung in trigonometrische Funktionen mit vielfachen Winkeln	(%i16) `z2:trigreduce(z1);` (%o16) $\frac{\cos(3x)+3\cos(x)}{4}+\frac{1-\cos(2x)}{2}$
Zurück-Umwandlung mit `trigexpand`	(%i17) `z3:trigexpand(z2);` (%o17) $\frac{-3\cos(x)\sin(x)^2+\cos(x)^3+3\cos(x)}{4}+\frac{\sin(x)^2-\cos(x)^2+1}{2}$
Vereinfachung mit `trigsimp`; das Ergebnis ist nur scheinbar verschieden vom ursprünglichen Ausdruck `z1`.	(%i18) `z4:trigsimp(z3);` (%o18) $\cos(x)^3-\cos(x)^2+1$
Anwendung von `trigsimp` auf die Differenz beider Ausdrücke zeigt ihre Gleichheit.	(%i19) `trigsimp(z1-z4);` (%o19) 0

`trigrat` vereinfacht trigonometrische Ausdrücke, indem es Summanden der Form π/n (mit ganzzahligem n) in den Argumenten der trigonometrischen Funktionen mit Hilfe der Additionstheoreme (ähnlich der Funktion `trigexpand`) abspaltet und in eine Standardform bringt, in der Zähler und Nenner linear in Sinus- und Kosinusfunktionen sind. Damit lassen sich anscheinend unterschiedliche trigonometrische Ausdrücke auf tatsächliche Gleichheit überprüfen.

`trigrat` wandelt alle trigonometrischen Ausdrücke in eine Kombination von Sinus- und Kosinusfunktionen um.	(%i20) `trigrat(tan(x)/(1+tan(2*x)));` (%o20) $\frac{\sin(3x)-\sin(x)}{\sin(3x)+\cos(3x)+\sin(x)+\cos(x)}$
Vergleich von `trigrat` und `trigexpand`	(%i21) `[trigrat(sin(x+%pi/3)),trigexpand(sin(x+%pi/3))];` (%o21) $[\frac{\sin(x)+\sqrt{3}\cos(x)}{2}, \frac{\sin(x)}{2}+\frac{\sqrt{3}\cos(x)}{2}]$

Zwei scheinbar verschiedene Ausdrücke werden in die gleiche Form gebracht.

```
(%i22) trigrat([cos(x)^3+sin(x)^2,
        cos(x)^2*(sin(x+%pi/2)-1)+1]);
```

(%o22) $\left[\frac{\cos(3\,x)-2\,\cos(2\,x)+3\,\cos(x)+2}{4}, \frac{\cos(3\,x)-2\,\cos(2\,x)+3\,\cos(x)+2}{4}\right]$

Ist die Systemvariable `trigsign` auf *true* gesetzt (Default), so wird ein negatives Vorzeichen im Argument ungerader trigonometrischer Funktionen (zum Beispiel sin, tan) herausgehoben und im Argument gerader trigonometrischer Funktionen (zum Beispiel cos) eliminiert.

Die Systemvariable `triginverses` steuert die Vereinfachung der Komposition (d. h. Hintereinander-Ausführung) einer trigonometrischen Funktion *fun* mit ihrer inversen Funktion *arcfun*. Beim Defaultwert *true* wird zwar *fun(arcfun(x))* zu *x* vereinfacht, nicht aber *arcfun(fun(x))*. Beim Wert *all* findet eine Vereinfachung zu *x* in beiden Fällen statt, beim Wert *false* findet überhaupt keine Vereinfachung statt.

Die standardmäßige Behandlung negativer Argumente bei der Vereinfachung ...

```
(%i23) [sin(-x),cos(-x),tan(-x)];
```

(%o23) $[-\sin(x), \cos(x), -\tan(x)]$

... kann durch Setzen von `trigsign` auf *false* unterdrückt werden.

```
(%i24) [sin(-x),cos(-x),tan(-x)],trigsign=false;
```

(%o24) $[\sin(-x), \cos(-x), \tan(-x)]$

Hier wirkt das Herausheben des negativen Vorzeichens störend ...

```
(%i25) [sin(y-x),sin(x-y)];
```

(%o25) $[\sin(y-x), -\sin(y-x)]$

... und wird daher verhindert.

```
(%i26) [sin(y-x),sin(x-y)],trigsign=false;
```

(%o26) $[\sin(y-x), \sin(x-y)]$

Standardmäßige Vereinfachung der Komposition einer Winkelfunktion mit ihrer Inversen

```
(%i27) [tan(atan(x)),atan(tan(x))];
```

(%o27) $[x, \operatorname{atan}(\tan(x))]$

Unterdrückung der Vereinfachung durch Setzen von `triginverses` auf *false*

```
(%i28) [tan(atan(x)),atan(tan(x))],triginverses=false;
```

(%o28) $[\tan(\operatorname{atan}(x)), \operatorname{atan}(\tan(x))]$

Erzwingen der Vereinfachung in beiden Fällen durch Setzen von `triginverses` auf `all`

```
(%i29) [tan(atan(x)),atan(tan(x))],triginverses=all;
```

(%o29) $[x, x]$

Die trigonometrischen Umformungen können in gleicher Weise auch für die Hyperbelfunktionen angewendet werden:

Additionstheorem für den Sinus Hyperbolicus

```
(%i30) trigexpand(sinh(x+y));
```

(%o30) $\cosh(x)\,\sinh(y)+\sinh(x)\,\cosh(y)$

Umwandlung einer Hyperbelfunktion

```
(%i31) trigreduce(sinh(x)^3);
```

(%o31) $\frac{\sinh(3\,x)-3\,\sinh(x)}{4}$

`trigrat` wandelt Hyperbelfunktionen immer in die Exponentialdarstellung um.

```
(%i32) trigrat(sinh(x));
```

(%o32) $\frac{\%e^{-x}\left(\%e^{2\,x}-1\right)}{2}$

Vereinfachung mit `trigsimp`	`(%i33) trigsimp(1+sinh(x)+sinh(x)^2-2*cosh(x)^2);` `(%o33)` $\sinh(x) - \cosh(x)^2$

`exponentialize` ist einerseits eine *Funktion*, die alle Winkelfunktionen und Hyperbelfunktionen in ihre entsprechenden Exponentialdarstellungen umwandelt, andererseits auch eine *Systemvariable*, die beim Wert *true* die Umwandlung in die Exponentialdarstellung automatisch bei der Vereinfachung von Ausdrücken veranlasst.

Umwandlung einer Winkelfunktion und einer Hyperbelfunktion in die Exponentialdarstellung mit der Funktion `exponentialize`.	`(%i34) exponentialize([sin(x),cosh(x)]);` `(%o34)` $[-\frac{\%i\left(\%e^{\%i\,x}-\%e^{-\%i\,x}\right)}{2}, \frac{\%e^{x}+\%e^{-x}}{2}]$
Vereinfachung einer Winkelfunktion und einer Hyperbelfunktion in die Exponentialdarstellung, wenn `exponentialize` auf *true* gesetzt ist.	`(%i35) [sin(x),cosh(x)],exponentialize=true;` `(%o35)` $[-\frac{\%i\left(\%e^{\%i\,x}-\%e^{-\%i\,x}\right)}{2}, \frac{\%e^{x}+\%e^{-x}}{2}]$

Welche Umformung oder welche Kombination von Umformungen einen trigonometrischen Ausdruck in eine gewünschte Form bringt, kann letztendlich am besten durch Experimentieren mit den verschiedenen Umwandlungsfunktionen und Werten der Systemvariablen festgestellt werden.

5.5 Teilausdrücke

Aus jedem Ausdruck lassen sich beliebige Teile sowohl herauslösen als auch verändern. Voraussetzung dazu ist die genaue Kenntnis des Aufbaus eines Ausdrucks; sehr hilfreich sind dabei die in Abschnitt 2.6.1 eingeführten Funktionen `show_form` und `show_form_internal`.

5.5.1 Herauslösen von Teilausdrücken

Die Funktionen `first`, `second`, ... `tenth`, `last` liefern den entsprechenden Hauptoperanden eines Ausdrucks (siehe Abschnitt 2.6.1). Hierbei ist zu beachten, dass die Operanden bei einer Addition und Multiplikation von Maxima in eine Standardreihenfolge gebracht werden (Abschnitt 2.6.2). Mit der Funktion `rest` können die ersten Hauptoperanden aus einem Ausdruck entfernt werden; die Angabe der Anzahl der zu entfernenden Teile ist optional, ihr Defaultwert ist 1.

Mit `part` kann auf einen beliebigen Teilausdruck zugegriffen werden.

Ein zusammengesetzter Ausdruck (beachte die Reihenfolge der Summanden)	`(%i1) z:1/x+x/(x+1)+1/(x+y);` `(%o1)` $\frac{1}{y+x}+\frac{x}{x+1}+\frac{1}{x}$

Tabelle 5.9 Teilausdrücke

`first(`*w*`)`, ... `last(`*w*`)`	Erster, ... letzter Hauptoperand (Alternative zu `part`)
`part(`*expr*, *n*`)`	*n*-ter Hauptoperand des Ausdrucks *expr*, d. h. jener Teilausdruck, der dem Index *n* entspricht
`part(`*expr*, n_1, n_2, ...`)`	Jener Teil von *expr*, der den Indizes n_1, n_2, ... entspricht
`num(`*expr*`)`	Zähler von *expr*
`denom(`*expr*`)`	Nenner von *expr*
`rest(`*expr*[, *n*]`)`	Entfernen der ersten *n* Hauptoperanden aus *expr*; die Angabe von *n* ist optional (Default: 1)
`coeff(`*expr*, *var*[, *n*]`)`	n-ter Koeffizient des Polynoms *expr* in der Variablen *var* *ohne* vorherige Expansion; *n* ist optional (Default: 1)
`ratcoeff(`*expr*, *var*[, *n*]`)`	n-ter Koeffizient des Polynoms *expr* in der Variablen *var* *mit* vorheriger Expansion; *n* ist optional (Default: 1)
`hipow(`*expr*, *var*`)`	Höchste Potenz des Polynoms *expr* in der Variablen *var*
`quotient(`*expr1*, *expr2*`)`	Quotient der Polynomdivision *expr1* durch *expr2*
`remainder(`*expr1*, *expr2*`)`	Rest der Polynomdivision *expr1* durch *expr2*
`divide(`*expr1*, *expr2*`)`	Liste aus Quotient und Rest der Polynomdivision *expr1* durch *expr2*
`lhs(`*expr*`)`	Linke Seite eines Vergleichsausdrucks *expr*
`rhs(`*expr*`)`	Rechte Seite eines Vergleichsausdrucks *expr*

Erster Hauptoperand

(%i2) `first(z);`

(%o2) $\frac{1}{y+x}$

Zweiter Hauptoperand

(%i3) `second(z);`

(%o3) $\frac{x}{x+1}$

Letzter Hauptoperand

(%i4) `last(z);`

(%o4) $\frac{1}{x}$

Entfernen des ersten Hauptoperanden

(%i5) `rest(z);`

(%o5) $\frac{x}{x+1}+\frac{1}{x}$

Entfernen der ersten beiden Hauptoperanden

(%i6) `rest(z,2);`

(%o6) $\frac{1}{x}$

Zugriff auf einen Teilausdruck

(%i7) `part(z,1,2);`

(%o7) $y+x$

`num` und `denom` liefern Zähler bzw. Nenner eines Ausdrucks, wobei der Ausdruck gegebenenfalls vorher mit den Funktionen `ratsimp` oder `xthru` auf einen gemeinsamen Nenner zu bringen ist.

Zusammenfassen zu einem gemeinsamen Bruch

```
(%i8) z1:ratsimp(z);
```

(%o8) $\dfrac{\left(x^2+x+1\right)y+x^3+2\,x^2+2\,x}{\left(x^2+x\right)y+x^3+x^2}$

Zähler eines Bruchs

```
(%i9) zz:num(z1);
```

(%o9) $\left(x^2+x+1\right)y+x^3+2\,x^2+2\,x$

Nenner eines Bruchs

```
(%i10) nn:denom(z1);
```

(%o10) $\left(x^2+x\right)y+x^3+x^2$

Expandieren des Zählerausdrucks

```
(%i11) zze:expand(zz);
```

(%o11) $x^2\,y+x\,y+y+x^3+2\,x^2+2\,x$

Die Funktionen `coeff` und `ratcoeff` liefern einen Koeffizienten eines Polynoms, wobei `ratcoeff` das Polynom vorher expandiert, `coeff` hingegen *nicht*. Beide Funktionen können daher unterschiedliche Ergebnisse liefern, wenn die Polynomvariable innerhalb von Klammern auftritt. Wird das Polynom vorher expandiert, so liefern beide Funktionen das gleiche Ergebnis. Die höchste Potenz eines Polynoms erhält man mit der Funktion `hipow`.

Häufig wird eine *Liste* aller Polynomkoeffizienten benötigt. Dafür gibt es in Maxima zwar keine eingebaute Funktion, mit einer benutzerdefinierten Funktion `coefficient_list` ist dies jedoch einfach zu realisieren.

Polynomkoeffizient dritter Ordnung *ohne* vorherige Expansion

```
(%i12) coeff(zz,x,2);
(%o12) 2
```

Polynomkoeffizient dritter Ordnung des expandierten Polynoms

```
(%i13) coeff(zze,x,2);
```

(%o13) $y+2$

Polynomkoeffizient dritter Ordnung *mit* vorheriger Expansion

```
(%i14) ratcoeff(zz,x,2);
```

(%o14) $y+2$

Höchste Potenz des Polynoms

```
(%i15) hipow(zze,x);
(%o15) 3
```

Benutzerdefinierte Funktion zum Erstellen einer Liste mit allen Polynomkoeffizienten

```
(%i16) coefficient_list(p,x):=
       map(lambda([u],ratcoeff(p,x,u)),
           makelist(i,i,0,(hipow(expand(p),x))));
(%o16) coefficient_list(p, x):=map (
lambda([u], ratcoef(p, x, u)),
makelist(i, i, 0, hipow(expand(p), x)))
```

Polynomkoeffizienten in der Variablen x

```
(%i17) coefficient_list(zz,x);
```

(%o17) $[y\,,\,y+2\,,\,y+2\,,\,1]$

Polynomkoeffizienten in der Variablen y

```
(%i18) coefficient_list(zz,y);
```

(%o18) $[x^3+2\,x^2+2\,x\,,\,x^2+x+1]$

Die Funktion `quotient` liefert den Quotienten einer Polynomdivision, die Funktion `remainder` liefert den Divisionsrest. Die Funktion `divide` führt eine Polynomdivision durch und liefert den Quotienten und den Divisionsrest in einer Liste zurück.

Polynomdivision	(%i19) `divide(zz,(x+1));` (%o19) $[x\left(y+1\right)+x^2+1\,,y-1]$
Quotient der Polynomdivision	(%i20) `quotient(zz,x+1);` (%o20) $x\left(y+1\right)+x^2+1$
Rest der Polynomdivision	(%i21) `remainder(zz,x+1);` (%o21) $y-1$

Die Funktionen `lhs` und `rhs` liefern die linke bzw. rechte Seite eines Ausdrucks, dessen Hauptoperator ein Vergleichsoperator (oder ein benutzerdefinierter Infix-Operator) ist.

Linke Seite einer Gleichung	(%i22) `lhs(2*x+y=5);` (%o22) $y+2\,x$
Rechte Seite einer Ungleichung	(%i23) `rhs(x<y+10);` (%o23) $y+10$

5.5.2 Ersetzen von Teilausdrücken

Zum Ersetzen von Teilausdrücken stellt Maxima eine Reihe von Funktionen bereit. Dazu gehören insbesondere (aber nicht ausschließlich):

- Einsetzen von Zahlenwerten in Formeln, wie es häufig am Ende einer Berechnung erfolgt
- Ersetzen von Teilausdrücken durch Symbole zum Vereinfachen von Formeln
- Elimination von Variablen durch Substitution
- Ersetzen von Funktionen und Operatoren

Mit der Funktion `subst` können Atome oder *vollständige* Teilausdrücke in einem Ausdruck ersetzt werden. Ein *vollständiger* Ausdruck ist ein Ausdruck, der einen Operator mit *allen* Operanden umfasst (siehe Abschnitt 2.6.1). Beispielsweise ist $a+b+c$ ein vollständiger Teilausdruck von $(a+b+c)*(x+y)$, $a+b$ aber nicht.

Die Ersetzung kann auf zwei Arten angegeben werden: als einzelne Parameter für den ersetzenden und den ersetzten Ausdruck sowie in Form einer Gleichung, wobei die linke Seite durch die rechte Seite ersetzt wird.

Sollen in einem Ausdruck *mehrere* Ersetzungen erfolgen, so sind die Ersetzungsgleichungen in einer Liste anzugeben. Die Ersetzungen erfolgen dabei der Reihe nach von links nach rechts.

Die Funktion `ratsubst`, in der allerdings die Ersetzungen nicht als Gleichungen formuliert werden können, ersetzt auch *unvollständige* Teilausdrücke. Durch entsprechende Formulierung der Ersetzungsgleichung lässt sich jedoch auch mit `subst` eine Ersetzung von unvollständigen Teilausdrücken erzwingen; beispielsweise so, dass die linke Seite nur ein Atom enhält (das auch einen vollständigen Teilausdruck darstellt).

Definition eines Ausdrucks	(%i1) `z:(a+b)/(a+b+c);` (%o1) $\dfrac{b+a}{c+b+a}$

Tabelle 5.10 Ersetzen von Teilausdrücken

Funktionen:	
subst(y, x, *expr*)	
subst(x=y, *expr*)	Ersetzen des *vollständigen* Teilausdrucks x durch y im Ausdruck *expr*
ratsubst(y, x, *expr*)	Ersetzen des *beliebigen* Teilausdrucks x durch y im Ausdruck *expr*
subst([x_1=y_1, x_2=y_2, ...],*expr*)	*Schrittweises* Ersetzen der Teilausdrücke $x_1, x_2, \ldots$ durch $y_1, y_1, \ldots$ im Ausdruck *expr* (von links nach rechts)
psubst([x_1=y_1, x_2=y_2, ...],*expr*)	*Paralleles* Ersetzen der Teilausdrücke $x_1, x_2, \ldots$ durch $y_1, y_1, \ldots$ im Ausdruck *expr*
ev(*expr*, x_1=y_1, x_2=y_2, ...)	Ersetzen der *Symbole* $x_1, x_2, \ldots$ durch $y_1, y_1, \ldots$ im Ausdruck *expr*
substpart(y, *expr*, n_1, n_2,...)	Ersetzen des Teilausdrucks, durch die Indizes $n_1, n_2, \ldots$ festgelegt, im Ausdruck *expr* durch den neuen Teilausdruck y
Systemvariablen:	
opsubst	Steuert das Ersetzen von Funktionsnamen (Default: *true*)
exptsubst	Steuert das Ersetzen von zusammengesetzten Exponenten bei Exponentialfunktionen (Default: *false*)
radsubstflag	Steuert das Ersetzen von Wurzelausdrücken (Default: *false*)

Zwei Möglichkeiten zum Einsetzen eines Wertes mit subst

```
(%i2) [subst(10,a,z),subst(a=10,z)];
```

(%o2) $[\frac{b+10}{c+b+10}, \frac{b+10}{c+b+10}]$

subst ersetzt nur *vollständige* Teilausdrücke, ratsubst *beliebige*.

```
(%i3) [subst(10,a+b,z),ratsubst(10,a+b,z)];
```

(%o3) $[\frac{10}{c+b+a}, \frac{10}{c+10}]$

Durch entsprechendes Formulieren der Ersetzungsgleichung kann das Verhalten von subst gesteuert werden.

```
(%i4) [subst(a+b=x,z),subst(a=x-b,z)];
```

(%o4) $[\frac{x}{c+b+a}, \frac{x}{x+c}]$

psubst ist ähnlich wie subst, die Ersetzungen erfolgen dabei aber nicht *schrittweise* (das heißt der Reihe nach von links nach rechts), sondern *parallel*. Dies ist zum Beispiel zum Vertauschen zweier Werte in einem Ausdruck notwendig. Eine weitere Möglichkeit zum Ersetzen von

Werten bietet der Befehl `ev` – mit allen seinen erwünschten oder weniger erwünschten Konsequenzen. Die Ersetzungsgleichungen können dabei in beliebig geschachtelten Listen angegeben werden. Bei `ev` erfolgen die Ersetzungen ebenfalls *parallel*, mit der zusätzlichen Angabe von `eval` kann der Effekt einer hintereinander erfolgenden Substitution erreicht werden.

`subst` führt Ersetzungen *hintereinander* aus, `psubst` *parallel*.	(%i5) `[subst([a=b,b=1],z),psubst([a=b,b=1],z)];` (%o5) $[\frac{2}{c+2},\frac{b+1}{c+b+1}]$
Vertauschen zweier Werte (funktioniert nicht mit `subst`)	(%i6) `psubst([a=b,b=a],[a,b,c]);` (%o6) $[b,a,c]$
Paralleles Einsetzen von Werten mit `ev`	(%i7) `ev(z,a=b,b=1);` (%o7) $\frac{b+1}{c+b+1}$
Wiederholte Auswertung durch Angabe von `eval`	(%i8) `ev(z,a=b,b=1,eval);` (%o8) $\frac{2}{c+2}$

Das Ersetzen eines bestimmten Teilausdrucks, dessen Position im Gesamtausdruck durch Indizes – entsprechend dem Befehl `part` – vorgegeben ist (siehe Abschnitt 2.6.1), erfolgt mit der Funktion `substpart`.

Nicht nur Teilausdrücke, sondern auch *Funktionen* und *Operatoren* können mit `subst` und `substpart` ersetzt werden, was aber durch Setzen von `opsubst` auf *false* verhindert werden kann. Die Systemvariablen `radsubstflag` und `exptsubst` steuern die Substitution von Wurzelausdrücken bzw. von Exponentialfunktionen mit zusammengesetzten Exponenten.

Ersetzen eines Teilausdrucks	(%i9) `substpart(x,z,2,1);` (%o9) $\frac{b+a}{x+b+a}$
Ersetzen eines Funktionsnamens mit `subst`	(%i10) `subst(cos=tan,sin(y)+cos(x));` (%o10) $\mathrm{sin}(y)+\mathrm{tan}(x)$
Ersetzen eines Funktionsnamens mit `substpart`; ein Funktionsname ist immer der „nullte" Teilausdruck.	(%i11) `substpart(tan,sin(y)+cos(x),2,0);` (%o11) $\mathrm{sin}(y)+\mathrm{tan}(x)$
Unterdrücken der Ersetzung von Funktionsnamen	(%i12) `subst(f=10,f(1+f)),opsubst=false;` (%o12) $\mathrm{f}(11)$
Ersetzen eines Operators im gesamten Ausdruck durch eine Funktion	(%i13) `subst("+"=f,z);` (%o13) $\frac{\mathrm{f}(a,b)}{\mathrm{f}(a,b,c)}$
Ersetzen eines Operators an einer bestimmten Stelle im Ausdruck durch eine Funktion	(%i14) `substpart(f,z,2,0);` (%o14) $\frac{b+a}{\mathrm{f}(c,b,a)}$
Bei Exponentialfunktionen werden Ausdrücke mit *zusammengesetzten* Exponenten standardmäßig *nicht* ersetzt, …	(%i15) `subst(e^x=y,e^x+e^(2*x));` (%o15) $y+e^{2\,x}$

... dies kann aber durch Setzen der Systemvariablen `exptsubst` auf *true* veranlasst werden.

```
(%i16) subst(e^x=y,e^x+e^(2*x)),exptsubst=true;
```
(%o16) y^2+y

Beim Ersetzen von Wurzelausdrücken werden Quadrate davon *nicht* ersetzt, ...

```
(%i17) ratsubst(y,sqrt(x),sqrt(x)+x);
```
(%o17) $y+x$

... dies kann aber durch Setzen der Systemvariablen `radsubstflag` auf *true* veranlasst werden.

```
(%i18) ratsubst(y,sqrt(x),sqrt(x)+x),radsubstflag=true;
```
(%o18) y^2+y

5.6 Komplexe Zahlen

Die imaginäre Einheit i, definiert als

$$i^2 = -1,$$

wird in Maxima als `%i` eingegeben.

Komplexe Ausdrücke können sowohl in der kartesischen Koordinatendarstellung mit Real- und Imaginärteil („Rechteckform") als auch in der Exponentialdarstellung mit Betrag und Argument („Polarform" oder „Versorform") eingegeben werden. Bei der Umformung in die jeweils andere Darstellung können symbolische Ausdrücke rasch unhandliche Ausmaße annehmen; eine numerische Auswertung mit der Option `numer` ist dann zweckmäßig.

`rectform` wandelt eine komplexe Zahl oder einen komplexen Ausdruck in die kartesische Koordinatendarstellung um, `polarform` in die Polardarstellung. `realpart` und `imagpart` ermitteln Real- bzw. Imaginärteil eines komplexen Ausdrucks. `cabs` und `carg` ermitteln Betrag bzw. Argument eines komplexen Ausdrucks. `conjugate` berechnet den konjugiert komplexen Ausdruck.

Bei allen Berechnungen werden ungebundene Symbole das heißt Variablen, die nicht mit einem Wert belegt sind, als *reell* angenommen. Bei den folgenden Beispielen werden die Berechnungen jeweils auf einen komplexen Ausdruck z, auf eine komplexe Zahl w in kartesischen Koordinaten sowie auf eine komplexe Zahl a in Polarkoordinaten angewendet.

Die imaginäre Einheit wird mit `%i` eingegeben.

```
(%i1) [%i**2,sqrt(-1)];
(%o1) [-1,%i]
```

Symbolischer komplexer Ausdruck

```
(%i2) z:x+%i*y;
```
(%o2) $\%i\, y+x$

Komplexe Zahl in kartesischer Koordinatendarstellung

```
(%i3) w:4+3*%i;
```
(%o3) $3\,\%i+4$

Komplexe Zahl in Exponentialdarstellung

```
(%i4) a:exp(%i*%pi/5);
```
(%o4) $\%e^{\frac{\%i\,\pi}{5}}$

Die Exponentialdarstellung wird nach Möglichkeit in die kartesische Koordinatendarstellung *vereinfacht*.

```
(%i5) [exp(%i*%pi/2),exp(%i*%pi/3),exp(%i*%pi/4)];
```
(%o5) $[\%i, \frac{\sqrt{3}\,\%i}{2}+\frac{1}{2}, \frac{\%i}{\sqrt{2}}+\frac{1}{\sqrt{2}}]$

Tabelle 5.11 Rechnen mit komplexen Zahlen

Funktionen:	
`realpart(z)`	Realteil von z
`imagpart(z)`	Imaginärteil von z
`rectform(z)`	Umwandlung von z in die kartesische Koordinatendarstellung
`polarform(z)`	Umwandlung von z in die Exponentialdarstellung
`conjugate(z)`	Konjugiert komplexer Ausdruck von z
`cabs(z)`	Komplexer Betrag von z
`carg(z)`	Argument von z
`exponentialize(z)`	Umwandlung von trigonometrischen Funktionen im Ausdruck z in Exponentialfunktionen
`demoivre(z)`	Umwandlung von Exponentialfunktionen mit komplexen Exponenten im Ausdruck z in trigonometrische Funktionen
Systemvariablen:	
`exponentialize`	Steuert die Umwandlung von trigonometrischen Funktionen in Exponentialfunktionen (Default: *false*)
`demoivre`	Steuert die Umwandlung von Exponentialfunktionen mit komplexen Exponenten in trigonometrische Funktionen (Default: *false*)

Ermittlung des Realteils

```
(%i6) realpart([z,w,a]);
```

(%o6) $[x, 4, \cos\left(\frac{\pi}{5}\right)]$

Ermittlung des Imaginärteils

```
(%i7) imagpart([z,w,a]);
```

(%o7) $[y, 3, \sin\left(\frac{\pi}{5}\right)]$

Umwandlung in kartesische Koordinaten

```
(%i8) rectform([z,w,a]);
```

(%o8) $[\%i\, y + x, 3\,\%i + 4, \%i \sin\left(\frac{\pi}{5}\right) + \cos\left(\frac{\pi}{5}\right)]$

Umwandlung in Polarkoordinaten und Auswertung in Gleitkommadarstellung

```
(%i9) polarform([z,w,a]),numer;
```

(%o9) $[\sqrt{y^2+x^2}\, \%e^{\%i\, \mathrm{atan2}(y, x)}, 5.0\, \%e^{0.643\, \%i}, 1.0\, \%e^{0.628\, \%i}]$

Berechnung des konjugiert komplexen Ausdrucks

```
(%i10) conjugate([z,w,a]);
```

(%o10) $[x - \%i\, y, 4 - 3\, \%i, \%e^{-\frac{\%i\, \pi}{5}}]$

Berechnung des Betrags

```
(%i11) cabs([z,w,a]);
```

(%o11) $[\sqrt{y^2+x^2}, 5, \sqrt{\sin\left(\frac{\pi}{5}\right)^2 + \cos\left(\frac{\pi}{5}\right)^2}]$

Berechnung des Arguments

(%i12) `carg([z,w,a]);`

(%o12) $\left[\mathrm{atan2}(y,x), \mathrm{atan}\left(\frac{3}{4}\right), \mathrm{atan}\left(\frac{\sin\left(\frac{\pi}{5}\right)}{\cos\left(\frac{\pi}{5}\right)}\right)\right]$

Die Funktion `atan` liefert immer den *Hauptwert* eines Winkels; das ist jener Wert, der im (halboffenen) Intervall $]-\pi/2,\pi/2]$ liegt. Die Berechnung des Arguments einer komplexen Zahl, die im 2. oder 3. Quadranten liegt, gemäß $\phi = \arctan(y/x)$, lieferte somit ein falsches Ergebnis. Daher wird zur Berechnung des Arguments die Funktion `atan2` verwendet, die als Parameter sowohl den Realteil als auch den Imaginätreil der komplexen Zahl übernimmt (und nicht nur den Quotienten davon). Damit kann das Argument im gesamten Intervall $]-\pi,\pi]$ richtig berechnet werden.

Kennt Maxima den Quadranten der komplexen Zahl (etwa weil es Zahlenwerte sind oder durch eine Bereichseinschränkung mit `assume`), so wird zur Berechnung des Arguments die Funktion `atan` verwendet.

Nach Beschränkung des Realteils x auf positive Werte ...

(%i13) `assume(x>0);`

(%o13) $[x>0]$

... wird der „gewöhnliche" Arkustanges im Argument verwendet.

(%i14) `carg(z);`

(%o14) $\mathrm{atan}\left(\frac{y}{x}\right)$

Aufheben der Bereichseinschränkung für den Realteil x

(%i15) `forget(x>0);`

(%o15) $[x>0]$

Berechnung eines Ausdrucks mit komplexen Zahlen und Aufspalten in Real- und Imaginärteil

(%i16) `rectform(1+a+1/w);`

(%o16) $\%i\left(\sin\left(\frac{\pi}{5}\right)-\frac{3}{25}\right)+\cos\left(\frac{\pi}{5}\right)+\frac{29}{25}$

Zusätzliche Umwandlung aller Zahlen in die Gleitkommadarstellung

(%i17) `rectform(1+a+1/w),numer;`

(%o17) $0.467\,\%i+1.969$

Berechnung eines Ausdrucks und Umwandlung in Polarkoordinaten und Gleitkommadarstellung

(%i18) `polarform(1+a+1/w),numer;`

(%o18) $2.0238\,\%e^{0.233\,\%i}$

Komplexer Ausdruck mit symbolischen Werten in kartesischen Koordinaten und Gleitkommadarstellung

(%i19) `rectform((a+w)/z),numer;`

(%o19) $\frac{3.5877\,y+4.809\,x}{y^2+x^2}+\frac{\%i\,(3.5877\,x-4.809\,y)}{y^2+x^2}$

Wurzeln sind im komplexen Bereich nicht eindeutig; die Anzahl der n-ten Wurzeln eines Ausdrucks ist immer n. Die Funktion `sqrt`, sowie eine 1/n-te Potenz geben nur einen einzigen Wert zurück, nämlich jenen mit dem geringsten positiven Argument. Um eine Liste mit *allen* komplexen Wurzeln eines Ausdrucks z zu erhalten, muss die Gleichung $z = x^n$ nach x gelöst werden, was mit einer kleinen benutzerdefinierten Funktion `nth_root` auf bequeme Weise erfolgen kann.

Eine von zwei Quadratwurzeln einer komplexen Zahl

```
(%i20) rectform(sqrt(w));
(%o20) %i/√2 + 3/√2
```

Eine von drei Kubikwurzeln einer komplexen Zahl

```
(%i21) rectform(w^(1/3)),numer;
(%o21) 0.363 %i+1.6707
```

Benutzerdefinierte Funktion zur Berechnung *aller* Wurzeln einer komplexen Zahl und Ausgabe in einer Liste

```
(%i22) nth_root(z,n):=block([x],(rectform(
          map(rhs,solve(z=x**n,x)))));
(%o22) nth_root(z,n):=
block([x],rectform(map(rhs,solve(z=x^n,x))))
```

Liste mit allen Quadratwurzeln einer komplexen Zahl

```
(%i23) nth_root(w,2);
(%o23) [-%i/√2 - 3/√2, %i/√2 + 3/√2]
```

Liste mit allen Kubikwurzeln einer komplexen Zahl

```
(%i24) li:float(nth_root(w,3));
(%o24) [1.2649 %i-1.1506, -1.6289 %i-0.52, 0.363 %i+
1.6707]
```

Komplexe Zahlen lassen sich in der gauß'schen Zahlenebene schön durch Punkte oder Zeiger veranschaulichen; die folgende Grafik lässt die gleichmäßige Verteilung der dritten Wurzeln (rot dargestellt) einer komplexen Zahl (blau dargestellt) erkennen:

Laden des Grafikpakets *draw*

```
(%i25) load(draw);
(%o25)
C:/Programme/Maxima-5.31.1-1/share/maxima/5...
```

Setzen zweckmäßiger Defaultwerte für die Grafikdarstellung

```
(%i26) set_draw_defaults(xrange=[-6,6],yrange=[-4,4],
         xaxis=true,yaxis=true,grid=true,
         head_length=0.5,head_angle=15,point_type=7,
         user_preamble="set size ratio -1")$
```

Benutzerdefinierte Funktion zur Umwandlung einer Liste komplexer Zahlen in eine Liste von Zeigern

```
(%i27) tovec(p):=map(lambda([u],vector([0,0],
          [realpart(u),imagpart(u)])),flatten([p]))$
```

Darstellung komplexer Zahlen in der gaußschen Zahlenebene als Zeiger: die Zahl $w = 4 + 3i$ (blau) und ihre dritten Wurzeln (rot)

```
(%i28) wxdraw2d(color=blue,tovec(w),
                color=red,tovec(li))$
(%t28)
```

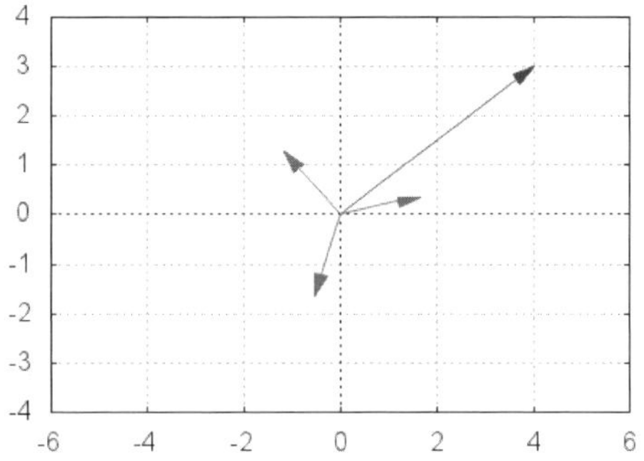

Trigonometrische Funktionen, Exponentialfunktion und Logarithmus lassen sich auch auf komplexe Ausdrücke anwenden. Somit kann Maxima auch das Gebiet der *Funktionentheorie* – das ist die Theorie komplexwertiger Funktionen – erschließen.

Sinus eines komplexen Ausdrucks	(%i29) `rectform(sin(z));` (%o29) $\%i\cos(x)\sinh(y)+\sin(x)\cosh(y)$
Tangens Hyperbolicus eines komplexen Ausdrucks	(%i30) `rectform(tanh(z));` (%o30) $\frac{\%i\sin(2\,y)}{\cos(2\,y)+\cosh(2\,x)}+\frac{\sinh(2\,x)}{\cos(2\,y)+\cosh(2\,x)}$
Logarithmus eines komplexen Ausdrucks	(%i31) `rectform(log(z));` (%o31) $\frac{\log\left(y^2+x^2\right)}{2}+\%i\,\mathrm{atan2}(y\,,x)$
Arkustangens eines komplexen Ausdrucks	(%i32) `rectform(atan(w));` (%o32) $-\frac{\%i\left(\log\left(2\sqrt{5}\right)-\frac{5\log(2)}{2}\right)}{2}-\frac{\mathrm{atan}(2)-\frac{5\,\pi}{4}}{2}$

Sowohl Winkelfunktionen als auch Hyperbelfunktionen können als Exponentialfunktionen dargestellt werden:

$$\sin x=\frac{1}{2i}\left(\mathrm{e}^{ix}-\mathrm{e}^{-ix}\right),\quad \sinh x=\frac{1}{2}\left(\mathrm{e}^{x}-\mathrm{e}^{-x}\right),$$
$$\cos x=\frac{1}{2}\left(\mathrm{e}^{ix}+\mathrm{e}^{-ix}\right),\quad \cosh x=\frac{1}{2}\left(\mathrm{e}^{x}+\mathrm{e}^{-x}\right).$$

Mathematische Ausdrücke lassen sich in beide Richtungen umformen: `exponentialize` wandelt einen trigonometrischen Ausdruck oder Ausdruck mit Hyperbelfunktionen in die Exponentialdarstellung um. Die *Funktion* `demoivre` wandelt Exponentialfunktionen in trigonometrische Funktionen und Hyperbelfunktionen um. Wird eine der *Systemvariablen* `exponentialize` oder `demoivre` auf *true* gesetzt, so erfolgt die Umwandlung in die entsprechende Richtung bei jedem eingegebenen Ausdruck *automatisch*. Dass `exponentialize` und `demoivre` nicht gleichzeitig auf *true* gesetzt sein dürfen, ist einleuchtend.

Umwandlung des Kosinus in die Exponentialdarstellung mit der *Funktion* `exponentialize`	(%i33) `exponentialize(cos(w));` (%o33) $\frac{\%e^{\%i\,(3\,\%i+4)}+\%e^{-\%i\,(3\,\%i+4)}}{2}$
Automatische Umwandlung des Kosinus in die Exponentialdarstellung durch Setzen der *Systemvariablen* `exponentialize`	(%i34) `cos(w),exponentialize;` (%o34) $\frac{\%e^{\%i\,(3\,\%i+4)}+\%e^{-\%i\,(3\,\%i+4)}}{2}$
Umwandlung einer Exponentialfunktion mit imaginärem Exponenten in trigonometrische Funktionen	(%i35) `demoivre(exp(w));` (%o35) $\%e^4\left(\%i\sin(3)+\cos(3)\right)$
Bei zusammengesetzten Exponenten muss mitunter etwas „nachgeholfen" werden (hier mit `expand`).	(%i36) `demoivre(exp(expand(w**2)));` (%o36) $\%e^7\left(\%i\sin(24)+\cos(24)\right)$
Automatische Umwandlung in trigonometrische Funktionen mit dem Auswerteschalter `demoivre`	(%i37) `exp(w),demoivre;` (%o37) $\%e^4\left(\%i\sin(3)+\cos(3)\right)$

5.7 Gleichungen

Zum Auffinden der Lösungen von Gleichungen und Gleichungssystemen stellt Maxima eine Reihe analytischer und numerischer Verfahren bereit. Das Lösen einer Gleichung ist äquivalent zum Berechnen der Nullstellen eines Ausdrucks gemäß:

$$a = b \qquad \text{ist gleichbedeutend mit} \qquad a - b = 0$$

Bei allen nachfolgend beschriebenen Verfahren kann daher – wo nicht anders erwähnt – ohne Unterschied in der Bedeutung sowohl eine

- Gleichung, die zu lösen ist als auch
- ein Ausdruck, dessen Nullstellen zu suchen sind,

angegeben werden.

Polynomgleichungen (in einer oder mehreren Variablen) umfassen auch Gleichungen mit gebrochen rationalen Ausdrücken, die gemäß

$$\frac{z_1}{n_1} = \frac{z_2}{n_2} \quad \longrightarrow \quad z_1 \cdot n_2 = z_2 \cdot n_1$$

in Polynomgleichungen umgewandelt werden können.

5.7.1 Gleichungen in einer einzigen Variablen

`solve` ist der „Universalbefehl" zum Lösen einer algebraischen Gleichung nach einer Variablen (oder zum Berechnen der Nullstellen eines algebraischen Ausdrucks). Hat die Gleichung nur eine einzige symbolische Variable, so ist deren Angabe als Parameter optional. Die Lösungen werden in einer Liste mit Einträgen der Form

Variable = *Wert*

zurückgegeben.

Lösung einer quadratischen Gleichung; im Falle einer einzigen Variablen braucht diese nicht angegeben zu werden.

```
(%i1) solve(x^2+2*x-5);
```
(%o1) $[x = -\sqrt{6} - 1, x = \sqrt{6} - 1]$

Polynom in zwei Variablen

```
(%i2) g:x^2*y+2*(x-y)-1;
```
(%o2) $x^2\,y + 2\,(x - y) - 1$

Das Polynom ist *linear* in der Variablen *y*, es gibt *eine* Nullstelle.

```
(%i3) res:solve(g,y);
```
(%o3) $[y = -\frac{2\,x - 1}{x^2 - 2}]$

Den *Wert* einer Lösung erhält man mit `subst` oder `ev`.

```
(%i4) [subst(res,y),ev(y,res)];
```
(%o4) $[-\frac{2\,x - 1}{x^2 - 2}, -\frac{2\,x - 1}{x^2 - 2}]$

Tabelle 5.12 Gleichungen in einer einzigen Variablen

Funktionen:	
`solve(`*eqn*, *var*`)`	Lösen der algebraischen Gleichung *eqn* nach der Variablen *var*
`algsys([`*eqn*`],[`*var*`])`	Lösen der *nichtlinearen* Gleichung *eqn* nach der Variablen *var*; wird intern von `solve` aufgerufen.
`to_poly_solve(`*eqn*, *var*`)`	Erweiterte Version von `solve`, kann Wurzelgleichungen lösen.
`realroots(`*p*`)`	Numerische Berechnung der *reellen* Nullstellen des Polynoms *p*
`allroots(`*p*`)`	Numerische Berechnung *aller* Nullstellen des Polynoms *p*
`find_root(`*expr*, x_1, x_2`)`	Numerische Ermittlung einer Nullstelle des Ausdrucks *expr* innerhalb des Intervalls $x_1 \ldots x_2$
Systemvariablen:	
`multiplicities`	Liste mit den Vielfachheiten der von `solve` oder `realtoots` gefundenen Lösungen

Kontrolle der Nullstelle durch Einsetzen in das Polynom

```
(%i5) ratsimp(ev(g,res));
(%o5) 0
```

Das Polynom ist *quadratisch* in der Variablen *y*, es gibt *zwei* Nullstellen.

```
(%i6) res:solve(g,x);
```

(%o6) $[x = -\frac{\sqrt{2y^2+y+1}+1}{y}, x = \frac{\sqrt{2y^2+y+1}-1}{y}]$

Polynom fünften Grades

```
(%i7) p:x**5-6*x**2+3*x+1;
```

(%o7) $x^5 - 6x^2 + 3x + 1$

`solve` versagt im Allgemeinen bei Polynomen höherer als vierter Ordnung.

```
(%i8) res:solve(p,x);
```

(%o8) $[0 = x^5 - 6x^2 + 3x + 1]$

Kann eine analytische Lösung nicht gefunden werden, wird die gesamte Gleichung ungelöst zurückgegeben.

Numerische Näherungslösungen können mit `algsys` gefunden werden, was zwar primär für Gleichungssysteme in mehreren Variablen gedacht ist (siehe Abschnitt 5.7.2), aber auch für eine einzelne Gleichung verwendet werden kann. `algsys` verlangt die Angabe der Gleichungen und Variablen *jedenfalls* in einer Liste (auch bei einer einzigen Gleichung in einer einzigen Variablen). Die Rückgabe der Lösungen erfolgt in einer *doppelt geschachtelten* Liste; ihre Vielfachheiten werden in der Systemvariablen `multiplicities` abgelegt.

Ähnliche Funktionalität besitzt `allroots`, das alle Nullstellen eines Polynoms (mit einer einzigen Variablen) numerisch berechnet. Ist die Systemvariable `polyfactor` auf *true* gesetzt, liefert `allroots` nicht die Nullstellen, sondern das gesamte Polynom, aufgespalten in lineare und quadratische Faktoren, zurück.

Mitunter unterliegen gesuchte Lösungen gewissen Einschränkungen; beispielsweise kann es sein, dass bei bestimmten Aufgabenstellungen nur reelle und positive Lösungen physikalisch sinnvoll sind. In diesem Fall sind aus allen mathematischen Lösungen nur die passenden Lösungen auszuwählen, was mit der Funktion `sublist` und entsprechenden Prädikatsfunktionen erfolgen kann.

`algsys` berechnet die Nullstellen von Polynomen *numerisch*, wenn eine *analytische* Berechnung misslingt.

```
(%i9) res:algsys([p],[x]);
(%o9) [[x=1.5358],[x=-1.6094 %i-1.0412],[
x=1.6094 %i-1.0412],[x=0.775],[x=-0.229]]
```

Numerische Berechnung der Nullstellen mit `allroots`

```
(%i10) res:allroots(p);
(%o10) [x=-0.229,x=0.775,x=1.6094 %i-1.0412
,x=-1.6094 %i-1.0412,x=1.5358]
```

Liste mit den *Werten* der Nullstellen

```
(%i11) li:map(rhs,res);
(%o11) [-0.229,0.775,1.6094 %i-1.0412,-1.6094
%i-1.0412,1.5358]
```

Herausnehmen aller reellen positiven Werte aus der Liste mit den Lösungswerten

```
(%i12) sublist(li,lambda([u],(realpart(u)>0)
          and (imagpart(u)=0)));
(%o12) [0.775,1.5358]
```

Aufspalten eines Polynoms in lineare und quadratische Faktoren

```
(%i13) allroots(p),polyfactor=true;
```

(%o13) $1.0\left(x-1.5358\right)\left(x-0.775\right)\left(x+0.229\right)\left(x^2+2.0824\,x+3.6742\right)$

`realroots` liefert Näherungslösungen für alle *reellen* Nullstellen eines Polynoms; die Systemvariable `multiplicities` enthält deren Vielfachheiten. Die erforderliche Rechengenauigkeit kann als zusätzlicher optionaler Parameter angegeben werden.

Ermittlung aller *reellen* Nullstellen eines Polynoms …

```
(%i14) res:realroots(p);
```

(%o14) $[x=-\frac{7670707}{33554432},x=\frac{26010891}{33554432},x=\frac{51534121}{33554432}]$

… und ihrer Vielfachheiten

```
(%i15) multiplicities;
(%o15) [1,1,1]
```

Kontrolle der Genauigkeit durch Einsetzen einer Nullstelle in das Polynom

```
(%i16) p,first(res),numer;
```

(%o16) $-1.53066\ 10^{-7}$

Mit einem zusätzlichen Parameter kann die numerische Genauigkeit von `allroots` vorgegeben werden.

```
(%i17) res:realroots(p,1e-10);
```

(%o17) $[x=-\frac{7854803055}{34359738368},x=\frac{26635151501}{34359738368},x=\frac{52770940521}{34359738368}]$

Kontrolle der Genauigkeit

```
(%i18) p,first(res),numer;
```

(%o18) $-9.4892\ 10^{-11}$

Bei Auftreten von Mehrfachnullstellen in einem Polynom kann es sein, dass `allroots` ungenaue Ergebnisse liefert. Multiplikation des gesamten Polynoms mit *i* ergibt hier unter Umständen genauere Ergebnisse, da in diesem Fall ein anderer Algorithmus verwendet wird [Max].

Erhalten reelle Werte durch numerische Fehler fälschlicherweise kleine imaginäre Anteile, so können diese mit einer kleinen benutzerdefinierten Funktion chop beseitigt werden.

Polynom mit einer Mehrfachnullstelle

```
(%i19) pp:expand((x-1)*(x+1)**3);
```

(%o19) $x^4+2\,x^3-2\,x-1$

`allroots` liefert hier nur ungenaue Ergebnisse.

```
(%i20) res:allroots(pp);
```

(%o20) $[x=1.0\,,x=1.14202\;10^{-5}\,\%i-1.0\,,x=-1.14202\;10^{-5}\,\%i-1.0\,,x=-1.0]$

Multiplikation des gesamten Polynoms mit *i* liefert hier genauere Ergebnisse.

```
(%i21) res:allroots(%i*pp);
```

(%o21) $[x=1.03398\;10^{-25}\,\%i+1.0\,,x=1.66533\;10^{-16}\,\%i-1.0\,,x=-1.11022\;10^{-16}\,\%i-1.0\,,x=-5.55112\;10^{-17}\,\%i-1.0]$

Benutzerdefinierte Funktion zum Eliminieren kleiner Zahlenwerte, die durch numerische Fehler fälschlicherweise entstehen können

```
(%i22) chop(f):=fullmap(lambda([u], if numberp(u) and
                        cabs(u)<1e-10 then 0 else u),f);
```

(%o22) $\mathrm{chop}(f):=\mathrm{fullmap}\,(\,\mathrm{lambda}\,(\,[u]\,,\mathrm{if}\ \mathrm{numberp}(u)\wedge\mathrm{cabs}(u)<1.0\;10^{-10}\ \mathrm{then}\ 0\ \mathrm{else}\ u\,)\,,f\,)$

Mit der benutzerdefinierten Funktion chop werden die numerischen Fehler „ausgebügelt".

```
(%i23) chop(res);
```

(%o23) $[x=1.0\,,x=-1.0\,,x=-1.0\,,x=-1.0]$

`realroots` liefert bei Mehrfachnullstellen von Haus aus genauere (hier sogar die exakten) Werte ...

```
(%i24) realroots(pp);
```

(%o24) $[x=-1\,,x=1]$

... und die zugehörigen Vielfachheiten.

```
(%i25) multiplicities;
```

(%o25) $[3\,,1]$

Durch Setzen der Systemvariablen `algexact` auf *true* (siehe Abschnitt 5.7.2) kann `algsys` veranlasst werden, eine *analytische* Lösung zu versuchen, was mitunter zu Ergebnissen in einer anderen Form führt, als sie von `solve` geliefert werden. Dies wird am Beispiel der Berechnung der fünften Wurzel von 1 gezeigt:

Berechnung der fünften Wurzeln von 1 mit solve

```
(%i26) solve([x^5-1],[x]);
```

(%o26) $[x=\%e^{\frac{2\,\%i\,\pi}{5}}\,,x=\%e^{\frac{4\,\%i\,\pi}{5}}\,,x=\%e^{-\frac{4\,\%i\,\pi}{5}}\,,x=\%e^{-\frac{2\,\%i\,\pi}{5}}\,,x=1]$

Numerische Berechnung der fünften Wurzeln von 1 mit algsys

```
(%i27) algsys([x^5-1],[x]);
```

(%o27) $[[x=1]\,,[x=-0.588\,\%i-0.809]\,,[x=0.588\,\%i-0.809]\,,[x=0.309-0.951\,\%i]\,,[x=0.951\,\%i+0.309]]$

Analytische Berechnung der fünften Wurzeln von 1 mit algsys

```
(%i28) algsys([x^5-1],[x]),algexact=true;
```

(%o28) $[[x=1]\,,[x=\frac{\sqrt{5}}{4}+\frac{\sqrt{-\frac{\sqrt{5}}{2}-\frac{5}{2}}}{2}-\frac{1}{4}]\,,[x=\frac{\sqrt{5}}{4}-\frac{\sqrt{-\frac{\sqrt{5}}{2}-\frac{5}{2}}}{2}-\frac{1}{4}]\,,[x=-\frac{\sqrt{5}}{4}+\frac{\sqrt{\frac{\sqrt{5}}{2}-\frac{5}{2}}}{2}-\frac{1}{4}]\,,[x=-\frac{\sqrt{5}}{4}-\frac{\sqrt{\frac{\sqrt{5}}{2}-\frac{5}{2}}}{2}-\frac{1}{4}]]$

Für transzendente Gleichungen und Wurzelgleichungen ist solve nicht geeignet. In einfachen Fällen kann eine Gleichung mitunter durch elementare Umformungen in eine Form gebracht werden, in der sie mit solve gelöst werden kann. Zum Lösen von Wurzelgleichungen kann die Funktion to_poly_solve verwendet werden, die eine Fülle von erweiterten Lösungsmöglichkeiten bietet, sich aber (noch) im Experimentalstadium befindet. to_poly_solve versucht, eine Gleichung in Polynomform umzuwandeln und dann mit Hilfe von algsys zu lösen. Vor dem erstmaligen Aufruf ist das gleichnamige Paket zu laden.

to_poly_solve gibt die Lösung als spezielles %union-Element zurück, was offenbar die Vereinigungsmenge der Lösungen darstellen soll. Die Anwendung der Funktion args auf diese Lösung liefert die gewohnte Form der Lösungen in einer doppelt geschachelten Liste.

Transzendente Gleichung, die sehr einfach händisch nach *D* zu lösen ist	(%i29) g1:delta=exp(-%pi*D/sqrt(1+D^2)); (%o29) $\delta = \%e^{-\frac{\pi D}{\sqrt{D^2+1}}}$
solve versagt hier.	(%i30) solve(g1,D); (%o30) $[D = -\frac{\log(\delta)\sqrt{D^2+1}}{\pi}]$
Nach einfachen Umformungen – hier: Logarithmieren und Quadrieren – findet auch solve die Lösungen.	(%i31) solve(log(g1)^2,D); (%o31) $[D = -\log(\delta)\sqrt{-\frac{1}{\log(\delta)^2-\pi^2}}, D = \log(\delta)\sqrt{-\frac{1}{\log(\delta)^2-\pi^2}}]$
Auch bei einfachen Wurzelgleichungen ...	(%i32) gr:sqrt(x+1)+x**2-1; (%o32) $\sqrt{x+1}+x^2-1$
... versagt solve.	(%i33) solve(gr,x); (%o33) $[x = -\sqrt{1-\sqrt{x+1}}, x = \sqrt{1-\sqrt{x+1}}]$
Laden des Pakets to_poly_solve zum Lösen von Wurzelgleichungen	(%i34) load(to_poly_solve); (%o34) *C:/Programme/Maxima-5.27.0/share/maxima/...*
Lösen einer Wurzelgleichung mit to_poly_solve; das Ergebnis ist ein Ausdruck mit dem Hauptoperator %union.	(%i35) to_poly_solve(gr,x); (%o35) $\%union\left([x=-1], [x=0], [x=-\frac{\sqrt{5}-1}{2}]\right)$
Gewohnte Darstellung von Lösungen einer Gleichung als doppelt geschachtelte Liste	(%i36) args(to_poly_solve(gr,x)); (%o36) $[[x=-1], [x=0], [x=-\frac{\sqrt{5}-1}{2}]]$

find_root ermittelt numerisch eine Nullstelle einer transzendenten Funktion in einer einzigen Variablen innerhalb eines anzugebenden Bereichs. Im Gegensatz zu den anderen beschriebenen Verfahren kann hier nur ein *Ausdruck* (und keine Gleichung) angegeben werden. Haben die Funktionswerte an beiden Bereichsgrenzen unterschiedliche Vorzeichen, so liefert find_root jedenfalls ein Ergebnis, sofern eine Nullstelle überhaupt existiert, was aber zumindest bei stetigen Funktionen der Fall ist. Die zu erzielende numerische Genauigkeit von find_root kann mit zusätzlichen Systemvariablen gesteuert werden, Details dazu finden sich in [Max]. Um einen Bereich zu finden, innerhalb dessen eine Nullstelle liegen muss, ist mitunter die grafische Darstellung der Funktion (oder beider Seiten einer entsprechenden Gleichung) hilfreich.

Transzendenter Ausdruck, äquivalent zur Gleichung $\cos(x) = 2 - x/4$

```
(%i37) gt:cos(x)-2+x/4;
```

(%o37) $\cos(x)+\frac{x}{4}-2$

Laden des Pakets `draw`

```
(%i38) load(draw);
(%o38) C:/Programme/Maxima-5.27.0/share/maxima/...
```

Setzen zweckmäßiger Defaultwerte für `draw`

```
(%i39) set_draw_defaults(grid=true,xaxis=true,
          yaxis=true,point_type=7,point_size=2);
(%o39)  [grid=true , xaxis=true , yaxis=true ,
point_type=7 , point_size=2]
```

Zur Abschätzung der Lösung einer transzendenten Gleichung (oder der Nullstellen eines transzendenten Ausdrucks) ist eine grafische Darstellung sehr hilfreich; hier: beider Seiten der Gleichung $\cos(x) = 2 - x/4$.

```
(%i40) wxdraw2d(color=red,explicit(cos(x),x,0,4*%pi),
          color=blue,explicit(2-x/4,x,0,4*%pi))$
(%t40)
```

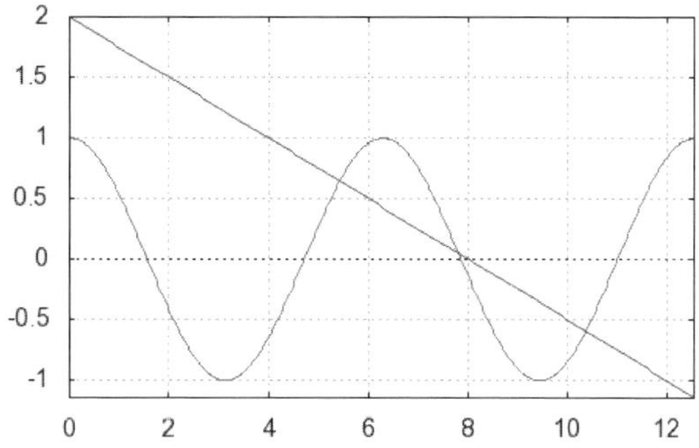

Näherungslösung im Intervall [4,6]

```
(%i41) x1:find_root(gt,4,6);
(%o41) 5.415
```

Näherungslösung im Intervall [6,9]

```
(%i42) x2:find_root(gt,6,9);
(%o42) 7.8053
```

Näherungslösung im Intervall [9,12]

```
(%i43) x3:find_root(gt,9,12);
(%o43) 10.363
```

Kontrolle der Lösungen

```
(%i44) [ev(gt,x=x1),ev(gt,x=x2),ev(gt,x=x3)];
```

(%o44) $[1.11022\ 10^{-16}, -1.59595\ 10^{-16}, 6.66134\ 10^{-16}]$

5.7.2 Gleichungssysteme in mehreren Variablen

Der Befehl `solve` dient nicht nur zum Lösen einzelner Gleichungen, (siehe Abschnitt 5.7.1), sondern auch von Gleichungs*systemen* in mehreren Variablen. Die Gleichungen und die Variablen, nach denen das Gleichungssytem aufzulösen ist, sind jeweils in einer *Liste* als Parameter anzugeben. Dabei kann die Anzahl an Gleichungen auch geringer sein als die Anzahl an Variablen; in diesem Fall ist das Gleichungssystem *unterbestimmt* und man erhält im Allgemeinen

Tabelle 5.13 Gleichungssysteme in mehreren Variablen

Funktionen:	
`solve(`*eqns*, *vars*`)`	Lösen der algebraischen Gleichungen *eqns* nach den Variablen *vars*
`algsys(`*eqns*, *vars*`)`	Lösen eines *nichtlinearen* Gleichungssystems; wird intern von `solve` aufgerufen
`linsys(`*eqns*, *vars*`)`	Lösen eines *linearen* Gleichungssystems; wird intern von `solve` aufgerufen
`to_poly_solve(`*eqns*, *vars*`)`	Erweiterte Version von `solve`, kann Systeme mit Wurzelgleichungen lösen
`mnewton(`*eqns*, *vars*, *start*`)`	Näherungslösung eines *nichtlinearen* Gleichungssystems nach dem Newtonverfahren
Systemvariablen:	
`algexact`	Setzen auf *true* veranlasst `algsys`, die Berechnung exakter Lösungen zu *versuchen* (Default: *false*).
`algepsilon`	Maß für die Rechengenauigkeit von `algsys`; höhere Werte liefern ein genaueres Ergebnis (Default: 10^8).
`realonly`	Setzen auf *true* veranlasst `algsys`, nur *reelle* Lösungen zu berechnen (Default: *false*).

keine einzelnen *Werte* für die Lösungen, sondern *Mannigfaltigkeiten*, die durch freie Parameter beschrieben werden. Diese freien Parameter erhalten die Namen `%r`*n* mit der fortlaufenden Nummer *n*. Diese Nummer ist in der Systemvariablen `%rnum` abgelegt und kann auch vom Benutzer verändert werden. Alle freien Parameter `%r`*n*, die in einer zuvor ermittelten Lösung auftreten, sind in der Liste `%rnum_list` zusammengefasst.

Lineares Gleichungssystem in drei Variablen *x*, *y* und *z* (mit zusätzlichen Parametern *a* und *b*)

```
(%i45) g1:x+y=a;
       g2:x+2*y+z=b;
       g3:x-(a+b)*y-z=0;
```

(%o45) $y+x=a$

(%o46) $z+2\,y+x=b$

(%o47) $-z-(b+a)\,y+x=0$

Lösung des linearen Gleichungssystems

```
(%i48) solve([g1,g2,g3],[x,y,z]);
```

(%o48) $[[x=\frac{b+a\,(b-2)+a^2}{b+a}, y=\frac{2\,a-b}{b+a}, z=-\frac{-b^2-b+a^2+2\,a}{b+a}]]$

Ist das Gleichungssystem *unter*bestimmt, hat die Lösung zusätzliche freie Parameter.

```
(%i49) solve([g2,g3],[x,y,z]);
```

(%o49) $[[x=\frac{(\%r1+1)\,b+\%r1\,a-2\,\%r1}{2}, y=\%r1, z=-\frac{(\%r1-1)\,b+\%r1\,a+2\,\%r1}{2}]]$

Liste mit den freien Parametern einer zuvor ermittelten Lösung

```
(%i50) %rnum_list;
(%o50) [%r1]
```

Laufende Nummer im Namen des zuletzt angegebenen freien Parameters

```
(%i51) %rnum:1;
(%o51) 1
```

Zwei Polynome in zwei Variablen

```
(%i52) p1:y^3+4*y^2+2*x*y+2*y+x^2+2*x-2;
       p2:13*x^2-3*y^2-20*x*y+20*y-26*x+11;
```

(%o52) $y^3+4\,y^2+2\,x\,y+2\,y+x^2+2\,x-2$

(%o53) $-3\,y^2-20\,x\,y+20\,y+13\,x^2-26\,x+11$

Lösen eines Systems von Polynomgleichungen, die Lösung gelingt hier (mit internem Aufruf von `algsys`) nur numerisch.

```
(%i54) res:solve([p1,p2],[x,y]),realonly=true;
(%o54)  [[x=-14.075,y=-8.9883],[x=1.3826,y
=-2.538],[x=-0.851,y=-1.0581],[x=0.657,
y=0.0707]]
```

Die Lösungen können als Punkte in der xy-Ebene interpretiert werden.

```
(%i55) punkte:map(lambda([u],map(rhs,u)),res);
(%o55)  [[-14.075,-8.9883],[1.3826,-2.538],[
-0.851,-1.0581],[0.657,0.0707]]
```

Darstellung der Polynomgleichungen $p_1 = 0$ und $p_2 = 0$ sowie deren gemeinsamen Nullstellen in der xy-Ebene

```
(%i56) wxdraw2d(color=black,
          implicit(p1,x,-4,7,y,-4,2),
          color=blue,implicit(p2,x,-4,7,y,-4,2),
          color=red,points(punkte),
          xrange=[-4,7],yrange=[-4,2])$
```

(%t56)

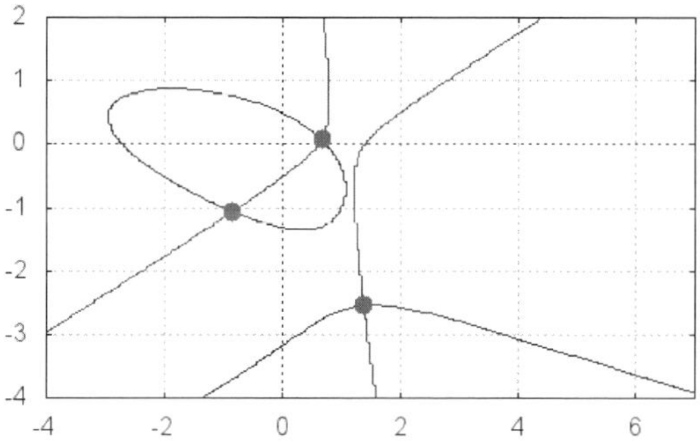

Erweiterte Fähigkeiten zum Lösen von Gleichungssystemen, insbesondere bei Vorhandensein von Wurzelgleichungen, bietet der Befehl `to_poly_solve`; vor seiner ersten Verwendung ist das Paket `to_poly_solve` zu laden.

`linsys` und `algsys` werden intern von `solve` und `to_poly_solve` zum Lösen eines linearen bzw. nichtlinearen Gleichungssystems aufgerufen. Die Notwendigkeit zum direkten Aufruf durch den Benutzer scheint nicht gegeben. Die Systemvariablen, die `linsys` und `algsys` betreffen, haben daher auch Auswirkung auf `solve` und `to_poly_solve`.

System von Wurzelgleichungen in zwei Variablen

```
(%i57) eq1:sqrt(x-1+y)+(y+1)**2+x-4=0;
       eq2:x*y+x+sqrt(y+3)-x**2=0;
```

(%o57) $\sqrt{y+x-1}+(y+1)^2+x-4=0$

(%o58) $\sqrt{y+3}+x\,y-x^2+x=0$

Numerische Lösungen der Wurzelgleichungen

```
(%i59) res:args(to_poly_solve([eq1,eq2],[x,y]));
(%o59) [[x=1.937,y=0.0373],[x=0.213-0.266
%i,y=-0.562 %i-2.9726],[x=-0.24 %i-2.7165,
y=-0.563 %i-3.624],[x=0.24 %i-2.7165,y=
0.563 %i-3.624],[x=0.266 %i+0.213,y=0.562 %i
-2.9726]]
```

Beschränkung auf reelle Lösungen

```
(%i60) res:args(to_poly_solve([eq1,eq2],[x,y])),
          realonly=true;
(%o60) [[x=1.937,y=0.0373]]
```

Kontrolle der numerischen Genauigkeit der reellen Lösung

```
(%i61) [ev(eq1,res),ev(eq2,res)];
(%o61) [-7.33418 10^-8=0,8.47163 10^-8=0]
```

`mnewton` berechnet eine Näherungslösung eines beliebigen (nichtlinearen, transzendenten) Gleichungssystems nach dem *Newtonverfahren*. Ob eine Lösung gefunden wird, hängt von den vorzugebenden Startwerten ab, die in einem gewissen „Einzugsbereich" der Lösung liegen müssen, der nicht allgemein angegeben, sondern nur abgeschätzt werden kann. Vor der erstmaligen Verwendung von `mnewton` ist das gleichnamige Paket zu laden.

System von drei (teilweise transzendenten) Gleichungen in drei Variablen

```
(%i62) q1:x^2+y^2+z^2=1;
       q2:sqrt(x^2-y^2)=z;
       q3:exp(x+z)=y^2;
```

(%o62) $z^2+y^2+x^2=1$

(%o63) $\sqrt{x^2-y^2}=z$

(%o64) $\%e^{z+x}=y^2$

Laden des Pakets *mnewton*

```
(%i65) load(mnewton);
(%o65)
C:/Programme/Maxima-5.27.0/share/maxima/...
```

Ermitteln *einer* Lösung des Gleichungssystems nach dem Newtonverfahren; fälschlich auftretende kleine Imaginärteile werden mit chop entfernt.

```
(%i66) res:chop(mnewton([q1,q2,q3],[x,y,z],
            [1,0.5,1]));
(%o66) [[x=-0.707,y=0.707,z=0.0136]]
```

Kontrolle der Lösungen; das Verfahren hat gut gearbeitet.

```
(%i67) [q1,q2,q3],res;
(%o67) [1.0=1,0.0136=0.0136,0.5=0.5]
```

6 Analysis

Neben algebraischen Verfahren sind auch Verfahren der Analysis Kernaufgaben von Computeralgebra. Maxima stellt Verfahren zur Berechnung von Grenzwerten, zum Differenzieren und Integrieren, für Funktionenreihen sowie zur Lösung von Differenzialgleichungen zur Verfügung. Nicht alles ist analytisch berechenbar. Für solche Fälle werden eine Reihe von leistungsfähigen numerischen Verfahren bereitgestellt.

6.1 Grenzwerte

`limit` berechnet den Grenzwert eines Ausdrucks, wenn eine Variable gegen einen (endlichen oder unendlichen) Wert strebt. Mit dem zusätzlichen optionalen Parameter `minus` wird der *linksseitige* Grenzwert berechnet, mit dem zusätzlichen optionalen Parameter `plus` der *rechtsseitige* Grenzwert.

inf bedeutet positiv unendlich, *minf* negativ unendlich; wxMaxima gibt diese beiden Werte standardmäßig als Symbole aus: ∞ bzw. $-\infty$. Liegt der Grenzwert irgendwo im komplex Unendlichen, so ist das Ergebnis *infinity*. Ist der Grenzwert nicht definiert, beispielsweise, weil der Ausdruck an der angegebenen Stelle unstetig ist, so ist das Ergebnis *und* („undefined"). Gibt es an der angegebenen Stelle überhaupt keinen Grenzwert, so ist das Ergebnis *ind* („indefinit").

Tabelle 6.1 Grenzwerte

`limit(`*expr*, *x*, *a*`)`	Grenzwert des Ausdrucks *expr* für *x* gegen den Wert *a*: $\lim_{x \to a} expr$
`limit(`*expr*, *x*, *a*`,minus)`	Linksseitiger Grenzwert $\lim_{x \to a-} expr$
`limit(`*expr*, *x*, *a*`,plus)`	Rechtsseitiger Grenzwert $\lim_{x \to a+} expr$
`limsubst`	Systemvariable, steuert die Anwendung der Grenzwertbildung auf Funktionsargumente (Default: *false*).
Spezielle Werte:	
`inf`	Positiv unendlich (∞ bei der Ausgabe)
`minf`	Negativ unendlich ($-\infty$ bei der Ausgabe)
`infinity`	Komplex unendlich
`und`	Nicht definiertes Ergebnis
`ind`	Unbestimmtes Ergebnis

Berechnung des Differenzialquotienten als Grenzwert	(%i1)	`limit((sin(x+dx)-sin(x))/dx,dx,0);`
	(%o1)	$\cos(x)$
Grenzwert einer unbestimmten Form 1^∞	(%i2)	`limit((1+1/x)^x,x,inf);`
	(%o2)	%e
Grenzwert einer unbestimmten Form ∞^0	(%i3)	`limit((1+1/x)^x,x,0);`
	(%o3)	1
Laden des Grafikpakets *Draw*	(%i4)	`load(draw)$`
Funktion mit unterschiedlichen Grenzwerten	(%i5)	`wxdraw2d(color=red,grid=true, explicit(tan(x)/abs(x),x,-3,3),yrange=[-5,5])$`
	(%t5)	

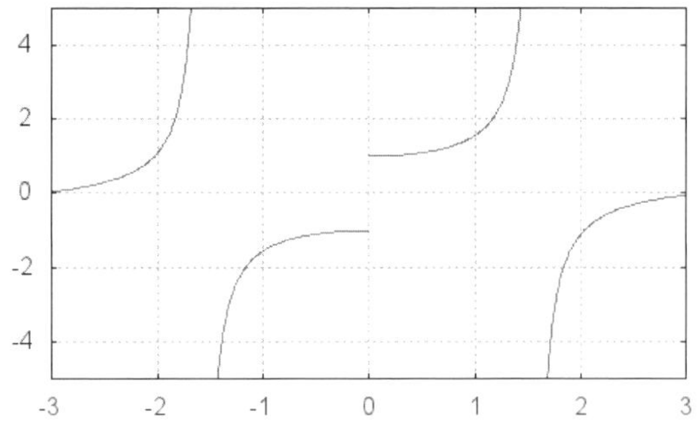

An einer Unstetigkeitsstelle ist der Grenzwert nicht definiert.	(%i6)	`limit(tan(x)/abs(x),x,0);`
	(%o6)	*und*
Linksseitiger Grenzwert an einer Unstetigkeitsstelle	(%i7)	`limit(tan(x)/abs(x),x,0,minus);`
	(%o7)	-1
Rechtsseitiger Grenzwert an einer Unstetigkeitsstelle	(%i8)	`limit(tan(x)/abs(x),x,0,plus);`
	(%o8)	1
Grenzwert im komplex Unendlichen	(%i9)	`limit(tan(x)/abs(x),x,%pi/2);`
	(%o9)	*infinity*
Grenzwert im positiv Unendlichen	(%i10)	`limit(tan(x)/abs(x),x,%pi/2,minus);`
	(%o10)	∞
Grenzwert im negativ Unendlichen	(%i11)	`limit(tan(x)/abs(x),x,%pi/2,plus);`
	(%o11)	$-\infty$
Unbestimmtes Ergebnis	(%i12)	`limit(sin(1/x),x,0);`
	(%o12)	*ind*

Bei nicht definierten (symbolischen) Funktionen wird die Grenzwertbildung üblicherweise *nicht* auf die Funktionsargumente angewendet; bei mehrfachem Auftreten einer symbolischen Funktion in einem Ausdruck könnte dies bei unendlichen Grenzwerten zu falschen Ergebnissen führen. Soll die Grenzwertbildung auch auf die Funktionsargumente angewendet werden, kann dies durch Setzen der Systemvariablen `limsubst` auf *true* veranlasst werden.

Der Grenzwert wird *nicht* auf das Funktionsargument von f angewendet.

```
(%i13) limit(f(x),x,a);
(%o13) lim f(x)
       x->a
```

Anwendung des Grenzwertes auf das Funktionsargument durch Setzen von `limsubst` auf *true*

```
(%i14) limit(f(x),x,a),limsubst=true;
(%o14) f(a)
```

Unzulässige Anwendung der Grenzwertbildung auf das Funktionsargument

```
(%i15) limit(f(x)-f(x+1),x,inf),limsubst=true;
(%o15) 0
```

Zulässige Anwendung der Grenzwertbildung auf das Funktionsargument

```
(%i16) limit(f(sin(x)/x),x,0),limsubst=true;
(%o16) f(1)
```

6.2 Summen und Produkte

Die Berechnung von Summen und Produkten ist zwar prinzipiell eine *algebraische* Operation; häufig ist die Anzahl der Summanden bzw. Faktoren allerdings unendlich. Die Berechnung ist dann die Ermittlung von Grenzwerten, das sind Verfahren der *Analysis*.

6.2.1 Berechnung von Summen und Produkten

Die Funktion `sum` berechnet einen Summenausdruck. Sind beide Indexgrenzen bekannt, also Ganzzahlen, so wird die Summe aufgelöst; ist eine Indexgrenze nicht bekannt, also ein symbolischer Ausdruck, so bleibt auch die Summe als symbolischer Ausdruck bestehen. Die Funktion `lsum` berechnet die Summe aller Elemente einer Liste; das gleiche Ergebnis könnte auch mit der Funktion `apply` erreicht werden (siehe Abschnitt 9.2.2).

Wird die Systemvariable `simpsum` auf *true* gesetzt, versucht Maxima, auch Summenausdrücke mit symbolischen Indexgrenzen aufzulösen.

Summe mit einer bestimmten Anzahl von Summanden

```
(%i1) sum(x/(k+x),k,1,3);
```

(%o1) $\frac{x}{x+3}+\frac{x}{x+2}+\frac{x}{x+1}$

Berechnung einer Summe, wobei der Summenindex alle Elemente einer Liste annimmt

```
(%i2) lsum(x/(k+x),k,[a,b,c,d]);
```

(%o2) $\frac{x}{x+d}+\frac{x}{x+c}+\frac{x}{x+b}+\frac{x}{x+a}$

Unbestimmte Summe

```
(%i3) sum(k,k,1,n);
```

(%o3) $\sum_{k=1}^{n} k$

Berechnung einer unbestimmten Summe durch Setzen der Systemvariablen `simpsum` auf *true*

```
(%i4) sum(k,k,1,n),simpsum=true;
```

(%o4) $\frac{n^2+n}{2}$

Tabelle 6.2 Berechnung von Summen und Produkten

Funktionen:	
sum(*expr*, *i*, i_0, i_1)	Berechnung der Summe für den Ausdruck *expr* mit dem Index *i* zwischen den Grenzen i_0 und i_1: $\sum_{i=i_0}^{i_1} expr$
lsum(*expr*, *i*, *list*)	Berechnung der Summe für den Ausdruck *expr* mit dem Index *i* für alle Elemente aus der Liste *list*
product(*expr*, *i*, i_0, i_1)	Berechnung des Produkts für den Ausdruck *expr* mit dem Index *i* zwischen den Grenzen i_0 und i_1: $\prod_{i=i_0}^{i_1} expr$
simplify_sum(*expr*)	Versucht, alle Summen im Ausdruck *expr* in geschlossener Form zu berechnen.
Systemvariablen:	
simpsum	Steuerung der Vereinfachung von unbestimmten Summen (Default: *false*)
simpproduct	Steuerung der Vereinfachung von unbestimmten Produkten (Default: *false*)

Endliche geometrische Reihe

```
(%i5) sum(x^k,k,0,n),simpsum=true;
```
(%o5) $\frac{x^{n+1}-1}{x-1}$

Unendliche geometrische Reihe

```
(%i6) sum(x^k,k,0,inf),simpsum=true;
Is |x| - 1  positive, negative, or zero?n;
```
(%o6) $\frac{1}{1-x}$

Die Berechnung *unendlicher* Summen ist auf einfache Fälle beschränkt, wie zum Beispiel unendliche geometrische Reihen oder auf Werte der riemannschen Zetafunktion, die ja über eine Summe *definiert* ist. Die Berechnung komplizierterer unendlicher Summen ermöglicht die Funktion simplify_sum; vor ihrer erstmaligen Verwendung ist das gleichnamige Paket zu laden.

Berechnung einer unendlichen Reihe

```
(%i7) sum(1/x**2,x,1,inf),simpsum=true;
```
(%o7) $\frac{\pi^2}{6}$

Die unendliche Reihe von $1/x^n$ ergibt die riemannsche Zetafunktion

```
(%i8) sum(1/x**3,x,1,inf),simpsum=true;
```
(%o8) $\zeta(3)$

Kompliziertere Reihen können mit simpsum=true *nicht* berechnet werden.

```
(%i9) sum(1/(k**2+2*k+1),k,1,inf),simpsum=true;
```
(%o9) $\sum_{k=1}^{\infty} \frac{1}{k^2+2\,k+1}$

Laden des Pakets *simplify_sum*

```
(%i10) load(simplify_sum)$
```

Mit der Funktion simplify_sum können auch kompliziertere Reihen berechnet werden.

```
(%i11) simplify_sum(sum(1/(k**2+2*k+1),k,1,inf));
```

(%o11) $\frac{\pi^2}{6}-1$

Berechnung einer endlichen Reihe mit simplify_sum

```
(%i12) simplify_sum(sum(1/(k**2+k),k,1,n));
```

(%o12) $\frac{n}{n+1}$

Die Funktion product erstellt ein symbolisches Produkt. Ist die Anzahl der Faktoren bekannt, so wird der Produktausdruck in einzelne Faktoren aufgelöst. Wird die Systemvariable simpproduct auf *true* gesetzt, versucht Maxima, auch Produktausdrücke mit symbolischen Indexgrenzen aufzulösen, was aber nur für einfachste Fälle gelingt.

Produkt mit einer bestimmten Anzahl von Faktoren

```
(%i13) product(x/(k+x),k,1,3);
```

(%o13) $\frac{x^3}{(x+1)(x+2)(x+3)}$

Produkt mit einer unbestimmten Anzahl von Faktoren

```
(%i14) product(k,k,1,n);
```

(%o14) $\prod_{k=1}^{n} k$

Durch Setzen der Systemvariablen simpproduct auf *true* können einfache unbestimmte Produkte berechnet werden.

```
(%i15) product(k,k,1,n),simpproduct=true;
```

(%o15) $n!$

Die Leistungsfähigkeit der Berechnung unbestimmter Produkte ist aber sehr beschränkt.

```
(%i16) product(k+1,k,1,n),simpproduct=true;
```

(%o16) $\prod_{k=1}^{n} k+1$

6.2.2 Umformen von Summen

Die Funktionen expand, distrib und multthru funktionieren nicht zum Hineinmultiplizieren eines Faktors in eine symbolische Summe; zu diesem Zweck dient die Funktion intosum.

sumcontract fasst die *Addition* mehrerer Summen zu einem einzigen Summenausdruck zusammen. Die Indexgrenzen der einzelnen Summen können sich dabei um Konstante unterscheiden. Die Zusammenfassung einer *Differenz* zweier Summen gelingt nur mit einem kleinen Trick: Nachdem in die abzuziehende Summe der Faktor (-1) hineinmultipliziert wurde, kann die Subtraktion durch eine Addition ersetzt werden.

Ein Faktor wird *nicht* in eine Summe hineinmultipliziert.

```
(%i17) a*sum(k/(k+1),k,1,n);
```

(%o17) $a\sum_{k=1}^{n}\frac{k}{k+1}$

Tabelle 6.3 Umformen von Summen

Funktionen:	
`intosum(`*expr*`)`	Hineinmultiplizieren von Faktoren in Summen
`sumcontract(`*expr*`)`	Zusammenfassen von Summen zu einem einzigen Summenausdruck
Systemvariablen:	
`sumexpand`	Steuerung der Vereinfachung des Produkts von Summen zu einem verschachtelten Summenausdruck (Default: *false*)
`cauchysum`	Anwendung der cauchyschen Produktformel bei *true* (Default: *false*)

Hineinmultiplizieren eines Faktors in eine Summe

```
(%i18) intosum(a*sum(k/(k+1),k,1,n));
```

(%o18) $$\sum_{k=1}^{n} \frac{a\,k}{k+1}$$

Zwei unendliche Summen mit unterschiedlichen Anfangs-Indizes

```
(%i19) [s1:sum(x[n],n,5,inf),s2:sum(y[n],n,2,inf)];
```

(%o19) $$\left[\sum_{n=5}^{\infty} x_n, \sum_{n=2}^{\infty} y_n\right]$$

Zusammenfassen der Addition zweier Summen mit unterschiedlichen Anfangs-Indizes

```
(%i20) sumcontract(s1+s2);
```

(%o20) $$\left(\sum_{n=5}^{\infty} y_n + x_n\right) + y_4 + y_3 + y_2$$

Die *Differenz* zweier Summen wird nicht zusammengefasst.

```
(%i21) sumcontract(s1-s2);
```

(%o21) $$\left(\sum_{n=5}^{\infty} x_n\right) - \sum_{n=2}^{\infty} y_n$$

Nach Umwandlung der Subtraktion in eine Addition können die Summen zusammengefasst werden.

```
(%i22) sumcontract(s1+intosum(-1*s2));
```

(%o22) $$\left(\sum_{n=5}^{\infty} x_n - y_n\right) - y_4 - y_3 - y_2$$

Durch Setzen der Systemvariablen `sumexpand` werden Produkte und Potenzen von Summen zu einer Mehrfachsumme zusammengefasst. Dabei werden die Indizes automatisch umbenannt. Wird zusätzlich die Systemvariable `cauchysum` auf *true* gestezt, wird die Cauchy-Produktformel angewendet.

Produkt zweier Summen	(%i23) s1*s2;
	(%o23) $\left(\sum_{n=5}^{\infty} x_n\right) \sum_{n=2}^{\infty} y_n$
Zusammenfassen des Produkts zweier Summen zu einem verschachtelten Summenausdruck	(%i24) s1*s2,sumexpand;
	(%o24) $\sum_{i1=5}^{\infty} \sum_{i2=2}^{\infty} x_{i1}\, y_{i2}$
Anwendung der cauchyschen Produktformel	(%i25) s1*s2,sumexpand,cauchysum;
	(%o25) $\sum_{i3=7}^{\infty} \sum_{i4=5}^{i3-2} y_{i3-i4}\, x_{i4}$

6.2.3 Umbenennen der Indizes von Summen und Produkten

Manchmal ist es notwendig, die Indizes von Summen und Produkten umzubenennen oder neue Indexnamen zu vergeben, was Maxima bei Bedarf automatisch macht.

`bashindices` vergibt allen Indizes von Summen und Produkten in einem Ausdruck unterschiedliche Namen, die aus dem Buchstaben *j* und einer fortlaufenden Nummer bestehen; die zuletzt vergebene Nummer ist in der Systemvariablen `gensumnum` gespeichert (beginnend mit 0). Werden Indexnamen von Maxima automatisch generiert, so erhalten sie einen Namen aus einem Präfix, das in der Systemvariablen `genindex` gespeichert ist, und ebenfalls einer fortlaufenden Nummer.

`niceindices` gibt den Indizes von Summen und Produkten in einem Ausdruck Namen, die in der Systemvariablen `niceindicespref` gespeichert sind; unterschiedliche Namen werden dabei aber nur bei *verschachtelten* Summen- und Produktausdrücken vergeben, nicht aber bei getrennten, voneinander unabhängigen Ausdrücken.

Tabelle 6.4 Umbenennen der Indizes von Summen und Produkten

Funktionen:	
`bashindices(`*expr*`)`	Vergibt allen Indizes von Summen und Produkten im Ausdruck *expr* unterschiedliche Namen
`niceindices(`*expr*`)`	Vergibt den Indizes von Summen und Produkten im Ausdruck *expr* neue Namen entsprechend der Liste `niceindicespref`
Systemvariablen:	
`genindex`	Standard-Namenspräfix für generierte Indexnamen
`gensumnum`	Fortlaufende Nummer für generierte Indexnamen
`niceindicespref`	Liste mit Standardnamen-Indizes

bashindices gibt allen Indizes unterschiedliche Namen.

(%i26) bashindices(s1+s2);

(%o26) $\left(\sum_{j6=2}^{\infty} y_{j6}\right)+\sum_{j5=5}^{\infty} x_{j5}$

Festlegen eines Standardnamens und einer beginnenden fortlaufenden Nummer für Indizes

(%i27) [genindex:k,gensumnum:0];

(%o27) $[k, 0]$

Ausdruck mit umbenannten Indizes

(%i28) s:s1*s2,sumexpand,cauchysum;

(%o28) $\sum_{k1=7}^{\infty} \sum_{k2=5}^{k1-2} y_{k1-k2}\, x_{k2}$

Liste mit „netten" Standardnamen für Indizes

(%i29) niceindicespref;

(%o29) $[i, j, k, l, m, n]$

Vergabe von „netten" Standardnamen für Indizes

(%i30) niceindices(s);

(%o30) $\sum_{j=7}^{\infty} \sum_{i=5}^{j-2} x_i\, y_{j-i}$

Umändern der Standardnamen für Indizes

(%i31) niceindicespref:[alpha,%beta];

(%o31) $[\alpha, \beta]$

Ausdruck mit geänderten Indexnamen

(%i32) niceindices(s);

(%o32) $\sum_{\beta=7}^{\infty} \sum_{\alpha=5}^{\beta-2} y_{\beta-\alpha}\, x_{\alpha}$

6.3 Differenzialrechnung

diff berechnet die n-te Ableitung eines Ausdrucks nach einer Variablen; wird der optionale Parameter n nicht angegeben, so wird die *erste* Ableitung berechnet. Ableitungen von symbolischen, nicht definierten Funktionen werden in symbolischer Form ausgegeben: entweder in leibnizscher Schreibweise („dy/dx") oder, wenn die Systemvariable derivabbrev auf *true* gesetzt ist, in verkürzter Index-Schreibweise („y_x"). Ungebundene Symbole werden beim Differenzieren grundsätzlich wie Konstante behandelt, außer man definiert Abhängigkeiten mit dem Befehl depends. Wurden für Symbole Abhängigkeiten definiert, so werden entsprechende Ableitungsregeln angewendet und die Ableitungen in symbolischer Form ausgegeben. Eine Liste mit allen definierten Abhängigkeiten ist in der Systemvariablen dependencies gespeichert.

Erste Ableitung eines Ausdrucks nach der Variablen x

(%i1) diff(x*sin(c*x),x);

(%o1) $\sin(c\,x)+c\,x\cos(c\,x)$

Dritte Ableitung nach der Variablen x

(%i2) diff(x*sin(c*x),x,3);

(%o2) $-3\,c^2\sin(c\,x)-c^3\,x\cos(c\,x)$

Tabelle 6.5 Differenzialrechnung

Funktionen:	
`diff(`*expr*, *x*[, *n*]`)`	n-te Ableitung des Ausdrucks *expr* nach der Variablen *x*; die Angabe von *n* ist optional, Default: 1.
`diff(`*expr*`)`	Totales Differenzial von *expr*
`del(`*x*`)`	Differenzial der Variablen *x*; wird bei der Berechnung des totalen Differenzials von Maxima gebildet
`depends(`y_1, x_1, y_2, x_2, ...`)`	Definition von Abhängigkeiten: das Symbol y_1 ist abhängig von x_1 etc.
`remove(`y_1`,depends,`y_2`,depends, ...)`	Entfernen von Abhängigkeiten
`at(`*expr*, *var=val*`)`	Ersetzen der Variablen *var* durch den Wert *val* im Ausdruck *expr*; mehrere Ersetzungen können in einer Liste angegeben werden.
`gradef(`*f*, *x*, *abl*`)`	Definiert den Ausdruck *abl* als Ableitung des Symbols *f* nach der Variablen *x*
`gradef(`$f(x_1, x_2, \ldots)$, abl_1, abl_2, ...`)`	Definiert partielle Ableitungen abl_1, abl_2, ... für die Funktion $f(x_1, x_2, \ldots)$
Systemvariablen:	
`derivabbrev`	Steuert die Ausgabe von symbolischen Ableitungen: *false* (default) für leibnitzsche Schreibweise dy/dx, *true* für Indexschreibweise y_x
`dependencies`	Liste mit allen definierten Abhängigkeiten
`gradefs`	Liste mit allen Funktionen, für die Ableitungen definiert wurden.

Ableitung eines Ausdrucks, der eine symbolische (nicht definierte) Funktion enthält.

```
(%i3) diff(x*f(x,y),x);
```

(%o3) $x\left(\frac{d}{d\,x}\,f(x,y)\right)+f(x,y)$

Ableitung eines Ausdrucks mit mehreren Variablen

```
(%i4) diff(x**2+y**2+z**2,x);
```

(%o4) $2\,x$

Einführen von Abhängigkeiten der Symbole y und z von der Variablen x

```
(%i5) depends(y,x,z,x);
```

(%o5) $[y(x), z(x)]$

Liste mit den Abhängigkeiten

```
(%i6) dependencies;
```

(%o6) $[y(x), z(x)]$

Ableitung eines Ausdrucks mit Symbolen, für die Abhängigkeiten definiert wurden.

```
(%i7) diff(x**2+y**2+z**2,x);
```

(%o7) $2\,z\left(\frac{d}{d\,x}\,z\right)+2\,y\left(\frac{d}{d\,x}\,y\right)+2\,x$

Wird derivabbrev auf *true* gesetzt, …

```
(%i8) derivabbrev:true;
(%o8) true
```

… so werden symbolische Ableitungen in verkürzter Schreibweise dargestellt.

```
(%i9) diff(x**2+y**2+z**2,x);
```

(%o9) $2\,z\,(z_x)+2\,y\,(y_x)+2\,x$

Zurücksetzen von derivabbrev

```
(%i10) derivabbrev:false;
(%o10) false
```

Entfernen der Abhängigkeiten

```
(%i11) remove(z,depends,y,depends);
(%o11) done
```

Zum Einsetzen von Werten für Variablen in Ableitungen in einem einzigen Rechenschritt ist der Befehl ev *nicht* geeignet, da bei diesem das Einsetzen der Werte *vor* dem Differenzieren erfolgt (beachte: ev ist keine Funktion im üblichen Sinn). Das Einsetzen von Werten kann mit der Funktion subst oder noch besser mit der Funktion at erfolgen; mit at können auch Werte in *symbolische Ableitungen* eingesetzt werden. Mit einem einzigen Befehl können auch mehrere Werte gleichzeitig ersetzt werden. Die Ersetzungsgleichungen sind dann in einer Liste anzugeben; im Gegensatz zu subst erfolgen bei at die Ersetzungen *parallel* (also nicht der Reihe nach von links nach rechts).

Zum Einsetzen von Werten in Ableitungen ist der Befehl ev nicht geeignet.

```
(%i12) ev(diff(x*sin(a*x),x),x=1);
diff : second argument must be a variable; found 1
-- an error. To debug this try: debugmode(true);
```

Einsetzen eines Wertes in eine Ableitung mit subst

```
(%i13) subst(x=1,diff(x*sin(a*x),x));
```

(%o13) $\sin(a)+a\,\cos(a)$

Zum Einsetzen von Werten in *symbolische* Ableitungen ist auch der Befehl subst nicht geeignet.

```
(%i14) subst(x=1,diff(x*f(x,y),x));
diff: variable must not be a number; found: 1
 -- an error. To debug this try: debugmode(true);
```

Einsetzen eines Wertes in eine *symbolische* Ableitung mit at

```
(%i15) at(diff(x*f(x,y),x),x=1);
```

(%o15) $\left.\frac{d}{d\,x}\,f(x,y)\right|_{x=1}+f(1,y)$

Einsetzen mehrerer Werte in eine *symbolische* Ableitung

```
(%i16) at(diff(x*f(x,y),x),[x=1,y=2]);
```

(%o16) $\left.\frac{d}{d\,x}\,f(x,y)\right|_{[x=1,\,y=2]}+f(1,2)$

Wird in der Funktion diff keine Varaiable angegeben, nach der abzuleiten ist, wird das *totale Differenzial* berechnet. Die Berechnung erfolgt dabei bezüglich *aller* im Ausdruck vorkommenden ungebundenen Symbole, die nicht als *konstant* deklariert wurden. Die Differenziale dx_i werden dabei als Funktionen del(x_i) ausgegeben.

Berechnung des totalen Differenzials

```
(%i17) diff(x*y*z);
```

(%o17) $x\,y\,\mathrm{del}(z)+x\,z\,\mathrm{del}(y)+y\,z\,\mathrm{del}(x)$

Auch vermeintliche Konstante werden als Variable in ein totales Differenzial einbezogen.	(%i18) `diff(c*x+y*z);` (%o18) $y\ \mathrm{del}(z)+z\ \mathrm{del}(y)+c\ \mathrm{del}(x)+x\ \mathrm{del}(c)$
Deklaration einer Konstanten	(%i19) `declare(c,constant);` (%o19) *done*
Deklarierte Konstante werden *nicht* in ein totales Differenzial mit einbezogen.	(%i20) `diff(c*x+y*z);` (%o20) $y\ \mathrm{del}(z)+z\ \mathrm{del}(y)+c\ \mathrm{del}(x)$

Mit `gradef` kann man sowohl für Symbole als auch für Funktionen Ableitungen definieren, sogar für vorhandene Maxima-Funktionen (was allerdings nur in seltenen Fällen sinnvoll sein wird). Bei Symbolen werden dabei automatisch Abhängigkeiten erzeugt, die in die Liste `dependencies` eingetragen werden. Eine Liste mit allen Funktionen, für die Ableitungen definiert wurden, ist in der Systemvariablen `gradefs` abgespeichert; darin sind aber nur *Funktionen*, jedoch keine *Symbole* angeführt.

Definition der Ableitung für das Symbol z nach der Variablen x	(%i21) `gradef(z,x,zx);` (%o21) z
z ist in die Liste der Abhängigkeiten eingetragen.	(%i22) `dependencies;` (%o22) $[z(x)]$
Ableitung eines Ausdrucks, der das Symbol z enthält	(%i23) `diff(cos(z),x);` (%o23) $-\sin(z)\ zx$
Definition von partiellen Ableitungen für eine symbolische Funktion $f(x,y)$	(%i24) `gradef(f(x,y),f(x,y)^2/x,x^2+y^2);` (%o24) $f(x,y)$
Partielle Ableitung nach x	(%i25) `diff(f(x,y),x);` (%o25) $\frac{f(x,y)^2}{x}$
Partielle Ableitung nach y	(%i26) `diff(f(x,y),y);` (%o26) y^2+x^2
Umdefinieren der Ableitung für den Sinus	(%i27) `gradef(sin(x),sqrt(1-sin(x)^2));` (%o27) $\sin(x)$
Ableitung eines Ausdrucks, der die Sinusfunktion enthält	(%i28) `diff(x*sin(a*x),x);` (%o28) $a\ x\ \sqrt{1-\sin(a\ x)^2}+\sin(a\ x)$
Liste mit Funktionen, für die Ableitungen definiert wurden	(%i29) `gradefs;` (%o29) $[f(x,y),\sin(x)]$

6.4 Integrale

Zur Berechnung von Integralen stellt Maxima sowohl analytische als auch numerische Verfahren bereit. Es ist aber nicht gewährleistet, dass ein Ergebnis gefunden wird: Nicht alle Funktionen besitzen überhaupt ein Integral, das sich durch elementare (oder spezielle) Funktionen ausdrücken lässt; eine analytische Berechnung ist dann prinzipiell nicht möglich. Aber auch numerische Vefahren können versagen, isnbesondere bei uneigentlichen Integralen; das sind Integrale mit Unendlichkeitsstellen im Integraden oder mit Integrationsgrenzen im Unendlichen.

6.4.1 Analytische Integration

`integrate` berechnet das Integral einer Funktion. Wird kein Ergebnis gefunden, so bleibt der eingegebene Ausdruck unausgewertet. Werden zusätzlich zum zu integrierenden Ausdruck und zur Integrationsvariablen Unter- und Obergrenze als Parameter angegeben, so wird das *bestimmte* Integral ermittelt.

Tabelle 6.6 Analytische Integration

Funktionen:	
`integrate(`*expr*`,` *x*`)`	Unbestimmtes Integral des Ausdrucks *expr* mit der Integrationsvariablen *x*
`integrate(`*expr*`,` *x*`,` x_0`,` x_1`)`	Bestimmtes Integral des Ausdrucks *expr* mit der Integrationsvariablen *x* zwischen den Grenzen x_0 und x_1
`ldefint(`*expr*`,` *x*`,` x_0`,` x_1`)`	Alternative Funktion zur Ermittlung des bestimmten Integrals von *expr*
Systemvariablen:	
`integration_constant`	Namenspräfix für eine Integrationskonstante, Default: `%c`
`integration_constant_counter`	Fortlaufende Nummer für den Namen einer Integrationskonstanten beginnend bei 1
`intanalysis`	Legt fest, ob bei bestimmten uneigentlichen Integralen der cauchysche Hauptwert ermittelt wird; Default: *true*.
`logabs`	Legt fest, ob bei Logarithmusfunktionen im Ergebnis von Integralen der *Betrag* des Arguments gebildet wird; Default: *false*.

Unbestimmtes Integral

```
(%i1) f:integrate(sin(sqrt(x)),x);
```

(%o1) $2\left(\sin\left(\sqrt{x}\right)-\cos\left(\sqrt{x}\right)\sqrt{x}\right)$

Die Ableitung liefert zur Probe die ursprüngliche Funktion.

```
(%i2) diff(f,x);
```
(%o2) $\sin\left(\sqrt{x}\right)$

Ein Integral, das nicht aufgelöst werden kann.

```
(%i3) integrate(sqrt(sin(x)),x);
```
(%o3) $\int \sqrt{\sin\left(x\right)}\, dx$

Manche Integrale ergeben spezielle Funktionen wie zum Beispiel die gaußsche Fehlerfunktion.

```
(%i4) integrate(exp(-x^2),x);
```
(%o4) $\frac{\sqrt{\pi}\,\mathrm{erf}\left(x\right)}{2}$

Bei unbestimmten Integralen wird eine Integrationskonstante nur angegeben, wenn das Integral in einer Gleichung auftritt, wobei als Name standardmäßig „%cn" vergeben wird, mit dem Präfix %c und einer fortlaufenden Nummer n. Namenspräfix und fortlaufende Nummer können mit integration_constant bzw. integration_constant_counter vom Benutzer festgelegt werden.

Bei der Integration einer *Gleichung* erhält das Ergebnis eine Integrationskonstante.

```
(%i5) integrate(1/x=a,x);
```
(%o5) $\log\left(x\right)=a\,x+\%c1$

Namenspräfix für die Integrationskonstante

```
(%i6) integration_constant;
```
(%o6) $\%c$

Fortlaufende Nummer der Integrationskonstanten

```
(%i7) integration_constant_counter;
(%o7) 1
```

Bei der Integration von gebrochen rationalen Funktionen werden bei den Argumenten in auftretenden Logarithmen nur dann Beträge gebildet, wenn die Systemvariable logarc auf *true* gesetzt wurde.

Gebrochen rationale Funktion

```
(%i8) f:(x-1)/(x^3+2*x^2+2*x+1);
```
(%o8) $\frac{x-1}{x^3+2\,x^2+2\,x+1}$

Integral der gebrochen rationalen Funktion

```
(%i9) integrate(f,x);
```
(%o9) $\log\left(x^2+x+1\right)-2\,\log\left(x+1\right)$

Bildung des Betrags der Argumente von Logarithmusfunktionen

```
(%i10) integrate(f,x),logabs=true;
```
(%o10) $\log\left(\left|x^2+x+1\right|\right)-2\,\log\left(\left|x+1\right|\right)$

Hat die zu integrierende Funktion im Integrationsintervall Polstellen, so wird bei der Berechnung des bestimmten Integrals der *cauchysche Hauptwert* berechnet, worauf mit der zusätzlichen Ausgabe von *„Principal Value"* hingewiesen wird. Wird die Systemvariable intanalysis auf *false* gesetzt, so werden zur Berechnung des bestimmten Integrals nur die Integrationsgrenzen herangezogen, ohne Berücksichtigung dazwischenliegender Polstellen. Dies kann denselben Wert liefern wie der cauchysche Hauptwert, in manchen Fällen aber auch völlig falsche Werte – zum Beispiel wenn im Integrationsintervall Polstellen liegen, die zu einem divergenten Integral führen.

In manchen Fällen *muss* `intanalysis` auf *false* gesetzt werden, damit die Berechnung bestimmter Integrale ein (symbolisches) Ergebnis liefert.

Eine andere Möglichkeit zur Berechnung des bestimmten Integrals bietet die Funktion `ldefint`. Sie hat die gleichen Parameter wie `integrate`, verwendet aber einen anderen internen Algorithmus. `ldefint` findet in manchen Fällen auch dann ein Ergebnis, in denen `integrate` versagt.

Bestimmtes Integral

```
(%i11) integrate(f,x,-4,-2);
(%o11) 3 log(3)-log(13)
```

Berechnung des *cauchyschen Hauptwertes* des Integrals, wenn das Integrationsintervall Polstellen enthält

```
(%i12) integrate(f,x,-4,2);
Principal Value
(%o12) log(7)-log(13)
```

Ermittlung des bestimmten Integrals durch Einsetzen der Grenzen in die Stammfunktion (*ohne* Berücksichtigung von Polstellen)

```
(%i13) integrate(f,x,-4,2),intanalysis=false;
(%o13) log(7)-log(13)
```

Funktion mit drei reellen Doppelpolstellen

```
(%i14) f:1/x^2-1/(x-2)^2+1/(x+2)^2;
```

(%o14) $\frac{1}{(x+2)^2}+\frac{1}{x^2}-\frac{1}{(x-2)^2}$

Laden des Grafikpakets *Draw* und Setzen von Defaultwerten

```
(%i15) load(draw);
       set_draw_defaults(color=red,grid=true);
(%o15)
C:/Programme/Maxima-5.27.0/share/maxima/...
(%o16) [color=red,grid=true]
```

Darstellung der Funktion mit Polstellen

```
(%i17) wxdraw2d(explicit(f,x,-4,4),yrange=[-10,10]);
(%t17)
```

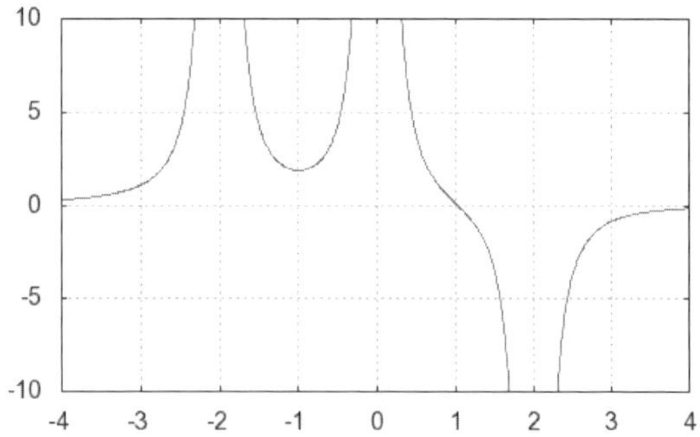

Unbestimmtes Integral

```
(%i18) integrate(f,x);
```

(%o18) $-\frac{1}{x+2}-\frac{1}{x}+\frac{1}{x-2}$

Bestimmtes Integral über einen Bereich *ohne* Polstellen

```
(%i19) integrate(f,x,3,4);
```

(%o19) $-\frac{23}{60}$

Bestimmtes Integral über einen Bereich *mit* Polstellen; der Hinweis *Principal Value* bedeutet, dass der *cauchysche Hauptwert* ausgegeben wird.

```
(%i20) integrate(f,x,-1,4);
Principal Value
```
(%o20) $\frac{5}{12}$

Divergentes Integral

```
(%i21) integrate(f,x,1,4);
defint: integral is divergent.
 -- an error. To debug this try: debugmode(true);
```

Setzen von `intanalysis` auf *false* liefert hier ein falsches Ergebnis.

```
(%i22) integrate(f,x,1,4),intanalysis=false;
```
(%o22) $\frac{29}{12}$

Unbestimmtes Integral über eine Funktion mit einer Wurzel

```
(%i23) integrate(1/(sqrt(x)+1),x);
```
(%o23) $2\left(\sqrt{x}+1\right)-2\log\left(\sqrt{x}+1\right)$

Das bestimmte Integral kann aus unerfindlichen Gründen nicht berechnet werden.

```
(%i24) integrate(1/(sqrt(x)+1),x,0,1);
```
(%o24) $\int_0^1 \frac{1}{\sqrt{x}+1}\,dx$

Erst das Setzen von `intanalysis` auf *false* ermöglicht die Berechnung des bestimmten Integrals.

```
(%i25) integrate(1/(sqrt(x)+1),x,0,1),intanalysis=false;
```
(%o25) $2-2\log(2)$

Berechnung des bestimmten Integrals mit `ldefint`

```
(%i26) ldefint(1/(sqrt(x)+1),x,0,1);
```
(%o26) $2-2\log(2)$

Hat der Integrand zusätzliche Variablen, so können bei der Berechnung des bestimmten Integrals Fallunterscheidungen notwendig sein, die interaktiv abgefragt werden. Dies ist insbesondere innerhalb von Programmen, die ja unabhängig von Benutzerabfragen automatisch ablaufen sollen, *nicht* wünschenswert. Durch zuvor getroffene Annahmen über den Wertebereich von Variablen mit `assume` (siehe Abschnitt 9.3.1) können solche Abfragen vermieden werden.

Rationaler Ausdruck mit einer zusätzlichen Variablen

```
(%i27) f:(x+b)/(x-b);
```
(%o27) $\frac{x+b}{x-b}$

Unbestimmtes Integral

```
(%i28) fi:integrate(f,x);
```
(%o28) $2\,b\log(x-b)+x$

Zur Ermittlung des *bestimmten* Integrals sind zusätzlich Angaben über den Wertebereich der unbestimmten Variablen notwendig.

```
(%i29) integrate(f,x,-2,2);
Is  b-2  positive, negative, or zero? n;
Is  b+2  positive, negative, or zero? p;
Principal Value
```
(%o29) $-2\,b\log(b+2)+2\log(2-b)\,b+4$

Werden für den Wertebereich von Variablen bestimmte Annahmen getroffen, ...

```
(%i30) assume(b<2,b>-2);
```
(%o30) $[b<2,\ b>-2]$

... so kann die Berechnung des bestimmten Integrals ohne zusätzliche Abfragen erfolgen.	`(%i31) integrate(f,x,-2,2);`
	 `Principal Value`
	 (%o31) $-2\, b \log\left(b+2\right)+2 \log\left(2-b\right) b+4$

Aufheben der Annahmen für einen bestimmten Wertebereich	`(%i32) forget(b<2,b>-2);` (%o32) $[b<2, b>-2]$

6.4.2 Numerische Integration

Quadpack ist eine Sammlung von Fortran-Programmen zur numerischen Berechnung bestimmter Integrale [Qua]. In Maxima ist eine Quadpack-Bibliothek enthalten; von den acht im Maxima-Manual [Max] dokumentierten Funktionen seien die zwei universellsten und für die meisten Integrationsaufgaben wohl ausreichenden Funktionen herausgegriffen:

Tabelle 6.7 Numerische Integration

`quad_qags`(*expr*, x, x_0, x_1)	Numerische Berechnung des bestimmten Integrals *expr* mit der Integrationsvariablen x zwischen den Grenzen x_0 und x_1
`quad_qagi`(*expr*, x, x_0, x_1)	Numerische Berechnung des bestimmten Integrals *expr* mit mindestens einer der Integrationsgrenzen x_0, x_1 im Unendlichen
`romberg`(*expr*, x, x_0, x_1)	Numerische Integration von *expr* nach dem Romberg-Verfahren

`quad_qags` ermittelt eine numerische Näherung für ein bestimmtes Integral mit *endlichem* Integrationsbereich, `quad_qagi` für ein bestimmtes Integral mit *unendlichem* Integrationsbereich, also mit mindestens einer Integrationsgrenze im Unendlichen. Das Ergebnis ist in beiden Fällen eine Liste mit folgenden Werten:

1. Numerische Näherungslösung des Integrals
2. Geschätzter absoluter Fehler
3. Anzahl der Auswertungen des Integranden
4. Fehlercode (0 wenn kein Fehler aufgetreten ist)

Mit zusätzlichen Systemvariablen kann die numerische Berechnung gesteuert werden, für Details sei auf das Maxima-Manual [Max] verwiesen.

Mit der Funktion `romberg` kann eine numerische Integration in einem endlichen Intervall nach dem *Romberg-Verfahren* durchgeführt werden. Der Vorteil dieser Funktion gegenüber `quad_qags` ist ihre einfachere Verwendung; von Nachteil ist, dass der Integrand auf dem gesamten Integrationsintervall definiert sein muss. Auch für `romberg` kann die Numerik mit zusätzlichen Systemvariablen gesteuert werden, Details siehe [Max].

Ein Integral, das nicht *analytisch* gelöst werden kann	(%i33) `integrate(sin(x)*exp(-x)/x,x,0,%pi);` (%o33) $\int_0^{\pi} \frac{\%e^{-x}\,\sin(x)}{x}\,dx$
Numerische Berechnung des bestimmten Integrals mit einer *Quadpack*-Routine	(%i34) `quad_qags(sin(x)*exp(-x)/x,x,0,%pi);` (%o34) $[0.791, 8.77805\ 10^{-15}, 21, 0]$
Numerische Lösung eines uneigentlichen Integrals mit einer Integrationsgrenze im Unendlichen	(%i35) `quad_qagi(sin(x)*exp(-x)/x,x,0,inf);` (%o35) $[0.785, 5.46058\ 10^{-10}, 165, 0]$
Laden des Pakets *romberg*	(%i36) `load(romberg);` (%o36) *C:/Programme/Maxima-5.27.0/share/maxima/...*
Numerische Berechnung eines bestimmten Integrals mit dem *Romberg*-Verfahren	(%i37) `romberg(sin(x)*exp(-x)/x,x,1e-5,%pi);` (%o37) 0.791

6.5 Differenzialgleichungen

Maxima kann gewöhnliche Differenzialgleichungen erster und zweiter Ordnung analytisch lösen; dass tatsächlich eine Lösung gefunden wird, kann grundsätzlich nicht gewährleistet sein. Zur Lösung von *linearen* Differenzialgleichungen mit konstanten Koeffizienten steht die Laplace-Transformation zu Verfügung. Das Maxima-Zusatzpaket *dynamics* enthält eine Funktion zur *numerischen* Lösung eines Systems von (nichtlinearen) Differenzialgleichungen nach dem *Runge-Kutta-Verfahren.*

6.5.1 Analytische Lösung

`ode2` versucht, eine gewöhnliche Differenzialgleichung erster oder zweiter Ordnung zu lösen. Das Ergebnis ist eine explizite oder implizite Lösung für die abhängige Variable. Bei einer impliziten Lösung kann versucht werden, das Ergebnis mit `solve` nach der abhängigen Variablen aufzulösen. Wird keine Lösung gefunden, so ist das Ergebnis *false*. Die Integrationskonstanten erhalten die Namen `%c` für Differenzialgleichungen erster Ordnung bzw. `%k1` und `%k2` für Differenzialgleichungen zweiter Ordnung.

`ic1` und `ic2` lösen die Anfangswertaufgabe für die Lösung einer Differenzialgleichung erster bzw. zweiter Ordnung. Die Anfangswerte für die unabhängige Variable, die abhängige Variable und – bei Gleichungen zweiter Ordnung – deren Ableitung sind als Argumente in Form von Gleichungen anzugeben.

`bc2` löst die Randwertaufgabe für die Lösung einer Differenzialgleichung zweiter Ordnung, mit der Angabe der Randwerte ebenfalls in Form von Gleichungen.

Tabelle 6.8 Analytische Lösung von Differenzialgleichungen

`ode2(`*eqn*`,` *x*`,` *t*`)`	Lösung der gewöhnlichen Differenzialgleichung *eqn* erster oder zweiter Ordnung mit der abhängigen Variablen x und der unabhängigen Variablen t
`ic1(`*sol*`,` *eqt*`,` *eqx*`)`	Lösung der Anfangswertaufgabe für die Lösung *sol* einer Differenzialgleichung erster Ordnung *eqn* mit den Gleichungen *eqt* und *eqx* für die Anfangswerte der unabhängigen bzw. abhängigen Variablen
`ic2(`*sol*`,` *eqt*`,` *eqx*`,` *eqdx*`)`	Lösung der Anfangswertaufgabe für die Lösung *sol* einer Differenzialgleichung zweiter Ordnung mit den Gleichungen *eqt* und *eqx* für die Anfangswerte der unabhängigen bzw. abhängigen Variablen und der Anfangssteigung *eqdx*
`bc2(`*sol*`,` eqt_1`,` eqx_1`,` eqt_2`,` eqx_2`)`	Lösung der Randwertaufgabe für die Lösung *sol* einer Differenzialgleichung zweiter Ordnung mit den Gleichungen eqt_1, eqx_1, eqt_2, eqx_2 für die Randwerte der unabhängigen bzw. abhängigen Variablen
`desolve(`*eqnlist*`,` *varlist*`)`	Lösung eines Systems von linearen Differenzialgleichungen in der Liste *eqnlist* nach den Variablen in der Liste *varlist*
`atvalue(`$x(t)$`,` t=t_0`,` *val*`)`	Zuweisen eines Wertes *val* einer Funktion $x(t)$ an der Stelle $t = t_0$; statt der Funktion $x(t)$ kann auch eine symbolische Ableitung (mit `diff`) verwendet werden.
`printprops(`*x*`,atvalue)`	Ausgabe der mit `atvalue` festgelegten Werte der Funktion x

In den folgenden Beispielen wird für die unabhängige Variable immer die Zeit t angenommen, für die abhängige Variable x. Die abhängige Variable kann in der Differenzialgleichung sowohl als reine Variable `x` angegeben werden als auch als Funktion $x(t)$

Differenzialgleichung erster Ordnung für die logistische Funktion

```
(%i1) g1:'diff(x,t)=k*x*(G-x);
```

(%o1) $\frac{d}{d\,t}\,x = k\,x\,(G-x)$

Lösung der Differenzialgleichung

```
(%i2) res1:ode2(g1,x,t);
```

(%o2) $-\frac{\log(x-G)-\log(x)}{k\,G} = t + \%c$

Lösung der Anfangswertaufgabe

```
(%i3) aw1:ic1(res1,t=0,x=x0);
```

(%o3) $-\frac{\log(x-G)-\log(x)}{k\,G} = \frac{k\,t\,G-\log(x0-G)+\log(x0)}{k\,G}$

Auflösen des Ergebnisses nach der abhängigen Variablen

```
(%i4) sol1:solve(map(exp,logcontract(aw1)),x);
```

(%o4) $[x = \frac{x0\,G\,\%e^{k\,t\,G}}{x0\,\%e^{k\,t\,G} + G - x0}]$

Kontrolle der Lösung durch Einsetzen in die Differenzialgleichung

```
(%i5) ratsimp(ev(lhs(g1)-rhs(g1),sol1,diff));
(%o5) 0
```

Laden des Grafikpakets *Draw* und Setzen geeigneter Defaultwerte

```
(%i6) load(draw);
      set_draw_defaults(point_type=7,point_size=2,
         color=red,grid=true,xaxis=true,yaxis=true)$
```

Darstellung der logistischen Funktion und des gegebenen Anfangswertes

```
(%i8) wxdraw2d(yrange=[-1,6],points([[0,1]]),
      explicit(ev(x,sol1,G=5,k=1,x0=1,eval),t,-1,2))$
(%t8)
```

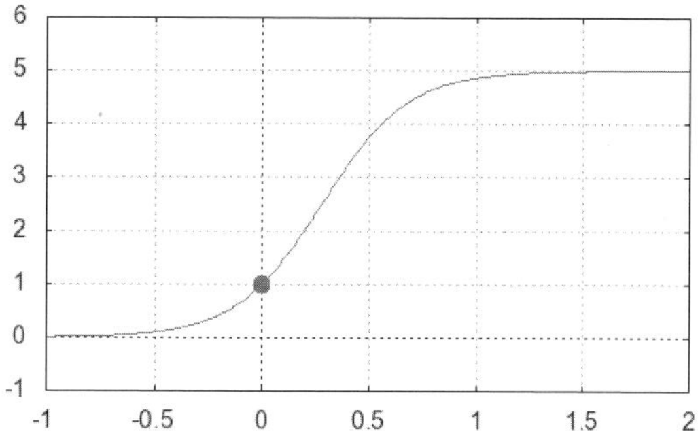

Differenzialgleichung zweiter Ordnung

```
(%i9) g2: 'diff(x,t,2) + 2*'diff(x,t)+5*x = 3;
```

(%o9) $\frac{d^2}{d\,t^2}\,x + 2\left(\frac{d}{d\,t}\,x\right) + 5\,x = 3$

Lösung der Differenzialgleichung

```
(%i10) res2:ode2(g2,x,t);
```

(%o10) $x = \%e^{-t}\left(\%k1\,\sin(2\,t) + \%k2\,\cos(2\,t)\right) + \frac{3}{5}$

Lösung der *Anfangs*wertaufgabe für $x(0) = 0$ und $\dot{x}(0) = 0$

```
(%i11) resic:ic2(res2,t=0,x=0,'diff(x,t)=0);
```

(%o11) $x = \%e^{-t}\left(-\frac{3\,\sin(2\,t)}{10} - \frac{3\,\cos(2\,t)}{5}\right) + \frac{3}{5}$

Lösung der *Rand*wertaufgabe für $x(0) = 2/5$ und $\dot{x}(2) = 3/5$

```
(%i12) resbc:bc2(res2,t=0,x=2/5,t=2,x=3/5);
```

(%o12) $x = \%e^{-t}\left(\frac{\cos(4)\,\sin(2\,t)}{5\,\sin(4)} - \frac{\cos(2\,t)}{5}\right) + \frac{3}{5}$

Grafische Darstellung der Lösungen der Anfangswertaufgabe (Rot) und der Randwertaufgabe (Blau)

```
(%i13) wxdraw2d(explicit(ev(x,resic),t,-1,5),
       points([[0,0]]),color=blue,
       explicit(ev(x,resbc),t,-1,5),
       points([[0,0.4],[2,0.6]]),yrange=[-0.2,1])$
(%t13)
```

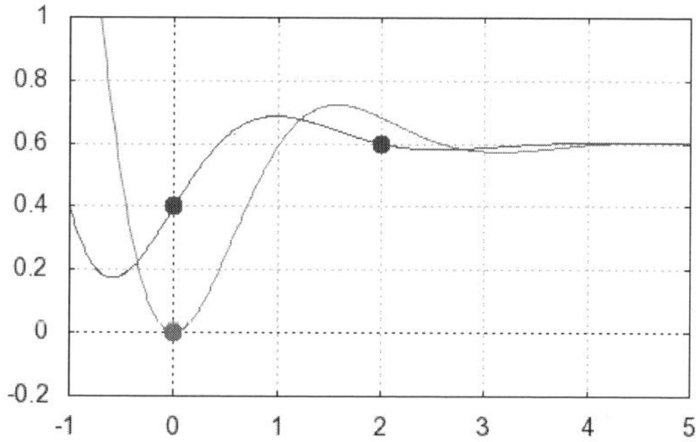

Ein System mehrerer *linearer* Differenzialgleichungen kann mit dem Befehl desolve gelöst werden. Intern wird dabei das Gleichungssystem mit Hilfe der Laplace-Transformation gelöst, was aber für den Benutzer unerheblich ist. Die abhängigen Variablen sind dabei (im Gegensatz zu ode2) jedenfalls als *Funktionen* anzugeben, also in Form von $x(t)$, $y(t)$ etc.

Die Anfangswerte, die desolve symbolisch in der Form $x(0)$, $y(0)$ etc. ausgibt, können mit atvalue festgelegt werden. Eine Übersicht, welche Startwerte für eine Variable x und deren Ableitungen mit atvalue festgelegt wurden, liefert der Befehl printprops(*x*,atvalue).

Zwei lineare Differenzialgleichungen zweiter Ordnung mit zwei abhängigen Variablen $x(t)$ und $y(t)$

```
(%i14) g1:'diff(x(t),t)+x(t)-y(t)=cos(t);
       g2:'diff(y(t),t)-x(t)+y(t)=sin(t);
```

(%o14) $\frac{d}{d\,t}x(t)-y(t)+x(t)=\cos(t)$

(%o15) $\frac{d}{d\,t}y(t)+y(t)-x(t)=\sin(t)$

Lösen des Differenzialgleichungssystems

```
(%i16) desolve([g1,g2],[x(t),y(t)]);
```

(%o16) $[x(t)=\frac{2\sin(t)}{5}-\frac{\cos(t)}{5}-\frac{(5\,y(0)-5\,x(0)+3)\,\%e^{-2\,t}}{10}+\frac{y(0)+x(0)+1}{2},\ y(t)=\frac{3\sin(t)}{5}-\frac{4\cos(t)}{5}+\frac{(5\,y(0)-5\,x(0)+3)\,\%e^{-2\,t}}{10}+\frac{y(0)+x(0)+1}{2}]$

Festlegen von Anfangswerten mit atvalue

```
(%i17) atvalue(x(t),t=0,0);
       atvalue(diff(y(t),t),t=0,0);
       atvalue(y(t),t=0,0);
(%o17) 0
(%o18) 0
(%o19) 0
```

Ausgabe der festgelegten Werte für die Variable $x(t)$

```
(%i20) printprops(x,atvalue);
```

$x(0)=0$

(%o20) *done*

Ausgabe der festgelegten Werte für die Variable $y(t)$

```
(%i21) printprops(y,atvalue);
```

$y(0)=0$

$\left.\frac{d}{d\,@1}y(@1)\right|_{[@1=0]}=0$

(%o21) *done*

Lösung mit Einbeziehung der Anfangswertaufgabe

```
(%i22) res:desolve([g1,g2],[x(t),y(t)]);
```

(%o22) $[x(t)=\frac{2\sin(t)}{5}-\frac{\cos(t)}{5}-\frac{3\,\%e^{-2\,t}}{10}+\frac{1}{2},\ y(t)=\frac{3\sin(t)}{5}-\frac{4\cos(t)}{5}+\frac{3\,\%e^{-2\,t}}{10}+\frac{1}{2}]$

Kontrolle der Lösungen durch Einsetzen in die Differenzialgleichungen

```
(%i23) ratsimp(ev([g1,g2],res,diff));
```

(%o23) $[\cos(t)=\cos(t),\ \sin(t)=\sin(t)]$

Grafische Darstellung der Lösungen $x(t)$ (Rot) und $y(t)$ (B au)

```
(%i24) wxdraw2d(explicit(rhs(res[1]),t,0,20),
       color=blue,explicit(rhs(res[2]),t,0,20),
       yrange=[-1,2]);
(%t24)
```

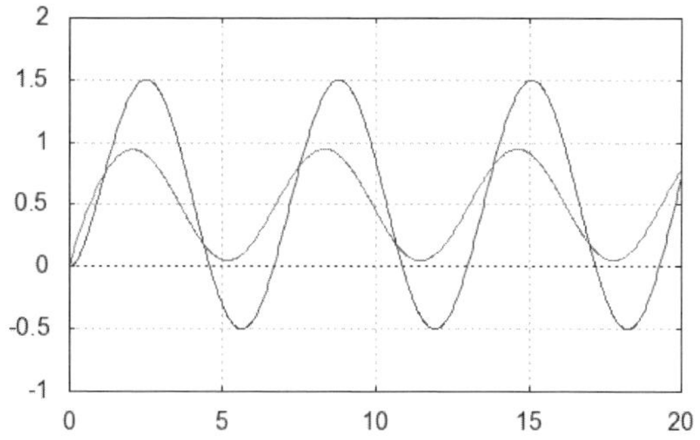

6.5.2 Laplace-Transformation

Ein dynamisches System, auf das eine Eingangsgröße $u(t)$ einwirkt und das darauf mit einer Ausgangsgröße $x(t)$ reagiert, wird mathematisch durch eine Differenzialgleichung beschrieben. Dabei ist die Eingangsgröße $u(t)$ vorgegeben, die Ausgangsgröße $x(t)$ ist die gesuchte Lösung der Differenzialgleichung.

In der Systemtheorie, die auch die Grundlage für die Regelungstechnik bildet, werden lineare Systeme üblicherweise im Laplace-Bereich beschrieben [Zak], [Haa]. Durch Laplace-Transformation wird eine lineare Differenzialgleichung (mit konstanten Koeffizienten) in eine gewöhnliche Gleichung umgewandelt; diese ist linear in der zu berechnenden Ausgangsgröße. Eingangs- und Ausgangsgröße hängen darin nicht mehr von der Zeit t ab, sondern von einer (auf den ersten Blick ziemlich abstrakt erscheinenden) Laplace-Variablen, meist mit s bezeichnet. Die Größen werden im Laplace-Bereich üblicherweise mit Großbuchstaben bezeichnet, also $U(s)$ für die Eingangsgröße und $X(s)$ für die Ausgangsgröße.

Die Differenzialgleichung wird in den Laplace-Bereich transformiert, indem $x(t)$ durch eine noch unbekannte Funktion $X(s)$ ersetzt wird. Dabei wird jede Zeitableitung durch eine Multiplikation mit s ersetzt. Die vorgegebene Eingangsgröße u(t) wird mit der Maxima-Funktion `laplace` in den Laplace-Bereich transformiert. Zusätzliche Argumente der Funktion `laplace` sind die Zeitvariable und die Laplace-Variable, die zwar üblicherweise mit t bzw. s bezeichnet werden, aber grundsätzlich beliebige Namen haben könnten.

Im Laplace-Bereich ist das Verhältnis der Ausgangsgröße $X(s)$ zur Eingangsgröße $U(s)$ ein gebrochen rationaler Ausdruck in der Laplace-Variablen s, die sogenannte Übertragungsfunk-

$$X(s) = G(s) \cdot U(s)$$

Bild 6.1 Ein dynamisches System im Zeitbereich (links) und im Laplace-Bereich (rechts)

Tabelle 6.9 Laplace-Transformation

`laplace(`*expr*, *tvar*, *lvar*`)`	Transformation des Ausdrucks *expr* mit der Zeitvariablen *tvar* in den Laplace-Bereich mit der Laplace-Variablen *lvar*
`ilt(`*expr*, *svar*, *tvar*`)`	Rücktransformation des Ausdrucks *expr* mit der Laplace-Variablen *svar* in den Zeitbereich mit der Zeitvariablen *tvar*

tion $G(s)$. Die Ausgangsgröße $X(s)$ erhält man somit durch bloße Multiplikation der Eingangsgröße $U(s)$ mit der Übertragungsfunktion $G(s)$ (Bild 6.1).

Die Ausgangsgröße $x(t)$ im Zeitbereich erhält man durch die Laplace-Rücktransformation mit der Maxima-Funktion `ilt`; zusätzliche Parameter sind die Laplace-Variable (üblicherweise s) und die Zeitvariable (üblicherweise t). Eine Rücktransformation in den Zeitbereich ist aber häufig gar nicht notwendig, da sehr viele Systemeigenschaften direkt im Laplace-Bereich erkannt werden können, beispielsweise das Stationärverhalten oder die Stabilität des Systems.

Übertragungsfunktion eines schwingungsfähigen dynamischen Systems zweiter Ordnung, ein sogenanntes PT2

```
(%i25) G:100/(s^2+2*s+100);
```

(%o25) $\frac{100}{s^2+2\,s+100}$

Konstante (eigentlich sprungförmige) Eingangsgröße

```
(%i26) u1:1;
(%o26) 1
```

Transformation der Eingangsgröße in den Laplace-Bereich

```
(%i27) U1:laplace(u1,t,s);
```

(%o27) $\frac{1}{s}$

Berechnung der Ausgangsgröße des Systems im Laplace-Bereich als Reaktion auf die sprungförmige Eingangsgröße

```
(%i28) X1:U1*G;
```

(%o28) $\frac{100}{s\left(s^2+2\,s+100\right)}$

Rücktransformation der Ausgangsgröße in den Zeitbereich

```
(%i29) x1:ilt(X1,s,t);
```

(%o29) $\%e^{-t}\left(-\frac{\sin\left(3\sqrt{11}\,t\right)}{3\sqrt{11}}-\cos\left(3\sqrt{11}\,t\right)\right)+1$

Sinusförmige Eingangsgröße

```
(%i30) u2:sin(15*t);
```

(%o30) $\sin\left(15\,t\right)$

Transformation der Eingangsgröße in den Laplace-Bereich

```
(%i31) U2:laplace(u2,t,s);
```

(%o31) $\frac{15}{s^2+225}$

Berechnung der Ausgangsgröße des Systems im Laplace-Bereich als Reaktion auf die sinusförmige Eingangsgröße

```
(%i32) X2:U2*G;
```

(%o32) $\frac{1500}{\left(s^2+225\right)\left(s^2+2\,s+100\right)}$

Rücktransformation der Ausgangsgröße in den Zeitbereich

```
(%i33) x2:ilt(X2,s,t);
```

(%o33) $\%e^{-t}\left(\frac{2540\sin\left(3\sqrt{11}\,t\right)}{661\sqrt{11}}+\frac{120\cos\left(3\sqrt{11}\,t\right)}{661}\right)-\frac{500\sin\left(15\,t\right)}{661}-\frac{120\cos\left(15\,t\right)}{661}$

Grafische Darstellung der Ausgangsgrößen des Systems bei konstanter Anregung (Rot) und sinusförmiger Anregung (Blau)

```
(%i34) wxdraw2d(explicit(x1,t,0,5),color=blue,
       explicit(x2,t,0,5),yrange=[-2,2])$
```

(%t34)

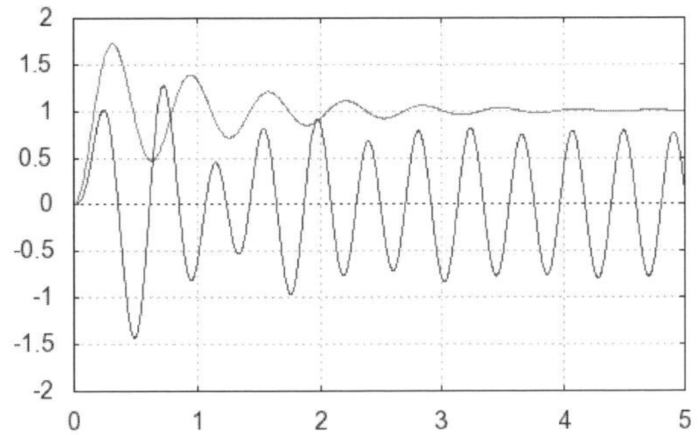

Bei Übertragungsfunktionen höherer als zweiter Ordnung versagt die Laplace-Rücktransformation mit `ilt` im Allgemeinen. Abhilfe schafft die numerische Zerlegung des Nennerpolynoms der Übertragungsfunktion in lineare und quadratische Faktoren mit der Funktion `allroots` (mit der Systemvariablen `polyfactor` auf *true* gesetzt, siehe Abschnitt 5.7.1). In diesem Fall darf der Nenner der Übertragungsfunktion aber außer s keine weiteren Variablen enthalten, alle Koeffizienten des Nennerpolynoms müssen Zahlenwerte sein.

Übertragungsfunktion dritter Ordnung, für die eine Rücktransformation gelingt

```
(%i35) G1:1/(s^3+2*s^2+2*s+1);
```

(%o35) $\frac{1}{s^3+2\,s^2+2\,s+1}$

```
(%i36) ilt(G1,s,t);
```

(%o36) $\%e^{-\frac{t}{2}}\left(\frac{\sin\left(\frac{\sqrt{3}\,t}{2}\right)}{\sqrt{3}}-\cos\left(\frac{\sqrt{3}\,t}{2}\right)\right)+\%e^{-t}$

Übertragungsfunktion dritter Ordnung, für die eine Rücktransformation *nicht* gelingt

```
(%i37) G2:1/(s^3+2*s^2+3*s+1);
```

(%o37) $\frac{1}{s^3+2\,s^2+3\,s+1}$

```
(%i38) ilt(G2,s,t);
```

(%o38) $\mathrm{ilt}\left(\frac{1}{s^3+2\,s^2+3\,s+1},s,t\right)$

Wird der Nenner faktorisiert, ...

```
(%i39) G2:1/ev(allroots(denom(G2)),polyfactor=true);
```

(%o39) $\frac{1.0}{\left(s+0.43\right)\left(s^2+1.5698\,s+2.3247\right)}$

... so gelingt die Rücktransformation auch bei Übertragungsfunktionen höherer Ordnung.

```
(%i40) expand(ev(ilt(G2,s,t),numer,ratprint=false));
```

(%o40) $-0.148\,\%e^{-0.785\,t}\sin\left(1.3071\,t\right)-0.545\,\%e^{-0.785\,t}\cos\left(1.3071\,t\right)+0.545\,\%e^{-0.43\,t}$

6.5.3 Numerische Lösung (Simulation)

Zur numerischen Lösung von Differenzialgleichungen stellt Maxima mit der Funktion `rk` das Verfahren nach *Runge-Kutta* zur Verfügung, ein Standardverfahren in der numerischen Mathematik. Vor der erstmaligen Verwendung ist das Zusatzpaket *dynamics* zu laden.

Häufig beschreiben die Differenzialgleichungen ein physikalisches – beispielsweise ein elektrisches, mechanisches oder thermisches – System mit der Zeit t als unabhängige Variable. In diesem Fall spricht man von der *Simulation* eines dynamischen Systems.

Eine Differenzialgleichung höherer Ordnung wird durch Einführen von Zwischengrößen in ein System von Differenzialgleichungen erster Ordnung umgewandelt. Anschließend wird das System der Differenzialgleichungen erster Ordnung in die sogenannte *Zustandsraumdarstellung* umgeformt. Darin stehen auf den linken Seiten der Gleichungen jeweils nur eine erste Ableitung einer Variablen dx_i/dt, die rechten Seiten sind Funktionen f_i in Abhängigkeit aller Variablen x_i, üblicherweise auch von zusätzlichen Eingangsgrößen u_i, die von außen auf das System einwirken, manchmal auch direkt von der Zeit t:

$$\begin{aligned}
\frac{dx_1}{dt} &= f_1(x_1,\ldots x_n, u_1,\ldots u_k, t)\\
\frac{dx_2}{dt} &= f_2(x_1,\ldots x_n, u_1,\ldots u_k, t)\\
&\vdots\\
\frac{dx_n}{dt} &= f_n(x_1,\ldots x_n, u_1,\ldots u_k, t)
\end{aligned}$$

Argumente für die Funktion `rk` sind Listen mit den rechten Seiten der Zustansgleichungen, den Namen der Variablen sowie mit deren Anfangswerten. Besteht das System nur aus einer einzigen Differenzialgleichung, so müssen die einzelnen Werte *nicht* in einer Liste angegeben werden.

Zusätzliches Argument ist eine Liste bestehend aus der unabhängigen Variablen (üblicherweise die Zeit t), dem Anfangswert t_{anf} (meist 0), dem Endwert t_{end} (üblicherweise die Simulati-

Tabelle 6.10 Numerische Lösung von Differenzialgleichungen

`rk(`*eqns*, *vars*, *inits*, *domain*`)`	Numerische Lösung eines Differenzialgleichungssystems nach Runge-Kutta mit folgenden Argumenten (alles Listen):		
	eqns	...	Differenzialgleichungen erster Ordnung (rechte Seiten der Zustandsgleichungen)
	vars	...	Abhängige Variablen
	inits	...	Startwerte
	domain	...	Festlegung der unabhängigen Variablen mit einer Liste aus vier Elementen: Name, Startwert, Endwert, Schrittweite

onsdauer t_{end}) und der Schrittweite der Berechnung δt:

$$[t, t_{\text{anf}}, t_{\text{end}}, \delta t]$$

Das Ergebnis ist eine doppelt geschachtelte Liste; jedes Listenelement ist eine Liste bestehend aus dem entsprechenden Zeitwert t und den zugehörigen Zustandsgrößen x_i.

Das folgende Beispiel zeigt die Simulation des Lorenz-Systems, eines nichtlinearen Systems dreier Differenzialgleichungen erster Ordnung mit folgenden Zustandsgleichungen (mit Punktnotation für Zeitableitungen):

$$\begin{aligned} \dot{x} &= 10\,(y-x) \\ \dot{y} &= 28\,x-y-x\,z \\ \dot{z} &= x\,y-8/3\,z \end{aligned}$$

Dieses Gleichungssystem stellt ein stark vereinfachtes Modell für das Wettergeschehen dar, das von EDWARD N. LORENZ in den Sechzigerjahren des vorigen Jahrunderts formuliert wurde. Das Besondere an diesem System ist, dass es *chaotisch* ist und eine oszillierende, aber nichtperiodische Bewegung vollführt [Seif].

System dreier nichtlinearer Differenzialgleichungen in den Variablen x, y und z (Lorenz-System)

```
(%i41) g1:10*(y-x);
       g2:28*x-y-x*z;
       g3:x*y-8/3*z;
```

(%o41) $10\,(y-x)$

(%o42) $-x\,z-y+28\,x$

(%o43) $x\,y-\frac{8\,z}{3}$

Numerische Lösung der Differenzialgleichungen mit dem Runge-Kutta-Verfahren

```
(%i44) res1:rk([g1,g2,g3],[x,y,z],[7,10,18],
          [t,0,25,0.01])$
```

Das Ergebnis, eine geschachtelte Liste, wird in vier einzelne Listen zerlegt.

```
(%i45) lit:map(first,res1)$
       lix:map(second,res1)$
       liy:map(third,res1)$
       liz:map(fourth,res1)$
```

Setzen geeigneter Grafikoptionen als Defaultwerte

```
(%i49) set_draw_defaults(point_type=0,point_size=0,
       points_joined=true,color=red,grid=true);
```

(%o49) [*point_type* = 0 , *point_size* = 0 , *points_joined* = true , *color* = *red* , *grid* = true]

Darstellung der Variablen x (Rot), y (Blau) und z (Grün) in Abhängigkeit von der Zeit t

```
(%i50) wxdraw2d(points(lit,lix),color=blue,
       points(lit,liy),color=green,points(lit,liz))$
(%t50)
```

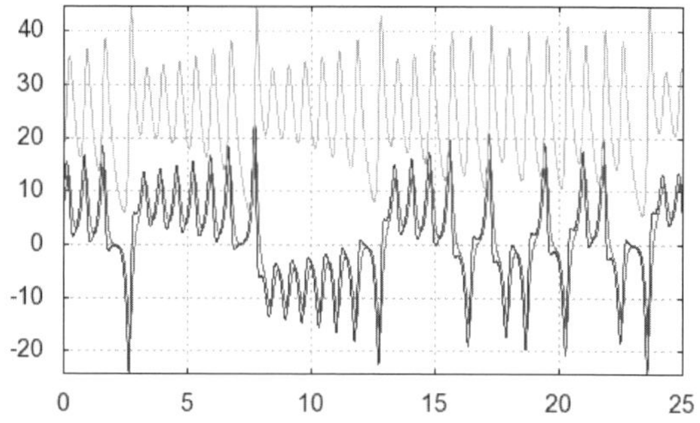

Parameterdarstellung der Lösung in der xz-Ebene

```
(%i51) wxdraw2d(points(lix,liz))$
(%t51)
```

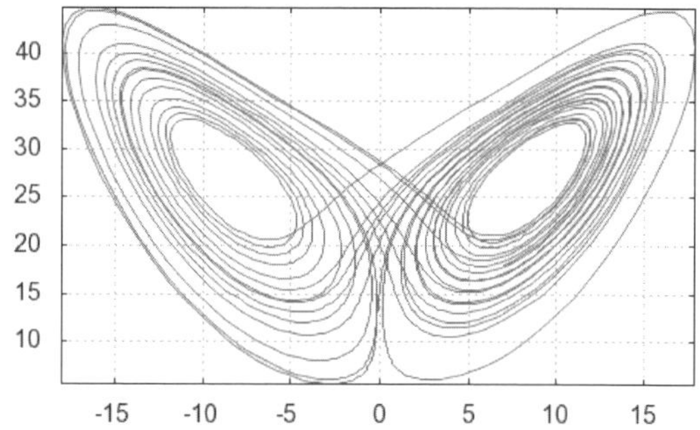

Die rechten Seiten der Zustandsgleichungen können auch *Bedingungen* enthalten (siehe Abschnitt 9.2.1); damit können in die Simulation (zumindest in gewissem Ausmaß) *Ereignisse* eingebaut werden und zwar sowohl

- Zeitereignisse („time events") als auch
- Zustandsereignisse („state events").

Damit wird die Funktion `rk` auch für technische Simulationen, bei denen *Ereignisse* üblicherweise eine bedeutende Rolle spielen, ein brauchbares Werkzeug.

Zu beachten ist dabei, dass die Reihenfolge der Bedingungen in den Zustandsgleichungen von Bedeutung sein kann. Außerdem sind die Zustandsgleichungen durch den Quote-Operator vor einer vorzeitigen Auswertung zu schützen. Aus Rechenzeitgründen werden die Zustandsgleichungen innerhalb der Funktion `rk` bei deren Aufruf mit der Funktion `translate` in Maschinencode übersetzt. Dabei auftretende Warnmeldungen über nicht definierte Variablen können durch Setzen der Systemvariablen `tr_warn_undefined_variable` auf *false* ausgeschaltet werden.

Das folgende Beispiel zeigt die Simulation der Temperaturregelung eines thermischen Systems, das durch eine Differenzialgleichung erster Ordnung beschrieben wird (Bild 6.2); mit der Ausgangsgröße $x(t)$, welche die Temperatur darstellt, und der Eingangsgröße $u(t)$, die der Heizleistung entspricht:

$$\dot{x}(t) = 5\,u(t) - x(t)$$

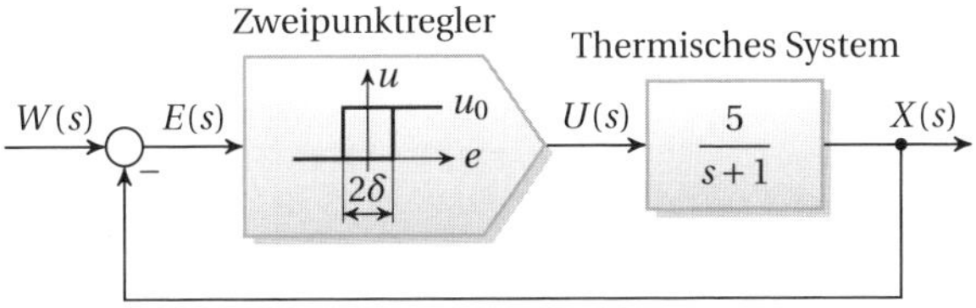

Bild 6.2 Thermisches System mit Zweipunktregler

Das entspricht folgender Übertragungsfunktion:

$$G(s) = \frac{X(s)}{U(s)} = \frac{5}{1+s}$$

Die Eingangsgröße $u(t)$, die sogenannte *Stellgröße*, wird von einem Zweipunktregler (Thermostat) geliefert, der in Abhängigkeit von der Regelabweichung

$$e(t) = w(t) - x(t) \quad \text{(Sollwert – Istwert)}$$

einen konstanten Wert u ausgibt:

$$u = \begin{cases} 1, \text{ wenn die Regelabweichung } w - x \text{ den Wert } \delta \text{ \textit{über}schreitet,} \\ 0, \text{ wenn die Regelabweichung } w - x \text{ den Wert } -\delta \text{ \textit{unter}schreitet.} \end{cases}$$

Der Sollwert $w(t)$ hat abschnittsweise konstante Werte:

$$w = \begin{cases} 0 \text{ für } t < 2 \\ 4 \text{ für } 2 \le t \le 6 \\ 2 \text{ für } t > 6 \end{cases}$$

Mit einem Trick gelingt auch die Ausgabe des Stellgrößenverlaufs $u(t)$: Bei jedem Aufruf der Zustandsgleichung wird u (gemeinsam mit der Zeit t) an das Ende einer Liste geschrieben, das (ebenso wie x) als *points*-Objekt geplottet werden kann. Dass dabei das Gleichungssystem in jedem Zeitschritt mehrmals aufgerufen wird und die Liste daher für jeden Zeitschritt mehrere gleiche Werte enthält, ist für das Aussehen der Verläufe unerheblich.

Initialisierung der Liste mit den Stellgrößenwerten

```
(%i52) uwerte:[];
(%o52) []
```

Startwert für die Stellgröße

```
(%i53) u:0;
(%o53) 0
```

Zustandsgleichung des thermischen Systems mit zeitabhängigen Ereignissen (Änderung von w) und zustandsabhängigen Ereignissen (Änderung von u durch den Zweipunkt-Temperaturregler)

```
(%i54) steq:'(
       w:w1,
       if t>6 then w:w2,
       if t<2 then w:0,
       if w-x > delta then u:1,
       if w-x < -delta then u:0,
       uwerte:endcons([t,u],uwerte),
       5*u-x);
(%o54)  ( w : w1 , if  t>6  then  w : w2  , if  t<2
then  w : 0  , if  w - x>δ  then  u : 1  , if  w - x< -δ
then  u : 0  , uwerte : endcons( [ t , u ] , uwerte ), 5 u -
x )
```

Festlegen zweier Sollwerte w_1, w_2 und einer Hysteresebreite δ

```
(%i55) [w1:4,w2:2,delta:0.3];
(%o55) [4 , 2 , 0.3]
```

Ausschalten unbedeutender Warnmeldungen der von `rk` intern aufgerufenen Funktion `translate`

```
(%i56) tr_warn_undefined_variable:false;
(%o56) false
```

Berechnung des Zeitverlaufs der Temperatur x

```
(%i57) xwerte:rk(steq,x,0,[t,0,10,0.01])$
```

Darstellung der Zeitverläufe der Temperatur $x(t)$ (Rot) und der Stellgröße $u(t)$ (Blau)

```
(%i58) wxdraw2d(points(xwerte),color=blue,
       points(uwerte),yrange=[-1,5])$
(%t58)
```

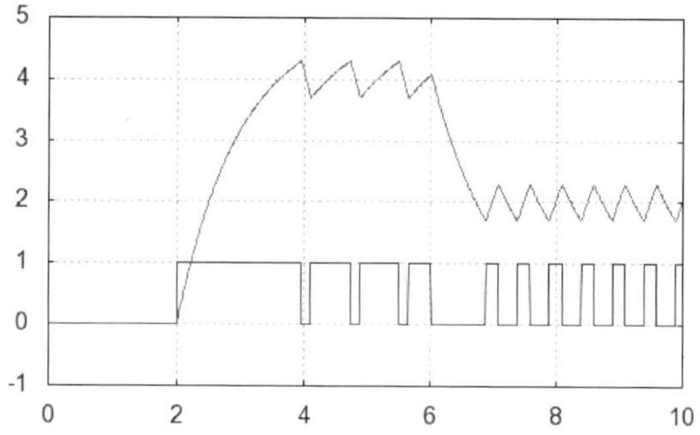

6.6 Vektoranalysis

Die Vektoranalysis beschäftigt sich mit der Differenzial- und Integralrechnung von Vektorfunktionen. Als Werkzeug zur Beschreibung von Skalarfeldern und Vektorfeldern bildet sie auch die mathematische Grundlage der Elektrodynamik [Sim], [Kling].

Die Funktion `jacobian` berechnet die Jacobimatrix; das ist die Matrix der partiellen Ableitungen von Funktionen $f_1, \ldots f_m$ nach den unabhängigen Variablen $x_1, \ldots x_n$ (siehe Abschnitt 3.2.1). Sie kann als Ableitung eines Vektors $\mathbf{f}$ mit den Komponenten $f_1, \ldots f_m$ nach einem Vektor $\mathbf{x}$ mit den Komponenten $x_1, \ldots x_n$ angesehen werden:

$$\frac{d\mathbf{f}}{d\mathbf{x}} = \begin{pmatrix} \frac{\partial f_1}{\partial x_1} & \cdots & \frac{\partial f_1}{\partial x_n} \\ \frac{\partial f_2}{\partial x_1} & \cdots & \frac{\partial f_2}{\partial x_n} \\ \vdots & & \vdots \\ \frac{\partial f_m}{\partial x_1} & \cdots & \frac{\partial f_m}{\partial x_n} \end{pmatrix}$$

Die Argumente von `jacobian` sind *Listen* mit den Komponenten der Funktionen $f_1, \ldots f_m$ und den unabhängigen Variablen $x_1, \ldots x_n$; das Ergebnis ist eine *Matrix*. Sonderfälle der Jacobimatrix sind die Ableitung eines Vektors $\mathbf{f}$ nach einem Skalar x, die einen *Spaltenvektor* als Ergebnis liefert sowie die Ableitung eines Skalars f nach einem Vektor $\mathbf{x}$, die einen *Zeilenvektor* als Ergebnis liefert.

Tabelle 6.11 Vektoranalysis

jacobian([$f_1,\dots f_m$],[$x_1,\dots x_n$])	Jacobimatrix der Funktionen $f_1,\dots f_m$ nach den Variablen $x_1,\dots x_n$
grad(f)	Gradient der Skalarfunktion f in den Variablen x, y, z
div([f_x, f_y, f_z])	Divergenz der Vektorfunktion $\mathbf{f}=[f_x, f_y, f_z]$
curl([f_x, f_y, f_z])	Rotation der Vektorfunktion $\mathbf{f}=[f_x, f_y, f_z]$
laplacian(f)	Laplace-Operator, angewendet auf die Skalarfunktion f in den Variablen x, y, z
express(op)	Auflösen des Differenzialoperators op in Ausdrücke mit partiellen Ableitungen nach x, y, z

Ableitung einer symbolischen vektorwertigen Funktion nach einem Vektor

```
(%i1) jacobian([f1(x,y,z),f2(x,y,z)],[x,y,z]);
```

$$(\%o1)\quad \begin{bmatrix} \frac{d}{d\,x}\,f1(x,y,z) & \frac{d}{d\,y}\,f1(x,y,z) & \frac{d}{d\,z}\,f1(x,y,z) \\ \frac{d}{d\,x}\,f2(x,y,z) & \frac{d}{d\,y}\,f2(x,y,z) & \frac{d}{d\,z}\,f2(x,y,z) \end{bmatrix}$$

Die Ableitung eines Vektors nach einem Skalar ergibt einen Spaltenvektor.

```
(%i2) jacobian([x**2,2*x+b,sqrt(x-1)],[x]);
```

$$(\%o2)\quad \begin{bmatrix} 2\,x \\ 2 \\ \frac{1}{2\,\sqrt{x-1}} \end{bmatrix}$$

Definition einer *skalar*wertigen Funktion eines Vektors

```
(%i3) f:x^3+y^2-x*y*z;
```

$$(\%o3)\quad -x\,y\,z+y^2+x^3$$

Die Ableitung eines Skalars nach einem Vektor ergibt einen Zeilenvektor.

```
(%i4) jacobian([f],[x,y,z]);
```

$$(\%o4)\quad \begin{bmatrix} 3\,x^2-y\,z & 2\,y-x\,z & -x\,y \end{bmatrix}$$

Das Zusatzpaket *vect* entält unter anderem die Differenzialoperatoren *Gradient*, *Divergenz*, *Rotation* und *Laplace* in kartesischen Koordinaten. Dabei sind drei Dinge besonders zu beachten:

- Die drei unabhängigen Variablen heißen immer x, y und z – im Gegensatz zur Jacobimatrix, die beliebig viele Variablen mit beliebigen Namen enthalten kann.
- Sowohl die Argumente als auch die Ergebnisse der Differenzialoperatoren sind immer Skalare oder Listen, aber *keine* Vektoren; bei Bedarf sind Vektoren in Listen oder umgekehrt umzuwandeln, was mit den Befehlen `args` bzw. `matrix` erfolgen kann.
- Die Differenzialoperatoren werden nicht automatisch aufgelöst; das *Auflösen* in partielle Ableitungen erfolgt mit der Funktion `express`, das *Auswerten* der partiellen Ableitungen durch den nachfolgenden Befehl `ev` mit der Option `nouns`.

`grad` ist der Gradient einer skalarwertigen Funktion f in den Variablen x, y und z:

$$\text{grad}\, f = \nabla f = \frac{df}{dx} \cdot \mathbf{e}_x + \frac{df}{dy} \cdot \mathbf{e}_y + \frac{df}{dz} \cdot \mathbf{e}_z$$

Laden des Pakets *vect*	(%i5) `load(vect);` (%o5) *C:/Programme/Maxima-5.27.0/share/maxima/...*
Gradient einer skalarwertigen Funktion	(%i6) `grad(f);` (%o6) $\text{grad}\left(-x\ y\ z+y^2+x^3\right)$
Auflösen des Gradienten in partielle Ableitungen	(%i7) `express(grad(f));` (%o7) $\left[\frac{d}{d\,x}\left(-x\ y\ z+y^2+x^3\right), \frac{d}{d\,y}\left(-x\ y\ z+y^2+x^3\right), \frac{d}{d\,z}\left(-x\ y\ z+y^2+x^3\right)\right]$
Auswerten der partiellen Ableitungen	(%i8) `ev(express(grad(f)),nouns);` (%o8) $[3\ x^2-y\ z, 2\ y-x\ z, -x\ y]$
Der Gradient entspricht der Jacobimatrix einer skalarwertigen Funktion.	(%i9) `jacobian([f],[x,y,z]);` (%o9) $\begin{bmatrix} 3\ x^2-y\ z & 2\ y-x\ z & -x\ y \end{bmatrix}$

`laplacian` wendet den Laplace-Operator auf eine skalarwertige Vektorfunktion f an:

$$\Delta f = \nabla \cdot (\nabla f) = \frac{d^2 f}{dx^2} + \frac{d^2 f}{dy^2} + \frac{d^2 f}{dz^2}$$

Anwenden des Laplace-Operators auf eine skalarwertige Funktion und Auflösen in partielle Ableitungen	(%i10) `express(laplacian(f));` (%o10) $\frac{d^2}{d\,z^2}\left(-x\ y\ z+y^2+x^3\right)+\frac{d^2}{d\,y^2}\left(-x\ y\ z+y^2+x^3\right)+\frac{d^2}{d\,x^2}\left(-x\ y\ z+y^2+x^3\right)$
Auswerten des Laplace-Operators	(%i11) `ev(express(laplacian(f)),nouns);` (%o11) $6\ x+2$

`div` bildet die Divergenz einer vektorwertigen Vektorfunktion **f**, sie entspricht der „Quellendichte" eines Feldes:

$$\text{div}\mathbf{f} = \nabla \cdot \mathbf{f} = \frac{df_x}{dx} + \frac{df_y}{dx} + \frac{df_z}{dy}$$

Definition einer *vektor*wertigen Funktion eines Vektors als Liste	(%i12) `F:[x^2+y^2+z^2,x*z,x+y];` (%o12) $[z^2+y^2+x^2, x\ z, y+x]$
Divergenz einer vektorwertigen Funktion	(%i13) `div(F);` (%o13) $\text{div}\left([z^2+y^2+x^2, x\ z, y+x]\right)$
Auflösen der Divergenz in partielle Ableitungen	(%i14) `express(div(F));` (%o14) $\frac{d}{d\,x}\left(z^2+y^2+x^2\right)+\frac{d}{d\,y}\left(x\ z\right)+\frac{d}{d\,z}\left(y+x\right)$

Auswerten der partiellen Ableitungen	`(%i15) ev(express(div(F)),nouns);` `(%o15) 2 x`
Laden des Pakets *nchrpl* zum Berechnen der *Spur* einer Matrix	`(%i16) load(nchrpl);` `(%o16) C:/Programme/Maxima-5.27.0/share/maxima/...`
Die Divergenz ist gleich der Spur der Jacobimatrix.	`(%i17) mattrace(jacobian(F,[x,y,z]));` `(%o17) 2 x`

`curl` bildet die Rotation einer vektorwertigen Vektorfunktion **f**, die entspricht der „Wirbeldichte" eines Feldes:

$$\mathrm{rot}\,\mathbf{f} = \nabla \times \mathbf{f} = \left(\frac{df_z}{dy} - \frac{df_y}{dz}\right)\cdot \mathbf{e}_x + \left(\frac{df_x}{dz} - \frac{df_z}{dx}\right)\cdot \mathbf{e}_y + \left(\frac{df_y}{dx} - \frac{df_x}{dy}\right)\cdot \mathbf{e}_z$$

Rotation einer vektorwertigen Funktion	`(%i18) curl(F);` `(%o18)` $\mathrm{curl}\left([z^2+y^2+x^2,\ x\,z,\ y+x]\right)$
Auflösen der Rotation in partielle Ableitungen	`(%i19) express(curl(F));` `(%o19)` $[\frac{d}{d\,y}(y+x)-\frac{d}{d\,z}(x\,z),\ \frac{d}{d\,z}(z^2+y^2+x^2)-\frac{d}{d\,x}(y+x),\ \frac{d}{d\,x}(x\,z)-\frac{d}{d\,y}(z^2+y^2+x^2)]$
Auswerten der partiellen Ableitungen	`(%i20) ev(express(curl(F)),nouns);` `(%o20)` $[1-x,\ 2\,z-1,\ z-2\,y]$

6.7 Funktionenreihen

Funktionenreihen sind Reihen, deren Elemente keine Werte, sondern bestimmte *Funktionen* sind. Damit können beliebige Funktionen durch eine unendliche Reihe ausgedrückt oder durch eine endliche Reihe angenähert werden.

6.7.1 Taylorreihen

Die Taylorreihe ist eine Potenzreihe, mit der sich eine glatte (das heißt beliebig oft differenzierbare) Funktion $f(x)$ ausdrücken (unendliche Taylorreihe) oder in der Umgebung eines Punktes x_0 annähern (endliche Taylorreihe) lässt. Die Reihenelemente sind Potenzen der abhängigen Variablen x:

$$f(x) = f(x_0) + \left.\frac{df}{dx}\right|_{x=x_0}\cdot(x-x_0) + \frac{1}{2!}\left.\frac{d^2f}{dx^2}\right|_{x=x_0}\cdot(x-x_0)^2 + \ldots$$

Obwohl eine solche Reihe leicht als Summenausdruck in einer benutzerdefinierten Funktion formuliert werden kann, stellt Maxima eigene Funktionen zum bequemen Erstellen von Taylorreihen, auch für Funktionen in mehreren Variablen, bereit.

Tabelle 6.12 Taylorreihen

`taylor(`f`, `x`, `x_0`, `n`)`	Taylorreihe n-ter Ordnung der Funktion $f(x)$ um den Entwicklungspunkt x_0
`taylor(`f`,[`x_1`, `x_2`, ...],[`x_{10}`, `x_{20}`, ...],[`n_1`, `n_2`, ...])`	Taylorreihe der mehrdimensionalen Funktion $f(x_1, x_2, \ldots)$ um den Entwicklungspunkt $x_{10}, x_{20}, \ldots$ mit den Ordnungen $n_1, n_2, \ldots$
`powerseries(`f`, `x`, `x_0`)`	Reihenentwicklung der Funktion $f(x)$ um den Entwicklungspunkt x_0 als Summenausdruck
`trunc(`*expr*`)`	Versehen eines Ausdrucks *expr* mit Auslassungspunkten
`taylorp(`*expr*`)`	Überprüfung, ob der Ausdruck *expr* eine Taylorreihe ist
`taylorinfo(`*expr*`)`	Liefert Informationen über die Taylorreihe *expr*: Variable(n), Entwicklungspunkt(e), Ordnung(en)
`pade(`*tay*`, `n_Z`, `n_N`)`	Liste mit Padénäherungen für eine Funktion mit der Taylorreihe *tay* bis zur Zählerordnung n_Z und Nennerordnung n_N

`taylor` erstellt eine Taylorreihe einer Funktion; zusätzliche Parameter sind der Entwicklungspunkt und die Ordnung der Taylorreihe. Das Ergebnis ist ein Ausdruck, der durch Auslassungspunkte ergänzt und den Zusatz „`/T/`" neben der Ausgabemarke speziell gekennzeichnet ist. Außerdem sind die Summanden nach *steigenden* Potenzen geordnet, also umgekehrt wie bei „gewöhnlichen", nicht als Taylorreihe markierten Ausdrücken. Diese „Taylorhaftigkeit" geht einem Ausdruck beim Anwenden einer Umwandlungsfunktion (z. B. `expand`) verloren.

`powerseries` ermittelt eine geschlossene Form der Reihenentwicklung einer Funktion als Summenausdruck. Ob ein solcher Ausdruck gefunden wird, ist jedoch nicht in jedem Fall gewährleistet.

Die Prädikatsfunktion `taylorp` überprüft, ob ein Ausdruck als Taylorreihe gekennzeichnet ist.

`taylorinfo` liefert Informationen zu einer Taylorreihe: Variable, Entwicklungspunkt und Ordnung. Bei einer Taylorreihe einer Funktion in mehreren Variablen sind die einzelnen Werte in entsprechenden Listen angegeben.

`trunc` versieht einen beliebigen Ausdruck mit Auslassungspunkten, „ernennt" ihn aber nicht zu einer Taylorreihe; dies könnte bei Bedarf mit einem nachfolgenden Aufruf von `taylor` veranlasst werden.

Benutzerdefinierte Funktion zum Erzeugen einer Taylorreihe (in einer Variablen)

```
(%i1) tayl(f,x,x0,n):=
      sum((at(diff(f,x,k),x=x0)*(x-x0)^k/k!),k,0,n);
(%o1)  tayl(f,x,x0,n):=
```

$$\sum_{k=0}^{n} \frac{\mathrm{at}\left(\mathrm{diff}\left(f,x,k\right),x=x0\right)\left(x-x0\right)^k}{k!}$$

Erzeugung der Taylorreihe für die Exponentialfunktion mit der benutzerdefinierten Funktion

```
(%i2) re1:tayl(exp(x),x,0,5);
```

(%o2) $\frac{x^5}{120}+\frac{x^4}{24}+\frac{x^3}{6}+\frac{x^2}{2}+x+1$

Erzeugung der Taylorreihe für die Exponentialfunktion mit `taylor`

```
(%i3) re2:taylor(exp(x),x,0,5);
```

(%o3)/T/ $1+x+\frac{x^2}{2}+\frac{x^3}{6}+\frac{x^4}{24}+\frac{x^5}{120}+...$

Eine Umwandlungsfunktion nimmt einer Taylorreihe die „Taylorhaftigkeit".

```
(%i4) expand(re2);
```

(%o4) $\frac{x^5}{120}+\frac{x^4}{24}+\frac{x^3}{6}+\frac{x^2}{2}+x+1$

Überprüfung von Ausdrücken auf eine Taylorreihe

```
(%i5) [taylorp(re1),taylorp(re2)];
(%o5) [false, true]
```

Informationen zu einer Taylorreihe: Variable, Entwicklungspunkt, Ordnung

```
(%i6) taylorinfo(re2);
(%o6) [[x, 0, 5]]
```

Taylorreihen erster, dritter und fünfter Ordnung für die Sinusfunktion

```
(%i7) rs1:taylor(sin(x),x,0,1);
      rs3:taylor(sin(x),x,0,3);
      rs5:taylor(sin(x),x,0,5);
```

(%o7)/T/ $x+...$

(%o8)/T/ $x-\frac{x^3}{6}+...$

(%o9)/T/ $x-\frac{x^3}{6}+\frac{x^5}{120}+...$

Laden des Grafikpakets *draw*

```
(%i10) load(draw);
(%o10) C:/Programme/Maxima-5.27.0/share/maxima/...
```

Darstellung der Sinusfunktion und ihrer Taylorreihen erster Ordnung (Blau), zweiter Ordnung (Grün) und dritter Ordnung (Gold)

```
(%i11) wxdraw2d(grid=true,color=red,yrange=[-2,2],
       explicit(sin(x),x,-2*%pi,2*%pi),
       color=blue,explicit(rs1,x,-2*%pi,2*%pi),
       color=green,explicit(rs3,x,-2*%pi,2*%pi),
       color=orange,explicit(rs5,x,-2*%pi,2*%pi))$
(%t11)
```

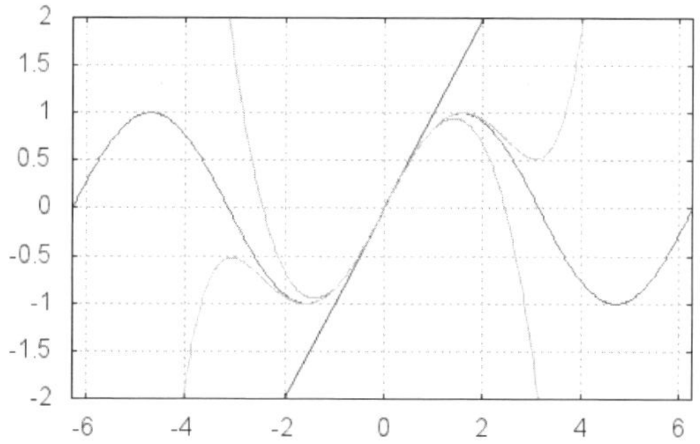

Taylorreihe für die Sinusfunktion um den Punkt $\pi/4$

```
(%i12) taylor(sin(x),x,%pi/4,2);
```

(%o12)/T/ $\frac{\sqrt{2}}{2}+\frac{\sqrt{2}\left(x-\frac{\pi}{4}\right)}{2}-\frac{\sqrt{2}\left(x-\frac{\pi}{4}\right)^2}{4}+...$

Reihenentwicklung für die Sinusfunktion (um den Punkt 0) als geschlossener Summenausdruck

```
(%i13) powerseries(sin(x),x,0);
```

(%o13) $\sum_{i1=0}^{\infty}\frac{(-1)^{i1}\,x^{2\,i1+1}}{(2\,i1+1)!}$

Mit trunc wird ein Ausdruck mit Auslassungspunkten versehen, …

```
(%i14) r:trunc(1+x+x^2+x^3+x^4);
```

(%o14) $1+x+x^2+x^3+x^4+...$

… aber noch nicht zu einer Taylorreihe gemacht.

```
(%i15) taylorp(r);
(%o15) false
```

Mit taylor kann ein beliebiger Ausdruck zur Taylorreihe „ernannt" werden.

```
(%i16) taylor(r,x,0,10);
```

(%o16)/T/ $1+x+x^2+x^3+x^4+...$

Die Funktion taylor kann auch Taylorreihen von Funktionen in mehreren Variablen ermitteln („mehrdimensionale Taylorreihen"); für die Variable, den Entwicklungspunkt und die Ordnung sind dann *Listen* mit den entsprechenden Werten als Parameter anzugeben. Die Taylorreihe erster Ordnung einer Funktion in zwei Variablen kann geometrisch als Gleichung der Tangentialebene an eine Fläche in einem Punkt interpretiert werden:

Ausdruck in zwei Variablen, der als zweidimensionale Funktion angesehen werden kann.

```
(%i17) h:x^2+y^2;
```

(%o17) y^2+x^2

Taylorreihe erster Ordnung einer zweidimensionalen Funktion; sie beschreibt die Tangentialebene in einem Punkt.

```
(%i18) ht:taylor(h,[x,y],[-1/2,-1/4],[1,1]);
```

(%o18)/T/ $\frac{5}{16}-\frac{2\left(x+\frac{1}{2}\right)+\frac{1}{4}+y}{2}+...$

Informationen zur Taylorreihe einer Funktion in zwei Variablen

```
(%i19) taylorinfo(ht);
```

(%o19) $[[x,y],[-\frac{1}{2},-\frac{1}{4}],[1,1]]$

Vereinfachen der Taylorreihe; beachte: Die „Taylorhaftigkeit" geht verloren.

```
(%i20) hte:expand(ht);
```

(%o20) $-\frac{y}{2}-x-\frac{5}{16}$

Darstellung einer zweidimensionalen Funktion (Blau) mit einer Tangentialebene (Rot) und dem Berührungspunkt (Schwarz)

```
(%i21) wxdraw3d(explicit(h,x,-2,2,y,-2,2),color=red,
       explicit(hte,x,-2,2,y,-2,2),zrange=[-1,5],
       color=black,point_type=7,point_size=2,
       points([[-1/2,-1/4,ev(h,x=-1/2,y=-1/4)]]))$
(%t21)
```

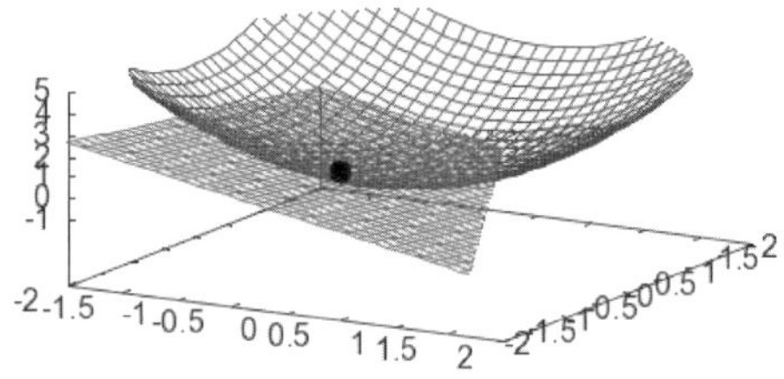

Eine Padénäherung ist eine gebrochen rationale Näherung mit einer vorgegebenen Zählerordnung n_Z und mit einer vorgegebenen Nennerordnung n_N für eine Funktion. Sie ist dadurch bestimmt, dass sie die gleiche Taylorreihe bis zur n_Z+n_N-ten Ordnung wie die zu approximierende Funktion (um den Entwicklungspunkt 0) hat. pade liefert zu einer gegebenen Taylorreihe für eine Funktion eine Liste mit allen Padénäherungen bis zur gewünschten Zähler- und Nennerordnung.

Padénäherungen fünfter Ordnung für die Sinusfunktion

```
(%i22) [p1,p2,p3]:pade(rs5,5,5);
```

(%o22) $\left[\frac{360\,x}{7\,x^4+60\,x^2+360}, -\frac{7\,x^3-60\,x}{3\,x^2+60}, \frac{x^5-20\,x^3+120\,x}{120}\right]$

Darstellung der Sinusfunktion und ihrer Padénäherungen fünfter Ordnung

```
(%i23) wxdraw2d(grid=true,color=red,yrange=[-2,2],
       explicit(sin(x),x,-2*%pi,2*%pi),
       color=blue,explicit(p1,x,-2*%pi,2*%pi),
       color=green,explicit(p2,x,-2*%pi,2*%pi),
       color=orange,explicit(p3,x,-2*%pi,2*%pi))$
(%t23)
```

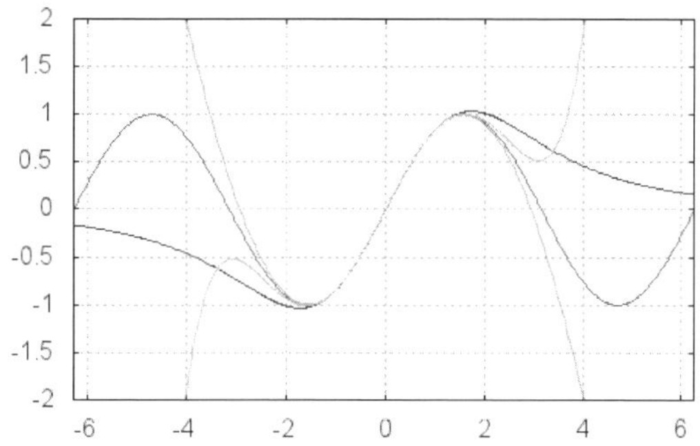

Die Padénäherungen haben die gleiche Taylorreihe bis zur fünften Ordnung wie die Sinusfunktion.

```
(%i24) taylor(p1,x,0,10);
       taylor(p2,x,0,10);
       taylor(p3,x,0,10);
```

(%o24)/T/ $x-\frac{x^3}{6}+\frac{x^5}{120}+\frac{x^7}{540}-\frac{61\,x^9}{129600}+...$

(%o25)/T/ $x-\frac{x^3}{6}+\frac{x^5}{120}-\frac{x^7}{2400}+\frac{x^9}{48000}+...$

(%o26)/T/ $x-\frac{x^3}{6}+\frac{x^5}{120}+...$

6.7.2 Fourierreihen

Die Fourierreihe ist eine Reihe aus Kosinus- und Sinusfunktionen $a_k \cdot \cos(2\pi x/X)$ bzw. $b_k \cdot \sin(2\pi x/X)$ mit der sich eine beliebige periodische Funktion $f(x)$ mit der Periodenlänge X ausdrücken (unendliche Fourierreihe) oder annähern (endliche Fourierreihe) lässt. Ist der Mittelwert der Funktion $f(x)$ ungleich null, so kommt zur Reihe noch ein konstanter Summand a_0 hinzu:

$$f(x) = a_0 + \sum_{k=1}^{\infty} \left(a_k \cdot \cos\frac{k2\pi x}{X} + b_k \cdot \sin\frac{k2\pi x}{X} \right)$$

Die Fourierkoeffizienten a_0, a_k und b_k berechnen sich zu:

$$a_0 = \frac{1}{X} \cdot \int_{-X/2}^{-X/2} f(x)\,dx$$

$$a_k = \frac{2}{X} \cdot \int_{-X/2}^{-X/2} f(x) \cdot \cos \frac{k2\pi x}{X}\,dx$$

$$b_k = \frac{2}{X} \cdot \int_{-X/2}^{-X/2} f(x) \cdot \sin \frac{k2\pi x}{X}\,dx$$

Zum Berechnen der Fourierkoeffizienten und zum Aufstellen von Fourierreihen stellt Maxima eine Reihe von Befehlen bereit; vor deren erstmaliger Verwendung ist das Paket *fourie* zu laden. Die Leistungsfähigkeit dieser Befehle ist aber sehr beschränkt: Es können damit nur Fourierreihen von Funktionen ermittelt werden, die als geschlossener Ausdruck formuliert sind, aber nicht von stückweise zusammengesetzten Funktionen, wie sie in der Technik häufig vorkommen, zum Beispiel Impulsfunktionen oder „angeschnittene“ Sinusfunktionen. Ausgenommen davon sind einfachste Funktionen, die *innerhalb einer Periode* als geschlossener Ausdruck formuliert werden können:

- Rechteckfunktion $f(x) = |x|/x$ (die Signumfunktion funktioniert hier nicht)
- Dreieckfunktion $f(x) = |x|$
- Sägezahnfunktion $f(x) = x$

`fourier` erstellt die Fourierkoeffizienten einer periodischen Funktion, die immer a_0, a_n und b_n heißen, als Gleichungen in einer Liste, die mit Zwischenmarken ausgegeben werden. Das Ergebnis ist eine Liste mit den Zwischenmarken.

`foursimp` vereinfacht Sinus- und Kosinusfunktionen, deren Argumente ganzzahlige Vielfache von π enthalten. Typischerweise wird `foursimp` auf das Ergebnis von `fourier` angewendet, kann aber prinzipiell auf einen *beliebigen* Ausdruck angewendet werden.

`fourexpand` erstellt aus den Fourierkoeffizienten, wie sie von `fourier` (und `foursimp`) berechnet wurden, eine Fourierreihe. Das letzte Argument gibt an, bis zur wievielten Harmonischen

Tabelle 6.13 Fourierreihen

`fourier(`f, x, L`)`	Erstellen einer Liste mit den Fourierkoeffizienten a_0, a_n und b_n der Funktion $f(x)$, wobei eine Periode zwischen $-L$ und L liegt
`foursimp(`*expr*`)`	Vereinfachung von Sinus- und Kosinusfunktionen, die ganzzahlige Vielfache von π im Argument enthalten, im Ausdruck *expr*
`fourexpand(`*fk*, x, L, n`)`	Ermittlung der Fourierreihe mit der Variablen x bis zur n-ten Harmonischen aus der Liste mit den Fourierkoeffizienten *fk*
`totalfourier(`f, x, L`)`	Ermittlung der unendlichen Fourierreihe der Funktion $f(x)$ mit der halben Periodenlänge L als Summenausdruck

die Fourierreihe entwickelt werden soll; es kann auch *inf* sein. In diesem Fall ist das Ergebnis ein symbolischer Summenausdruck.

`totalfourier` erstellt eine unendliche Fourierreihe aus einer periodischen Funktion in einem einzigen Schritt als Zusammenfassung von `fourier`, `foursimp` und `fourexpand`. Die einzelnen Zwischenschritte werden mit Zwischenmarken ausgegeben.

Definition einer periodischen Rechteckfunktion mit Hilfe der Signumfunktion und einer Rundungsfunktion

```
(%i27) rechteck(x):=signum((2*floor(x/2)-x)+1);
```

(%o27) $\mathrm{rechteck}(x) := \mathrm{signum}\left(2\,\mathrm{floor}\left(\frac{x}{2}\right) - x + 1\right)$

Laden des Pakets *fourie*

```
(%i28) load(fourie);
(%o28) C:/Programme/Maxima-5.27.0/share/maxima/...
```

Fourierkoeffizienten für die Rechteckfunktion, für eine Periode als $|x|/x$ definiert

```
(%i29) res:fourier(abs(x)/x,x,1);
```

(%t29) $a_0 = 0$

(%t30) $a_n = 0$

(%t31) $b_n = 2\left(\frac{1}{\pi n} - \frac{\cos(\pi n)}{\pi n}\right)$

(%o31) [%t29, %t30, %t31]

Vereinfachung von Winkelfunktionen, die ganzzahlige Vielfache von π enthalten

```
(%i32) res1:foursimp(res);
```

(%t32) $a_0 = 0$

(%t33) $a_n = 0$

(%t34) $b_n = -\frac{2\left((-1)^n - 1\right)}{\pi n}$

(%o34) [%t32, %t33, %t34]

Erstellen der Fourierreihe bis zur 5. Harmonischen mit den zuvor berechneten Fourierkoeffizienten

```
(%i35) fre:fourexpand(res,x,1,5);
```

(%o35) $\frac{4\sin(5\pi x)}{5\pi} + \frac{4\sin(3\pi x)}{3\pi} + \frac{4\sin(\pi x)}{\pi}$

Das dritte Argument von `fourexpand` kann auch `inf` sein.

```
(%i36) fourexpand(res,x,1,inf);
```

(%o36) $2\sum_{n=1}^{\infty}\left(\frac{1}{\pi n} - \frac{(-1)^n}{\pi n}\right)\sin(\pi n x)$

Erstellen der Fourierreihe als Summenausdruck

```
(%i37) fr:totalfourier(abs(x)/x,x,1);
```

(%t37) $a_0 = 0$

(%t38) $a_n = 0$

(%t39) $b_n = 2\left(\frac{1}{\pi n} - \frac{\cos(\pi n)}{\pi n}\right)$

(%t40) $a_0 = 0$

(%t41) $a_n = 0$

(%t42) $b_n = -\frac{2\left((-1)^n - 1\right)}{\pi n}$

(%o42) $-\frac{2\sum_{n=1}^{\infty}\frac{\left((-1)^n - 1\right)\sin(\pi n x)}{n}}{\pi}$

Vereinfachen des Summenausdrucks

```
(%i43) intosum(fr);
```

(%o43) $\sum_{n=1}^{\infty} -\frac{2\left((-1)^n - 1\right)\sin(\pi n x)}{\pi n}$

Darstellung der Rechteckfunktion und ihrer Fourierreihe bis zur 5. Harmonischen

```
(%i44) wxdraw2d(grid=true,explicit(rechteck(x),x,-2,2),
       color=red,explicit(fre,x,-2,2),yrange=[-2,2])$
(%t44)
```

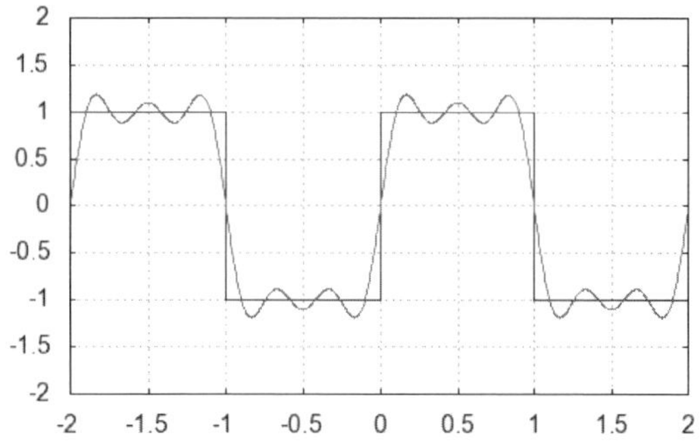

Für Funktionen, die innerhalb einer Periode abschnittsweise aus einzelnen Stücken zusammengesetzt sind, können die Fourierkoeffizienten *nicht* mit den Routinen aus dem Paket *fourie* ermittelt werden. In diesem Fall muss der Benutzer die Integration zur Berechnung der Fourierkoeffizienten explizit durchführen, wobei sich zwei verschiedene Vorgangsweisen anbieten:

- Das Integral wird in einzelne Teilintegrale zerlegt; für jeden Abschnitt der Funktion, der als geschlossener Ausdruck formuliert werden kann, eines. Die einzelnen Integrationen können üblicherweise *analytisch* (mit der Funktion `integrate`) durchgeführt werden.
- Eine Periode der Funktion wird mit Hilfe von versetzten Signum- oder Sprungfunktionen als geschlossener Ausdruck formuliert, die Integration kann dann aber nur *numerisch* (beispielsweise mit der Funktion `quad_qags`) erfolgen. Das Ergebnis liegt dann ebenfalls nur numerisch vor, was aber für technische Berechnungen üblicherweise ausreicht.

  Mit Hilfe von Rundungsfunktionen kann die periodische Funktion (etwas trickreich) sogar für mehrere Perioden als geschlossener Ausdruck formuliert werden, was für eine grafische Darstellung sehr vorteilhaft ist.

Bei der Berechnung der Fourierkoeffizienten a_n und b_n ist es zweckmäßig, diese als Funktionen $a(n)$ und $b(n)$ zu definieren und die Werte für die einzelnen Harmonischen in Listen abzulegen.

Definition einer „angeschnittenen“ Sinusfunktion mit Hilfe der Sprungfunktion und einer Rundungsfunktion

```
(%i45) f(x):=abs(sin(x*%pi))*unit_step(x-floor(x)-1/4);
```

(%o45) $\mathrm{f}(x) := |\sin(x\,\pi)|\ \mathrm{unit\_step}\left(x - \mathrm{floor}(x) + \frac{-1}{4}\right)$

Fourierkoeffizienten, für die Harmonischen als Funktionen definiert

```
(%i46) a0:xthru(integrate(sin(%pi*x),x,1/4,1));
       a(n):=2*integrate(sin(%pi*x)
              *cos(2*n*%pi*x),x,1/4,1);
       b(n):=2*integrate(sin(%pi*x)
              *sin(2*n*%pi*x),x,1/4,1);
```

(%o46) $\frac{\sqrt{2}+1}{\sqrt{2}\,\pi}$

(%o47) $a(n):=2\int_{\frac{1}{4}}^{1}\sin(\pi x)\cos(2 n \pi x)\,dx$

(%o48) $b(n):=2\int_{\frac{1}{4}}^{1}\sin(\pi x)\sin(2 n \pi x)\,dx$

Fourierreihe der angeschnittenen Sinusfunktion bis zur fünften Harmonischen mit *analytischen* Fourierkoeffizienten

```
(%i49) f1:a0+sum(a(k)*cos(2*k*%pi*x)
          +b(k)*sin(2*k*%pi*x),k,1,5);
```

(%o49) $-\frac{\sqrt{2}\sin(10\pi x)}{99\pi}+2\left(-\frac{5\sqrt{2}}{99\pi}-\frac{1}{99\pi}\right)\cos(10\pi x)+\frac{2^{7/2}\sin(8\pi x)}{63\pi}+2\left(-\frac{1}{63\sqrt{2}\pi}-\frac{1}{63\pi}\right)\cos(8\pi x)+\frac{\sqrt{2}\sin(6\pi x)}{35\pi}+2\left(\frac{3\sqrt{2}}{35\pi}-\frac{1}{35\pi}\right)\cos(6\pi x)-\frac{2^{5/2}\sin(4\pi x)}{15\pi}+2\left(\frac{1}{15\sqrt{2}\pi}-\frac{1}{15\pi}\right)\cos(4\pi x)-\frac{\sqrt{2}\sin(2\pi x)}{3\pi}+2\left(-\frac{\sqrt{2}}{3\pi}-\frac{1}{3\pi}\right)\cos(2\pi x)+\frac{\sqrt{2}+1}{\sqrt{2}\,\pi}$

Benutzerdefinierte Funktion zur bequemeren Verwendung der Quadpack-Integrationsroutine quad_qags

```
(%i50) qint(f,x,x0,x1):=first(quad_qags(f,x,x0,x1));
(%o50) qint(f,x,x0,x1):=
first(quad_qags(f,x,x0,x1))
```

Ermittlung der Fourierkoeffizienten durch *numerische* Integration; die Koeffizienten für die Kosinus- und Sinusfunktionen $a(n)$ bzw. $b(n)$ sind als *Funktionen* definiert.

```
(%i51) a0:qint(f(x),x,0,1);
       a(n):=2*qint(f(x)*cos(2*n*%pi*x),x,0,1);
       b(n):=2*qint(f(x)*sin(2*n*%pi*x),x,0,1);
(%o51) 0.543
(%o52) a(n):=2 qint(f(x) cos(2 n π x),x,0,1)
(%o53) b(n):=2 qint(f(x) sin(2 n π x),x,0,1)
```

Fourierreihe der angeschnittenen Sinusfunktion bis zur fünften Harmonischen mit *numerisch berechneten* Fourierkoeffizienten

```
(%i54) f2:a0+sum(a(k)*cos(2*k*%pi*x)
              +b(k)*sin(2*k*%pi*x),k,1,5),numer;
```

(%o54) $-0.00455\sin(31.416x)-0.0519\cos(31.416x)+0.0572\sin(25.133x)-0.0173\cos(25.133x)+0.0129\sin(18.85x)+0.059\cos(18.85x)-0.12\sin(12.566x)-0.0124\cos(12.566x)-0.15\sin(6.2832x)-0.512\cos(6.2832x)+0.543$

Darstellung der angeschnittenen Sinusfunktion (Blau) sowie der Fourierreihe mit numerisch berechneten Koeffizienten (Grün) und der Fourierreihe mit analytischen Koeffizienten (Rot, aber nicht sichtbar, weil verdeckt).

```
(%i55) wxdraw2d(grid=true,explicit(f(x),x,0,3),
       color=red,explicit(f1,x,0,3),color=green,
       explicit(f2,x,0,3),yrange=[-0.5,1.5])$
(%t55)
```

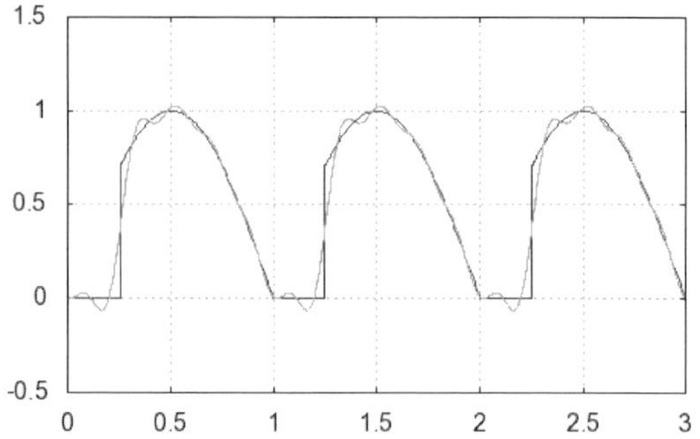

Die Amplituden-Phasen-Darstellung einer Fourierreihe

$$f(x) = a_0 + \sum_{k=1}^{\infty} A_k \cdot \sin\left(\frac{k2\pi x}{X} + \phi_k\right)$$

hat den Vorteil, dass in ihr die Amplituden der einzelnen Harmonischen A_k und ihre Phasenlagen ϕ_k direkt ersichtlich sind und als Spektren grafisch dargestellt werden können. Die Berechnung aus den Fourierkoeffizienten a_k und b_k erfolgt gemäß:

$$A_k = \sqrt{a_k^2 + b_k^2}$$
$$\phi_k = \arctan \frac{a_k}{b_k}$$

Zweckmäßigerweise werden auch diese Umrechnungen als Funktionen $A(k)$ und $\phi(k)$ definiert.

Funktion zur Berechnung der Amplituden $A(n)$ der Harmonischen aus den Fourierkoeffizienten $a(n)$ und $b(n)$

```
(%i56) A(n):=sqrt(a(n)^2+b(n)^2);
```

(%o56) $A(n) := \sqrt{a(n)^2 + b(n)^2}$

Funktion zur Berechnung der Phasenverschiebungen $\phi(n)$ der Harmonischen aus den Fourierkoeffizienten $a(n)$ und $b(n)$

```
(%i57) phi(n):=atan2(a(n),b(n));
```

(%o57) $\varphi(n) := \mathrm{atan2}(a(n), b(n))$

Fourierreihe der angeschnittenen Sinusfunktion bis zur fünften Harmonischen in Amplituden-Phasen-Darstellung

```
(%i58) f3:a0+sum(A(k)*sin(2*k*%pi*x+phi(k)),k,1,5);
```

(%o58) $0.0521 \sin(10\pi x - 1.6582) + 0.0597 \sin(8\pi x - 0.293) + 0.0604 \sin(6\pi x + 1.3561) + 0.121 \sin(4\pi x - 3.0384) + 0.534 \sin(2\pi x - 1.8557) + 0.543$

Liste mit den Amplitudenwerten

```
(%i59) Ali:makelist(A(k),k,1,10);
(%o59) [0.534 , 0.121 , 0.0604 , 0.0597 , 0.0521 ,
0.0378 , 0.0291 , 0.0286 , 0.0271 , 0.0226]
```

Grafikobjekt bars zur Darstellung der Amplitudenwerte als Balkendiagramm

```
(%i60) Abars:makelist([k,Ali[k],0.2],k,1,length(Ali));
(%o60)  [[1,0.534,0.2],[2,0.121,0.2],[3,
0.0604,0.2],[4,0.0597,0.2],[5,0.0521,0.2],[
6,0.0378,0.2],[7,0.0291,0.2],[8,0.0286,0.2]
,[9,0.0271,0.2],[10,0.0226,0.2]]
```

Amplitudenspektrum der angeschnittenen Sinusfunktion

```
(%i61) wxdraw2d(apply(bars,Abars),grid=true)$
(%t61)
```

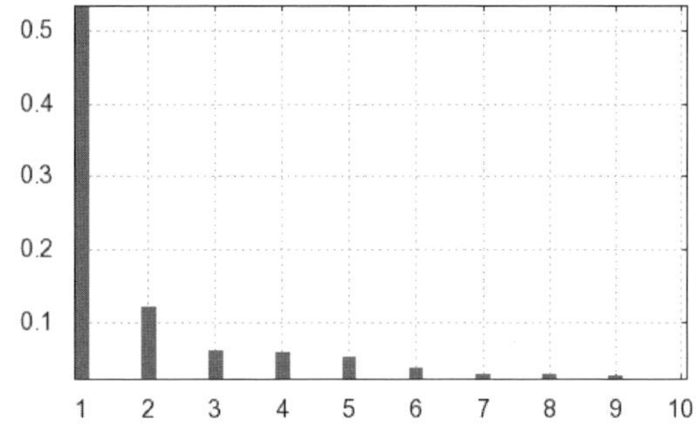

Liste mit den Phasenverschiebungen

```
(%i62) phili:makelist(phi(k),k,1,10);
(%o62)  [-1.8557,-3.0384,1.3561,-0.293,-
1.6582,-3.1071,1.4915,-0.15,-1.6223,-3.1209]
```

Grafikobjekt bars zur Darstellung der Phasenverschiebungen als Balkendiagramm

```
(%i63) phibars:makelist([k,phili[k]*180/float(%pi),
          0.2],k,1,length(Ali));
(%o63)  [[1,-106.32,0.2],[2,-174.09,0.2],[3
,77.698,0.2],[4,-16.793,0.2],[5,-95.007,0.2
],[6,-178.02,0.2],[7,85.457,0.2],[8,-
8.5805,0.2],[9,-92.949,0.2],[10,-178.81,0.2]]
```

Phasenspektrum (in Grad) der angeschnittenen Sinusfunktion

```
(%i64) wxdraw2d(apply(bars,phibars),grid=true)$
(%t64)
```

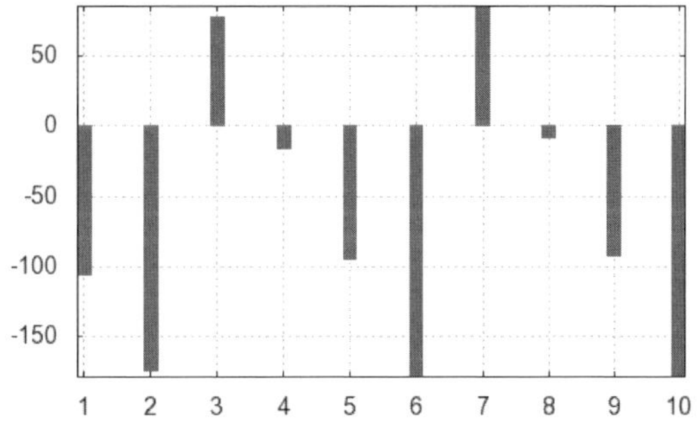

7 Ein- und Ausgabe

Maxima stellt eine Reihe von Ein- und Ausgabefunktionen zur Verfügung, die unterschiedlichen Zwecken dienen:

- Eingabe mit der Tastatur, Ausgabe auf dem Bildschirm,
- Ausgabe von Ausdrücken in speziellen Formaten (z. B. TeX),
- Einlesen und Ausgabe von Daten aus bzw. in Files sowie
- Laden und Abspeichern von Programmen.

7.1 Tastatureingabe und Bildschirmausgabe

Beim normalen interaktiven Arbeiten werden eigene Befehle zur Tastatureingabe und Bildschirmausgabe kaum benötigt: Jeder zu bearbeitende Ausdruck (bzw. jeder auszuführende Befehl) wird ohnehin mit der Tastatur eingegeben; das Ergebnis wird am Bildschirm automatisch ausgegeben (wenn der eingegebene Ausdruck nicht mit dem Dollarzeichen abgeschlossen wurde).

Befehle zur Tastatureingabe und Bildschirmausgabe werden in erster Linie in *Programmen* verwendet, die eine Benutzer-Interaktion erwarten. Unter Programmen sind in dieser Hinsicht auch Schleifen, Sequenzen und Blöcke zu sehen (siehe Abschnitt 9.1), auch wenn sie interaktiv auf der Tastatur eingegeben werden. Innerhalb dieser Strukturen werden die einzelnen berechneten Ausdrücke nämlich *nicht* als Funktionsergebnis ausgegeben.

`read` liest einen Ausdruck von der Tastatur ein und wertet diesen aus; die ausgegebenen Funktionsargumente dienen in erster Linie zur Information und Eingabeaufforderung an den Benutzer. `read_only` liest in gleicher Weise einen Ausdruck von der Tastatur ein, wertet diesen aber nicht aus. Eine nachfolgende Auswertung kann mit dem Befehl `ev` erfolgen. Der Rückgabewert ist in beiden Fällen der eingelesene Ausdruck (ausgewertet bzw. nicht ausgewertet).

Einlesen eines Ausdrucks von der Tastatur (mit anschließender Auswertung)

```
(%i1) a:read("Ausdruck 'a' eingeben:");
Ausdruck 'a' eingeben: x+y;
```
(%o1) $y+x$

Einlesen und Auswerten eines weiteren Ausdrucks

```
(%i2) b:read("Ausdruck 'b' eingeben:");
Ausdruck 'b' eingeben: 3/7;
```
(%o2) $\frac{3}{7}$

Tabelle 7.1 Tastatureingabe und Bildschirmausgabe

`read(`$expr_1$`, `x_2`, ...)`	Ausgabe der Ausdrücke $x_1, x_2, \ldots$ und Einlesen eines Ausdrucks *mit* nachfolgender Auswertung
`read_only(`x_1`, `x_2`, ...)`	Ausgabe von $x_1, x_2, \ldots$ und Einlesen eines Ausdrucks *ohne* nachfolgende Auswertung
`disp(`x_1`, `x_2`, ...)`	Ausgabe von $x_1, x_2 \ldots$ in getrennten Zeilen
`display(`x_1`, `x_2`, ...)`	Ausgabe in Form von Gleichungen *Ausdruck* = *Wert*
`print(`x_1`, `x_2`, ...)`	Ausgabe in einer einzigen Zeile; Funktionsergebnis ist der *letzte* Ausdruck
`sprint(`x_1`, `x_2`, ...)`	Ausgabe als eine einzige Zeichenkette; Funktionsergebnis ist der *erste* Ausdruck
`printf(false,`*format*`, `x_1`, `x_2`, ...)`	Formatierte Ausgabe mit der Format-Zeichenkette *format* als *Funktionsergebnis*
`printf(true,`*format*`, `x_1`, `x_2`, ...)`	Formatierte Ausgabe mit der Format-Zeichenkette *format* als *Nebeneffekt*
`grind(`x_1`, `x_2`, ...)`	Ausgabe in einem eingabetauglichen (von Maxima lesbaren) Format als Nebeneffekt

Einlesen eines Ausdrucks *ohne* anschließende Auswertung

```
(%i3) c:readonly("Ausdruck 'c' eingeben:");
Ausdruck 'c' eingeben: a*b;
(%o3) a b
```

Die Auswertung kann anschließend mit ev erfolgen.

```
(%i4) [c,ev(c)];
```

(%o4) $[a\,b, \frac{3\,(y+x)}{7}]$

Die folgenden Ausgabefunktionen produzieren die Ausgabe nicht als *Rückgabewert*, sondern als *Nebeneffekt*; sie erzeugen eine Ausgabe daher auch innerhalb von Schleifen, Sequenzen und Blöcken.

`disp` und `display` geben Ausdrücke zeilenweise aus, `display` in Form von Gleichungen der Form *Ausdruck* = *Wert*. Die Verwendung von `disp` und `display` ist insbesondere zur Kontrolle von Werten bei der Programmentwicklung hilfreich. Rückgabewert ist in beiden Fällen das (kaum weiterverwendbare) Symbol `done`.

`print` erzeugt eine Ausgabe ähnlich wie `disp`, die einzelnen Ausdrücke werden aber ohne Zeilenumbrüche aneinandergereiht; Rückgabewert ist das letzte Argument. `sprint` gibt Ausdrücke als eine einzige Zeichenkette aus; mit `newline` und `space` können zwischen die Ausdrücke Zeilenumbrüche und Leerzeichen eingebaut werden.

`grind` gibt Ausdrücke zeilenweise in einer Form aus, wie sie direkt für eine Eingabe in Maxima geeignet wäre. Diese Funktion ist in erster Linie in Verbindung mit der Funktion `with_stdout` sinnvoll, um Ausdrücke in ein File für ein späteres Wiedereinlesen in Maxima abzuspeichern (siehe Abschnitt 7.4). Wird als Parameter ein Funktionsname angegeben, so wird die gesamte Funktionsdefinition ausgegeben.

Ausgabe von Ausdrücken als *Nebeneffekt*	(%i5) disp(b,c); $\frac{3}{7}$ $a\ b$ (%o5) *done*
Ausgabe von Ausdrücken (als *Nebeneffekt*) in Form von Gleichungen	(%i6) display(b,c); $b=\frac{3}{7}$ $c=a\ b$ (%o6) *done*
Ausgabe mit der Funktion `print`; Rückgabewert ist der *letzte* Ausdruck.	(%i7) print(b,c); $\frac{3}{7}\ a\ b$ (%o7) $a\ b$
Ausgabe als Zeichenkette mit der Funktion `sprint`; Rückgabewert ist der *erste* Ausdruck.	(%i8) sprint(b,c); 3/7 a*b (%o8) $\frac{3}{7}$
Ausgabe mit der Funktion `grind`	(%i9) grind(a,b,c,ev(c)); y+x$ 3/7$ a*b$ 3*(y+x)/7$ (%o9) *done*
Definition einer Funktion	(%i10) f(x,y):=1+sin(x)/(1+cos(y)); (%o10) $\mathrm{f}(x,y):=1+\frac{\sin(x)}{1+\cos(y)}$
Ausgabe der Funktionsdefinition mit `grind`	(%i11) grind(f); f(x,y):=1+sin(x)/(1+cos(y))$ (%o11) *done*

Besondere Wünsche an eine Formatierung der Ausgabe können mit dem Befehl `printf` erfüllt werden. `printf` dient primär der Ausgabe einer formatierten Zeichenkette in ein File. Wird als erster Parameter anstelle eines Filenamens der Wert *false* angegeben, so wird die formatierte Zeichenkette als *Funktionsergebnis* zurückgegeben und somit direkt am Bildschirm ausgegeben. Wird als erster Parameter der Wert *true* angegeben, so wird die formatierte Zeichenkette als *Nebeneffekt* auf dem Bildschirm ausgegeben. Die Formatierung erfolgt, ähnlich wie in C, mit Hilfe einer eigenen Formatierungs-Zeichenkette. Die wichtigsten Formate sind in Abschnitt 7.4 erläutert, detailliertere Zusammenstellungen findet sich in [Max] und [Grah].

7.2 TEX-Ausgabe

Zur Erstellung einer typografisch korrekten Dokumentation mit mathematisch-technischem Inhalt bietet sich das Textsatzsystem TEX [TeX] mit dem zugehörigen Makropaket LATEX [LaT] an. Eine Reihe von Maxima-Funktionen ermöglicht die Ausgabe von Ausdrücken in TEX-Form sowie die Umwandlung von Ausdrücken in TEX-formatierte Zeichenketten. Darüber hinaus ist es möglich, mit benutzerdefinierten Funktionen beliebigen TEX-Code für Maxima-Symbole (Variablen, Funktionen oder Operatoren) zu generieren.

Die Funktion `tex` kann den TEX-Code eines Ausdrucks – einschließlich der Mathematikmodus-Begrenzer (Default: `$$`) – auf drei verschiedene Arten erzeugen:

- Ausgabe auf der Konsole als *Nebeneffekt*
- Ausgabe in ein File bei Angabe eines physikalischen oder logischen Filenamens als zusätzliches Funktionsargument
- Zeichenkette als *Funktionsergebnis* bei Angabe des zusätzlichen Funktionsarguments *false*.

`tex1` ermittelt den TEX-Code eines Ausdrucks als Funktionsergebnis *ohne* die umschließenden Mathematikmodus-Begrenzer.

Tabelle 7.2 TEX-Ausgabe

`tex(`*expr*`)`	Ausgabe von *expr* in TEX-Form als Nebeneffekt
`tex(`*expr*, *file*`)`	Ausgabe von *expr* in TEX-Form in ein File
`tex(`*expr*`,false)`	*expr* in TEX-Form als Zeichenkette
`tex1(`*expr*`)`	*expr* in TEX-Form ohne Mathematikmodus-Begrenzer als Zeichenkette
`texput(`*a*, *s*`)`	Ersetzen des Symbols oder Operators *a* durch eine Zeichenkette *s* für die TEX-Ausgabe
`texput(`*a*, *s*, *typ*`)`	Zuweisen des Symbols oder Operators *a* einer Zeichenkette *s* für die TEX-Ausgabe
`texput(`*a*, *f*`)`	Zuweisen des Symbols oder Operators *a* zu einer Funktion *f* zur Erzeugung der TEX-Ausgabe für *s*
`get_tex_environment_default`	Standard-Begrenzer der TEX-Ausgabe
`set_tex_environment_default(`*left*, *right*`)`	Setzen der Standard-Begrenzer der TEX-Ausgabe
`get_tex_environment(`*op*`)`	Begrenzer der TEX-Ausgabe für Ausdrücke mit dem Hauptoperator *op*
`set_tex_environment(`*op*, *left*, *right*`)`	Setzen der Begrenzer der TEX-Ausgabe für Ausdrücke mit dem Hauptoperator *op*

Ein mathematischer Ausdruck

```
(%i1) z:sqrt(1+2*x^2)/(1-3*x);
```
(%o1) $\frac{\sqrt{2\,x^2+1}}{1-3\,x}$

TeX-Ausgabe des mathematischen Ausdrucks als *Nebeneffekt*; Resultat: $\frac{\sqrt{2x^2+1}}{1-3x}$

```
(%i2) tex(z);
$${{\sqrt{2\,x^2+1}}\over{1-3\,x}}$$
(%o2) false
```

TeX-Ausgabe als *Ergebnis* in Form einer Zeichenkette

```
(%i3) tex(z,false);
(%o3) $${{\sqrt{2\,x^2+1}}\over{1-3\,x}}$$
```

TeX-Ausgabe in ein File

```
(%i4) tex(z,"d:\\maxima\\result.tex");
(%o4) false
```

TeX-Ausgabe als Zeichenkette ohne umschließende Mathematikmodus-Begrenzer

```
(%i5) tex1(z);
(%o5) {{\sqrt{2\,x^2+1}}\over{1-3\,x}}
```

TeX-Ausgabe mit einem numerischen Index und einem griechischen Buchstaben

```
(%i6) tex([a1,alpha,alpha1]);
$$\left[ {\it a_1}, \alpha, {\it alpha_1} \right]$$
(%o6) false
```

Mit `texput` kann für beliebige Maxima-Symbole (Variablen, Operatoren oder Funktionen) ein TeX-Code festgelegt werden, der in der TeX-Ausgabe anstelle des Maxima-Symbols eingesetzt wird. Bei Operatoren ist als drittes Funktionsargument der Operator-Typ `prefix`, `infix`, `postfix`, `nofix` oder `nary` anzugeben (siehe Abschnitt 2.2). In ähnlicher Weise kann auch eine Ersetzung für Matchfix-Operatoren erfolgen, Details siehe [Max].

Die Deklaration eines Operators zum entsprechenden Typ muss aber *nach* einem `texput` erfolgen. Außerdem darf ein solcher Operator *nicht* als Maxima-Funktion definiert sein, sonst würde seine Auswertung durch Maxima *vor* der TeX-Ausgabe erfolgen.

Festlegen von Ersetzungen für verschiedene Symbole

```
(%i7) texput(w0,"\\omega_0");
      texput(wn,"\\omega_n");
      texput(Drel,"D_{\\rm rel}");
(%o7) \omega_0
(%o8) \omega_n
(%o9) D_{\rm rel}
```

Formel mit verschiedenen indizierten Symbolen; Resultat: $\omega_0 = \sqrt{1-D_{\rm rel}^2}\,\omega_n$

```
(%i10) tex(w0=wn*sqrt(1-Drel^2));
$$\omega_0=\sqrt{1-D_{\rm rel}^2}\,\omega_n$$
(%o10) false
```

Festlegen von Ersetzungen von Infix-Operatoren durch TeX-Symbolzeichen

```
(%i11) texput(heart,"\\heartsuit",infix);
       texput(diamond,"\\diamondsuit",infix);
(%o11) \heartsuit
(%o12) \diamondsuit
```

Deklaration von Infix-Operatoren

```
(%i13) infix(heart);
       infix(diamond);
(%o13) heart
(%o14) diamond
```

TEX-Ausgabe eines Ausdrucks mit deklarierten Infix-Operatoren; Resultat: $R_3 \diamondsuit R_4 + R_1 \heartsuit R_2$

```
(%i15) tex(R1 heart R2 + R3 diamond R4);
$${\it R_3}\diamondsuit{\it R_4}+{\it R_1}
   \heartsuit{\it R_2}$$
(%o15) false
```

Festlegen einer Ersetzung für einen Postfix-Operator

```
(%i16) texput(celsius,"{^\\circ\\rm C}",postfix);
(%o16) {^\circ\rm C}
```

Deklaration eines Postfix-Operators

```
(%i17) postfix(celsius);
(%o17) celsius
```

TEX-Ausgabe eines Ausdrucks mit einem deklarierten Postfix-Operator; Resultat: $\vartheta = 25^\circ\mathrm{C}$

```
(%i18) tex(\theta = 25 celsius);
$$\vartheta=25{^\circ\rm C}$$
(%o18) false
```

Als zweites Funktionsargument von `texput` kann auch eine benutzerdefinierte Funktion angegeben werden, die eine TEX-Zeichenkette als Ersatz für eine Maxima-Funktion oder für einen mit einem Operator verknüpften Ausdruck erzeugt. Diese Funktion benötigt als Argument eine *Liste*, welche die Argumente der zu ersetzenden Funktion bzw. die Operanden des Ausdrucks enthält.

Zuweisen einer Funktion *makepar* zur Erzeugung der TEX-Ausgabe zu einem Maxima-Symbol *par*

```
(%i19) texput(par,makepar);
(%o19) makepar
```

Funktion zur Erzeugung der TEX-Ausgabe als Zeichenkette für das Maxima-Symbol *par*“

```
(%i20) makepar(x):=
       apply(sconcat,rest(join(
         makelist("~||~",k,length(args(x))),
         map(tex1,args(x)))));
(%o20) makepar(x):=apply(sconcat,rest(join(
makelist(~//~,k,length(args(x))),
map(tex1,args(x)))))
```

TEX-Ausgabe der Funktion *par*, die einen *Parallel*-Operator darstellen soll; Resultat: $R_1 \mid\mid R_2 \mid\mid R_3$

```
(%i21) tex(par(R1,R2,R3));
$${\it R_1}~||~{\it R_2}~||~{\it R_3}$$
(%o21) false
```

Zuweisen einer Funktion *makeneg* zur Erzeugung der TEX-Ausgabe zu einem Maxima-Symbol *neg*

```
(%i22) texput(neg,makeneg);
(%o22) makeneg
```

Funktion zur Erzeugung der TEX-Ausgabe für das Maxima-Symbol *neg*; sie soll das Argument farblich invertiert hervorheben.

```
(%i23) makeneg(x):=
       sconcat("\\colorbox{gray}{\\color{white}\\bf",
          tex1(first(args(x))),"}");
(%o23) makeneg(x):=sconcat(
\colorbox{gray}{\color{white}\bf,
tex1(first(args(x))),})
```

Liste mit Zahlen, wobei auf Primzahlen die symbolische (d. h. nicht definierte) Funktion *neg* angewendet ist.

```
(%i24) primz:makelist(if primep(k)
          then neg(k) else k,k,10);
(%o24) [1,neg(2),neg(3),4,neg(5),6,neg(7),8,9,10]
```

TeX-Ausgabe der Liste mit hervorgehobenen Primzahlen; Resultat: $[1, \mathbf{2}, \mathbf{3}, 4, \mathbf{5}, 6, \mathbf{7}, 8, 9, 10]$

```
(%i25) tex(primz);
$$\left[ 1 , \colorbox{gray}{\color{white}\bf2} ,
 \colorbox{gray}{\color{white}\bf3},4,
 \colorbox{gray}{\color{white}\bf5},6,
 \colorbox{gray}{\color{white}\bf7},8,9,10 \right] $$
(%o25) false
```

Standard-Begrenzer für den Mathematikmodus für die TeX-Ausgabe sind die Zeichen „$$“. Mit `set_tex_environment_default` können sie geändert werden. Für einen beliebigen Hauptoperator kann der Mathematikmodus-Begrenzer mit `set_tex_environment` festgelegt werden. Standardmäßig ist dem Operator „`:=`“ für eine Funktionsdefinition eine *verbatim*-Umgebung zugeordnet, was bedeutet, dass TeX-Ausgaben für Funktionsdefinitionen in nichtproportionaler Schrift („Schreibmaschinenschrift“) mit Ausgabe aller Sonderzeichen erfolgen. Die eingestellten Werte für diese beiden Funktionen werden mit `get_tex_environment_default` bzw. `get_tex_environment` ausgegeben.

Ausgabe der Standard-Begrenzer für den TeX-Mathematikmodus

```
(%i26) get_tex_environment_default();
(%o26) [$$, $$]
```

Festlegen von Standard-Begrenzern für den TeX-Mathematikmodus

```
(%i27) set_tex_environment_default("\\[","\\]");
(%o27) [\[, \]]
```

Ausgabe der TeX-Begrenzer für den Hauptoperator „`:=`“

```
(%i28) get_tex_environment(":=");
(%o28) [ \begin{verbatim}, ; \end{verbatim}]
```

7.3 Files und Directories

Maxima kennt zwei spezielle Verzeichnisse:

Benutzerverzeichnis („user directory“): Üblicherweise das Home-Verzeichnis des Benutzers; es enthält typischerweise das Initialisierungsfile `maxima-init.mac` oder `maxima-init.lisp`, das Befehle enthält, die beim Starten von Maxima automatisch ausgeführt werden. Der Name des Verzeichnisses ist in der Systemvariablen `maxima_userdir` abgelegt und kann auf ein beliebiges Verzeichnis geändert werden.

Arbeitsverzeichnis („working directory“): Jenes Verzeichnis, in das von Maxima standardmäßig geschrieben oder von dem gelesen wird, wenn nur der Filename ohne den gesamten Pfad angegeben wird. Das Arbeitsverzeichnis ist – ebenso wie das Benutzerverzeichnis – betriebssystemabhängig. Das Arbeitsverzeichnis kann mit der Lisp-Funktion `xchdir` (aus Maxima mit `?xchdir` aufzurufen, siehe Abschnitt 9.5) geändert werden.

Wenn mit Maxima-Files gelesen und geschrieben werden sollen, ist es durchaus sinnvoll, Benutzerverzeichnis und Arbeitsverzeichnis auf ein *gemeinsames* Verzeichnis zu legen. Der Name des Benutzerverzeichnisses ist in der Systemvariablen `maxima_userdir` abgelegt und kann durch eine Zuweisung geändert werden.

Die Anzeige des Arbeitsverzeichnisses kann durch Aufruf der entsprechenden Betriebssystembefehle (beispielsweise `cd` unter Windows, `pwd` unter Linux) mit der Maxima-Funktion `system` veranlasst werden (siehe Abschnitt 8.2). In gleicher Weise kann der Inhalt eines beliebigen Verzeichnisses aufgelistet werden (`dir` unter Windows, `ls` unter Linux, bei Bedarf jeweils mit entsprechenden Optionen). Da in wxMaxima Ausgaben des Betriebssystems nicht im Arbeitsfenster angezeigt werden, ist dazu ein Trick notwendig: Ausgabeumleitung in ein File, danach Ausgabe dieses Files mit dem Maxima-Befehl `printfile`.

Ursprüngliches Maxima-Benutzerverzeichnis (betriebssystemabhängig)

```
(%i1) maxima_userdir;
(%o1) d:/w/maxima
```

Ändern des Benutzerverzeichnisses

```
(%i2) maxima_userdir:"d:/maxima";
(%o2) d:/maxima
```

Anzeigen des ursprünglichen Maxima-Arbeitsverzeichnisses (betriebssystemabhängig)

```
(%i3) system("cd >tempfile")$
      printfile(tempfile)$
C:\Programme\Maxima-5.27.0\wxMaxima
```

Ändern des Arbeitsverzeichnisses

```
(%i5) ?xchdir("d:/maxima");
(%o5) d:/maxima
```

Anzeige des geänderten Arbeitsverzeichnisses

```
(%i6) system("cd >tempfile")$
      printfile(tempfile)$
d:\maxima
```

Auflisten aller Files im Arbeitsverzeichnis

```
(%i8) system("dir /b >tempfile")$
      printfile(tempfile)$
hagel.csv
tempfile
text.txt
tools.mac
```

Damit Maxima-Programmfiles auch ohne Angabe des gesamten Dateipfades gefunden werden, ist das Benutzerverzeichnis in die Liste der zu durchsuchenden Verzeichnisse aufzunehmen (beispielsweise mit der Funktion `cons`). Diese Liste ist in der Systemvariablen `file_search_maxima` abgelegt. Die Einträge in dieser Liste können neben Verzeichnisnamen auch *Muster* für Filetypen enthalten, typischerweise in folgender Form:

Directory/###.{mac,mc}

Tabelle 7.3 Files und Directories

`maxima_userdir:`*dir*	Setzen des *Benutzer*verzeichnisses auf *dir*
`?xchdir(`*dir*`)`	Setzen des *Arbeits*verzeichnisses auf *dir*
`file_search_maxima`	Suchpfad für Maxima-Programme
`file_search_lisp`	Suchpfad für Lisp-Programme
`file_search(`*name*`)`	Suche nach dem File *name*

Die Systemvariable `file_search_lisp` enthält Verzeichnisse (ebenfalls mit Mustern), die bei Angabe eines zu ladenden Lisp-Programms durchsucht werden.

Hinzufügen eines Eintrags – alle mac-Files in einem Verzeichnis – zum Suchpfad für Maxima-Programmfiles

```
(%i10) file_search_maxima:
       cons("d:/maxima/###.{mac}",file_search_maxima);
(%o10)  [d:/maxima/###.{mac}, d:/maxima/###.mac ,
d:/w/maxima/###.mac ,
C:/Dokumente und Einstellungen/Administrator/...
C:\Programme\Maxima-5.27.0/share/maxima/5.27...
C:\Programme\Maxima-5.27.0/share/maxima/5.27...
]
```

7.4 Laden und Abspeichern von Daten

Da es in Maxima keinen prinzipiellen Unterschied zwischen Daten und Programmcode gibt, können Daten und Programme mit denselben Funktionen von Files eingelesen und in Files geschrieben werden. Trotzdem eignen sich einige Funktionen besser für Daten, andere besser für Programme. Aus diesem Grund werden die Schreib- und Lesefunktionen in zwei getrennten Abschnitten beschrieben.

Damit ein Programm Daten aus einem File lesen oder in ein File schreiben kann, muss es zuvor üblicherweise *geöffnet* werden (analog einem Buch, das aufgeschlagen wird). Dabei wird dem *physikalischen Filenamen* wie er auf Betriebssystemebene bekannt ist, ein sogenannter *logischer Filename* oder *Filehandle* zugeordnet, mit dem das File innerhalb des Programms angesprochen wird. Ein Filehandle muss sich aber nicht immer auf ein tatsächliches File auf einem Datenträger beziehen. Es kann sich auch auf einen *Datenstrom* beziehen, in dem die Daten kontinuierlich (ohne definierten Start und ohne definiertes Ende) von irgendwoher oder irgendwohin übertragen werden. Nachdem alle Schreib- und Leseoperationen beendet wurden, sollte das File wieder *geschlossen* werden (analog einem Buch). Die logische Verbindung zwischen Filenamen und Filehandle wird dabei wieder getrennt.

Die Schreib- und Lesefunktionen von Maxima arbeiten teilweise mit File*namen*, teilweise mit File*handles*. Manche Funktionen können auch mit beidem arbeiten. Wird bei einer Schreiboperation ein File*name* angegeben, so wird das File vor dem Schreiben automatisch geöffnet, nach dem Schreiben wieder geschlossen. Hat die Systemvariable `file_output_append` den Wert *true*, werden die zu schreibenden Daten an das Ende eines bereits bestehenden Files angefügt, ansonsten wird ein bereits bestehendes File neu überschrieben.

Zum Abspeichern von numerischen Daten in Tabellenform sowie zum Austausch von Daten zwischen unterschiedlichen Programmen eignen sich besonders gut sogenannte csv-Files (engl. „comma separated values“). Das sind normale, mit einem gewöhnlichen Texteditor erstellbare Textdateien, in denen jede Zeile einem zusammengehörigen Datensatz entspricht. Die Werte einer Zeile sind durch ein vereinbartes Trennzeichen, üblicherweise einen Beistrich, getrennt. Maxima kennt folgende Trennzeichen: `comma` (Beistrich, Defaultwert), `space` (Leerzeichen), `semicolon` (Strichpunkt) und `pipe` (vertikaler Strich).

In den folgenden Beispielen wird ein File „hagel.csv“ bearbeitet, das eine Tabelle der Massen und Fallgeschwindigkeiten von Hagelkörnern in Abhängigkeit des Durchmessers enthält. Die

Tabelle 7.4 Laden und Abspeichern von Daten

`printfile(`*name*`)`	Ausgabe des Files *name* auf der Konsole
h`:openr(`*name*`)`	Öffnen des Files *name* zum *Lesen* und Zuweisen zum Filehandle *h*
h`:openw(`*name*`)`	Öffnen des Files *name* zum *Schreiben*
h`:opena(`*name*`)`	Öffnen des Files *name* zum *Anhängen*
`close(`*h*`)`	Schließen des Files mit dem Filehandle *h*
`flength(`*h*`)`	Dateilänge (Anzahl der Zeichen) des Files mit dem Filehandle *h*
`fposition(`*h*`)`	Augenblickliche Leseposition im File mit dem Filehandle *h*
`readline(`*h*`)`	Lesen einer Zeile aus dem File mit dem Filehandle *h*
`read_list(`*file*[, *sep*]`)`	Lesen eines csv-Files mit dem Namen oder Handle *file* und optionaler Angabe eines Trennzeichens *sep* in eine Liste; gültige Werte für *sep*: `comma` (Default), `space`, `pipe`, `semicolon`
`read_nested_list(`*file*[, *sep*]`)`	Wie `read_list`, das Ergebnis ist eine *geschachtelte* Liste mit einer Unterliste für jede Datenzeile.
`write_data(`*list*, *file*[, *sep*]`)`	Schreiben der Liste *list* in ein csv-File mit dem Namen oder Handle *file* mit optionaler Angabe eines Trennzeichens *sep* (wie bei `read_list`)
`printf(`h, *format*, x_1, x_2,...`)`	Formatierte Ausgabe der Ausdrücke $x_1, x_2, \ldots$ in ein File mit dem Handle *h* mit der Format-Zeichenkette *format* Formate `~%` ... neue Zeile `~d` ... Ganzzahl `~f` ... Gleitkommazahl `~e` ... Gleitkommazahl, wissenschaftlich `~a` ... allgemeiner Ausdruck
`file_output_append`	Systemvariable; legt fest, ob Schreibfunktionen ein File neu überschreiben (*false*, Default) oder Daten an das Ende anfügen (*true*).

erste Zeile eines csv-Files enthält häufig Spaltenbezeichnungen in Form von Zeichenketten (eingeschlossen in Anführungszeichen); die eigentlichen Daten beginnen dann in der zweiten Zeile.

`printfile` gibt den Inhalt eines Textfiles (als Nebeneffekt) auf der Konsole aus.

`openr` öffnet ein File zum Lesen („read"), `openw` zum Schreiben („write"); ein bestehendes File wird dabei neu überschrieben. `opena` öffnet ein File ebenfalls zum Schreiben. Ein bestehendes File wird dabei aber nicht überschrieben, die neuen Daten werden an das Ende des Files angefügt („append"). Das Funktionsergebnis aller drei Öffnen-Befehle ist ein *Filehandle* („logischer

Filename"), mit dem das File von den Schreib- und Lesefunktionen von Maxima angesprochen wird. Nach Beenden der Schreib- und Leseoperationen sollte das File mit dem Befehl `close` geschlossen werden.

Die Dateilänge eines geöffneten Files kann mit der Funktion `flength` ermittelt werden, die augenblickliche Leseposition (bei 1 beginnend) mit der Funktion `fposition`.

`read_line` liest eine Zeile eines zum Lesen geöffneten Files. Das Ergebnis ist eine Zeichenkette, die bei Bedarf mit der Funktion `eval_string` in einen Maxima-Ausdruck umgewandelt werden kann.

Wechseln des Arbeitsverzeichnisses	`(%i1) ?xchdir("d:/Maxima");` `(%o1) d:/Maxima`

Ausgabe eines csv-Files	`(%i2) printfile("hagel.csv");`
	`"Durchmesser (mm)","Masse (g)","v (km/h)","v (m/s)"`
	`10,0.5,49,13.6`
	`20,3.8,69,19.2`
	`30,13.0,85,23.6`
	`(%o2) hagel.csv`

Öffnen des csv-Files zum Lesen, Zuordnen zu einem Filehandle	`(%i3) IN:openr("hagel.csv");` `(%o3) Stream [STRING-CHAR]`
Länge des csv-Files (Anzahl der darin enthaltenen Zeichen)	`(%i4) flength(IN);` `(%o4) 204`
Aktuelle Leseposition im geöffneten File	`(%i5) fposition(IN);` `(%o5) 1`

Lesen einer Zeile aus dem geöffneten File	`(%i6) z1:readline(IN);`
	`(%o6)`
	`"Durchmesser (mm)","Masse (g)","v (km/h)","v (m/s)"`

Neue aktuelle Leseposition	`(%i7) fposition(IN);` `(%o7) 54`
Nochmaliges Lesen einer Zeile	`(%i8) z2:readline(IN);` `(%o8) 10,0.5,49,13.6`
Schließen des csv-Files	`(%i9) close(IN);` `(%o9) true`
Eine mit `readline` eingelesene Zeile ist eine Zeichenkette.	`(%i10) stringp(z2);` `(%o10) true`
Umwandeln der Zeichenkette, bestehend aus durch Beistriche getrennten Zahlen, in eine Liste	`(%i11) liste:eval_string(sconcat("[",z2,"]"));` `(%o11) [10,0.5,49,13.6]`

`read_list` liest ein csv-File zur Gänze ein. Das Ergebnis ist eine flache Liste mit allen Werten. `read_nested_list` liest ebenfalls ein csv-File zur Gänze ein. Das Ergebnis ist jedoch eine geschachtelte Liste, worin jede Datenzeile mit den darin enthaltenen Werten eine Unterliste ist. Diese geschachtelte Liste entspricht einer Tabelle. Eine beliebige Tabellen*spalte* kann mit der Funktion `map` als Liste extrahiert werden.

Lesen des gesamten csv-Files in eine Liste

```
(%i12) liste:read_list("hagel.csv",comma);
(%o12) [Durchmesser (mm), Masse (g), v (km/h),
v (m/s), 10, 0.5, 49, 13.6, 20, 3.8, 69, 19.2, 30,
13.0, 85, 23.6, 40, 30.8, 98, 27.2, 50, 60.1, 110,
30.6, 60, 103.8, 120, 33.3, 40, 30.8, 98, 27.2, 50,
60.1, 110, 30.6, 60, 103.8, 120, 33.3]
```

Lesen des gesamten csv-Files in eine geschachtelte Liste im Stil einer Tabelle; jede Zeile ist eine eigene Liste.

```
(%i13) tabelle:read_nested_list("hagel.csv",comma);
(%o13) [[Durchmesser (mm), Masse (g), v (km/h),
v (m/s)], [10, 0.5, 49, 13.6], [20, 3.8, 69, 19.2],
[30, 13.0, 85, 23.6], [40, 30.8, 98, 27.2], [50,
60.1, 110, 30.6], [60, 103.8, 120, 33.3], [40, 30.8
, 98, 27.2], [50, 60.1, 110, 30.6], [60, 103.8, 120,
33.3]]
```

Extrahieren der ersten Spalte der Tabelle

```
(%i14) map(first,rest(tabelle));
(%o14) [10, 20, 30, 40, 50, 60, 40, 50, 60]
```

Die Systemvariable `file_output_append` legt fest, wie Ausgabefunktionen, die einen File*namen* als Parameter haben, in ein File schreiben. Hat `file_output_append` den Wert *false*, wird ein bestehendes File neu überschrieben, beim Wert *true* werden Daten an das Ende eines bestehenden Files angefügt. Auf Ausgabefunktionen, die ein File*handle* als Parameter haben, hat `file_output_append` keine Auswirkung, da bei solchen das zu schreibende File ohnehin zuvor entsprechend (mit openw bzw. opena) geöffnet werden muss.

Die Funktion `printf` dient zur *formatierten* Ausgabe von Daten, wobei als Ausgabeziel ein File*name*, ein File*handle* oder die Werte *true* oder *false* angegeben werden können. Bei der Angabe von *true* erfolgt die Ausgabe auf der Konsole als *Nebeneffekt*, bei der Angabe von *false* erfolgt die Ausgabe auf der Konsole als *Funktionsergebnis* (siehe Abschnitt 7.1).

Setzen der Systemvariablen `file_output_append` auf *true*

```
(%i15) file_output_append:true;
(%o15) true
```

Schreiben einer Liste an das Ende des csv-Files mit Angabe des File*namens*

```
(%i16) write_data([40,30.8,98,27.2],"hagel.csv",comma);
(%o16) done
```

Öffnen des csv-Files zum Anhängen neuer Daten an das Ende („append")

```
(%i17) OUT:opena("hagel.csv");
(%o17) Stream [STRING-CHAR]
```

Schreiben einer Liste an das Ende des csv-Files mit Angabe des File*handles*

```
(%i18) write_data([50,60.1,110,30.6],OUT,comma);
(%o18) done
```

Formatiertes Schreiben mit dem Befehl `printf`

```
(%i19) printf(OUT,"~a,~a,~a,~a~%",60,103.8,120,33.3);
(%o19) false
```

Schließen des csv-Files

```
(%i20) close(OUT);
(%o20) true
```

Nochmaliges Einlesen des geänderten csv-Files und Ausgabe als Matrix

```
(%i21) tabelle:read_nested_list("hagel.csv",comma)$
       apply(matrix,tabelle);
```

(%o22)

Durchmesser (mm)	Masse (g)	v (km/h)	v (m/s)
10	0.5	49	13.6
20	3.8	69	19.2
30	13.0	85	23.6
40	30.8	98	27.2
50	60.1	110	30.6
60	103.8	120	33.3

7.5 Laden und Abspeichern von Programmen

Eine Zusammenstellung von Maxima-Ausdrücken, die in einem Textfile – üblicherweise mit der Erweiterung `.mac` – abgespeichert sind, entspricht bereits einem *Programm*. Mit dem Befehl `load` wird ein solches Programm geladen und zur Ausführung gebracht. Enthält dieses File

Tabelle 7.5 Laden und Abspeichern von Programmen

`load`(*file*)	Einlesen und Ausführen von Befehlen aus einem File *ohne* Bildschirmausgabe
`batch`(*file*)	Einlesen und Ausführen von Befehlen aus einem File *mit* Bildschirmausgabe
`grind`	Systemvariable; steuert die Formatierung der Ausgabe als Zeichenkette: Im Falle von *true* werden die Ausgaben mit Einrückungen und Zeilenumbrüchen formatiert (Default: *false*).
`save`(*file*, x_1, x_2, ...)	Ausgabe der Ausdrücke x_1, x_2, ... in ein File als Lisp-Code; Ausdrücke können auch die Werte `all`, `[`n_1, n_2`]`, `functions` und `values` sein.
`stringout`(*file*, x_1, x_2, ...)	Ausgabe der Ausdrücke x_1, x_2, ... in ein File als Zeichenketten; Ausdrücke können auch die Werte `input`, `[`n_1, n_2`]`, `functions` und `values` sein.
`with_stdout`(*file*, x_1, x_2, ...)	Schreiben der von den Ausdrücken x_1, x_2, ... erzeugten Ausgaben in ein File
Initialisierungsfiles:	
`maxima-init.mac`	Maxima-File, beim Start von Maxima geladen
`maxima-init.lisp`	Lisp-File, beim Start von Maxima geladen

keinen direkt auszuführenden Code, sondern nur Funktionsdefinitionen und gegebenenfalls Variablenzuweisungen, so wird es *Paket* genannt.

Maxima enthält eine Vielzahl an Paketen für die unterschiedlichsten Anwendungen; mittels eigener Pakete kann die Funktionalität von Maxima beliebig erweitert werden. Für Details zu Paketen siehe Abschnitt 9.4.

In wxMaxima kann eine Arbeitssitzung als `wxm`-File abgespeichert werden. Neben den eingegebenen Ausdrücken und dokumentierenden Texten enthält ein `wxm`-File zusätzlich Kommentare, welche die grafische Oberfläche von wxMaxima beim Wiedereinlesen steuern. Nachträgliches Editieren eines wxm-Files (zum Ändern, Löschen oder Hinzufügen von Ausdrücken) ist möglich, die Struktur dieser Kommentare muss dabei aber erhalten bleiben.

Ein `wxmx`-File ist eine als zip-komprimiertes `xml`-File abgespeicherte Maxima Arbeitssitzung; es kann zusätzlich eingefügte Grafiken enthalten. Aufgrund der UTF8-Codierung sind `wxmx`-Files betriebssystemunabhängig; daher bereiten Umlaute und andere nationale Sonderzeichen im Text keine Probleme bei Verwendung in unterschiedlichen Betriebssystemen.

Abspeichern und Wiedereinlesen einer wxMaxima-Arbeitssitzung erfolgt nicht mit einem *Befehl* in der Eingabezeile, sondern über das Menü *<Datei><Speichern>* bzw. *<Datei><Öffnen>*.

Festlegen des Maxima-Arbeitsverzeichnisses

```
(%i1) ?xchdir("d:/maxima");
(%o1) d:/maxima
```

Hinzufügen des Benutzerverzeichnisses zum Maxima-Suchpfad

```
(%i2) file_search_maxima:cons(
          "d:/maxima/###.mac",file_search_maxima);
(%o2)  [d:/maxima/###.mac , d:/maxima/###.mac ,
d:/w/maxima/###.mac ,
C:/Dokumente und Einstellungen/Administrator/...
C:\Programme\Maxima-5.27.0/share/maxima/...
C:\Programme\Maxima-5.27.0/share/maxima/...
]
```

Hinzufügen des Benutzerverzeichnisses zum Suchpfad für Lisp-Files

```
(%i3) file_search_lisp:cons(
          "d:/maxima/###.lsp",file_search_lisp);
(%o3)  [d:/maxima/###.lsp , d:/maxima/###.lsp ,
d:/w/maxima/###.lsp ,
C:/Dokumente und Einstellungen/Administrator/...
C:\Programme\Maxima-5.27.0/share/maxima/...
C:\Programme\Maxima-5.27.0/share/maxima/...
C:\Programme\Maxima-5.27.0/share/maxima/...
]
```

`load` ist der Standardbefehl zum Laden von Paketen (mac-Files und lisp-Files). Alle darin enthaltenen Ausdrücke werden ausgewertet, aber nicht auf dem Bildschirm ausgegeben. Ein mit `load` zu ladendes File wird in erster Linie Funktionsdefinitionen und das Setzen globaler Variablen enthalten, aber kaum „unmittelbar auszuführenden" Code.

Mit `batch` werden Anweisungen von einem File genau so eingelesen und verarbeitet, als würden sie händisch in der Eingabezeile eingegeben. Ein mit `batch` einzulesendes File wird in erster Linie „unmittelbar auszuführenden" Code enthalten, beispielsweise eine zuvor abgespeicherte Maxima-Sitzung. Alle Eingaben und Ergebnisse erhalten Eingabe- bzw. Ausgabemarken und werden am Bildschirm ausgegeben. Beliebige Filetypen sind zulässig, auch wxm-Files können mit `batch` eingelesen werden. Im Gegensatz zum Laden über das Menü *<Da-*

tei><Öffnen> wird dabei *keine* neue wxMaxima-Sitzung gestartet, alle vorherigen Berechnungen bleiben gespeichert.

Laden des Files `calc.mac`, das die Berechnung der Lösung dreier linearer Gleichungen in drei Variablen enthält

```
(%i4) load(calc);
(%o4) d:/maxima/calc.mac
```

Im File `calc.mac` wurden vier Variablen mit Werten belegt.

```
(%i5) values;
(%o5) [g1, g2, g3, sol]
```

Die Variable `sol` enthält die Lösung des Gleichungssystems.

```
(%i6) sol;
```

$$(\%o6)\ [[x=\frac{13}{2}, y=4, z=\frac{3}{2}]]$$

Einlesen des Files `calc.mac` mit dem Befehl `batch`, alle Eingaben und Ergebnisse werden ausgegeben.

```
(%i7) batch(calc);
read and interpret file: #pd:/maxima/calc.mac
(%i8) g1: z+y+x=12
(%o8) z+y+x=12
(%i9) g2: 2 x-3 y=1
(%o9) 2 x-3 y=1
(%i10) g3: -z-y+x=1
(%o10) -z-y+x=1
(%i11) sol: solve([g1, g2, g3], [x, y, z])
```

$$(\%o11)\ [[x=\frac{13}{2}, y=4, z=\frac{3}{2}]]$$

```
(%o11) d:/maxima/calc.mac
```

Laden eines Files mit Funktionsdefinitionen

```
(%i12) load(tools);
(%o12) d:/maxima/tools.mac
```

Ausgabe aller Funktionsdefinitionen

```
(%i13) functions;
(%o13) [right_aligned('_z_), >>('_z_),
show_form_internal(ex), show_form(ex),
operators(x), contains(op, x), contains_any(op, x)
, contains_all(op, x)]
```

Die Standard-Ausgabebefehle für ausführbaren Code sind `stringout` für Maxima-Code und `save` für Lisp-Code. Wird beim Abspeichern von Ausdrücken nur ein Filename und nicht der gesamte Pfadname angegeben, wird das File im Maxima-Arbeitsverzeichnis abgespeichert.

Standardmäßig wird bei jedem Schreibbefehl ein bestehendes Ausgabefile neu überschrieben. Hat die globale Variable `file_output_append` den Wert *true*, so wird jede Ausgabe an ein bestehendes File angehängt.

`stringout` schreibt Ausdrücke als Zeichenketten in ein File, in einer Form, in der sie mit `load` wieder eingelesen werden können. Ist die globale Variable `grind` auf *true* gesetzt, so ist die Ausgabe mit Einrückungen, Leerzeichen und Zeilenvorschüben formatiert, andernfalls erfolgt die Ausgabe unformatiert, eine (beliebig lange) Zeile ohne Leerzeichen pro Ausdruck. Zusätzlich zum Filenamen können folgende Parameter (beliebig kombiniert) angegeben werden:

- Beliebige Ausdrücke; ausgegeben werden nur die Werte. Solche Ausgaben können *nicht* sinnvoll wieder eingelesen werden.

- `input` speichert alle Eingaben der Maxima-Sitzung; damit kann eine gesamte Maxima-Sitzung abgespeichert und später wieder geladen werden.
- `[`n_1`,` n_2`]` speichert alle Eingaben mit den Eingabemarken $n_1 \dots n_2$.
- `functions` speichert alle Definitionen benutzerdefinierter Funktionen in wiedereinlesbarer Form.
- `values` speichert alle benutzerdefinierten Variablen als Zuweisungen in wiedereinlesbarer Form.

`save` schreibt Ausdrücke in einem Lisp-Format in ein File; ebenfalls in einer Form, in der sie mit `load` wieder eingelesen werden können. Zusätzlich zum Filenamen können folgende Parameter (beliebig kombiniert) angegeben werden:

- Beliebige Ausdrücke; ausgegeben werden sowohl die Namen als auch ihre Werte. Im Gegensatz zur Ausgabe mit `stringout` können solche Ausgaben mit `load` wieder sinnvoll eingelesen werden.
- `all` speichert den aktuellen Zustand der Maxima-Sitzung; damit kann eine gesamte Maxima-Sitzung abgespeichert und später wieder geladen werden.
- `[`n_1`,` n_2`]` speichert alle Eingaben mit den Eingabemarken $n_1 \dots n_2$.
- `functions` speichert alle Definitionen benutzerdefinierter Funktionen.
- `values` speichert alle benutzerdefinierten Variablen als Zuweisungen.

Abspeichern aller Eingaben, d. h. der gesamten Maxima-Sitzung in einem `mac`-File	`(%i14) save("test.lsp",all);` `(%o14)` *d:/maxima/test.lsp*
Abspeichern des aktuellen Zustandes von Maxima in ein Lisp-File	`(%i15) stringout("test.mac",input);` `(%o15)` *d:/maxima/test.mac*
Wird `grind` auf *true* gesetzt, erfolgen die Ausgaben in einem wiedereinlesbaren Format.	`(%i16) grind:true;` `(%o16) true`
Wird `file_output_append` auf *true* gesetzt, fügen die Ausgabefunktionen die Daten an das Ende eines bestehenden Files an.	`(%i17) file_output_append:true;` `(%o17) true`
Ausgabe aller Funktionsdefinitionen	`(%i18) stringout("fun.mac",functions);` `(%o18)` *d:/maxima/fun.mac*
Ausgabe aller Variablen mit ihren Werten	`(%i19) stringout("fun.mac",values);` `(%o19)` *d:/maxima/fun.mac*

Manche Anweisungen liefern keinen *Ergebniswert*, der (im funktionalen Stil) weiterverwendet wird, sondern produzieren eine Ausgabe als *Nebeneffekt*; dies sind beispielsweise die Anweisungen *disp*, *print*, *grind* oder *tex*.

Mit `with_stdout` wird eine solche Ausgabe in ein File umgeleitet. Als Ausgabeziel kann sowohl ein File*name* als auch ein File*handle* angegeben werden. `with_stdout` kann beliebig viele Ausdrücke als weitere Parameter enthalten, auch solche, die gar keine Ausgaben erzeugen. In solchen Fällen werden die Ausdrücke zwar ausgewertet, aber nicht ausgegeben.

Nach Setzen von `display2d` auf *false* erfolgt die Ausgabe „eindimensional", d. h. ohne Bruchstriche sowie ohne Hoch- und Tiefstellungen.

```
(%i20) display2d:false;
(%o20) false
```

Umleitung der Ausgabe in ein File

```
(%i21) with_stdout("file.txt",
          print("Binomische Formeln:"),
          for n:2 thru 4 do
             print((x+y)^n = expand((x+y)^n))
          );
(%o21) done
```

Ein Problem beim Abspeichern mit `stringout` bereiten Funktionen, die als Operator deklariert werden. `stringout` speichert zwar die Funktionsdefinition ab, nicht aber die Operator-Eigenschaft. Das Einlesen der abgespeicherten Funktionsdefinitionen in eine andere Maxima-Sitzung, in der die Operator-Eigenschaft nicht bekannt ist, führt zu einer Fehlermeldung. Auch das Abspeichern von Operatoren mit `save` funktioniert offenbar nicht fehlerfrei; bei bestimmten Zeichenkombinationen als Operator führt auch hier das Wiedereinlesen zu einer Fehlermeldung.

Initialisierung

Wenn im Maxima-Suchpfad ein File mit dem Namen `maxima-init.mac` oder `maxima-init.lisp` existiert, wird es beim Start von Maxima automatisch geladen. Dieses File enthält typischerweise Initialisierungsbefehle, Anweisungen zum Laden weiterer Pakete sowie Befehle zum Erweitern des Maxima-Suchpfades. Ein Initialisierungsfile `maxima-init.mac` könnte etwa folgendermaßen aussehen:

```
load(draw);
set_draw_defaults(color=red,grid=true);
fpprintprec:5;
file_search_maxima:cons("d:/maxima/###.mac", file_search_maxima);
```

8 Interaktives Arbeiten

Im Prinzip ist es gleichgültig, ob Maxima-Befehle mit der Tastatur eingegeben oder von einem Programm abgearbeitet werden. Eine Reihe von Befehlen ist allerdings nur für interaktives Arbeiten sinnvoll. Das sind in erster Linie Befehle, die dem Benutzer Hilfestellung beim Arbeiten und bei der Fehlersuche geben, Informationen über den aktuellen Zustand von Maxima liefern sowie eine spezielle Formatierung der Ausgabe veranlassen.

8.1 Marken

Die Bereitschaft von Maxima, einen Ausdruck entgegenzunehmen, wird durch eine Eingabemarke in der Form `(%i`n`)` mit einer fortlaufenden Nummer n angezeigt. Das zurückgelieferte Ergebnis wird mit einer Ausgabemarke `(%o`n`)` versehen und – wenn die Eingabe mit einem Strichpunkt abgeschlossen wurde – ausgegeben. Zusätzlich zum eigentlichen Funktionsergebnis erzeugen manche Befehle weitere Ergebnisse als Nebeneffekt. Diese werden mit einer Zwischenmarke `(%t`n`)` versehen und vor dem Funktionsergebnis jedenfalls ausgegeben, auch wenn die Eingabe mit einem Dollarzeichen abgeschlossen wurde.

Manche Ausgaben sind mit einer Zusatzmarke neben der Ausgabemarke versehen, die auf eine besondere interne Struktur des ausgegebenen Ausdrucks hinweist. Für den normalen Benutzer sind diese Zusatzmarken mitunter etwas verwirrend, aber bedeutungslos.

`/R/` weist darauf hin, dass der ausgegebene Ausdruck ein sogenannter *kanonischer rationaler Ausdruck* (engl. „canonical rational expression“ – CRE) ist, eine optimierte interne Darstellung für Polynome und rationale Ausdrücke. Eine Taylorreihe ist mit der Zusatzmarke `/T/` versehen (siehe Abschnitt 6.7.1), eine Poissonreihe mit der Zusatzmarke `/P/` (wird aber in diesem Buch nicht behandelt, Näheres siehe [Max]).

Tabelle 8.1 Marken

`(%i`n`)`	Eingabemarke
`(%o`n`)`	Ausgabemarke
`(%t`n`)`	Zwischenmarke
`/R/`	Zusatzmarke für einen kanonischen rationalen Ausdruck
`/T/`	Zusatzmarke für eine Taylorreihe
`/P/`	Zusatzmarke für eine Poissonreihe

8.2 Konsolenbefehle

Text zwischen den Zeichenfolgen /* und */ wird als Kommentar interpretiert, was in erster Linie für *Programme* interessant ist. Zu beachten ist dabei, dass in wxMaxima solche Kommentare nicht alleine als Eingaben erlaubt sind, sondern nur als Zusatz zu einem auszuwertenden Ausdruck, auch wenn dieser nur aus dem Wert 0 oder einer leeren Zeichenkette besteht. Beim interaktiven Arbeiten mit wxMaxima sind Kommentare in dieser Form aber ohnehin unüblich, da kommentierender Text in eigene Textzellen geschrieben werden kann.

Auswertung *mit* Ausgabe des Ergebnisses

```
(%i1) /* Auswertung MIT Ausgabe des Ergebnisses */
      expand((x+y)^2);
```

(%o1) $y^2+2\,x\,y+x^2$

Auswertung *ohne* Ausgabe des Ergebnisses

```
(%i2) /* Auswertung OHNE Ausgabe des Ergebnisses */
      expand((x+y)^2)$
```

Die Systemvariable % enthält das zuletzt von Maxima zurückgegebene Ergebnis. Innerhalb von zusammengesetzten Ausdrücken (Blöcke, Sequenzen oder λ-Ausdrücke) enthält die Systemvariable %% das Ergebnis des vorhergehenden Ausdrucks. Der letzte *ein*gegebene Ausdruck ist in der Systemvariablen „_“ gespeichert.

Auf einen beliebigen, zuvor eingegebenen oder von Maxima ausgewerteten Ausdruck kann durch Angabe der entsprechenden Eingabemarke %i*n* bzw. Ausgabemarke %o*n* zugegriffen werden.

Tabelle 8.2 Konsolenbefehle

`/* Das ist ein Kommentar */`	Kommentar
expr;	Auswertung eines Ausdrucks *mit* Ausgabe des Ergebnisses
expr$	Auswertung eines Ausdrucks *ohne* Ausgabe des Ergebnisses
%	Zuvor von Maxima zurückgegebenes Ergebnis
_	Zuvor in Maxima eingegebener Ausdruck
%i*n*	An der Marke %i*n* eingegebener Ausdruck
%o*n*	An der Marke %o*n* von Maxima zurückgegebenes Ergebnis
%%	Ergebnis des vorhergehenden Ausdrucks innerhalb eines Blocks, einer Sequenz oder eines λ-Ausdrucks
system(*bef*)	Aufruf des Betriebssystembefehls oder externen Programms *bef*
quit()	Beenden von Maxima

Zuletzt von Maxima zurückgegebenes Ergebnis	`(%i3) %;`
	(%o3) $y^2+2\,x\,y+x^2$
	`(%i4) expand((x+y)^2);`
	(%o4) $y^2+2\,x\,y+x^2$

Zuletzt *eingegebener* Ausdruck	`(%i5) _;` (%o5) $\mathrm{expand}\left((y+x)^2\right)$
Zuvor an einer bestimmten Marke vom Benutzer *eingegebener* Ausdruck	`(%i6) %i1;` (%o6) $\mathrm{expand}\left((y+x)^2\right)$
Zuvor an einer bestimmten Marke von Maxima zurückgegebenes Ergebnis	`(%i7) %o1;` (%o7) $y^2+2\,x\,y+x^2$
Zugriff auf Ergebnisse vorheriger Ausdrücke innerhalb einer Sequenz	`(%i8) (a+b, %%+c, %%/e);` (%o8) $\frac{c+b+a}{e}$

Mit der Funktion `system` kann ein beliebiger Betriebssystembefehl ausgeführt oder ein externes Programm gestartet werden. In wxMaxima werden dessen Ausgaben aber im Arbeitsfenster *nicht* dargestellt. Mit einem Trick kann man die Ausgaben aber dennoch sichtbar machen: Die Ausgaben des externen Programms werden mit der Ausgabeumleitung in ein File geschrieben, das anschließend mit dem Befehl `printfile` in wxMaxima ausgegeben wird.

Die (parameterlose) Funktion `quit` beendet Maxima. wxMaxima wird aber üblicherweise mit entsprechenden Mausbefehlen beendet, da `quit` nur Maxima selbst, nicht aber die Benutzeroberfläche wxMaxima beendet.

Aufruf eines Betriebssystembefehls aus Maxima	`(%i9) system("cd >tempfile");`
	`printfile("tempfile");`
	`(%o9) 0`
	`C:\Programme\Maxima-5.27.0\wxMaxima`
	(%o10) *tempfile*

Starten eines externen Programms aus Maxima	`(%i11) system("notepad");` `(%o11) 0`

Beenden von Maxima (in wxMaxima *nicht* sinnvoll)	`(%i12) quit();`
	`CLIENT: Lost socket connection ...`
	`Restart Maxima with 'Maxima->Restart Maxima'.`

8.3 Hilfe

Das gesamte Maxima-Handbuch [Max] ist sowohl als PDF-File als auch als kompiliertes HTML-File verfügbar. In dieser Form kann es über das Menü <*Hilfe*> oder mit der Funktionstaste <*F1*> in wxMaxima aufgerufen und mit den üblichen Methoden nach Themen, Befehlsnamen und Stichwörtern durchsucht werden.

Zusätzlich gibt es eigene Maxima-Befehle, mit denen Informationen und teilweise auch Beispiele zu allen Maxima-Befehlen und Systemvariablen ausgegeben werden können.

Tabelle 8.3 Maxima-Hilfe

`describe(`*name*`)` ?*name*	Beschreibung des Maxima-Befehls oder der Systemvariablen *name*
`describe(`*name*`,inexact)` ?? *name*	Auswahl aller Maxima-Befehle oder Systemvariablen, die *name* enthalten
`example(`*name*`)`	Ausgabe von Anwendungsbeispielen für *name*
`example()`	Liste aller Maxima-Namen, für die Beispiele verfügbar sind.
`apropos(`*string*`)`	Liste aller Maxima-Namen, welche die Zeichenkette *name* enthalten.
`demo(`*filename*`)`	Ausführen der Befehle des Files *filename*`.dem` mit einer Pause nach jedem Befehl

Mit `describe` und seiner Abkürzung „?" sind alle Einträge aus dem Handbuch (sowohl Befehle als auch Systemvariablen) als Maxima-Befehl abrufbar; also direkt durch Eingabe im Arbeitsfenster (oder in der Konsole). Der zu erklärende Begriff kann als Name oder Zeichenkette angegeben werden. Bei der abgekürzten Version ist zwischen Fragezeichen und dem Begriff ein Leerzeichen zu setzen, da der Begriff anderenfalls als Lisp-Variable interpretiert werden würde (siehe Abschnitt 9.5). Bei Angabe des zusätzlichen Parameters `inexact` oder beim abgekürzten Befehl „??" wird ein Name, der den eingegebenen Begriff auch nur als Teil enthält, erläutert; trifft dies auf mehrere Namen zu, so ist ein Name vom Benutzer auszuwählen.

Information zum Befehl `denom`

```
(%i1) ? denom;
-- Function: denom (<expr>)
Returns the denominator of the rational expression
<expr>
There are also some inexact matches for ‘denom’.
Try ‘?? denom’ to see them.
(%o1) true
```

Information zu allen Maxima-Namen, welche die Zeichenfolge „denom" enthalten

```
(%i2) ?? denom;
0: all_dotsimp_denoms  (Functions and Variables for...
1: denom  (Functions and Variables for Polynomials)
2: expandwrt_denom  (Functions and Variables for...
3: maxpsifracdenom  (Gamma and factorial Functions)
4: ratalgdenom  (Functions and Variables for Pol...
5: ratdenom  (Functions and Variables for Polyno...
6: ratdenomdivide  (Functions and Variables for...
Enter space-separated numbers, 'all' or 'none':
n;
(%o2) true
```

`example` liefert Beispiele für die Anwendung eines Maxima-Befehls (oder einer Systemvariablen). Jedoch sind nicht für alle Befehle Beispiele verfügbar. Eine Liste mit allen Namen, für die Beispiele verfügbar sind, erhält man mit Eingabe des Befehls `example` ohne Parameter.

Anwendungsbeispiele für den Befehl `map`

```
(%i3) example(map);
(%i4) map(f,b*z+a*y+x)
(%o4) f(b z)+f(a y)+f(x)
(%i5) map(lambda([u],partfrac(u,x)),1/(2+5*x+4*...
```

$$(\%o5)\quad \frac{1}{x+2} - \frac{1}{x+1} + \frac{1}{(x+1)^2} + x$$

```
(%i6) map(ratsimp,(y+y^2)/y+x/(x+x^2))
```

$$(\%o6)\quad y + \frac{1}{x+1} + 1$$

```
(%i7) map("=",[a,b],[-0.5,3])
(%o7) [a=-0.5,b=3]
(%o7) done
```

`apropos` liefert eine Liste mit allen Maxima-Namen, die eine bestimmte Zeichenkette als Teil enthalten.

`demo` führt die Befehle aus einem Demo-File (mit der Erweiterung `.dem`) aus, wobei nach jedem Befehl gestoppt und auf die Quittierung durch den Benutzer (*<shift><enter>* in wxMaxima) gewartet wird. Standardmäßig sind nur für wenige Begriffe und Befehle Demo-Files vorhanden. In erster Linie sind Demo-Files für selbst geschriebene Zusatzpakete interessant, um die darin enthaltenen Befehle zu erläutern und mit Beispielen zu veranschaulichen.

Liste mit allen Maxima-Namen, welche die Zeichenkette „map" enthalten.

```
(%i8) apropos("map");
(%o8) [fullmap, fullmapl, map, mapatom, maperror
, maplist, mapping, mapprint, maprat, mapset,
matrixmap, outermap, poismap, scanmap]
```

Aufruf des Demo-Files `array.dem` zur Demonstration von Arrays

```
(%i9) demo(array);
read and interpret file: #pC:/Programme/Maxima-5.27...
At the '_' prompt, type ';' and <enter> to get next...
(%i10) subscrmap: true
_;
(%i11) (a1: first, a2: second)
(%o11) second
_;
...
```

8.4 Informationslisten

Maxima verwaltet eine Reihe sogenannter *Informationslisten*, die für den Benutzer Informationen über die in einer Maxima-Sitzung verwendeten Symbole bereitstellen. Die Namen aller dieser Listen sind in der Liste `infolists` zusammengestellt; die wichtigsten davon sind `values`, `functions`, `arrays` und `myoptions`.

Tabelle 8.4 Informationslisten

`values`	Liste mit allen vom Benutzer mit einem Wert belegten Variablen
`functions`	Liste mit allen benutzerdefinierten Funktionen
`arrays`	Liste mit allen Arrays
`myoptions`	Liste mit allen vom Benutzer geänderten Systemvariablen
`remvalue(`$x_1, x_2, \ldots$`)`	Entfernen der Werte der Variablen $x_1, x_2, \ldots$
`remfunction(`$f_1, f_2, \ldots$`)`	Entfernen der benutzerdefinierten Funktionen $f_1, f_2, \ldots$
`remarray(`$a_1, a_2, \ldots$`)`	Entfernen der Arrays und Arrayfunktionen $a_1, a_2, \ldots$
`reset(`$v_1, v_2, \ldots$`)`	Zurücksetzen der Systemvariablen $v_1, v_2, \ldots$ auf ihre Defaultwerte
`kill(`$s_1, s_2, \ldots$`)`	Entfernen aller Symbole $s_1, s_2, \ldots$ (Variablen, Funktionen und Arrays) und ihrer Eigenschaften

Belegen mehrerer Variablen und eines Arrays mit Werten

```
(%i1) [a:5,b:7,z:a+b+c];
      liste:[a,b,c,d,e];
      array(B,3); B[0]:b0; B[1]:b1;
(%o1) [5,7,c+12]
(%o2) [5,7,c,d,e]
(%o3) B
(%o4) b0
(%o5) b1
```

Zwei benutzerdefinierte Funktionen

```
(%i6) f(x):=sin(x)/x;
      par(x,y):=x*y/(x+y);
```

(%o6) $f(x) := \frac{\sin(x)}{x}$

(%o7) $par(x, y) := \frac{x\,y}{x+y}$

Setzen dreier Systemvariablen

```
(%i8) fpprintprec:5;
      float:true;
      ratprint:false;
(%o8) 5
(%o9) true
(%o10) false
```

Maxima hat für Variablen, Funktionen und Arrays getrennte Namensräume, das heißt, gleichnamige Variablen, Funktionen und Arrays sind grundsätzlich möglich.

Belegen einer Variablen, Definition einer gleichnamigen Funktion und einer gleichnamigen Arrayfunktion

```
(%i11) A:42;
       A(x):=x^2-2*x-1;
       A[n]:sum(n^k,k,0,4);
(%o11) 42
```
(%o12) $\mathrm{A}(x):=x^2-2\,x-1$

(%o13) $n^4+n^3+n^2+n+1$

`values` enthält eine Liste aller vom Benutzer mit einem Wert belegten (sogenannten *gebundenen*) Variablen. Alle benutzerdefinierten Funktionen sind in der Liste `functions`, alle Arrays und Arrayfunktionen sind in der Liste `arrays` zusammengefasst.

Insbesondere bei umfangreichen Berechnungen ist es hilfreich, nicht nur die *Namen* aller Variablen, Funktionen und Arrays in Listen verfügbar zu haben, sondern auch deren Werte bzw. Definitionen oder Informationen darüber. Dies kann leicht mit der Funktion `map` erreicht werden.

Liste mit allen belegten Variablen

```
(%i14) values;
```
(%o14) $[a, b, z, liste, A]$

Liste mit allen benutzerdefinierten Funktionen

```
(%i15) functions;
```
(%o15) $[\mathrm{f}(x), \mathrm{par}(x, y), \mathrm{A}(x)]$

Liste mit allen Arrays und Arrayfunktionen

```
(%i16) arrays;
```
(%o16) $[B, A]$

Anzeige der Werte aller Variablen

```
(%i17) map(display,values)$
```
$a=5$

$b=7$

$z=c+12$

$liste=[5, 7, c, d, e]$

$A=42$

Anzeige der Funktionsdefinitionen aller benutzerdefinierten Funktionen

```
(%i18) map(fundef,map(op,functions));
```
(%o18) $\left[\mathrm{f}(x):=\frac{\sin(x)}{x}, \mathrm{par}(x, y):=\frac{x\,y}{x+y}, \mathrm{A}(x):=x^2-2\,x-1\right]$

Anzeige von Informationen aller Arrays und Arrayfunktionen

```
(%i19) map("=",arrays,map(arrayinfo,arrays));
```
(%o19) $[B=[declared, 1, [3]], A=[hashed, 1, [n]]]$

`kill` entfernt alle Zuweisungen und Eigenschaften von Symbolen, sowohl von Variablen als auch von Funktionen und Arrays. Die Funktion `remvalue` entfernt nur die Werte von Variablen, `remfunction` entfernt die benutzerdefinierten Funktionen, `remarray` die Arrays und Arrayfunktionen.

Entfernen aller Zuweisungen zu einem Symbol mit `kill`: Variable, Funktion und Array(funktion)

```
(%i20) kill(A);
```
(%o20) *done*

Anzeige aller Variablen, Funktionsdefinitionen und Arrays

```
(%i21) values;
       functions;
       arrays;
```
(%o21) $[a, b, z, liste]$

(%o22) $[\mathrm{f}(x), \mathrm{par}(x, y)]$

(%o23) $[B]$

Entfernen zweier Werte	(%i24) remvalue(a,b); (%o24) [a , b]
Entfernen einer Funktion	(%i25) remfunction(f); (%o25) [f]
Entfernen aller Arrays (in diesem Fall nur ein einziges)	(%i26) remarray(all); (%o26) [B]
Neuerliche Anzeige aller Variablen, Funktionsdefinitionen und Arrays (Array ist keines mehr vorhanden)	(%i27) values; functions; arrays; (%o27) [*z* , *liste*] (%o28) [par(x , y)] (%o29) []

Als Parameter für die Funktionen `remvalue`, `remfunction`, `remarray` und `kill` ist auch der Wert `all` möglich, damit werden mit einem einzigen Befehl *alle* Werte bzw. Funktionen, Arrays oder überhaupt alle Symbole entfernt.

Nach dem Entfernen aller Symbole ...	(%i30) kill(all); (%o0) *done*
... gibt es keine belegten Variablen, keine benutzerdefinierten Funktionen und keine Arrays mehr.	(%i1) values; functions; arrays; (%o1) [] (%o2) [] (%o3) []

Systemvariablen werden von `kill` und von `remvalue` nicht verändert; mit `reset` können sie auf ihre Standardwerte zurückgesetzt werden.

Veränderte Werte dreier Systemvariablen	(%i4) [fpprintprec,float,ratprint]; (%o4) [5 , true , false]
Zurücksetzen von Systemvariablen auf ihre Defaultwerte	(%i5) reset(fpprintprec,float,ratprint); (%o5) [*fpprintprec* , *float* , *ratprint*]
Die ursprünglichen Werte dreier Systemvariablen	(%i6) [fpprintprec,float,ratprint]; (%o6) [0 , false , true]

`myoptions` enthält eine Liste aller vom Benutzer geänderten Systemvariablen; mit der Funktion `reset` können die Systemvariablen wieder auf ihre Defaultwerte zurückgesetzt werden.

8.5 Fehlersuche

Maxima besitzt einen leistungsfähigen Debugger zur interaktiven Fehlersuche sowie eine Ablaufverfolgung, mit der Variablenzuweisungen und Funktionsaufrufe protokolliert werden können.

8.5.1 Der Debugger

Der Debugger erlaubt das Setzen von Haltepunkten, einen schrittweisen Programmablauf sowie Ausgabe und Verändern von Variablen, während das Programm in einem Haltepunkt verharrt. Der Debug-Modus kann entweder durch Setzen der Systemvariablen `debugmode` auf *true*, mit der gleichnamigen Funktion oder durch Setzen eines Haltepunkts („Breakpoint") aktiviert werden. Nach aktiviertem Debug-Modus hält das Programm bei einem Programmfehler oder

Tabelle 8.5 Der Debugger

`debugmode(`*modus*`)`	Funktion zum Setzen des Debug-Modus; mögliche Werte für *modus*: *true* oder *false*
Debug-Befehle:	
`:br[eak]` *f n*	Setzen eines Haltepunkts („Breakpoint") in der Funktion *f* an der Zeile *n*
`:bt`	„Backtrace"; Zurückverfolgung der geschachtelten Funktionsaufrufe
`:c[ontinue]`	Programmausführung fortsetzen
`:de[lete]` [*n*]	Löschen des Haltepunkts mit der Nummer *n*
`:di[sable]` [*n*]	Deaktivieren des Haltepunkts mit der Nummer *n*
`:e[nable]` [*n*]	Aktivieren des Haltepunkts mit der Nummer *n*
`:f[rame]`	Ausgabe des aktuellen „Stack Frames", d. h. des Namens der aufrufenden Funktion mit ihren Parametern
`:h[elp]`	Erläuterung aller Debug-Befehle
`:info :bkpt`	Auflisten aller gesetzten Haltepunkte
`:n[ext]`	Durchführen des nächsten Programmschritts mit Ausführung von Funktionsaufrufen in einem einzigen Schritt
`:q[uit]`	Beenden des Debuggers
`:r[esume]`	Programmausführung fortsetzen
`:s[tep]`	Durchführen des nächsten Programmschritts mit schrittweiser Ausführung von aufgerufenen Funktionen

einem gesetzten Haltepunkt an. Die Namen der Debug-Befehle beginnen mit einem Doppelpunkt und können soweit abgekürzt werden, solange sie eindeutig bleiben (üblicherweise bis auf einen oder zwei Buchstaben).

Haltepunkte werden mit dem Befehl `:br` gesetzt und erhalten dabei eine mit 0 beginnende Nummer. Mit `:de` und `:di` wird der angegebene Haltepunkt entfernt bzw. deaktiviert. Wird dabei keine Nummer angegeben, so werden *alle* Haltepunkte entfernt oder deaktiviert. Deaktivierte Haltepunkte können mit `:en` wieder aktiviert werden.

Das Setzen von Haltepunkten funktioniert offenbar aber nur bei benutzerdefinierten Funktionen, die mit `load` aus einem File geladen wurden, nicht aber bei Funktionen, die direkt in der Maxima-Sitzung definiert wurden.

Laden des Files „mittel.max“ zur Mittelwertberechnung	`(%i1) load(mittel);` `(%o1) d:/maxima/mittel.mac`

Ausgabe des Files „mittel.max“	`(%i2) printfile("d:/maxima/mittel.mac");`
	`mittel(z):=`
	`block([s:0,n:length(z)],`
	`  for i:1 thru n do s:s+z[i],`
	`  s/n);`
	`(%o2) d:/maxima/mittel.mac`

Setzen eines Haltepunkts am Beginn der Funktion „mittel“	`(%i3) :br mittel;`
	`Turning on debugging debugmode(true)`
	`Bkpt 0 for mittel (in d:/maxima/mittel.mac line 2)`

Aufruf der Funktion „mittel“; der Programmablauf stoppt am Haltepunkt.	`(%i3) mittel([2,3,6]);`
	`Bkpt 0:(mittel.mac 2)`
	`→d:/maxima/mittel.mac:2::`

Hat der Debugger den Programmablauf gestoppt, können Variablen ausgegeben und verändert sowie weitere Debug-Befehle eingegeben werden. Mit `:s` oder `:n` wird der nächste Programmschritt ausgeführt. Dabei wird bei `:n` eine aufgerufene Funktion als einziger Schritt betrachtet, bei `:s` werden auch aufgerufene Funktionen schrittweise abgearbeitet. `:c` und `:r` setzen die Programmausführung bis zum nächsten Haltepunkt fort, `:q` verlässt den Debugger.

Ausgabe aller Variablen	`(dbm:1) map(display,values);`
	`z=[2,3,6]`
	`[done]`

Verändern eines Wertes	`(dbm:1) z:endcons(10,z);` `[2,3,6,10]`

Schrittweise Programmausführung	`(dbm:1) :s;`
	`(mittel.mac 3)`
	`→d:/maxima/mittel.mac:3::`

Ausgabe aller Variablen	`(dbm:1) map(display,values);`
	`z=[2,3,6,10]`
	`s=0`
	`n=4`
	`[done,done,done]`

Fortsetzen der Programmausführung	*(dbm:1)*:r; (%o3) $\frac{21}{4}$
Auflisten der gesetzten Haltepunkte	(%i4) :info :bkpt; Bkpt 0:(mittel.mac line 2)(line 0 of $MITTEL)
Entfernen aller Haltepunkte	(%i4) :de;
Aufruf der Funktion ohne Haltepunkte	(%i4) mittel([2,3,6]); (%o4) $\frac{11}{3}$
Deaktivieren des Debug-Modus	(%i5) debugmode(false); (%o5) false

8.5.2 Ablaufverfolgung

Die Ablaufverfolgung für eine Funktion gibt den Funktionsnamen mit den aktuellen Parametern beim Eintritt in die Funktion aus sowie den Funktionsnamen und den Rückgabewert beim Verlassen der Funktion. Die Rekursionstiefe einer Funktion, d. h. wie oft sich die Funktion selbst aufgerufen hat, wird mit einer Nummer angegeben (siehe Abschnitt 9.2.4). Die Schachtelungstiefe aller ablaufverfolgten Funktionen wird durch eine entsprechende Anzahl von Punkten am Beginn der Ausgabeteile angegeben.

`trace` schaltet die Ablaufverfolgung für beliebige Funktionen oder für alle benutzerdefinierten Funktionen ein, `untrace` schaltet sie wieder aus.

Tabelle 8.6 Ablaufverfolgung

trace(f_1, f_2, ...)	Starten der Ablaufverfolgung für die angegebenen Funktionen $f_1, f_2, \ldots$
trace(all)	Starten der Ablaufverfolgung für alle benutzerdefinierten Funktionen
trace()	Liste aller Funktionen mit Ablaufverfolgung
untrace(f_1, f_2, ...)	Ausschalten der Ablaufverfolgung für die angegebenen Funktionen $f_1, f_2, \ldots$
untrace()	Ausschalten der Ablaufverfolgung für alle Funktionen
break(*expr1*, *expr2*, ...)	Setzen eines Haltepunkts nach Auswertung der Ausdrücke *expr1*, *expr2*, ...
exit	Verlassen eines Haltepunkts
setcheck	Systemvariable; Liste mit allen Variablen, für die Zuweisungen protokolliert werden
setcheckbreak	Systemvariable; Veranlassung eines Haltepunkts bei einer protokollierten Zuweisung (Default: *false*)

Geladene Funktion zur Mittelwertberechnung

```
(%i6) grind(mittel);
mittel(z):=block([s:0,n:length(z)],
     for i thru n do s:z[i]+s,s/n)$
(%o6) done
```

Ablaufverfolgung für alle benutzerdefinierten Funktionen einschalten

```
(%i7) trace(all);
(%o7) [mittel]
```

Zusätzlich Ablaufverfolgung für eine interne Funktion einschalten

```
(%i8) trace(length);
(%o8) [length]
```

Mittelwertberechnung mit Ablaufverfolgung

```
(%i9) mittel([2,3,6]);
1 Enter mittel [[2,3,6]]
 .1 Enter length [[2,3,6]]
 .1 Exit  length 3
1 Exit  mittel 11/3
(%o9) 11/3
```

Ablaufverfolgung ausschalten

```
(%i10) untrace();
(%o10) [length, mittel]
```

Mit der Funktion break können – ähnlich wie im Debugger – Haltepunkte gesetzt werden, was vor allem für das Testen von Funktionen und Programmen hilfreich sein kann. Alle als Funktionsargumente angegebenen Ausdrücke werden der Reihe nach ausgewertet und die Ergebnisse ausgegeben. Nach dem letzten Ausdruck wird angehalten und vom Benutzer werden Eingaben erwartet, beispielsweise eine Abfrage oder das Setzen von Variablen. Mit der Eingabe von exit wird der Haltepunkt verlassen und der Programmablauf normal fortgesetzt.

Alle Wertzuweisungen an Variablen können protokolliert werden, indem die gewünschten Variablen in eine Liste namens setckeck (Default: skalarer Wert *false*) eingetragen werden. Ist die Systemvariable setckeckbreak auf *true* gesetzt, so wird unmittelbar vor jeder Wertzuweisung an eine in der Liste setcheck enthaltenen Variable ein Haltepunkt gesetzt.

Setzen eines Haltepunkts nach der Auswertung dreier Ausdrücke

```
(%i11) break(x:1,y:5,z:x+y);
1 5 6
Entering a Maxima break point. Type 'exit;' to resume.
```

Ausgabe aller Variablen und ihrer Werte

```
_ map(display,values);
x=1
y=5
z=6
[done, done, done]
```

Verlassen des Haltepunkts

```
_ exit;
(%o11) 6
```

Einschalten der Protokollierung von Zuweisungen für eine Variable

```
(%i12) setcheck:['s];
(%o12) [s]
```

Mittelwertberechnung mit Protokollierung der Zuweisungen an die Variable *s*

```
(%i13) mittel([2,3,6]);
s SET TO 0
s SET TO 2
s SET TO 5
s SET TO 11
(%o13) 11/3
```

Ausschalten der Protokollierung von Zuweisungen	`(%i14) setcheck:[];` `(%o14) []`

8.5.3 Ermitteln von Rechenzeiten

Maxima speichert die Rechenzeiten aller Auswertungen; die Funktion `time` erstellt eine Liste mit den Rechenzeiten für alle Ausgabemarken, die als Parameter angegeben werden.

Hat die Systemvariable `showtime` den Wert *true*, so wird die interne Rechenzeit und die gesamte verstrichene Zeit zu jeder Ausgabe ausgegeben.

Die Funktion `timer` startet eine Rechenzeit-Statistik für beliebige Funktionen, die als Parameter angegeben werden. Bei Angabe des Parameters `all` werden alle benutzerdefinierten Funktionen erfasst. Aufruf der Funktion `timer` ohne Parameter liefert eine Liste mit allen Funktionen zurück, die durch die Rechenzeit-Statistik erfasst sind.

Die Funktion `timer_info` liefert die Rechenzeit-Statistik in Matrixform; `untimer` schaltet die Rechenzeit-Statistik wieder aus. Werden `timer_info` oder `untimer` ohne Parameter aufgerufen, so gelten diese Funktionen für alle erfassten Funktionen.

Rechenzeit-Statistik und Ablaufverfolgung schließen einander gegenseitig aus: Für Funktionen mit aktivierter Ablaufverfolgung kann keine Rechenzeit-Statistik erstellt werden und umgekehrt.

Einschalten der Rechenzeit-Protokollierung	`(%i15) showtime:true;`
	`Evaluation took 0.0000 seconds (0.0000 elapsed)`
	`(%o15) true`

Tabelle 8.7 Rechenzeiten

`showtime`	Systemvariable; Ein- und Ausschalten der Rechenzeit-Ausgabe für jede Berechnung (Default: *false*)
`time(`%on_1, %on_2, ...`)`	Liste mit den Rechenzeiten für die Ausgaben %on_1, %on_2, ...
`timer(`f_1, f_2, ...`)`	Starten der Rechenzeit-Statistik für die Funktionen f_1, f_2, ...
`timer(all)`	Starten der Rechenzeit-Statistik für alle benutzerdefinierten Funktionen
`timer()`	Liste mit allen durch die Rechenzeit-Statistik erfassten Funktionen
`timer_info(`f_1, f_2, ...`)`	Rechenzeit-Statistik für die Funktionen f_1, f_2, ...
`timer_info()`	Rechenzeit-Statistik für alle erfassten Funktionen
`untimer(`f_1, f_2, ...`)`	Ausschalten der Rechenzeit-Statistik für die Funktionen f_1, f_2, ...
`untimer()`	Ausschalten der Rechenzeit-Statistik für alle Funktionen

Geladene Funktion zur Mittelwertberechnung	`(%i16) grind(mittel);`
	`mittel(z):=block([s:0,n:length(z)],`
	`for i thru n do s:z[i]+s,s/n)$`
	`Evaluation took 0.0000 seconds (0.0000 elapsed)`
	`(%o16) done`

Mittelwertberechnung aus 1000 Zufallszahlen mit Protokollierung der Rechenzeit.	`(%i17) mittel(makelist(random(1.0),k,1,1000));`
	`Evaluation took 0.0800 seconds (0.0800 elapsed)`
	`(%o17) 0.491`

Ausschalten der Rechenzeit-Protokollierung	`(%i18) showtime:false;` `(%o18) false`
Einschalten der Rechenzeit-Statistik für drei Funktionen	`(%i19) timer(mittel,length,random);` `(%o19) [mittel, length, random]`

Zwei lange Listen mit Zufallszahlen und Ermittlung der Mittelwerte	`(%i20) mittel(makelist(random(1.0),k,1,1000));`
	`mittel(makelist(random(1.0),k,1,10000));`
	`(%o20) 0.501`
	`(%o21) 0.502`

Rechenzeit-Statistik für die erfassten Funktionen in Matrixform	`(%i22) timer_info();` `(%o22)` (Matrix siehe unten)
Ausschalten der Rechenzeit-Statistik	`(%i23) untimer();` `(%o23) [random, length, mittel]`
Ausgabe der Rechenzeiten für drei (beliebige) Berechnungen	`(%i24) time(%o20,%o21,%o22);` `(%o24) [0.11, 7.06, 0.02]`

(%o22)

function	*time//call*	*calls*	*runtime*	*gctime*
random	$2.27272\ 10^{-5}$ *sec*	11000	0.25 *sec*	0
length	0	2	0	0
mittel	3.305 *sec*	2	6.61 *sec*	0
total	$6.23409\ 10^{-4}$ *sec*	11004	6.86 *sec*	0

8.6 Formatierung der Ausgabe

In wxMaxima können mit dem Befehl `set_display` drei Ausgabeformate für die Berechnungsergebnisse festgelegt werden:

- `xml`: Standard-Ausgabeformat mit grafischen Elementen (Bruchstriche, Wurzelzeichen etc.) sowie mit mathematischen Symbolen und Sonderzeichen (Summenzeichen, griechische Buchstaben etc.).
- `ascii`: Ausgabe wie in der Textkonsole ohne grafische Elemente; Bruchstriche und mathematische Symbole werden mit ASCII-Zeichen nachgebildet.
- `none`: Unformatierte Ausgabe ohne hoch- und tiefgestellte Zeichen; in dieser Form sind ausgegebene Ausdrücke von Maxima und anderen Programmen lesbar.

Mit der Systemvariablen `linel` kann die Zeilenlänge der Ausgabe gesetzt werden; im Standard-Ausgabeformat von wxMaxima wird die Zeilenlänge allerdings, unabhängig von `linel`, durch die Fensterbreite bestimmt.

Tabelle 8.8 Formatierung der Ausgabe

`set_display`(*format*)	Setzen des Ausgabeformats in wxMaxima, mögliche Werte für *format*: `xml` ... Standard-Ausgabeformat `ascii` ... Formatierung mit ASCII-Zeichen `none` ... Unformatierte Ausgabe
Systemvariablen:	
`linel`	Zeilenlänge der Ausgabe (Default: 79)
`display2d`	Ein- oder zweidimensionale Darstellung der Ausgabe (Default: *true*)
`exptdispflag`	Darstellung des Nenners als negative Potenz, wenn *false* (Default: *true*)
`sqrtdispflag`	Darstellung einer Wurzel als Potenz, wenn *false* (Default: *true*)
`stardisp`	Darstellung einer Multiplikation mit einem Stern (Default: *false*)
`pfeformat`	Herausziehen rationaler Zahlen aus einem Ausdruck (Default: *false*)

Rationaler Wurzelausdruck im Standard-Ausgabeformat

```
(%i1) z:sqrt(1+2*x^2)/5/(1-3*x);
```
(%o1) $\frac{\sqrt{2\,x^2+1}}{5\,(1-3\,x)}$

Setzen der Zeilenlänge der Ausgabe auf 50

```
(%i2) linel:50;
(%o2) 50
```

Setzen des Ausgabeformats auf `ascii`

```
(%i3) set_display(ascii);
(%o3)                    ascii
```

Mit ASCII-Zeichen formatierte Ausgabe

```
(%i4) z;
                          2
                 sqrt(2 x  + 1)
(%o4)            --------------
                  5 (1 - 3 x)
```

Setzen des Ausgabeformats auf `none`

```
(%i5) set_display(none);
(%o5) none
```

Unformatierte Ausgabe

```
(%i6) z;
(%o6) sqrt(2*x^2+1)/(5*(1-3*x))
```

Zurücksetzen des Ausgabeformats auf den Standardwert `xml`

```
(%i7) set_display(xml);
(%o7) xml
```

Die Ausgabe erfolgt jetzt wieder im Standardformat.

```
(%i8) z;
```
(%o8) $\frac{\sqrt{2\,x^2+1}}{5\,(1-3\,x)}$

Standardmäßig erfolgt die Ausgabe mathematischer Ausdrücke „zweidimensional“, sofern das wxMaxima-Ausgabeformat nicht auf none gesetzt wurde; das heißt mit Bruchstrichen, hochgestellten Exponenten und tiefgestellten Indizes (bei Arrayvariablen). Wird die Systemvariable `display2d` auf *false* gesetzt, erfolgt die Ausgabe „eindimensional“, wie nach dem Setzen des wxMaxima-Ausgabeformats auf none.

Wird die Systemvariable `display2d` auf *false* gesetzt, ...

```
(%i9) display2d:false;
(%o9) false
```

... so erfolgt die Ausgabe „eindimensional“.

```
(%i10) z;
(%o10) sqrt(2*x^2+1)/(5*(1-3*x))
```

Setzen des wxMaxima-Ausgabeformats auf `xml` setzt automatisch auch die Systemvariable `display2d` auf *true*.

```
(%i11) set_display(xml);
       display2d;
(%o11) xml
(%o12) true
```

Wird die Systemvariable `exptdispflag` auf *false* gesetzt, so werden die Nenner von rationalen Ausdrücken als Potenzen mit negativen Exponenten dargestellt. Rationale Zahlen bleiben dabei aber als Bruch erhalten. Diese können durch Setzen der Systemvariablen `pfeformat` auf *true* aus dem Ausdruck herausgezogen werden. Sie werden dann mit einem Schrägstrich anstatt mit einem Bruchstrich dargestellt; in wxMaxima aber nur dann, wenn das Ausgabeformat auf `ascii` gesetzt ist.

Nach Setzen der Systemvariablen `sqrtdispflag` auf *false* werden Wurzeln als Potenzen dargestellt; nach Setzen der Systemvariablen `stardisp` auf *true* werden Produkte mit einem Stern als Multiplikationszeichen dargestellt (was bei `display2d=false` oder im wxMaxima-Ausgabeformat none immer geschieht, unabhängig von `stardisp`).

Ausgabe mit einer negativen Potenz

```
(%i13) exptdispflag:false;
       z;
(%o13) false
```

(%o14) $$\frac{(1-3\,x)^{-1}\,\sqrt{2\,x^2+1}}{5}$$

Rationale Zahlen bleiben aber nach Setzen von `exptdispflag` auf *false* erhalten.

```
(%i15) [1/3,1/x];
```

(%o15) $[\frac{1}{3}, x^{-1}]$

Ausgabe mit einem Stern als Multiplikationszeichen

```
(%i16) stardisp:true;
       z;
(%o16) true
```

(%o17) $$\frac{(1-3*x)^{-1}*\sqrt{2*x^2+1}}{5}$$

Darstellung einer Wurzel als Potenz

```
(%i18) sqrtdispflag:false;
       z;
(%o18) false
```

(%o19) $$\frac{(1-3*x)^{-1}*(2*x^2+1)^{1/2}}{5}$$

Herausziehen eines rationalen Faktors

```
(%i20) pfeformat:true;
       z;
(%o20) true
```

(%o21) $\frac{1}{5}*(1-3*x)^{-1}*(2*x^2+1)^{1/2}$

9 Programmieren

In erster Linie ist Maxima als Programm zum interaktiven Arbeiten konzipiert: Jeder eingegebene Ausdruck – das kann ein mathematischer Ausdruck, im weiteren Sinn auch ein Befehl oder ein Funktionsaufruf sein – wird sofort interpretiert und bearbeitet; das Ergebnis wird gegebenenfalls ausgegeben (wenn die Eingabe mit einem Strichpunkt abgeschlossen wurde).

Die Eingaben müssen aber nicht *einzeln* durch einen Benutzer eingegeben werden; man kann sie auch zu *Sequenzen* oder *Blöcken* zusammenfassen oder in einem File abspeichern und *gemeinsam* zur Bearbeitung eingeben. Eine solche Zusammenfassung entspricht bereits einem *Programm*, das nach der Eingabe sequenziell von Maxima abgearbeitet wird.

Man kann Maxima auch mehrere Ausdrücke, durch Strichpunkte oder Dollarzeichen getrennt, *gleichzeitig* zur Berechnung übergeben, *ohne* Zusammenfassung zu einer Sequenz oder einem Block. In wxMaxima können diese Ausdrücke durch Zeilenumbrüche getrennt sein, da hier die *Enter*-Taste nur einen Zeilenumbruch bewirkt und die Berechnung standardmäßig erst mit *Shift+Enter* gestartet wird.

Umfangreiche Programmkontrollstrukturen wie Bedingungen und Schleifen sowie komplexe Funktionen, die ganze Datenstrukturen bearbeiten können, machen den Befehlssatz von Maxima zu einer universellen, leistungsfähigen Programmiersprache. Dabei werden folgende Programmier-Paradigmen unterstützt:

Prozedurales Programmieren: Ein Programm ist eine Abfolge von Befehlen, die nacheinander (im Programmcode von oben nach unten) ausgeführt werden. Die Abfolge von Befehlen in Bild 9.1.a entspricht dem prozeduralen Programmierstil; dabei wird ein Wert in eine Variable x eingelesen, der mit den Funktionen f und g nacheinander zum Ergebnis z verarbeitet wird. Am Schluss wird das Ergebnis ausgegeben.

Funktionales Programmieren: Ein Programm besteht aus ineinander geschachtelten Funktionsaufrufen, die nacheinander (im Programmcode von innen nach außen) ausgeführt werden (siehe Bild 9.1.b). Da eine explizite Berechnung von Zwischenwerten und die Bereitstellung von dafür notwendigen Variablen (im angeführten Beispiel x, y und z) nicht notwendig ist, können Programme im funktionalen Stil üblicherweise kompakter als im prozeduralen

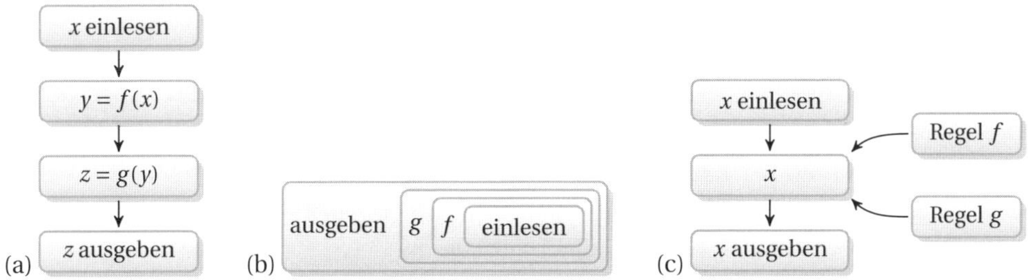

Bild 9.1 Programmier-Paradigmen: prozedural (a), funktional (b) und regelbasiert (c)

Stil formuliert werden. Allerdings sind Programme im funktionalen Stil mit tief verschachtelten Funktionsaufrufen unübersichtlicher und für Menschen schwerer lesbar, ähnlich wie Schachtelsätze in der deutschen Grammatik.

Regelbasiertes Programmieren: Ein Programm besteht aus einem Satz von Regeln, für die nacheinander geprüft wird, ob sie auf einen Ausdruck anwendbar sind. Diese Prüfung kann entweder automatisch erfolgen oder auf explizite Aufforderung.

Die Möglichkeiten zum regelbasierten Programmieren sind in Maxima allerdings beschränkt und mit einer umständlichen Syntax verbunden.

9.1 Prozedurales Programmieren

Eine Abfolge von Anweisungen entspricht dem Grundprinzip des prozeduralen Programmierens, wobei der Ablauf durch die klassischen Programmkontrollstrukturen *Block*, *Verzweigung* und *Schleife* gesteuert werden kann.

9.1.1 Sequenzen, Blöcke

Mehrere Ausdrücke können zu einer *Sequenz* oder einem *Block* zusammengefasst werden, indem sie durch jeweils einen (genau einen, nicht mehr!) Beistrich getrennt und in runde Klammern eingeschlossen bzw. der Funktion `block` als Parameter übergeben werden. Sie wirken dann nach außen wie ein einziger Ausdruck. Die einzelnen Ausdrücke sind darin häufig Zuweisungen, die hintereinander ausgeführt werden. Das von Maxima zurückgegebene Ergebnis ist der Wert des letzten Ausdrucks; nur dieser wird ausgegeben. Werte von anderen Ausdrücken

Tabelle 9.1 Sequenzen, Blöcke

`(`x_1`, `x_2`, ...`x_n`)`	Zusammenfassen der Ausdrücke $x_1, x_2, \dots\ x_n$ zu einer Sequenz, Rückgabewert ist das Ergebnis des letzten Ausdrucks x_n.
`block(`x_1`, `x_2`, ...`x_n`)`	Zusammenfassen der Ausdrücke $x_1, x_2, \dots\ x_n$ zu einem Block, Rückgabewert ist das Ergebnis des letzten Ausdrucks x_n.
`[`x_1`, `x_2`, ...`x_n`]`	Zusammenfassen der Ausdrücke $x_1, x_2, \dots\ x_n$ in einer Liste, Rückgabewert ist die gesamte Liste.
`block([`a`, `b`, ...],`x_1`, `x_2`, ...)`	Block mit lokalen Variablen $a, b, \dots$ und den Ausdrücken $x_1, x_2, \dots$
`local(`a`, `b`, ...)`	Deklaration lokaler Arrays oder Funktionen $a, b, \dots$ innerhalb eines Blocks

innerhalb des Blocks oder der Sequenz können mit den Ausgabefunktionen `disp`, `display` oder `print` als *Nebeneffekt* ausgegeben werden.

Im Gegensatz zu Sequenzen erlauben Blöcke das vorzeitige Verlassen mit der Anweisung `return` (siehe Abschnitt 9.1.3) sowie die Deklaration von lokalen Variablen. Lokale Variablen werden in einer Liste am Beginn des Blocks – gegebenenfalls mit einer Zuweisung – deklariert. Sie sind nur im unmittelbar umschließenden Block sowie in allen untergeordneten Blöcken sichtbar.

Mit der Funktion `local` können Variablen, Funktionen und Arrays innerhalb eines Blocks, einer Funktionsdefinition oder eines λ-Ausdrucks lokal gemacht werden. Zu beachten ist dabei, dass die Funktion `local` in jedem dieser Ausdrücke jeweils nur ein einziges Mal aufgerufen werden darf.

Eine weitere Möglichkeit der Zusammenfassung mehrerer Ausdrücke stellt eine *Liste* dar. Der Rückgabewert ist die gesamte Liste mit allen ausgewerteten Elementen, die ebenfalls Zuweisungen sein können.

Eine *Sequenz* fasst mehrere durch Beistrich getrennte Ausdrücke zusammen, das Ergebnis ist der letzte Ausdruck.

```
(%i1) (z:s+1,n:s^2+2*s+1,z/n);
```

(%o1) $\frac{s+1}{s^2+2\,s+1}$

Alle in obiger Sequenz verwendeten Variablen sind *global*.

```
(%i2) [z,n];
```

(%o2) $[s+1\,,\,s^2+2\,s+1]$

Ein *Block* ist ähnlich einer Sequenz, erlaubt aber die Deklaration lokaler Variablen.

```
(%i3) block([z,n],z:s+q,n:s^2+b*s+c,z/n);
```

(%o3) $\frac{s+q}{s^2+b\,s+c}$

Änderung lokaler Variablen hat keine Auswirkung auf Bereiche außerhalb des Blocks.

```
(%i4) [z,n];
```

(%o4) $[s+1\,,\,s^2+2\,s+1]$

Ein Block mit einem lokalen Array und einer lokalen Funktion

```
(%i5) block(local(A,f),
        A[1]:25,
        f(x):=x^2+A[1],
        f(3));
(%o5) 34
```

Lokale Arrays und Funktionen sind außerhalb des Blocks nicht definiert.

```
(%i6) arrays;
      functions;
(%o6) []
(%o7) []
```

Zusammenfassung mehrerer Ausdrücke in einer Liste

```
(%i8) [z:s+5,n:s^2+z-4,z/n];
```

(%o8) $[s+5\,,\,s^2+s+1\,,\,\frac{s+5}{s^2+s+1}]$

9.1.2 Bedingte Anweisungen

Eine bedingte Anweisung oder eine „Programmverzweigung" wird in Maxima – wie in den meisten Programmiersprachen – mit dem Schlüsselwort `if` formuliert. `if` ist aber keine Funktion im eigentlichen Sinn, sondern ein spezieller Operator, bestehend aus drei Teilen: Der if-Teil enthält eine Bedingung in Form eines logischen Ausdrucks oder Vergleichsausdrucks. Ergibt diese Bedingung den Wert *true*, wird der Ausdruck im then-Teil ausgewertet. Ergibt diese

Tabelle 9.2 Bedingte Anweisungen

`if` *bed* `then` x_1 `else` x_2	Bedingte Auswertung der Ausdrücke x_1 oder x_2 in Abhängigkeit des logischen Wertes von *bed*; der else-Teil kann auch entfallen.
`if` bed_1 `then` x_1 `elseif` bed_2 `then` x_2 `elseif` bed_3 `then` x_3 ⋮ `else` x_n	Mehrfachverzweigung

`block(`
`if` bed_1 `then return(`x_1`)`
`if` bed_2 `then return(`x_2`)`
`if` bed_3 `then return(`x_3`)`
⋮
x_n`)`
	Mehrfachverzweigung mit Rücksprüngen aus einem Block

Bedingung den Wert *false*, wird der Ausdruck im else-Teil ausgewertet. Ergibt die Bedingung keinen logischen Wert, so bleibt die gesamte if-Anweisung unausgewertet. Ist der optionale else-Teil nicht vorhanden und liefert die Bedingung den Wert *false*, so ist das Ergebnis der gesamten if-Anweisung ebenfalls *false*.

Im *prozeduralen* Programmierstil wird das Ergebnis der if-Anweisung üblicherweise *nicht* verwendet (zum Beispiel einem Symbol zugewiesen), sondern die Ausdrücke im then-Teil und else-Teil sind selbst Anweisungen. Sind mehrere Anweisungen bedingt auszuführen, so sind diese in einer Sequenz oder in einem Block zusammenzufassen.

Bedingung im prozeduralen Stil (und Deklaration zum Nofix-Operator)

```
(%i9) ft():=if float
             then float:false
             else float:true;
      nofix(ft);
(%o9)  ft():=if float then float:false else
float:true
(%o10) ft
```

„Toggeln“ des logischen Wertes der Systemvariablen `float`

```
(%i11) ft;ft;ft;
(%o11) true
(%o12) false
(%o13) true
```

Funktion mit Mehrfachverzweigung

```
(%i14) check(n):=
       block([size],
       if n<3 then size:"klein"
       elseif n>7 then size:"groß"
       else size:"mittel",
       size);
(%o14)  check(n):=block ( [size] , if  n<3  then
size:klein elseif  n>7  then  size:groß  else
size:mittel , size )
```

Dieselbe Funktion mit Mehrfachverzweigung duch vorzeitiges Beenden des Blocks

```
(%i15) check(n):=
       block(
       if n<3 then return("klein"),
       if n>7 then return("groß"),
       "mittel");
(%o15)  check(n):=block (if n<3 then
return(klein) ,if n>7 then return(groß) ,
mittel)
```

Testen der Funktion anhand von Zahlen in einer Liste

```
(%i16) map(check,[2,4,6,8]);
(%o16) [klein,mittel,mittel,groß]
```

9.1.3 Sprünge

Sprünge im Programmablauf entsprechen nicht den Regeln der strukturierten Programmierung und dem heutigen Verständnis von sauber geschriebenen Programmen. Der Befehl `go` für Sprünge innerhalb eines Blocks zu einer Sprungmarke sei hier nur der Vollständigkeit halber erwähnt; er sollte durch eine Schleife oder eine bedingte Anweisung ersetzt werden.

Sprünge aus Blöcken heraus sind hingegen durchaus gängige Praxis und vor allem bei der Ausnahmebehandlung recht hilfreich. Tritt während des Programmablaufs eine Ausnahmesituation auf, soll das Programm nicht abstürzen, sondern (gegebenenfalls aus einer verschachtelten Datenstruktur heraus) zu einem definierten Punkt springen und von dort nach einer entsprechenden Meldung weiterlaufen. Eine solche Ausnahmesituation könnte beispielsweise ein Programmfehler oder ein unzulässiger Wert einer Variablen sein.

Mit der Funktion `return` wird ein Block vorzeitig verlassen, der Parameter von `return` wird zum Ergebnis des gesamten Blocks.

Mit der Funktion `throw` wird aus einer beliebig tiefen Programmstruktur herausgesprungen, bis zur nächsten umschließenden Funktion `catch`. `catch` kann beliebig viele Parameter enthalten, die wie bei einem Block der Reihe nach ausgewertet werden. Wertet einer der Parameter zu `throw` aus, so wird der Parameter von `throw` zum Funktionsergebnis von `catch`, die weiteren Parameter von `catch` werden nicht mehr ausgewertet. `throw` „wirft" gleichsam seinen Parameter aus einer Programmstruktur heraus, `catch` „fängt" ihn auf und macht ihn zu seinem Funktionsergebnis.

Wird zu einem ausgewerteten `throw` kein umschließendes `catch` gefunden, so erfolgt eine Fehlermeldung. Wird innerhalb von `catch` kein `throw` ausgewertet, so wird der letzte (ausgewertete) Parameter von `catch` als Funktionsergebnis zurückgeliefert.

Tabelle 9.3 Sprünge

`return(`x`)`	Verlassen eines Blocks mit dem Rückgabewert x
`catch(...throw(`x`)...)`	Sprung aus einer Programmstruktur (in beliebiger Schachtelungstiefe), x wird zum Rückgabewert von `catch`.
`go(`*label*`)`	Sprung zur Marke *label*

Vorzeitiges Verlassen eines Blocks mit `return`

```
(%i17) block(1,2,3,return(4),5,6);
(%o17) 4
```

Vorzeitiges Verlassen eines Blocks mit `throw`, sein Parameter wird zum Ergebnis von `catch`.

```
(%i18) catch(1,2,block(3,4,throw(5),6,7),8,9);
(%o18) 5
```

Findet `catch` kein `throw`, wird sein letzter Parameter zum Funktionsergebnis.

```
(%i19) catch(1,2,block(3,4,return(5),6,7),8,9);
(%o19) 9
```

Ausnahmebehandlung mit `catch`, das Programm wird normal ausgeführt.

```
(%i20) x:3;
       catch(if x<0 then throw("invalid!"),sqrt(x));
(%o20) 3
(%o21) 1.7321
```

Ausnahmebehandlung mit `catch`, eine Ausnahme (unzulässiger Wert) tritt auf.

```
(%i22) x:-2;
       catch(if x<0 then throw("invalid!"),sqrt(x));
(%o22) -2
(%o23) invalid!
```

Sprung innerhalb eines Blocks nach vorne

```
(%i24) block(x:1,go(zz),x:x+1,zz,x);
(%o24) 1
```

Sprung innerhalb eines Blocks nach hinten; es entsteht eine Schleife.

```
(%i25) block(x:2,
         zz, /* Sprungmarke */
         display(x),x:next_prime(x),
         if x<6 then go(zz));
x=2
x=3
x=5
(%o25) false
```

9.1.4 Schleifen

Programmschleifen werden in Maxima mit dem speziellen Operator `do` in unterschiedlichen Abwandlungen realisiert.

In der Form `for`... `step/next`... `thru`... durchläuft eine Steuervariable einen Wertebereich von einer Untergrenze bis zu einer Obergrenze. Mit der optionalen Angabe von `step` wird ein konstantes Inkrement δz angegeben, mit der Angabe von `next` wird die Steuervariable bei jedem Schleifendurchlauf nach einer Formel z_{neu} neu berechnet. Ist die Änderung der steuernden Variablen in jedem Schleifendurchlauf 1, so kann der step/next-Teil entfallen.

Mit `while` oder `unless` kann eine Lauf- bzw. Abbruchbedingung für die Schleife angegeben werden, die auch unabhängig vom Wert der Steuervariablen sein kann. Der Steuerungsteil `for`... `step/next`... kann in diesem Fall auch weggelassen werden. Die entsprechenden Mechanismen zum Beenden der Laufbedingung sind dann aber (zur Vermeidung einer Endlosschleife) zur Gänze im Schleifenkörper *expr* zu realisieren, der in diesem Fall ein Block aus mehreren Ausdrücken sein wird.

Die Steuervariable z ist innerhalb der Schleife lokal, sie beeinflusst eine gleichnamige Variable außerhalb der Schleife nicht. Obergrenze und Inkrement der Steuervariablen sowie die Lauf- bzw. Abbruchbedingung werden bei jedem Schleifendurchlauf neu berechnet, können somit bei jedem Schleifendurchlauf andere Werte haben.

Tabelle 9.4 Schleifen

`for` z`:`z_0 [`step` δz/`next` z_{neu}] `thru` z_1 `do` *expr*	Wiederholte Auswertung von *expr*; die Steuervariable z läuft von z_0 mit fester Schrittweite δz bis z_1 oder wird bei jedem Schleifendurchlauf mit z_{neu} neu berechnet.
`for` z`:`z_0 [`step` δz/`next` z_{neu}] `while/unless` *bed* `do` *expr*	Wiederholte Auswertung von *expr* solange/bis *bed* den Wert *true* ergibt.
`while/unless` *bed* `do` *expr*	Verkürzte Form der Schleife ohne Steuervariable
`for` z `in` *liste* `do` *expr*	Wiederholte Auswertung von *expr* für jeden Wert von z aus der Liste *liste*

Die Schleife selbst liefert als Ergebnis immer das Symbol done, also keinen sinnvoll weiterverwendbaren Wert, der sich aus den Berechnungen innerhalb der Schleife ergibt. Der Schleifenkörper wird daher Funktionen oder Operationen enthalten, die einen Nebeneffekt produzieren, beispielsweise Zuweisungen. Ausgaben innerhalb einer Schleife auf den Bildschirm können ebenfalls nur durch Nebeneffekte und nicht durch Funktionsergebnisse erzeugt werden.

Schleife mit konstantem Inkrement zum Aufbau einer Liste

```
(%i26) li:[]$
       for i:0 step 2 thru 10 do
           li:endcons(i,li);
       li;
(%o27) done
(%o28) [0,2,4,6,8,10]
```

Schleife mit erneuter Berechnung der Steuervariablen bei jedem Schleifendurchlauf

```
(%i29) li:[]$
       for i:1 next 2*i thru 120 do
           li:endcons(i,li);
       li;
(%o30) done
(%o31) [1,2,4,8,16,32,64]
```

Schrittweises Durchlaufen einer Liste mit Ausgabe bei jedem Schleifendurchlauf

```
(%i32) for i in [3,5,7,9,11] do
       if primep(i) then display(i);
i=3
i=5
i=7
i=11
(%o32) done
```

Schleife mit Laufbedingung, die bei jedem Schleifendurchlauf neu berechnet wird.

```
(%i33) (n:240,z:[])$
       for i:2 while integerp(n) do
         (z:cons(n,z),print("i=",i,", z=",z),n:n/i);
i= 2 , z= [240]
i= 3 , z= [120,240]
i= 4 , z= [40,120,240]
i= 5 , z= [10,40,120,240]
i= 6 , z= [2,10,40,120,240]
(%o34) done
```

Schleife mit Abbruchbedingung ohne Steuervariable

```
(%i35) (n:123456,s:0)$
       unless n=0 do (s:s+mod(n,10),n:quotient(n,10));
       s;
(%o36) done
(%o37) 21
```

9.1.5 Programmbeispiele

Drei benutzerdefinierte Funktionen, zwei sehr einfache und eine etwas komplexere, sollen die Prinzipien des prozeduralen Programmierens veranschaulichen. Die Funktionen bestehen aus einem Block mit Zuweisungen, Schleifen und Bedingungen, jeweils durch einen Beistrich getrennt.

Die Funktion `random_polynom` erzeugt ein Polynom in x mit zufälligen ganzzahligen Koeffizienten zwischen 0 und 9. Die Funktion besteht aus zwei Ausdrücken: einer for-Schleife und einer Variablen, die als Funktionswert zurückgegeben wird.

Funktion zur Erzeugung eines Zufalls-Polynoms

```
(%i1) random_polynom(n):=
      block([p:0],
        for i:0 thru n do (p:p+random(10)*x^i),
        p)$
```

Testen der Funktion `random_polynom`

```
(%i2) random_polynom(5);
```

(%o2) $x^5+4\,x^4+5\,x^3+4\,x^2+2\,x+2$

Die Funktion `ziffernsumme` berechnet die Ziffernsumme einer Ganzzahl durch wiederholtes Dividieren durch 10 und Aufsummieren der Divisionsreste. Der letzte Ausdruck im Block, die endgültige Summe, wird als Funktionsergebnis zurückgegeben.

Funktion zur Berechnung der Ziffernsumme einer Ganzzahl

```
(%i3) ziffernsumme(n):=
      block([s:0],
        while n>0 do (
          s:s+mod(n,10),
          n:quotient(n,10)),
        s)$
```

Testen der Funktion `ziffernsumme`

```
(%i4) ziffernsumme(12398);
(%o4) 23
```

Die Funktion `regressionsgerade` berechnet die Regressionsgerade zu einer Anzahl gegebener Punkte. Das ist jene Gerade, zu der die Summe der Quadrate aller Abstände zu den Punkten ein Minimum annimmt. Die Berechnung erfolgt durch „bestmögliches Lösen" eines überbestimmten linearen Gleichungssystems in Matrix-Form mit Hilfe der sogenannnten Pseudo-Inversen der Koeffizientenmatrix [Alb].

Funktion zur Ermittlung der Regressionsgeraden zu gegebenen Punkten

```
(%i5) regressionsgerade(pli):=
      block([xli,yli,yvec,n,M,k,d,x,c],
        xli:map(first,pli),
        yli:map(last,pli),
        yvec:transpose(matrix(yli)),
        n:length(pli),
        M:zeromatrix(n,2),
        for zeile:1 thru n do (
          M[zeile,1]:1,
          M[zeile,2]:xli[zeile]),
          Mt:transpose(M),
        c:invert(Mt.M).Mt.yvec,
        c[1,1]+c[2,1]*x)$
```

Liste mit Punkten, zu der die Regressionsgerade berechnet werden soll

```
(%i6) pli:[[0,1],[1,1],[2,1.5],[3,2],[4,3],[5,3]];
(%o6) [[0,1],[1,1],[2,1.5],[3,2],[4,3],[5,3]]
```

Berechnung der Regressionsgeraden

```
(%i7) gerade:regressionsgerade(pli);
(%o7) 0.471 x+0.738
```

Darstellung der Punkte und ihrer Regressionsgeraden

```
(%i8) wxdraw2d(point_type=7,points(pli),color=red,
      explicit(gerade,x,-1,6),grid=true)$
```

(%t8)

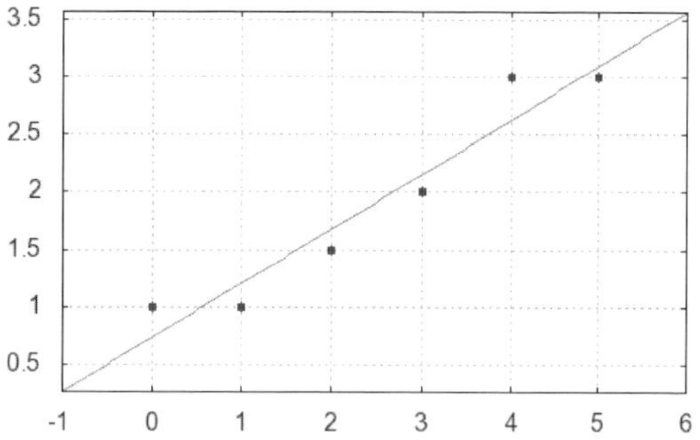

9.2 Funktionales Programmieren

Verschachtelte Funktionsaufrufe entprechen dem Prinzip des funktionalen Programmierens. Dabei ist es eine Grundregel, eine Datenstruktur (häufig eine Liste) immer als Ganzes zu betrachten, sie nie zu zerteilen und die bearbeiteten Elemente nachher wieder zusammenzusetzen [Gray]. Stattdessen sollen geeignete Funktionen oder Operatoren, welche die einzelnen Elemente entsprechend bearbeiten, auf die Datenstruktur als Ganzes angewendet werden. Dies können beispielweise die arithmetischen Operatoren und mathematische Standardfunktionen sein, die Listen automatisch elementweise bearbeiten, oder Funktionen, die in einem einzigen Aufruf alle Elemente einer Datenstruktur bearbeiten.

9.2.1 Bedingte Ausdrücke

Formal besteht in Maxima kein Unterschied zwischen einer bedingten *Anweisung* im prozeduralen Stil, bei der Teile eines Programms bedingt ausgeführt werden (siehe Abschnitt 9.1.2), und einem bedingten *Ausdruck* im funktionalen Stil, der aufgrund von Bedingungen bestimmte Werte annimmt. Ein bedingter Ausdruck muss aber nicht alleine auf der rechten Seite einer Zuweisung stehen, sondern kann auch – etwas ungewohnt für „prozedurale Programmierer" – Funktionsargument und somit Bestandteil eines beliebig großen Ausdrucks sein.

Bedingung im funktionalen Stil (und Deklaration zum Nofix-Operator)

```
(%i1) ft():=float:if float then false else true;
      nofix(ft);
(%o1)  ft():=float:if float then false else
true
(%o2) ft
```

„Toggeln" des logischen Wertes der Systemvariablen `float`	`(%i3) ft;ft;ft;ft;`
	`(%o3) true`
	`(%o4) false`
	`(%o5) true`
	`(%o6) false`

Begrenzung des Wertes einer Variablen als Bedingung innerhalb eines arithmetischen Ausdrucks ...	`(%i7) sqrt(x+(if n>1 then 1 else n));` (%o7) $\sqrt{x+(\text{if } n>1 \text{ then } 1 \text{ else } n)}$

... ergibt *false* (keine Begrenzung)	`(%i8) n:0.5;`
	`sqrt(x+(if n>1 then 1 else n));`
	`(%o8) 0.5`
	(%o9) $\sqrt{x+0.5}$

... ergibt *true* (Begrenzung 1)	`(%i10) n:5;`
	`sqrt(x+(if n>1 then 1 else n));`
	`(%o10) 5`
	(%o11) $\sqrt{x+1}$

9.2.2 Anwenden von Funktionen

Mit den Funktionen `map` und `apply`, sowie ihren Abwandlungen, werden grundlegende Konzepte der funktionalen Programmierung realisiert: nämlich das *Anwenden* einer Funktion auf die Operanden eines Ausdrucks bzw. auf den gesamten Ausdruck. Die Namensgebung für die beiden Funktionen ist etwas verwirrend (aber auch in anderen Programmiersprachen üblich),

Tabelle 9.5 Anwenden von Funktionen

`map`(f, x)	Anwenden der Funktion f auf die Hauptoperanden des Ausdrucks x
`map`(f, x_1, x_2, ...)	Elementweise Verknüpfung der entsprechenden Hauptoperanden von x_1, x_2, ... durch die Funktion f
`maplist`(f, x)	Wie `map`, wandelt jedoch x in eine Liste um
`fullmap`(f, x)	Anwenden der Funktion f auf alle Atome von x
`scanmap`(f, x)	Rekursives Anwenden der Funktion f auf alle Teilausdrücke (Operanden) von x
`matrixmap`(f, M)	Anwenden der Funktion f auf die Elemente der Matrix oder verschachtelten Liste M
`matrixmap`(f, x_1, x_2, ...)	Elementweise Verknüpfung der entsprechenden Elemente der Matrizen oder verschachtelten Listen M_1, M_2, ...
`fullmapl`(f, M)	Anwenden der Funktion f auf alle Elemente der Liste (oder Matrix) M in der tiefsten Verschachtelungsebene
`apply`(f, *liste*)	Anwenden der Funktion f auf die Liste *liste*

```
  map(f,[□,□,□,□])  ⟶  [f(□),f(□),f(□),f(□)]
apply(f,[□,□,□,□])  ⟶  f(□,□,□,□)
```

Bild 9.2 Veranschaulichung von *map* und *apply*

da sowohl map (engl. für „abbilden") als auch apply (engl. für „anwenden") eine Funktion *anwendet*: map auf die einzelnen Operanden eines Ausdrucks, apply auf alle Operanden gemeinsam, die in Maxima Elemente einer Liste sein müssen (siehe Bild 9.2).

Die Funktion map wurde bereits im Abschnitt 3.1.4 in Bezug auf die Anwendung auf Listenelemente eingeführt. map kann aber nicht nur einzelne Elemente einer Liste mit einem einzigen Funktionsaufruf bearbeiten, sondern die Operanden eines beliebigen Ausdrucks; die als erster Parameter übergebene Funktion wird dabei auf jeden *Hauptoperanden* des Ausdrucks angewendet.

Anwenden einer Funktion *f* auf jeden Hauptoperanden (hier: Summanden) eines Ausdrucks

```
(%i12) map(f,a+b+c+d);
```

(%o12) $f(d)+f(c)+f(b)+f(a)$

Anwenden einer zweidimensionalen Funktion *f* auf die Hauptoperanden zweier Ausdrücke

```
(%i13) map(f,a+b+c+d,1/a+1/b+1/c+1/d);
```

(%o13) $f\left(d,\frac{1}{d}\right)+f\left(c,\frac{1}{c}\right)+f\left(b,\frac{1}{b}\right)+f\left(a,\frac{1}{a}\right)$

Für die Anwendung von map ist die Kenntnis der Struktur eines Ausdrucks von Bedeutung (siehe Abschnitt 2.6.1). Maxima unterscheidet zwischen der (standardmäßig angewendeten) *äußeren* Darstellung eines Ausdrucks und der *inneren* Darstellung. Welche Darstellung bei der Anwendung von map verwendet werden soll, kann mit der Systemvariablen inflag gesteuert werden.

Benutzerdefinierte Funktionen zur Ausgabe der Struktur eines Ausdrucks in seiner *äußeren* und *inneren* Darstellung

```
(%i14) show_form(ex):=if atom(ex) then ex
         else funmake(nounify(concat(" ",part(ex,0))),
           map(show_form,args(ex)))$
       show_form_internal(ex) :=
         block([inflag:true],show_form(ex))$
```

Definition eines rationalen arithmetischen Ausdrucks

```
(%i16) p:2*(a+b)/(a+b+c);
```

(%o16) $\frac{2\,(b+a)}{c+b+a}$

Struktur des arithmetischen Ausdrucks in der äußeren Darstellung

```
(%i17) show_form(p);
(%o17)  /( *(2, +(b,a)), +(c,b,a))
```

Struktur des arithmetischen Ausdrucks in der inneren Darstellung

```
(%i18) show_form_internal(p);
(%o18)  *(2, +(a,b), ^( +(a,b,c), -1))
```

Anwenden einer Funktion *f* auf die Hauptoperanden eines Ausdrucks (hier: Zähler und Nenner)

```
(%i19) map(f,p);
```

(%o19) $\frac{f(2\,(b+a))}{f(c+b+a)}$

Anwenden einer Funktion *f* auf die Hauptoperanden eines Ausdrucks, gemäß seiner *inneren* Darstellung (hier: drei Faktoren)	(%i20) `map(f,p),inflag=true;` (%o20) $f(2)\,f(b+a)\,f\left(\frac{1}{c+b+a}\right)$

`fullmap` wendet eine Funktion auf alle Atome eines Ausdrucks an, ist also gewissermaßen ein *map* in der tiefsten Verschachtelungsebene eines Ausdrucks. `scanmap` geht rekursiv in die Tiefe und wendet eine Funktion auf alle Teilausdrücke eines Ausdrucks an, ist also gewissermaßen ein *map* in allen Ebenen. Dabei wird immer die *innere* Darstellung der Struktur des Ausdrucks verwendet. `maplist` ist ähnlich `map`, das Ergebnis ist jedoch eine Liste mit den durch die Funktion *f* verarbeiteten Hauptoperanden.

Anwenden einer Funktion *f* auf alle Atome eines Ausdrucks	(%i21) `fullmap(f,p);` (%o21) $\frac{f(2)\,(f(b)+f(a))}{f(c)+f(b)+f(a)}$
Rekursives Anwenden einer Funktion *f* auf alle Operanden eines Ausdrucks	(%i22) `scanmap(f,p);` (%o22) $f\left(f(2)\,f(f(b)+f(a))\,f\left(f(f(c)+f(b)+f(a))^{f(-1)}\right)\right)$
Anwenden einer Funktion *f* auf die Hauptoperanden eines Ausdrucks und Rückgabe der Ergebnisse in einer Liste	(%i23) `maplist(f,p);` (%o23) $[f(2\,(b+a)),f(c+b+a)]$

`matrixmap` dient zum Anwenden einer Funktion auf die Elemente einer Matrix oder auf die Elemente einer geschachtelten Liste in der zweiten Verschachtelungsebene. `matrixmap` kann auch mehrere Matrizen durch eine Funktion (oder einen Operator) verknüpfen. `fullmapl` verarbeitet Listenelemente in der *tiefsten* Verschachtelungsebene, auch als Elemente einer Matrix.

Definition einer verschachtelten Liste	(%i24) `li:[[a,b],[c,[d,e]]];` (%o24) $[[a,b],[c,[d,e]]]$
`map` wendet eine Funktion nur auf die „oberste Ebene" einer verschachtelten Liste an.	(%i25) `map(f,li);` (%o25) $[f([a,b]),f([c,[d,e]])]$
`matrixmap` wendet eine Funktion auf die zweite Verschachtelungsebene an.	(%i26) `matrixmap(f,li);` (%o26) $[[f(a),f(b)],[f(c),f([d,e])]]$
`fullmapl` wendet eine Funktion auf die tiefste Verschachtelungsebene an.	(%i27) `fullmapl(f,li);` (%o27) $[[f(a),f(b)],[f(c),[f(d),f(e)]]]$
Definition einer Matrix	(%i28) `M:matrix([a,b],[c,[d,e]]);` (%o28) $\begin{bmatrix} a & b \\ c & [d,e] \end{bmatrix}$
`map` funktioniert bei einer Matrix nicht in gewünschter Weise.	(%i29) `map(f,M);` (%o29) $\mathrm{matrix}(f([a,b]),f([c,[d,e]]))$

`matrixmap` wendet eine Funktion auf jedes Matrixelement an.	`(%i30) matrixmap(f,M);` (%o30) $\begin{bmatrix} f(a) & f(b) \\ f(c) & f([d,e]) \end{bmatrix}$
`fullmapl` wendet eine Funktion auf jedes Matrixelement an. Ist ein Matrixelement selbst eine Liste, so wird die Funktion auf jedes Listenelement angewendet.	`(%i31) fullmapl(f,M);` (%o31) $\begin{bmatrix} f(a) & f(b) \\ f(c) & [f(d),f(e)] \end{bmatrix}$

`apply` wendet eine Funktion f auf alle Elemente einer Liste *gemeinsam* an; das heißt, die Listenelemente werden zu Funktionsargumenten von f. Genaugenommen wird dabei nur der Listenoperator durch einen anderen Operator ersetzt. Die Funktion `apply` kann nur auf eine Liste angewendet werden; soll sie auf einen beliebigen Ausdruck angewendet werden, so ist dieser zuvor mit der Funktion `args` in eine Liste umzuwandeln. `apply` dient auch zum Umwandeln einer verschachtelten Liste in eine Matrix.

Anwenden einer Funktion *f* auf eine Liste in ihrer Gesamtheit	`(%i32) apply(f,[a,b,c,d]);` (%o32) $f(a,b,c,d)$
Anwenden einer Funktion *f* auf eine Liste mit den Hauptoperatoren eines Ausdrucks	`(%i33) apply(f,args(p));` (%o33) $f(2\,(b+a),c+b+a)$
Umwandeln einer Addition in eine Multiplikation	`(%i34) apply("*",args(a+b+c+d));` (%o34) $a\,b\,c\,d$
Umwandeln einer verschachtelten Liste in eine Matrix	`(%i35) apply(matrix,li);` (%o35) $\begin{bmatrix} a & b \\ c & [d,e] \end{bmatrix}$
Umwandeln einer Matrix in eine verschachtelte Liste	`(%i36) args(M);` (%o36) $[[a,b],[c,[d,e]]]$

9.2.3 Anonyme Funktionen

Mit einer anonymen Funktion oder einem sogenannten *λ-Ausdruck* wird eine Funktion direkt bei ihrer Verwendung definiert, ohne ihr einen Namen zu geben. Ein λ-Ausdruck wird in Maxima mit der Funktion `lambda` formuliert; deren Funktionsargumente sind eine Liste mit formalen Parametern und ein oder mehrere Ausdrücke, die den Funktionskörper bilden.

Wird eine Funktion, die auch aus mehreren Teilen zusammengesetzt sein kann, nur einmal benötigt, so wäre es umständlich, sie als *benannte* Funktion zu definieren (siehe Abschnitt 2.3), um sie nur ein einziges Mal zu verwenden. Außerdem widerspräche dies den Regeln strenger funktionaler Programmierung, bei der es Funktionsdefinitionen ebenso wenig gibt, wie Variablenzuweisungen. Stattdessen wird die Funktion direkt bei ihrer einmaligen Verwendung in Form eines λ-Ausdrucks definiert, ohne ihr dabei einen Namen zu geben.

Tabelle 9.6 Anonyme Funktionen

`lambda([`x`],`z`)`	Anonyme Funktion mit dem Funktionskörper z und einem formalen Parameter x
`lambda([`x_1, x_2,...`],`z`)`	Anonyme Funktion mit mehreren formalen Parametern $x_1, x_2, \ldots$
`lambda([`x_1, x_2,...`],`z_1, z_2...`)`	Anonyme Funktion mit einem Funktionskörper aus mehreren Ausdrücken $z_1, z_2, \ldots$

λ-Ausdrücke können in gleicher Weise wie Funktionsnamen verwendet werden; nämlich als Funktions*aufruf* mit einem oder mehreren Argumenten in runden Klammern oder selbst als Funktionsargumente für Funktionen, die keine *Werte*, sondern *Funktionen* als Parameter haben, zum Beispiel die Befehle `map` und `apply` oder die Listenfunktionen `sublist` und `sort`.

Wurzelausdruck als anonyme Funktion mit dem Funktionsargument 3

```
(%i37) lambda([u],sqrt(u^2+1))(3);
```
(%o37) $\sqrt{10}$

Anwenden eines Wurzelausdrucks als anonyme Funktion auf die Hauptoperanden (hier: Summanden) eines arithmetischen Ausdrucks

```
(%i38) map(lambda([u],sqrt(u^2+1)),a+b+c+d);
```
(%o38) $\sqrt{d^2+1}+\sqrt{c^2+1}+\sqrt{b^2+1}+\sqrt{a^2+1}$

Zweidimensionaler λ-Ausdruck zum Erzeugen einer Liste von Gleichungen aus jeweils einer Liste von linken und rechten Seiten

```
(%i39) map(lambda([u,v],u=v),
         [x+y+z,x-y-z,x-y+z],[1,2,3]);
```
(%o39) $[z+y+x=1, -z-y+x=2, z-y+x=3]$

Anwenden eines λ-Ausdrucks, bestehend aus mehreren Ausdrücken, auf die Elemente einer Liste

```
(%i40) map(lambda([u],
             local(h),
             h:f(u),
             h:%+1,
             disp(h),h),[a,b,c]);
```
$f(a)+1$
$f(b)+1$
$f(c)+1$
(%o40) $[f(a)+1, f(b)+1, f(c)+1]$

Eine Liste mit Zeichenketten

```
(%i41) namen:["Toni","Willi","Uwe","Theodor",
        "Heinrich","Engelbert","Gerold"];
(%o41)  [Toni, Willi, Uwe, Theodor, Heinrich,
Engelbert, Gerold]
```

Unterliste mit allen Elementen, die eine bestimmte Bedingung erfüllen (hier: die aus weniger als sechs Zeichen bestehen)

```
(%i42) sublist(namen,lambda([u],slength(u)<6));
(%o42) [Toni, Willi, Uwe]
```

Sortieren der Liste nach der Länge der Elemente

```
(%i43) sort(namen,lambda([u,v],slength(u)<slength(v)));
(%o43)  [Uwe, Toni, Willi, Gerold, Theodor,
Heinrich, Engelbert]
```

Ein Funktionsaufruf mit einem λ-Ausdruck mit einem einzigen Parameter hat folgende allgemeine Form:

$$\lambda([\textit{formaler Parameter}], \textit{Funktionskörper})(\textit{aktueller Parameter})$$

Der *Funktionskörper* ist ein Ausdruck, der den *formalen Parameter* als Teil enthält. Dieser wird beim Funktionsaufruf durch den *aktuellen Parameter* ersetzt. Üblicherweise ist der aktuelle Parameter ein Wert, der mit Hilfe des λ-Ausdrucks verarbeitet wird. Der aktuelle Parameter kann aber auch ein Funktionsname (oder sogar wiederum ein λ-Ausdruck) sein; der Funktionskörper im λ-Ausdruck enthält dann nur den Funktions*aufruf*.

λ-Ausdruck, bestehend aus einem Funktionsaufruf, angewendet auf einen Funktionsnamen	`(%i44) lambda([u],u(x))(sin);` (%o44) $\sin(x)$
λ-Ausdruck, bestehend aus einer Funktion, angewendet auf einen Wert	`(%i45) lambda([u],sin(u))(x);` (%o45) $\sin(x)$
Rationaler Wurzelausdruck	`(%i46) z:(x+1)/(sqrt(x+1)+x+1);` (%o46) $\frac{x+1}{\sqrt{x+1}+x+1}$
λ-Ausdruck, bestehend aus einem Funktionsaufruf, angewendet auf eine Liste von Funktionen	`(%i47) map(lambda([u],u(z)),[num,denom]);` (%o47) $[x+1, \sqrt{x+1}+x+1]$
λ-Ausdruck, bestehend aus einer Liste von Funktionen, angewendet auf einen Wert	`(%i48) lambda([u],[num(u),denom(u)])(z);` (%o48) $[x+1, \sqrt{x+1}+x+1]$

Auch wenn eine Funktion in einem Ausdruck *mehrmals* auftritt, kann dieser Ausdruck als λ-Ausdruck formuliert und die mehrfach auftretende Funktion als Funktionsargument übergeben werden (die wiederum ein λ-Ausdruck sein kann). Ein λ-Ausdruck kann auch im Funktionskörper λ-Ausdrücke enthalten. λ-Ausdrücke lassen sich also in zweierlei Hinsicht beliebig verschachteln (λ-Ausdrücke sowohl im Funktions*körper* als auch im Funktions*argument* eines λ-Ausdrucks).

Ein λ-Ausdruck ist wie der bloße Name einer Funktion.	`(%i49) lambda([u],u/(sqrt(u)+u));` (%o49) $\mathrm{lambda}\left([u], \frac{u}{\sqrt{u}+u}\right)$
λ-Ausdruck mit einem algebraischen Ausdruck als Funktionsargument	`(%i50) lambda([u],u/(sqrt(u)+u))(x+1);` (%o50) $\frac{x+1}{\sqrt{x+1}+x+1}$

Liste aus Zähler und Nenner eines Ausdrucks; der Ausdruck muss zweimal angegeben werden.	`(%i51) [num((x+1)/(sqrt(x+1)+x+1)),`
	`denom((x+1)/(sqrt(x+1)+x+1))];`
	(%o51) $[x+1, \sqrt{x+1}+x+1]$

λ-Ausdruck als Funktions*argument* eines λ-Ausdrucks	`(%i52) lambda([v],[num(v),denom(v)])`
	`(lambda([u],u/(sqrt(u)+u))(x+1));`
	(%o52) $[x+1, \sqrt{x+1}+x+1]$

λ-Ausdruck im Funktions*körper* eines λ-Ausdrucks	(%i53) map(lambda([v],v(lambda([u],u/(sqrt(u)+u))(x+1))),[num,denom]); (%o53) $[x+1, \sqrt{x+1}+x+1]$

9.2.4 Rekursionen

Eine *Rekursion* ist eine Funktion, die sich selbst aufruft. Dabei wird wie bei einer Schleife Code mehrmals ausgeführt. Damit die Rekursion nicht unendlich läuft, muss der Funktionskörper eine Bedingung enthalten, unter der sich die Funktion nochmals selbst aufruft oder die Funktion vorzeitig (mit `return`) beendet wird. Im Gegensatz zu einer unendlichen Schleife ist eine unendliche Rekursion prinzipiell nicht möglich, da es nach einer bestimmten Anzahl an Funktionsaufrufen zu einem Stack-Überlauf und zu einer Fehlermeldung kommt, mit der die Rekursion abbricht. Der Stack ist jener Speicherbereich, in dem die Rücksprungadressen und die Werte lokaler Variablen bei jedem Funktionsaufruf abgelegt werden; dabei kann er irgendwann voll werden.

Tabelle 9.7 Rekursionen

$f(\ldots)$:= block(... $f(\ldots)$, ...)	Definition einer rekursiven Funktion f

Definition einer rekursiven Funktion	(%i54) f(n):=if n<0 then 0 else x*(1+f(n-1)); (%o54) $\mathrm{f}(n):=\mathrm{if}\ n<0\ \mathrm{then}\ 0\ \mathrm{else}\ x\left(1+\mathrm{f}(n-1)\right)$
Aufruf der rekursiven Funktion; der erzeugte Ausdruck lässt die rekursive Struktur klar erkennen.	(%i55) f(5); (%o55) $x\left(x\left(x\left(x\left(x\left(x+1\right)+1\right)+1\right)+1\right)+1\right)$
Erzeugen desselben Ausdrucks mit einer Schleife	(%i56) p:x; for i:1 thru 5 do p:x*(p+1); p; (%o56) x (%o57) *done* (%o58) $x\left(x\left(x\left(x\left(x\left(x+1\right)+1\right)+1\right)+1\right)+1\right)$
Definition einer rekursiven Funktion	(%i59) g(n):=if n<0 then 1 else (x+n)*g(n-1); (%o59) $\mathrm{g}(n):=\mathrm{if}\ n<0\ \mathrm{then}\ 1\ \mathrm{else}\ \left(x+n\right)\mathrm{g}(n-1)$
Aufruf der rekursiven Funktion	(%i60) g(5); (%o60) $x\left(x+1\right)\left(x+2\right)\left(x+3\right)\left(x+4\right)\left(x+5\right)$
Erzeugen desselben Ausdrucks mit einer Liste und Anwenden der Multiplikation darauf	(%i61) apply("*",makelist(x+k,k,0,5)); (%o61) $x\left(x+1\right)\left(x+2\right)\left(x+3\right)\left(x+4\right)\left(x+5\right)$

Rekursionen sind zwar in der *Ausführung* weniger effizient als Schleifen; sie sind aber sehr hilfreich bei der Bearbeitung komplexer Datenstrukturen, wo sie in der *Programmierung* wesentlich effizienter als Scheifen sind. Eine typische Anwendung ist das Durchlaufen von baumartigen Strukturen, beispielsweise der Verzeichnisstruktur eines Rechners oder eines Maxima-Ausdrucks.

Rekursive Funktion zum Erstellen einer Liste mit allen Operatoren eines Ausdrucks

```
(%i62) ops(x,[opli]):=if atom(x) then opli
          else (opli:cons(op(x),opli),
            listify(setify(flatten(map(
              lambda([u],
                apply(ops,cons(u,opli))),
              args(x))))))$
```

Liste mit allen Operatoren eines Ausdrucks (beachte: auch eine Liste hat einen Operator, nämlich „[“).

```
(%i63) ops([x/y=sqrt(1+x^2),1-cos(2*x)]);
(%o63) [ *, +, -, /, =, [, ^, cos, sqrt]
```

9.2.5 Programmbeispiele

Die folgenden drei Beispiele, dieselben wie in Abschnitt 9.1.5, sollen die Prinizipien des funktionalen Programmierens veranschaulichen. Die Funktionen bestehen jeweils aus einem einzigen verschachtelten Ausdruck, es gibt weder Blöcke mit mehreren Ausdrücken (Anweisungen) noch Zuweisungen.

Die Funktion `random_polynom` erzeugt ein Polynom in x mit zufälligen ganzzahligen Koeffizienten zwischen 0 und 9, bestehend aus der Anwendung einer Addition auf eine Liste.

Funktion zur Erzeugung eines Zufalls-Polynoms

```
(%i1) random_polynom(n):=
        apply("+",makelist(random(10)*x^k,k,0,n))$
```

Testen der Funktion `random_polynom`

```
(%i2) random_polynom(5);
```

(%o2) $x^5+4\,x^4+5\,x^3+4\,x^2+2\,x+2$

Die Funktion `ziffernsumme` berechnet die Ziffernsumme einer Ganzzahl durch rekursives Abspalten und Addieren der letzten Ziffer.

Funktion zur Berechnung der Ziffernsumme einer Ganzzahl

```
(%i3) ziffernsumme(n):=if n=0 then 0
        else mod(n,10)+ziffernsumme(quotient(n,10))$
```

Testen der Funktion `ziffernsumme`

```
(%i4) ziffernsumme(12398);
(%o4) 23
```

Die Funktion `regressionsgerade` berechnet die Regressionsgerade zu einer Anzahl gegebener Punkte [Alb]. Auch diese Berechnung ist ein einziger Ausdruck, bestehend aus einer Verschachtelung von Funktionen; auch wenn der Ausdruck aus Platzgründen auf mehrere Zeilen aufgeteilt ist, ist er ein echter *One-Liner!* Die grafische Darstellung des Ergebnisses findet sich bereits in Abschnitt 9.1.5.

Funktion zur Ermittlung der Regressionsgeraden zu gegebenen Punkten

```
(%i5) regan(pli):=lambda([v],v[1,1]*x+v[2,1])
      (lambda([u],invert(transpose(u).u).
         transpose(u).matrix(map(second,pli)))
        (apply(matrix,map(lambda([u],[first(u),1]),
            pli))))$
```

Liste mit Punkten, zu der die Regressionsgerade berechnet werden soll

```
(%i6) pli:[[0,1],[1,1],[2,1.5],[3,2],[4,3],[5,3]];
(%o6) [[0,1],[1,1],[2,1.5],[3,2],[4,3],[5,3]]
```

Berechnung der Regressionsgeraden

```
(%i7) regressionsgerade(pli);
(%o7) 0.471 x+0.738
```

9.3 Regelbasiertes Programmieren

Symbole (Variablen und Funktionen) können bestimmte *Eigenschaften* besitzen, die in einer Datenbank abgespeichert sind und bei der Auswertung von Funktionen berücksichtigt werden. Diese Eigenschaften können teilweise von Maxima festgelegt, teilweise vom Benutzer vorgegeben sein. Darüber hinaus lässt sich der Bereich von Variablen durch sogenannte *Fakten* einschränken, die ebenfalls in einer Datenbank abgespeichert werden und die Auswertung beeinflussen.

Die Vereinfachung von Ausdrücken erfolgt nach gewissen *Regeln*. Zusätzlich zu den in Maxima eingebauten Regeln kann der Benutzer eigene Regeln hinzufügen, die nach dem Prinzip des sogenannten *Musterabgleichs* funktionieren: Entspricht ein Ausdruck einem gewissen *Muster*, so wird dieser Ausdruck gemäß einer zuvor definierten Regel durch einen anderen Ausdruck ersetzt. Dafür gibt es zwei Möglichkeiten:

1. Anwendung einzelner Regeln durch Aufruf einer Funktion (siehe Abschnitt 9.3.4)
2. Automatische Regelanwendung für jeden eingegebenen Ausdruck (siehe Abschnitt 9.3.5)

Eines vorweg: Regelbasiertes Programmieren ist in Maxima nur eingeschränkt möglich und kann keinesfalls als ausgereift betrachtet werden. Der Musterabgleich funktioniert häufig nicht im erwarteten (oder erwünschten) Ausmaß; das genaue Verhalten von Regeln ist daher in vielen Fällen nur experimentell zu ermitteln.

9.3.1 Fakten

Durch Definition von *Fakten* kann man Bereiche von Variablen mit Hilfe von Vergleichsoperatoren einschränken. Diese Fakten werden in einer Datenbank abgespeichert und bei der Vereinfachung von Ausdrücken und von manchen Funktionen bei der Auswertung berücksichtigt.

Damit können einerseits Fallunterscheidungen, die eine (meist lästige) interakive Benutzerabfrage bewirken, vermieden werden. Andererseits können damit weitergehende Auswertungen von Funktionen erfolgen.

`assume` definiert Fakten für Variablen mit Hilfe von Vergleichsoperatoren und speichert sie in einer Datenbank ab. `forget` entfernt diese Fakten wieder aus der Datenbank. `facts` liefert eine Liste mit allen definierten Fakten. Diese Fakten können in unterschiedlichen Bereichen der

Tabelle 9.8 Fakten

`assume(`f_1`,` f_2`, ...)`	Festlegen des Bereichs von Variablen in Form von Fakten f_1, f_2, mit den Vergleichsoperatoren <, <=, >, >=
`facts()`	Liste mit allen Fakten
`forget(`f_1`,` f_2`, ...)`	Entfernen der Fakten f_1, f_2
`assume_pos`	Systemvariable; nach Setzen auf *true* werden alle Variablen als positiv angenommen (Default: *false*).

Datenbank, in sogenannten *Kontexten* abgespeichert werden; diese Kontexte können bei Bedarf aktiviert und deaktiviert werden. Details dazu finden sich im Maxima-Manual [Max].

Nach Setzen der Systemvariablen `assume_pos` auf *true* wird für alle Variablen ein positiver Wert angenommen – entweder für die gesamte weitere Maxima-Sitzung oder auch nur innerhalb einer Auswertung mit `ev`.

Interaktive Abfrage eines Variablenbereiches für eine Fallunterscheidung

```
(%i1) integrate(1/(x+b),x,-1,1);
Is  b+1  positive, negative, or zero? p;
Is  b-1  positive, negative, or zero? p;
(%o1) log(b+1)-log(b-1)
```

Festlegen von Fakten für Variablen

```
(%i2) assume(a>0,a<=5,b>6,c>b);
(%o2) [a>0 , a<=5 , b>6 , c>b]
```

Ausgabe aller Fakten

```
(%i3) facts();
(%o3) [a>0 , 5>=a , b>6 , c>b]
```

Sind Wertebereiche entsprechend festgelegt, so sind keine Fallunterscheidungen mehr notwendig.

```
(%i4) integrate(1/(x+b),x,-1,1);
(%o4) log(b+1)-log(b-1)
```

Bei der Bildung des Betrags werden Fakten berücksichtigt.

```
(%i5) [abs(a),abs(d)];
(%o5) [a , |d|]
```

Berücksichtigung von Fakten bei der Ermittlung des Maximums mehrerer Ausdrücke

```
(%i6) max(1,5,a,b,c,d);
(%o6) max(c , d)
```

Argument von komplexen Zahlen: Bei Annahme positiver Werte für Real- und Imaginärteil wird der gewöhnliche Arkustangens verwendet.

```
(%i7) [carg(x+%i*y),carg(a+%i*b)];
(%o7) [atan2(y , x), atan(b/a)]
```

Annahme positiver Werte für alle Variablen

```
(%i8) carg(x+%i*y),assume_pos=true;
(%o8) atan(y/x)
```

Berücksichtigung von Fakten bei Vergleichsoperatoren

```
(%i9) [is(a<4),is(a>10)];
(%o9) [unknown , false]
```

Fakten werden nicht von *allen* Funktionen berücksichtigt; außerdem werden viele logische Schlussfolgerungen, die sich aus den Fakten ergeben, nicht abgeleitet. Dies sind bekannte Schwächen von Maxima.

Ein einfacher Vergleich zweier Variablen funktioniert.

```
(%i10) is(a<b);
(%o10) true
```

Ein Vergleich mit zusammengesetzten Ausdrücken funktioniert aber leider *nicht!*

```
(%i11) [is(a<b+c),is(a<2*b)];
(%o11) [unknown, unknown]
```

9.3.2 Eigenschaften

Variablen und Funktionen können *Eigenschaften* zugewiesen werden, die bei der Deklaration in eine Datenbank oder eine spezielle Eigenschaftenliste eingetragen werden. Diese Eigenschaften haben vor allem bei *symbolischen* Berechnungen Auswirkung auf die Vereinfachung und Auswertung von Ausdrücken: bei Variablen, denen kein Wert zugewiesen ist, sowie bei Funktionen, die nicht definiert sind.

Nicht alle Funktionen berücksichtigen deklarierte Eigenschaften von Symbolen; generelle Regeln gibt es dazu nicht. Beispielsweise wird die Eigenschaft `integer`, eine Ganzzahl zu sein, von der Abfragefunktion `askinteger` erkannt, von der Prädikatsfunktion `integerp` jedoch nicht. Die Eigenschaft `constant`, eine Konstante zu sein, wird hingegen von der Prädikatsfunktion `constantp` *schon* erkannt. Exakte Aufschlüsse sind für Einzelfälle wohl experimentell zu ermitteln.

`declare` weist Symbolen (Variablen oder Funktionen) *Eigenschaften* zu. Dabei können sowohl die Symbole als auch die Eigenschaften zu Listen zusammengefasst werden.

`featurep` überprüft, ob ein Symbol eine bestimmte Eigenschaft hat, `properties` liefert alle Eigenschaften eines Symbols in einer Liste zurück. Zusätzlich zu den Eigenschaften, die der *Benutzer* einem Symbol mit `declare` zugewiesen hat, kann die Liste `properties` auch Eigenschaften enthalten, die dem Symbol von *Maxima* zugewiesen wurden, also ohne Veranlassung durch den Benutzer. Solche Eigenschaften haben Einfluss auf die Arbeitsweise von Maxima, für den Benutzer haben sie aber keine unmittelbare Bedeutung.

Mit `remove` werden Eigenschaften von Symbolen wieder entfernt. Sowohl mehrere Symbole als auch mehrere Eigenschaften können jeweils zu einer Liste zusammengefasst werden. Die Angabe von `all` anstelle einer Eigenschaft entfernt *alle* Eigenschaften des entsprechenden Symbols.

Die Abfragefunktionen `asksign` und `askinteger` versuchen anhand von Eigenschaften und Fakten das Vorzeichen eines Ausdrucks zu ermitteln bzw. zu entscheiden, ob ein Ausdruck eine Ganzzahl darstellt. Kann eine Entscheidung von Maxima nicht getroffen werden, erfolgt eine Benutzerabfrage.

Deklaration von Eigenschaften für mehrere Variablen: Ganzzahl, Konstante, komplexe Zahl.

```
(%i12) declare(n,integer,c,constant,z,complex);
(%o12) done
```

Tabelle 9.9 Eigenschaften

`declare(`x_1, p_1, x_2, p_2, ...`)`	Zuweisen der Eigenschaft p_1 zum Symbol x_1, der Eigenschaft p_2 zum Symbol x_2 usw.
`featurep(`x, p,...`)`	Abfrage, ob das Symbol x die Eigenschaft p besitzt
`properties(`x`)`	Liste mit allen Eigenschaften des Symbols x
`remove(`x_1, p_1, x_2, p_2, ...`)`	Entfernen der Eigenschaft p_1 des Symbols x_1, der Eigenschaft p_2 des Symbols x_2 usw.
`askinteger(`x`)`	Abfrage, ob x eine Ganzzahl ist; mögliche Ergebnisse: *true, false*
`asksign(`x`)`	Abfrage des Vorzeichens von x; mögliche Ergebnisse: `pos`, `neg` oder `zero`
Eigenschaften für Variablen:	
`constant`	Konstante
`integer`, `noninteger`	Ganzzahl, keine Ganzzahl
`even`, `odd`	Gerade, ungerade Ganzzahl
`rational`, `irrational`	Rationale, irrationale Zahl
`real`, `imaginary`, `complex`	Reelle, imaginäre, komplexe Zahl
`mainvar`	Hauptvariable
`scalar`, `nonscalar`	Skalare, nichtskalare Zahl (oder Funktion)
Eigenschaften für Funktionen:	
`increasing`, `decreasing`	Monoton steigende, monoton fallende Funktion
`additive`	Additive Funktion: $f(x+y) \to f(x)+f(y)$
`multiplicative`	Multiplikative Funktion: $f(x\cdot y) \to f(x)\cdot f(y)$
`outative`	Konstante Faktoren werden aus dem (ersten) Parameter herausgehoben: $f(c\cdot x) \to c\cdot f(x)$
`linear`	Lineare Funktion, Kombination von `additive` und `outative`
`evenfun`, `oddfun`	Gerade, ungerade Funktion

Ausgabe der Eigenschaften für eine Variable

```
(%i13) properties(c);
(%o13) [database info, c > b, kind(c, constant)]
```

Die festgelegte Eigenschaft der Ganzzahligkeit wird von der Rundungsfunktion berücksichtigt.

```
(%i14) [round(z),round(n)];
(%o14) [round(z), n]
```

Abfrage der Ganzzahligkeit einer Variablen, ...

```
(%i15) askinteger(m);
Is m an integer? y;
(%o15) yes
```

… die Antwort wird als Eigenschaft in der Datenbank abgelegt.	`(%i16) properties(m);` `(%o16) [database info, kind(m, integer)]`
Die Abfragefunktion `askinteger` erkennt die Ganzzahligkeit.	`(%i17) askinteger(n);` `(%o17) yes`
Die Eigenschaft der Ganzzahligkeit wird von der Prädikatsfunktion `integerp` aber *nicht* erkannt!	`(%i18) integerp(n);` `(%o18) false`
Die Eigenschaft, eine Konstante zu sein, wird von der entsprechenden Prädikatsfunktion hingegen *schon* erkannt.	`(%i19) constantp(c);` `(%o19) true`
Die Imaginärteilbildung erkennt die Eigenschaft `complex`.	`(%i20) imagpart(x+z);` `(%o20) imagpart(z)`
Deklaration von Eigenschaften für mehrere Funktionen: steigende Monotonie, gerade Funktion, Linearität.	`(%i21) declare(f,increasing,g,evenfun,h,linear);` `(%o21) done`
Abfrage nach den Vorzeichen, die deklarierte Eigenschaft der Monotonie wird berücksichtigt.	`(%i22) asksign(f(b)-f(a));` `(%o22) pos`

Bei Aufruf einer monotonen Funktion mit Zahlenwerten wird die Monotonie aber *nicht* erkannt!	`(%i23) asksign(f(5)-f(3));`
	`Is f(5)-f(3) positive, negative, or zero? p;`
	`(%o23) pos`

Vereinfachung von Aufrufen einer *geraden* Funktion	`(%i24) [g(-1),g(a-b)];` `(%o24) [g(1), g(b-a)]`
Vereinfachung von Aufrufen einer *linearen* Funktion	`(%i25) [h(x+y),h(c*x)];` `(%o25) [h(y)+h(x), c h(x)]`
Funktionsaufruf *vor* der Entfernung der Eigenschaft der Linearität; beachte: `d` wurde nicht als konstant deklariert.	`(%i26) h(c*x+d*x);` `(%o26) h(d x)+c h(x)`
Entfernung der Eigenschaft der Linearität	`(%i27) remove(h,linear);` `(%o27) done`
Funktionsaufruf *nach* der Entfernung der Eigenschaft	`(%i28) h(c*x+d*x);` `(%o28) h(d x+c x)`

Zusätzlich zu den von Maxima bereitgestellten Eigenschaften kann der Benutzer beliebige Eigenschaften selbst definieren und sie Symbolen zuweisen. Die zugewiesenen Eigenschaften können mit *Werten* belegt werden, die von anderen Funktionen (und vom Benutzer) abgefragt werden können. Details dazu finden sich im Maxima-Manual [Max].

9.3.3 Muster

Das Grundprinzip zur Anwendung bestimmter Regeln auf einen Ausdruck ist der sogenannte *Musterabgleich* (engl. „pattern matching"). Das ist die Überprüfung, ob der Ausdruck einem bestimmten Muster entspricht. Trifft dies zu, so wird die entsprechende Regel auf den Ausdruck angewendet.

`matchdeclare` deklariert sogennante Mustervariablen mit bestimmten Prädikaten. Mehrere Mustervariablen mit demselben Prädikat können in einer Liste zusammengefasst als Funktionsargument übergeben werden.

Die Mustervariablen können beim Musterabgleich beliebige Werte – sowohl Symbole als auch zusammengesetzte Ausdrücke – annehmen, für welche die entsprechenden Prädikate den Wert *true* ergeben. Prädikate können beliebige Funktionen (auch λ-Ausdrücke) sein, die als Ergebnis *true* oder *false* liefern. Es können aber auch Funktions*aufrufe* sein, denen das letzte Argument fehlt. In dieses letzte, fehlende Argument wird die zugehörige Mustervariable eingesetzt. Das Prädikat für eine Mustervariable kann auch der *Wert true* sein; eine solche Mustervariable kann einem beliebigen Ausdruck entsprechen.

`defmatch` definiert eine Muster-Testfunktion, mit der überprüft werden kann, ob ein Ausdruck einem bestimmten Muster entspricht. Ein Muster ist ein beliebiger Ausdruck, der Zahlen, Mustervariablen und gewöhnliche Variablen enthalten kann. Zahlen und gewöhnliche Variablen entsprechen nur sich selbst, Mustervariablen entsprechen beliebigen Ausdrücken, für die das ihnen zugeordnete Prädikat den Wert *true* liefert.

Durch Aufruf der Muster-Testfunktion mit dem zu prüfenden Ausdruck als Argument wird der Musterabgleich durchgeführt. Ist der Musterabgleich erfolgreich, so ist das Ergebnis eine Liste mit Gleichungen, deren linke Seiten die Mustervariablen sind, deren rechte Seiten die ihnen entsprechenden Teilausdrücke. Schlägt der Musterabgleich fehl, so ist das Ergebnis *false*.

Tabelle 9.10 Mustervariablen

`matchdeclare(`*var1*, *pred1*, *var2*, *pred2*, ...`)`	Deklaration von Mustervariablen *var1*, *var2*, ... mit den entsprechenden Prädikaten *pred1*, *pred2*, ...
`propvars(matchdeclare)`	Erzeugen einer Liste mit allen Mustervariablen
`printprops(`*var*`,matchdeclare)`	Ausgabe des Prädikats, das der Mustervariablen *var* zugeordnet ist
`remove(`*var*`,matchdeclare)`	Löschen der Deklaration der Mustervariablen *var*
`defmatch(`*name*, *patt*[, x_1, x_2, ...]`)`	Definition einer Muster-Testfunktion mit dem Namen *name* für das Muster *patt* mit den optionalen Musterargumenten x_1, x_2, ...
`rules`	Liste mit allen Muster-Testfunktionen (und Regeln)

Deklaration dreier Mustervariablen für beliebige Ausdrücke

```
(%i1) matchdeclare([aa,bb,cc],true);
(%o1) done
```

Deklaration einer Mustervariablen für eine beliebige Ganzzahl und eine positive Ganzzahl

```
(%i2) matchdeclare(nn,integerp,gg,
        lambda([u],integerp(u) and u>0));
(%o2) done
```

Deklaration einer Mustervariablen für ein Symbol, das mit „a" beginnt

```
(%i3) matchdeclare(ss,lambda([u],symbolp(u)
          and substring(string(u),1,2)="a"));
(%o3) done
```

Definition eines Musters für eine Potenz mit einer positiven Ganzzahl im Exponenten

```
(%i4) defmatch(testexp,aa^gg);
(%o4) testexp
```

Eine Potenz mit negativen Exponenten führt zu keiner Übereinstimmung.

```
(%i5) testexp((x+y)^(-3));
(%o5) false
```

Übereinstimmung für eine Potenz mit positivem Exponenten

```
(%i6) testexp((x+y)^(3));
(%o6) [gg=3 , aa=y+x]
```

Fehlt eine explizite Potenz, findet keine Übereinstimmung statt.

```
(%i7) testexp(x+y);
(%o7) false
```

Die *Addition* und *Multiplikation* erfahren eine Sonderbehandlung beim Musterabgleich: Mustervariablen sind gegenüber Summanden bzw. Faktoren „gierig", insofern sie nicht nur mit jeweils einem einzigen Summanden (bzw. Faktor) übereinstimmen, der das entsprechende Prädikat besitzt, sondern auch mit einer Summe (bzw. einem Produkt) davon. Außerdem kann bei einer Summe eine Mustervariable mit (dem nicht explizit vorhandenen Summanden) 0 übereinstimmen, analog dazu bei einem Produkt mit (dem nicht explizit vorhandenen Faktor) 1.

Definition eines Musters für eine Summe eines beliebigen Ausdrucks mit einer Ganzzahl und einem mit „a" beginnenden Symbol

```
(%i8) defmatch(testsum,nn+ss+aa);
(%o8) testsum
```

Keine Übereinstimmung bei einer Summe mit einem Symbol, das mit „b" beginnt

```
(%i9) testsum(5+bvar);
(%o9) false
```

Übereinstimmung bei einer Summe mit einem mit „a" beginnenden Symbol; der dritte (fehlende) Summand wird zu 0 angenommen.

```
(%i10) testsum(5+avar);
(%o10) [ss=avar , nn=5 , aa=0]
```

Übereinstimmung, wenn verhindert wird, dass die Null durch Vereinfachung verschwindet

```
(%i11) testsum(0+avar),simp=false;
(%o11) [ss=avar , nn=0 , aa=0]
```

Mustervariablen sind „gierig": Sie nehmen bei einer Summe alle passenden Summanden auf.

```
(%i12) testsum(5+a1+a2+x+y+z);
(%o12) [ss=a2+a1 , nn=5 , aa=z+y+x]
```

Den Mustervariablen werden beim Abgleich die übereinstimmenden Werte zugewiesen.	`(%i13) [aa,bb,cc,gg,nn,ss];` `(%o13)` $[z+y+x\,,bb\,,cc\,,3\,,5\,,a2+a1]$

Zusätzlich zu Muster*variablen* kann ein Muster auch Muster*argumente* besitzen, die bei `defmatch` als (zusätzliche) *formale* Parameter angegeben werden. Beim Aufruf der Muster-Testfunktion werden die *aktuellen* Parameter zusätzlich zum zu überprüfenden Ausdruck angegeben. Das folgende Beispiel zeigt die Überprüfung eines Ausdrucks auf Linearität; einmal in der vorgegebenen Variablen x, einmal in einer beliebigen Variablen, die als Musterargument übergeben wird. Im Gegensatz zu Mustervariablen wird Musterargumenten der übereinstimmende Teilausdruck *nicht* zugewiesen.

Deklaration zweier Mustervariablen zum Testen der Linearität eines Ausdrucks	`(%i14) matchdeclare(c0,lambda([u],freeof(x,u)),`
	`c1,lambda([u],freeof(x,u) and u#0));`
	`(%o14)` *done*

Muster zum Testen der Linearität eines Ausdrucks in der Variablen x	`(%i15) defmatch(linearxp,c0+c1*x);` `(%o15)` *linearxp*
Testen eines Ausdrucks auf Linearität in der Variablen x	`(%i16) linearxp(y**2*x+z-1+a*(x-1));` `(%o16)` $[c0=z-a-1\,,c1=y^2+a]$
Muster zum Testen der Linearität eines Ausdrucks in einer beliebigen – als Musterargument anzugebenden – Variablen	`(%i17) defmatch(linearp,c0+c1*x,x);` `(%o17)` *linearp*
Der Ausdruck ist sowohl linear in der Variablen x ...	`(%i18) linearp(y**2*x+z-1+a*(x-1),x);` `(%o18)` $[c0=z-a-1\,,c1=y^2+a\,,x=x]$
... als auch in der Variablen a.	`(%i19) linearp(y**2*x+z-1+a*(x-1),a);` `(%o19)` $[c0=z+x\,y^2-1\,,c1=x-1\,,x=a]$
Den Muster*variablen* wurden Werte zugewiesen, dem Muster*argument* nicht.	`(%i20) [c0,c1,x];` `(%o20)` $[z+x\,y^2-1\,,x-1\,,x]$

`propvars(matchdeclare)` liefert eine Liste mit allen Mustervariablen; mit `remove` und dem zusätzlichen Argument `matchdeclare` können einzelne Mustervariablen gelöscht werden. `printprops` liefert mit dem zusätzlichen Argument `matchdeclare` das Prädikat zu einer Mustervariablen. Bei `remove` und `printprops` können mehrere Mustervariablen zu einer Liste zusammengefasst als Funktionsargument übergeben werden. Alle Muster-Testfunktionen sind (unter anderem) in der Informationsliste `rules` enthalten.

Auflisten aller Mustervariablen und Entfernen zweier Mustervariablen	`(%i21) propvars(matchdeclare);`
	`remove([c0,c1],matchdeclare);`
	`propvars(matchdeclare);`
	`(%o21)` $[aa\,,bb\,,cc\,,nn\,,gg\,,ss\,,c0\,,c1]$
	`(%o22)` *done*
	`(%o23)` $[aa\,,bb\,,cc\,,nn\,,gg\,,ss]$

Ausgabe der Eigenschaften einer Mustervariablen	`(%i24) printprops(gg,matchdeclare);` `(%o24) [lambda([u], integerp(u)∧ u>0, gg)]`
Liste mit allen Muster-Testfunktionen	`(%i25) rules;` `(%o25) [testexp, testsum, linearxp, linearp]`

9.3.4 Anwendung von Regeln durch Funktionsaufruf

`defrule` erstellt eine Regel, die einen (*zu ersetzenden*) Ausdruck, der einem bestimmten Muster entspricht, durch einen anderen Ausdruck (den *ersetzenden* Ausdruck) ersetzt. Diese Regel bekommt einen Namen, mit dem sie wie eine Funktion aufgerufen werden kann; Aufrufparameter ist der *zu ersetzende* Ausdruck. Ist der Musterabgleich erfolgreich, das heißt, der *zu ersetzende* Ausdruck entspricht dem Muster, so ist das Ergebnis der *ersetzende* Ausdruck. Schlägt der Musterabgleich fehl, so hat das Ergebnis den Wert *false*.

Üblicherweise will man aber eine Regel nicht nur auf Ausdrücke anwenden, die exakt einem Muster *entsprechen*, sondern auch auf Ausdrücke, die ein bestimmtes Muster als Teil (gegebenenfalls mehrfach) *enthalten*. Zu diesem Zweck dienen die „Anwendungs"-Funktionen `apply1`, `applyb1`, `apply2` und `applyb2`, die eine oder mehrere Regeln wiederholt auf alle Teilausdrücke eines Ausdrucks anwenden. Die Reihenfolgen der Regelanwendungen sind bei diesen Funktionen unterschiedlich, was auch unterschiedliche Ergebnisse zur Folge haben kann.

`apply1` wendet zunächst eine Regel auf alle Teilausdrücke eines Ausdrucks an, beginnend bei der Wurzel bis hinunter zu den Atomen (siehe Abschnitt 2.6.1). Anschließend wird mit allen

Tabelle 9.11 Anwendung von Regeln durch Funktionsaufruf

`defrule(`*name*, *patt*, *repl*`)`	Definition einer Regel mit dem Namen *name*, die einen Ausdruck gemäß dem Muster *patt* durch *repl* ersetzt
`disprule(`$name_1$, $name_2$, ...`)`	Ausgabe der Definitionen der Regeln $name_1$, $name_2$, ...
`rules`	Liste mit allen Regeln (und definierten Mustern)
`remove(`$name_1$`,rule)`	Löschen der Regel *name*
`clear_rules()`	Löschen aller Regeln (und Muster-Testfunktionen)
`apply1(`z, $name_1$, $name_2$, ...`)`	Wiederholte Anwendung der Regel $name_1$ auf alle Teilausdrücke von z, beginnend bei der Wurzel; anschließend Anwendung der weiteren Regeln $name_2$ ...
`applyb1(`z, $name_1$, $name_2$, ...`)`	Wie `apply1`, Anwendung der Regeln in umgekehrter Reihenfolge: beginnend bei den Atomen
`apply2(`z, $name_1$, $name_2$, ...`)`	Wiederholte Anwendung aller Regeln $name_1$, $name_2$, ... auf alle Teilausdrücke von z, beginnend bei der Wurzel
`applyb2(`z, $name_1$, $name_2$, ...`)`	Wie `apply2`, Anwendung der Regeln in umgekehrter Reihenfolge: beginnend bei den Atomen

weiteren Regeln, die als zusätzliche Parameter angegeben sind, ebenso verfahren. `applyb1` arbeitet in gleicher Weise, nur in umgekehrter Richtung: beginnend bei den Atomen bis hinauf zur Wurzel.

`apply2` wendet alle Regeln nacheinander auf jeden einzelnen Teilausdruck an, wiederum beginnend bei der Wurzel bis hinunter zu den Atomen. Die Anwendung der Regeln wird dabei so lange wiederholt, bis sich das Ergebnis nicht mehr ändert. Bei „zirkulär" definierten Regeln führt das zu einer Endlosschleife und zum Abbruch der Auswertung mit einer Fehlermeldung. `applyb2` arbeitet in gleicher Weise, nur in umgekehrter Richtung: beginnend bei den Atomen bis hinauf zur Wurzel.

Definition dreier Regeln zur Umwandlung trigonometrischer Funktionen

```
(%i26) defrule(trig1,tan(aa),sin(aa)/cos(aa));
       defrule(trig2,sin(aa),sqrt(1-cos(aa)^2));
       defrule(trig3,cos(aa),sqrt(1-sin(aa)^2));
```

(%o26) $trig1 : \tan(aa) \text{->} \dfrac{\sin(aa)}{\cos(aa)}$

(%o27) $trig2 : \sin(aa) \text{->} \sqrt{1-\cos(aa)^2}$

(%o28) $trig3 : \cos(aa) \text{->} \sqrt{1-\sin(aa)^2}$

Anwendung der Regeln auf einen Ausdruck

```
(%i29) apply1(1+tan(x+1),trig1,trig2);
```

(%o29) $\dfrac{\sqrt{1-\cos(x+1)^2}}{\cos(x+1)}+1$

Anwendung der Regeln in umgekehrter Reihenfolge

```
(%i30) apply1(1+tan(x+1),trig2,trig1);
```

(%o30) $\dfrac{\sin(x+1)}{\cos(x+1)}+1$

`apply2` wiederholt alle Regeln solange, bis sich das Resultat nicht mehr ändert.

```
(%i31) apply2(1+tan(x+1),trig2,trig1);
```

(%o31) $\dfrac{\sqrt{1-\cos(x+1)^2}}{\cos(x+1)}+1$

Zusätzlich zur Ersetzung eines Ausdrucks kann eine Regel weitere Funktionalität besitzen, die einen Nebeneffekt produziert. Beispielsweise kann jeder Musterabgleich protokolliert werden, was Einblick in die genaue Arbeitsweise der Anwendungsfunktionen `apply`*xy* gibt.

Definition einer Regel zum Faktorisieren einer Ganzzahl

```
(%i32) defrule(facint,nn,lambda([u],print(nn,
           " -> ",factor(u)),factor(u))(nn));
```

(%o32) *facint* : *nn* ->
lambda([*u*], print(*nn*, -> , factor(*u*)), factor(*u*))
(*nn*)

Anwendung der Regel auf einen Ausdruck; `apply1` führt nicht zum gewünschten Ergebnis.

```
(%i33) apply1(12*x+10*y,facint);
```

12 -> $2^2\,3$
2 -> 2
2 -> 2
3 -> 3
10 -> 2 5
2 -> 2
5 -> 5
(%o33) $10\,y+12\,x$

Anwendung der Regel in die andere Richtung (applyb1) liefert das gewünschte Ergebnis.

```
(%i34) applyb1(12*x+10*y,facint);
12 -> 2^2 3
10 -> 2 5
(%o34) 2 5 y+2^2 3 x
```

Eine Regel, in der eine *zu ersetzende* Variable wieder als Teil im *ersetzenden* Ausdruck enthalten ist, führt mit der Funktion apply1 zu einer Endlosschleife. In einem solchen Fall ist nur eine Ersetzung in die andere Richtung mit applyb1 erfolgreich.

Definition einer Regel, die auf Ganzzahlen eine Funktion anwendet

```
(%i35) defrule(fmake,nn,f(nn));
(%o35) fmake : nn->f(nn)
```

Wiederholte Anwendung der Regel von der Wurzel weg führt zu einer Endlosschleife.

```
(%i36) apply1((x+3)^2,fmake);
Maxima encountered a Lisp error:
 Error in COND [or a callee]: Bind stack overflow.
Automatically continuing.
To enable the Lisp debugger set *debugger-hook* to nil.
```

Eine solche Regel kann nur von den Atomen weg wiederholt angewendet werden.

```
(%i37) applyb1((x+3)^2,fmake);
(%o37) (x+f(3))^f(2)
```

Alle definierten Regeln sind (unter anderem) in der Informationsliste rules enthalten. Die Definition einer oder mehrerer Regeln kann mit der Funktion disprule ausgegeben werden. Die Funktion remove mit dem zusätzlichen Argument rule löscht eine Regel oder mehrere Regeln, deren Namen in einer Liste zusammengefasst werden. Mit clear_rules() werden sämtliche Regeln (und Muster-Testfunktionen) gelöscht.

Anzeige der Definition einer Regel

```
(%i38) disprule(trig3);
(%t38) trig3 : cos(aa)->sqrt(1-sin(aa)^2)
(%o38) [%t38]
```

Löschen einzelner Regeln

```
(%i39) remove([trig1,trig2,trig3],rule);
(%o39) done
```

Liste mit allen definierten Regeln (und Muster-Testfunktionen)

```
(%i40) rules;
(%o40) [testexp, testsum, linearxp, linearp,
facint, fmake]
```

Löschen aller Regeln

```
(%i41) clear_rules();
       rules;
(%o41) false
(%o42) []
```

9.3.5 Automatische Regelanwendung

Die im vorigen Abschnitt beschriebenen Regeln werden nur nach ausdrücklicher Aufforderung (durch Aufruf ihres Namens oder einer Anwendungs-Funktion apply*xy*) angewendet. Maxima

Tabelle 9.12 Automatische Regelanwendung

`tellsimp(`*patt*, *repl*`)`	Definition einer Regel, die dem Muster *patt* entsprechende Ausdrücke durch *repl* automatisch *vor* der Maxima-internen Vereinfachung ersetzt.
`tellsimpafter(`*patt*, *repl*`)`	Definition einer Regel, die dem Muster *patt* entsprechende Ausdrücke durch *repl* automatisch *nach* der Maxima-internen Vereinfachung ersetzt.
`disprule(`$name_1$, $name_2$, ...`)`	Ausgabe der Definitionen der Regeln $name_1$, $name_2$, ...
`rules`	Liste mit allen Regeln (und definierten Mustern)
`remove(`$name_1$`,rule)`	Löschen der Regel *name*
`clear_rules()`	Löschen aller Regeln (und Muster-Testfunktionen)
`announce_rules_firing`	Systemvariable; legt fest, ob bei der Anwendung nachfolgend definierter Regeln eine Meldung erfolgt (Default: *false*)

bietet zusätzlich die Möglichkeit, Regeln zu formulieren, die ebenfalls nach dem Prinzip des Musterabgleichs funktionieren, aber automatisch bei jeder Auswertung angewendet werden, ohne ausdrückliche Aufforderung.

`tellsimp` erzeugt eine Regel, die in allen nachfolgend eingegebenen Ausdrücken ein auftretendes Muster durch einen anderen Ausdruck ersetzt. Diese Ersetzung erfolgt *vor* der Maxima-internen Vereinfachung. `tellsimpafter` arbeitet in gleicher Weise, die Ersetzung erfolgt aber *nach* der Maxima-internen Vereinfachung.

Die Muster können beliebige zusammengesetzte Ausdrücke, jedoch keine Atome sein. Bei `tellsimp` sollte das Muster auch weder eine Summe noch ein Produkt sein; in einem solchen Fall erfolgt eine Warnmeldung, dass die Regel möglicherweise nicht richtig funktioniert.

Regel zum automatischen Ersetzen aller Kosinus-Funktionen

```
(%i43) tellsimpafter(cos(aa),sqrt(1-sin(aa)^2));
(%o43) [cosrule1, simp-%cos]
```

Regel zum automatischen Ersetzen aller Tangens-Funktionen

```
(%i44) tellsimpafter(tan(aa),sin(aa)/cos(aa));
(%o44) [tanrule1, simp-%tan]
```

Liste mit allen definierten Regeln, die Namen werden von Maxima selbsttätig vergeben.

```
(%i45) rules;
(%o45) [cosrule1, tanrule1]
```

Automatische Anwendung der Regeln auf zwei Ausdrücke

```
(%i46) [cos(x),tan(x)];
```

(%o46) $\left[\sqrt{1-\sin(x)^2}, \frac{\sin(x)}{\sqrt{1-\sin(x)^2}}\right]$

Anwendung der Regeln beim Differenzieren

```
(%i47) diff(tan(x),x);
```

(%o47) $\frac{\sin(x)^2}{1-\sin(x)^2}+1$

Das Argument einer symbolischen komplexen Zahl wird als Funktion atan2 ausgegeben.	`(%i48) carg(x+%i*y);` `(%o48) atan2(y, x)`
Regel zur Umwandlung des atan2 in den normalen Arkustangens atan	`(%i49) tellsimpafter(atan2(aa,bb),atan(bb/aa));` `(%o49) [atan2rule1, simpatan2]`
Automatische Umwandlung des atan2 in den atan	`(%i50) carg(x+%i*y);` (%o50) $\mathrm{atan}\left(\frac{x}{y}\right)$

Mit `tellsimp(after)` lässt sich die Wirkungsweise von Funktionen nachbilden. Im Gegensatz zu benutzerdefinierten Funktionen (mit „`:=`" oder `define` erzeugt), die beim Aufruf eine *Auswertung* erfahren, stellt die Anwendung einer Regel eine *Vereinfachung* dar, die mit dem Quote-Operator nicht unterdrückt werden kann.

Normale Funktionsdefinition	`(%i51) f1(x,y):=sqrt(x^2+y^2);` (%o51) $\mathrm{f1}(x, y) := \sqrt{x^2+y^2}$
Unterbindung der *Auswertung* mit dem *Quote*-Operator	`(%i52) [f1(3,4),'(f1(3,4))];` `(%o52) [5, f1(3, 4)]`
Funktion als Regel definiert	`(%i53) tellsimp(f2(aa,bb),sqrt(aa^2+bb^2));` `(%o53) [f2rule1, false]`
Die Anwendung einer Regel kann *nicht* mit dem *Quote*-Operator unterbunden werden.	`(%i54) [f2(3,4),'(f2(3,4))];` `(%o54) [5, 5]`

In den folgenden Beispielen wird der Unterschied zwischen `tellsimp` und `tellsimpafter` deutlich: `tellsimp` kann einer Maxima-internen Vereinfachung zuvorkommen und diese verhindern; eine Maxima-interne Vereinfachung kann `tellsimpafter` zuvorkommen und wirkungslos machen.

Regel zum Ersetzen der Sinus-Funktion *vor* der Maxima-internen Vereinfachung	`(%i55) tellsimp(sin(aa),sss(aa));` `(%o55) [sinrule1, simp-%sin]`
Ersetzen der Sinus-Funktion, eine nachfolgende Vereinfachung ist nicht mehr möglich.	`(%i56) sin(%pi/3);` (%o56) $\mathrm{sss}\left(\frac{\pi}{3}\right)$
Regel zum Ersetzen der Kosinus-Funktion *nach* der Maxima-internen Vereinfachung	`(%i57) tellsimpafter(cos(aa),ccc(aa));` `(%o57) [^rule1, simpexpt]`
Vereinfachen der Kosinus-Funktion zum Zahlenwert, eine nachfolgende Ersetzung ist nicht mehr möglich.	`(%i58) cos(%pi/3);` (%o58) $\frac{1}{2}$

Ist eine Vereinfachung nicht möglich, so kann eine nachfolgende Ersetzung stattfinden.	`(%i59) cos(x);` `(%o59)` $\sqrt{1-\mathrm{sss}(x)^2}$

Eine beliebige Funktion kann mit `map` auf einzelne Listenelemente angewendet werden. Soll die Anwendung einer Funktion auf die einzelnen Elemente einer Liste, die als Parameter übergeben wird, *automatisch* erfolgen, so kann das durch Aufstellen einer entsprechenden Regel veranlasst werden:

Deklaration einer Mustervariablen für eine Liste	`(%i60) matchdeclare(ll,listp);` `(%o60)` *done*
Regel, die eine Funktion automatisch auf alle Elemente einer Liste anwendet	`(%i61) tellsimp(f(ll),map(f,ll));` `(%o61) [`*frule1*`, false]`
Automatische Anwendung der Funktion auf alle Elemente einer Liste	`(%i62) f([a,b,c,d]);` `(%o62) [f(`*a*`), f(`*b*`), f(`*c*`), f(`*d*`)]`

Mitunter ist es wünschenswert, dass die Anwendung einer Regel dem Benutzer gemeldet wird. Nach dem Setzen der Systemvariablen `announce_rules_firing` auf *true* wird veranlasst, dass nachfolgend definierte Regeln bei jeder Anwendung eine Meldung ausgeben.

Veranlassen einer Meldung bei Anwendung aller nachfolgend definierten Regeln	`(%i63) announce_rules_firing:true;` `(%o63) true`
Regel zum Ersetzen von Potenzen	`(%i64) tellsimpafter(aa^bb,pow(aa,bb));` `(%o64) [`*^rule2*`, `*^rule1*`, `*simpexpt*`]`

Alle Ersetzungen werden protokolliert	`(%i65) (x^y/y)^n;`
	`By ?\^rule2 , x^y --> pow(x,y)`
	`By ?\^rule2 , 1/y --> pow(y,-1)`
	`By ?\^rule2 , (pow(x,y)*pow(y,-1))^n -->`
	`  pow(pow(x,y)*pow(y,-1),n)`
	`(%o65) pow(pow(`*x*`, `*y*`) pow(`*y*`, -1), `*n*`)`

Den mit `tellsimp` und `tellsimpafter` erstellten Regeln werden von Maxima Namen in der Form *op*`rule`*nn* vergeben, wobei *op* der Hauptoperator des Musters und *nn* eine fortlaufende Nummer ist. Diese Namen werden in der Informationsliste `rules` eingetragen. Für die Anwendung der Regeln werden diese Namen nicht benötigt, die Anwendung erfolgt ja automatisch vor oder nach jeder Vereinfachung. Mit diesen Namen können die Regeln aber mit dem Befehl `disprule` angezeigt und mit dem Befehl `remove` (mit dem zusätzlichen Argument `rule`) gelöscht werden. `clear_rules()` löscht *alle* Regeln.

Ist der Hauptoperator eines Musters ein symbolischer Operator (beispielsweise „^“ oder „+“), so ist bei der Eingabe des Namens sein Lisp-Name zu verwenden; das heißt, dem Operator sind die Zeichen „?\“) voranzustellen.

Liste mit allen Regeln

```
(%i66) rules;
(%o66) [cosrule1, tanrule1, atan2rule1, f2rule1,
sinrule1, ^rule1, frule1, ^rule2]
```

Ausgabe der Definition zweier Regeln; beachte die Schreibweise bei einem symbolischen Hauptoperator!

```
(%i67) disprule(frule1,?\^rule1);
(%t67) frule1 : f(ll)->map(f, ll)
(%t68) ^rule1 : sqrt(1 - sss(aa)^2) 1->ccc(aa)
(%o68) [%t67, %t68]
```

Löschen zweier Regeln

```
(%i69) remove([frule1,?\^rule1],rule);
       rules;
(%o69) done
(%o70) [cosrule1, tanrule1, atan2rule1, f2rule1,
sinrule1, ^rule2]
```

Löschen aller Regeln

```
(%i71) clear_rules();
       rules;
(%o71) false
(%o72) []
```

9.4 Pakete

Ein *Paket* ist ein Textfile, das Maxima-Code (Dateierweiterung *.mac* oder *.mc*) oder Lisp-Code (Dateierweiterung *.lsp* oder *.lisp*) enthält. Mit dem Befehl `load` wird ein Paket geladen, das heißt zur Ausführung gebracht. Befindet sich das File im Maxima- oder Lisp-Suchpfad, muss die Datei-Erweiterung dabei nicht angegeben werden (siehe Abschnitt 7.3).

Üblicherweise enthält ein Paket nicht – oder kaum – direkt auszuführenden Code, sondern nur Funktionsdefinitionen und gegebenenfalls Variablenzuweisungen. Nach dem Laden stehen die darin definierten Funktionen in gleicher Weise wie Maxima-interne Befehle zur Verfügung. Mit Variablenzuweisungen können Systemeinstellungen vorgenommen oder die Eigenschaften des Pakets und der darin definierten Funktionen festgelegt werden.

Bei der Namensgebung von Funktionen und Variablen ist zu beachten, dass es in Maxima für alle Funktionen nur einen einzigen, ebenso für alle Variablen nur einen einzigen Namensraum gibt. Das heißt, Funktionsnamen und Variablennamen sind weder auf einen bestimmten Codebereich noch auf einen bestimmten Teil des Programmablaufs beschränkt. Funktions- und Variablennamen sind daher immer *global*, außer sie wurden innerhalb eines Blocks als *lokal* definiert (siehe Abschnitt 9.1.1).

Um Namenskonflikte zu vermeiden, sollten daher bei der Definition von Hilfsfunktionen und Variablen, die nicht für den direkten Aufruf durch den Benutzer gedacht sind, und die daher auch wahrscheinlich nicht dokumentiert sein werden, möglichst keine „gängigen" Namen verwendet werden; beispielsweise kann ein solcher Name mit einem Unterstrich „_" beginnen.

9.4.1 Ein Beispielpaket

Das folgende Paket, das im File `tools.mac` abgespeichert ist, enthält beispielhaft einige Werkzeuge, die für das Arbeiten mit Maxima nützlich sein können.

Tabelle 9.13 Laden von Paketen

`load(`*name*`)`	Laden des Pakets *name*, das im File *name*`.mac` oder *name*`.lsp` abgespeichert ist.

```
/* ------------------------------------------------------------ */
/* right_aligned - right aligned output                         */
/* ------------------------------------------------------------ */
right_aligned_width:60$
right_aligned('_z_):=(printf(false,
   sconcat("~",right_aligned_width,"<~;~a~>"),
   sconcat(string(_z_)," = ",ev(_z_,numer,infeval))))$
">>"('_z_):=(printf(false,
   sconcat("~",right_aligned_width,"<~;~a~>"),
   sconcat(string(_z_)," = ",ev(_z_,numer,infeval))))$
prefix(">>",10)$
/* ------------------------------------------------------------ */
/* show_form - reveal the structure of an expression            */
/* ------------------------------------------------------------ */
show_form_internal(ex) := block([inflag:true],show_form(ex))$
show_form(ex) := if atom(ex) then ex
  else funmake(nounify(concat(" ", part(ex, 0))),
               map(show_form, args(ex)))$
/* ------------------------------------------------------------ */
/* operators - list of all operators in an expression           */
/* ------------------------------------------------------------ */
operators(x):=
block([opli:[]],
   local(ops),
   ops(x):=if atom(x) then opli
      else (if not member(op(x),opli)
         then opli:cons(op(x),opli),map(ops,args(x))),
  ops(x),
  opli)$
/* ------------------------------------------------------------ */
/* cd - change working directory                                */
/* ------------------------------------------------------------ */
cd([f]):=
block([z],
  if length(f)>0 then ?xchdir(first(f))
  else (
    system("pwd >tempfile"),
    H:openr("tempfile"),
    z:readline(H),
    close(H), z))$
```

Bei technischen Berechnungen besteht häufig der Wunsch, die Ergebnisse der einzelnen Rechenschritte zwecks besserer Übersichtlichkeit *rechtsbündig* auszugeben. Die Funktion `right_aligned` gibt einen beliebigen Ausdruck rechtsbündig aus, wobei die gewünschte Zeilenbreite mit der Variablen `right_aligned_width` festgelegt werden kann. Zur bequemen Verwendung wird diese Funktion auch als Präfix-Operator >> definiert.

`show_form` liefert die Struktur eines Ausdrucks im funktionalen Stil, `show_form_internal` liefert seine sogenannte *interne* Struktur (Details siehe Abschnitt 2.6.1). `operators` erzeugt eine Liste mit allen in einem Ausdruck vorkommenden Operatoren und Funktionsnamen. Diese Funktionen können vor allem bei der Entwicklung eigener benutzerdefinierter Funktionen hilfreich sein.

Das Arbeitsverzeichnis ist jenes Verzeichnis, aus dem Maxima liest oder in das Maxima schreibt, wenn nur der Filename ohne den gesamten Verzeichnispfad bei den Lese- oder Schreibbefehlen angegeben wird. Das Arbeitsverzeichnis kann aber nicht auf einfache Weise gewechselt oder angezeigt werden. Abhilfe schafft hier die Funktion `cd` („change directory"), mit der das Arbeitsverzeichis gewechselt und sein Name angezeigt werden kann.

Laden des Pakets *Tools*

```
(%i1) load(tools);
(%o1) d:/maxima/tools.mac
```

Liste mit allen definierten Funktionen

```
(%i2) functions;
(%o2) [right_aligned('_z_), >>('_z_),
show_form_internal(ex), show_form(ex),
operators(x), cd([f])]
```

Liste aller Benutzervariablen, die mit einem Wert belegt wurden

```
(%i3) values;
(%o3) [right_aligned_width]
```

Setzen der Zeilenbreite

```
(%i4) right_aligned_width:40;
(%o4) 40
```

Definition eines Ausdrucks

```
(%i5) z:sqrt(1+sin(x)^2/2);
```

(%o5) $\sqrt{\frac{\sin(x)^2}{2}+1}$

Rechtsbündige Ausgabe mit dem Präfix-Operator >>

```
(%i6) >>z;
(%o6)                    z = (0.5*sin(x)^2+1)^0.5
```

Liste mit allen im Ausdruck *z* vorkommenden Operatoren und Funktionsnamen

```
(%i7) operators(z);
(%o7) [sin, ^, /, +, sqrt]
```

Struktur des Ausdrucks *z*

```
(%i8) show_form(z);
(%o8) sqrt( +( /( ^( sin(x), 2), 2), 1))
```

Innere Struktur des Ausdrucks *z*

```
(%i9) show_form_internal(z);
(%o9)
^( +(1, *( /(1, 2), ^( sin(x), 2))), /(1, 2))
```

Wechseln des Arbeitsverzeichnisses

```
(%i10) cd("d:/maxima");
(%o10) d:/maxima
```

Name des Arbeitsverzeichnisses

```
(%i11) cd();
(%o11) d:\maxima
```

9.4.2 Maxima-Zusatzpakete

In der Standard-Distribution von Maxima ist eine unüberschaubare Fülle von zusätzlichen Paketen für die verschiedensten Anwendungen enthalten. Der Umfang dieser Pakete ist sehr unterschiedlich: Während manche Pakete nur eine einzige Funktion bereitstellen, enthalten andere Pakete eine Vielzahl an Funktionen und Optionen.

Viele Pakete sind noch Erbstücke aus alten *Macsyma*-Zeiten, teilweise undokumentiert – jahrzehntealter Code, gleichsam im Dornröschenschlaf. Das `share`-Verzeichnis von Maxima erweist sich hier als wahre Fundgrube für „mathematische Schatzsucher".

Tabelle 9.14 Auswahl an Maxima-Zusatzpaketen

`bitwise`	Funktionen zur bitweisen Verknüpfung
`descriptive`	Funktionen zur beschreibenden Statistik; Berechnung statistischer Kenngrößen, Erstellung von Grafiken
`distrib`	Berechnung kontinuierlicher und diskreter Wahrscheinlichkeitsverteilungen
`dynamics`	Simulation dynamischer Systeme; grafische Darstellungen diskreter Systeme (siehe Abschnitt 6.5.3)
`fft`	Verfahren zur schnellen Fourier-Transformation („Fast Fourier Transformation")
`fractals`	Erzeugung von Fraktalen
`functs`	Diverse praktische Werkzeuge
`interpol`	Interpolation mit lagrangeschen Polynomen, kubischen Splines und Geraden
`lapack`	Lisp-Übersetzung der Fortran-Bibliothek LAPACK mit numerischen Verfahren zur linearen Algebra
`linearalgebra`	Funktionen für die lineare Algebra
`lsquares`	Kurvenanpassung mit einem nichtlinearen *Least-Squares*-Verfahren
`minpack`	Lisp-Übersetzung der Fortran-Bibliothek MINPACK zur numerischen Optimierung und Lösung nichtlinearer Gleichungssysteme
`noninteractive`	Vermeidung interaktiver Abfragen bei Fallunterscheidungen durch Erzeugung bedingter Ausdrücke
`opsubst`	Ersetzen eines Operators in einem Ausdruck
`orthopoly`	Funktionen zum Erstellen orthogonaler Polynome
`quadpack`	Lisp-Übersetzung der Fortran-Bibliothek QUADPACK zur numerischen Integration (siehe Abschnitt 6.4.2)
`z_transform`	z-Transformation zeitdiskreter Siganle

Eine Reihe von nützlichen Paketen ist hingegen sauber dokumentiert, wird gewartet und weiterentwickelt. Die Dokumentation einiger dieser Pakete ist im Maxima-Handbuch [Max] enthalten, Informationen zu den in den Paketen enthaltenen Funktionen sind über die Hilfe-Funktionen abrufbar. Manche Pakete werden beim Aufruf einer darin enthaltenen Funktion automatisch geladen; der Benutzer muss daher über die Existenz des entsprechenden Pakets nicht einmal Bescheid wissen, sondern nur die darin enthaltenen Funktionsnamen kennen. Solche Pakete, wie zum Beispiel das Grafikpaket *draw* (siehe Abschnitt 4.3) oder das Paket *nuericalio* zur Ein- und Ausgabe numerischer Daten, können als integrierter Bestandteil von Maxima angesehen werden.

Tabelle 9.14 listet einige nützliche Zusatzpakete auf, die in Maxima enthalten sind, aber nicht bereits in anderen Abschnitten ausführlich beschrieben wurden.

Zusätzlich finden sich im Internet interessante Pakete, die zwar ebenfalls frei verfügbar, aber nicht Bestandteil der Standard-Distribution von Maxima sind. Eine Zusammenstellung solcher Pakete findet sich zum Beispiel unter folgender Adresse:

`http://maxima.sourceforge.net/3rdpartycode.html`

9.5 Maxima und Lisp

Maxima ist in Lisp programmiert und enthält selbst viele Konzepte dieser Programmiersprache. [Grah] gibt eine detaillierte Einführung in die Programmiersprache Lisp.

Innerhalb von Maxima kann Lisp in viererlei Hinsicht verwendet werden:

- Verwendung von Lisp-Namen (Variablen und Funktionen) in Maxima-Ausdrücken
- Einzelne Lisp-Befehle innerhalb einer Maxima-Sitzung
- Starten einer eigenen Lisp-Sitzung
- Laden und Ausführen von Lisp-Programmen

Mit dem Zugriff auf Lisp können Lisp-Funktionen aufgerufen und Lisp-Variablen gesetzt und ausgegeben werden, die in Maxima nicht direkt zugänglich sind. Dies ist beispielsweise das Wechseln des Arbeitsverzeichnisses mit der Lisp-Funktion `xchdir` oder die Ausgabe der Bindungskraft von Operatoren mit der Lisp-Funktion `get`.

Lisp-Namen wird in Maxima ein Fragezeichen „?" vorangestellt, Maxima-Namen wird in Lisp ein Dollarzeichen „$" vorangestellt:

lispname wird in Maxima als ?*lispname* angesprochen,
maximaname wird in Lisp als $*maximaname* angesprochen.

Im Gegensatz zu Maxima ist Lisp ursprünglich nicht *case-sensitiv*, das heißt, zwischen Groß- und Kleinbuchstaben wird nicht unterschieden. Durch Einschließen der Namen in |...| kann aber Sensitivität in folgender – etwas verwirrender – Weise erreicht werden: Enthält der in Strichen eingeschlossene Name nur Groß- oder nur Kleinbuchstaben, so entspricht er einem Maxima-Namen in *umgekehrter* Schreibweise. Enthält der in Strichen eingeschlossene Name Groß- und Kleinbuchstaben, so entspricht er einem Maxima-Namen in *gleicher* Schreibweise:

MAXIMANAME wird in Lisp als |$*maximaname*| angesprochen,
maximaname wird in Lisp als |$*MAXIMANAME*| angesprochen,
MaximaName wird in Lisp als |$*MaximaName*| angesprochen.

Tabelle 9.15 Maxima und Lisp

?*name*	Lisp-Name (Variable oder Funktion) in Maxima
$*name*	Maxima-Name in Lisp
(f x_1 x_2 ...)	Allgemeine Form einer Funktion in Lisp mit dem Namen f und den Parametern $x_1, x_2, \ldots$
:lisp(f x_1 x_2 ...)	Aufruf einer Lisp-Funktion innerhalb einer Maxima-Sitzung
to_lisp()	Starten einer Lisp-Sitzung
(to-maxima)	Beenden einer Lisp-Sitzung

In Lisp-Namen sind Sonderzeichen erlaubt, die in Maxima als Operatoren interpretiert werden; in Maxima ist diesen Sonderzeichen daher ein Backslash „\" voranzustellen:

lisp-name wird in Maxima als ?*lisp\\-name* angesprochen.

Definition einer Maxima-Variablen in Maxima	`(%i1) maxvar:123;` `(%o1) 123`
Definition einer Lisp-Variablen in Maxima	`(%i2) ?lispvar:456;` `(%o2) 456`
Definition einer Lisp-Variablen mit der Lisp-Funktion `setq`	`(%i3) :lisp(setq |*Another-Lispvar*| 789)` `789`
Aufruf einer Lisp-Variablen in Maxima	`(%i3) ?\*Another\-Lispvar\*;` `(%o3) 789`

Mit `:lisp` kann eine einzelne Lisp-Funktion aufgerufen werden, Aufruf der parameterlosen Funktion `to_lisp()` startet eine eigene Lisp-Sitzung innerhalb von Maxima.

Mit der Lisp-Funktion `(to-maxima)` wird die Lisp-Sitzung wieder beendet und zu Maxima zurückgekehrt.

Ausgabe der linksseitigen Bindungskraft des Operators „+"	`(%i4) :lisp(get '$+ 'lbp)` `100`
Definition einer Lisp-Funktion	`(%i4) :lisp(defun si (x) (/ (sin x) x))` `SI`
Aufruf einer Lisp-Funktion in Maxima	`(%i4) ?si(3);` `(%o4) 0.047`
Aufruf einer Lisp-Funktion in Lisp	`(%i5) :lisp(si 3)` `0.04704000268662240`
Starten einer Lisp-Sitzung	`(%i5) to_lisp();` `Type (to-maxima) to restart, ($quit) to quit Maxima.`

Ausgabe einer Maxima-Variablen in Lisp

```
MAXIMA> $maxvar
123
```

Lisp unterscheidet nicht zwischen Groß- und Kleinschreibung.

```
MAXIMA> $MAXVAR
123
```

Ausgabe einer Lisp-Variablen

```
MAXIMA> lispvar
456
```

Aufruf einer Lisp-Funktion

```
MAXIMA>  (si 3)
0.047040002686622402
```

Zuweisen des Wertes eines arithmetischen Ausdrucks zu einer Maxima-Variablen

```
MAXIMA> (setq $res (/ (- lispvar $maxvar) 3))
111
```

Beenden der Lisp-Sitzung

```
MAXIMA> (to-maxima)
Returning to Maxima
(%o5) true
```

Wert der Maxima-Variablen

```
(%i6) res;
(%o6) 111
```

Die in Lisp zugewiesene Maxima-Variable ist in der Variablenliste `values` nicht enthalten.

```
(%i7) values;
(%o7) [maxvar, lispvar]
```

Ein mit der Funktion `save` abgespeichertes File enthält Lisp-Versionen in einer exakten Entsprechung der Maxima-Funktionen (siehe Abschnitt 7.5). Wird ein solches Lisp-File mit `load` eingelesen, stehen wieder die ursprünglichen Maxima-Versionen der Funktionen zur Verfügung. Die Funktionsnamen werden in die Liste `functions` eingetragen, deren Definitionen können mit `grind` oder `fundef` ausgegeben werden.

Lisp-Funktion `insert` zum Einfügen eines Elements in eine Liste

```
(%i8) printfile("d:/Maxima/insert.lsp");
(in-package :maxima)
(mdefprop $insert
((lambda) ((mlist) $li $n $w)
((mprog) ((mlist) $li1 $li2)
((msetq) $li1
(($rest) $li ((mplus) ((mminus) (($length) $li)) $n)))
((msetq) $li2 (($rest) $li $n))
(($append) $li1 ((mlist) $w) $li2))) mexpr)
(add2lnc '(($insert) $li $n $w) $functions)
(%o8) d:/Maxima/insert.lsp
```

Laden der Lisp-Funktion `insert`

```
(%i9) load(insert);
(%o9) d:/maxima/insert.lsp
```

Maxima-Darstellung der Lisp-Funktion

```
(%i10) grind(insert);
insert(li,n,w):=block([li1,li2],
        li1:rest(li,-length(li)+n),li2:rest(li,n),
        append(li1,[w],li2))$
(%o10) done
```

Aufruf der Lisp-Funktion: Das Symbol `xx` wird nach dem dritten Element in die Liste eingefügt.

```
(%i11) insert([a,b,c,d,e,f],3,xx);
(%o11) [a, b, c, xx, d, e, f]
```

Maxima enthält einen Übersetzer, mit dem Maxima-Funktionen und Files mit Maxima-Code in Lisp und weiter in Maschinencode umgewandelt werden können. Im Gegensatz zum Lisp-Code, der beim Abspeichern mit der Funktion `save` entsteht, erzeugt der Übersetzer einen optimierten Code, der zwar das gleiche Ergebnis liefert (eigentlich „liefern soll"); dieser Code ist aber keine exakte Entsprechung des Maxima-Codes und kann auch nicht in Maxima-Code zurückgewandelt werden.

Der durch Übersetzen erzeugte Lisp-Code läuft im Allgemeinen schneller als der Maxima-Code. Da der Übersetzer aber nicht frei von Fehlern ist, sollte er mit Vorsicht und nur für rechenintensive Programme verwendet werden, bei denen eine Verkürzung der Rechenzeit von Bedeutung ist [Mai].

Hinweise zur Verwendung des Übersetzers finden sich im Maxima-Manual [Max].

9.6 Kommunikation mit anderen Programmen

Es ist sinnvoll, zum Erledigen einer Aufgabe jene Software zu verwenden, die für die Aufgabe am besten geeignet ist. Mitunter ist es zweckmäßig, eine Aufgabe auf mehrere Programme aufzuteilen, die miteinander kommunizieren müssen. Maxima hat hervorragende Fähigkeiten im Bereich des symbolischen Rechnens, für viele andere Aufgaben gibt es jedoch geeignetere Programme. So ist beispielsweise das ebenfalls frei verfügbare Programm *Scilab* bei rein numerischen Berechnungen wesentlich leistungsfähiger; für die Textbearbeitung und Texterstellung eignen sich *Perl* und *TEX* besser.

Die Zusammenarbeit zweier Programme kann auf folgende Weise erfolgen: Ein Programm, das die „Hauptarbeit" erledigt und häufig interaktiv bedient wird – im Folgenden *rufendes Programm* genannt –, startet zur Erledigung einer Spezialaufgabe ein zweites Programm und übergibt diesem Daten oder Programmcode zur Bearbeitung bzw. zur Interpretation. Dieses zweite, das *aufgerufene Programm* arbeitet üblicherweise seine Befehle im Batchmodus ab und liefert seine Ergebnisse wieder zum ersten Programm zurück, wo sie gegebenenfalls weiterverarbeitet werden.

Die Kommunikation zweier Programme kann auf unterschiedliche Arten erfolgen:

Übergabe von Daten über Files: Die zu übermittelnden Daten werden von einem Programm in ein File geschrieben. Anschließend wird das zweite Programm gestartet, das dieses File einliest und verarbeitet. Die Ergebnisse werden wieder in ein File zurückgeschrieben und vom ersten Programm gelesen. Das ist die einfachste Methode.

Übergabe von Daten beim Programmaufruf: Beim Aufruf des zweiten Programmes werden die zu verarbeitenden Daten als Kommandozeilen-Parameter übergeben; das Funktionsergebnis des Programmaufrufs ist im Code des ersten Programmes direkt verfügbar.

Kommunikation über ein internes Netzwerk (Socket-Verbindung): Ein Programm, der *Server*, öffnet einen sogenannten *Socket*, der auf eingehende Anfragen wartet. Anschließend wird als eigener Prozess das zweite Programm, der *Client*, gestartet. Der Client sendet Daten an den Server, die von diesem als Anfrage interpretiert und beantwortet werden. Das ist die eleganteste Methode.

9.6.1 Aufruf von Maxima aus der Kommandozeile

Beim interaktiv-experimentellen Arbeiten mit Maxima wird man den Komfort einer grafischen Benutzeroberfläche wahrscheinlich nicht missen wollen. Trotzdem kann es in manchen Fällen sinnvoll sein, nicht interaktiv zu arbeiten, sondern Maxima aus der Kommandozeile heraus aufzurufen. Der Aufruf als Kommandozeilen-Befehl ist vor allem dann notwendig, wenn Maxima nicht vom Benutzer, sondern von einem anderen Programm aufgerufen werden soll. Die Anweisungen werden dann nicht interaktiv eingegeben, sondern von einem File oder Datenstrom gelesen, oder direkt als Parameter übergeben. Die Ergebnisse werden nicht auf den Bildschirm ausgegeben, sondern in ein File oder einen Datenstrom geschrieben, oder direkt als Programmergebnis dem rufenden Programm übergeben.

Neben der für alle Programme möglichen Eingabe- und Ausgabeumleitung von der Tastatur bzw. dem Bildschirm in Files stellt Maxima eine Reihe von Lese- und Schreibbefehlen zur Verfügung, die Daten oder Anweisungen aus einem File lesen und Ergebnisse in ein File schreiben; Details dazu siehe Abschnitt 7.4.

Der Aufruf von Maxima in der Kommandozeile erfolgt in folgender Weise (eckige Klammern bedeuten optionale Teile):

`maxima` [*Optionen*] [<*Input*] [>*Output*]

Tabelle 9.16 Die wichtigsten Kommandozeilen-Optionen

`-b` *file*, `--batch=`*file*	Batch-Modus mit dem Input-File *file*
`--batch-lisp=`*file*	Batch-Modus mit dem Lisp-File *file*
`--batch-string=`*string*	Batch-Modus mit Maxima-Befehlen in der Zeichenkette *string*
`-d`, `--directories`	Ausgabe von Directory-Informationen (ohne Start von Maxima)
`-h`, `--help`	Ausgabe aller Optionen (ohne Start von Maxima)
`--init-mac=`*file*	Laden des Maxima-Initialisierungsfiles *file* beim Start
`--init-lisp=`*file*	Laden des Lisp-Initialisierungsfiles *file* beim Start
`-l` *file*, `--preload-lisp=`*file*	Laden des Lisp-Files *file* beim Start von Maxima
`-r` *string*, `--run-string=`*string*	Ausführen der in *string* enthaltenen Maxima-Befehle beim Start von Maxima
`-q`, `--quiet`	Unterdrücken einer Meldung beim Start
`-s` *port*, `--server=`*port*	Starten von Maxima als Netzwerk-Client mit der Portnummer *port*
`-v`, `--verbose`	Ausgabe von Zusatzinformation beim Start
`--version`	Ausgabe der Versionsnummer (ohne Start von Maxima)
`--very-quiet`	Unterdrücken einer Meldung beim Start sowie der Ein- und Ausgabemarken

Unter Linux wird dabei ein Shell-Skript, unter Windows ein Batch-File aufgerufen, das entsprechende Umgebungsvariablen und Suchpfade setzt, sowie das Programm startet.

Mit einer Reihe von Optionen kann der Aufruf von Maxima gesteuert werden.

9.6.2 Übergabe von Daten über Files

Maxima kann in diesem Fall sowohl das *rufende* als auch das *aufgerufene* Programm sein. Im folgenden Beispiel wird das Programm *Scilab*, ein sehr leistungsfähiges, frei verfügbares Programm für numerische Berechnungen [Sci], von Maxima zur numerischen Inversion einer Matrix aufgerufen.

Die benutzerdefinierte Funktion `scinvert` schreibt die ihr als Parameter übergebene Matrix in ein csv-File. Anschließend wird mit dem Befehl `system` das Programm *Scilab* gestartet. Der beim Aufruf angegebene Parameter `-nb` unterdrückt eine Meldung beim Programmstart, der Parameter `-e` enthält zwei auszuführende Scilab-Befehle: erstens einen geschachtelten Funktionsaufruf zum Einlesen der Matrix, zur Inversion, sowie zur Ausgabe des Ergebnisses in ein csv-File; zweitens den Befehl zum Beenden von Scilab. Anschließend wird das von Scilab geschriebene csv-File eingelesen und das Ergebnis in eine Matrix umgewandelt.

Die Namen der csv-Files sind in den Variablen `sciin` und `sciout` festgelegt. Die Variable `scic` enthält den Befehlsnamen von Scilab (systemabhängig), die Variable `scio` enthält die Kommandozeilenparameter.

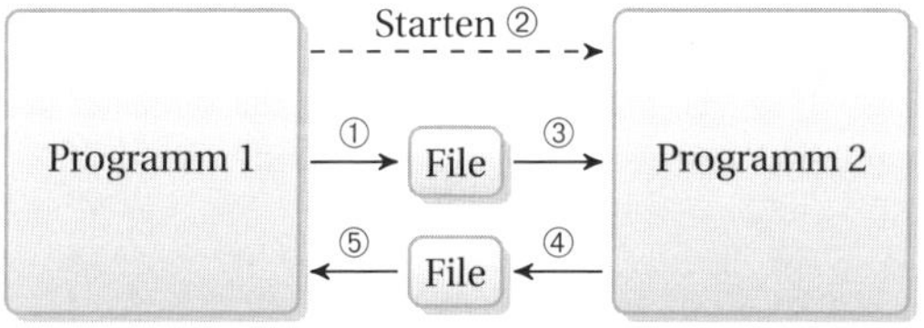

① Schreiben von Daten in ein File
② Starten des Programms 2
③ Lesen des Files
④ Schreiben der Ergebnisse in ein File
⑤ Lesen der Ergebnisse

Bild 9.3 Kommunikation mit Übergabe von Daten über Files

Benutzerdefinierte Funktion zur numerischen Inversion einer Matrix mit *Scilab*

```
(%i1) scinvert(m):=block(
      [ sciin:"d:\\maxima\\sciin.csv",/* infile */
        sciout:"d:\\maxima\\sciout.csv",/* outfile */
        scic:
          "c:\\Programme\\scilab-5.4.0\\bin\\scilex",
        scio,li:args(m),H,fpprintprec:0],
      scio:sconcat(/* sclilab command-line-options */
        " -nb -e \"write_csv(inv(evstr(read_csv('",
        sciin,"'))),'",sciout,"');exit\""),
      H:openw(sciin),
      for i:1 thru length(li) do write_data(li[i],H),
      close(H),
      system(sconcat(scic,scio)),
      apply(matrix,read_nested_list(sciout)))$
```

100×100-Matrix mit Zufallszahlen

```
(%i2) A:apply(matrix,makelist(makelist(
            random(1.0),k,1,100),j,1,100))$
```

Matrix-Inversion mit der Maxima-internen Funktion `invert`

```
(%i3) A1:invert(A)$
      time(%);
(%o4) [12.3]
```

Die Matrix-Inversion mit dem Umweg über *Scilab* ist ca. fünfmal so schnell.

```
(%i5) A1:scinvert(A)$
      time(%);
(%o6) [2.41]
```

Der Umweg über Scilab ist bei Verwendung einer benutzerdefinierten Funktion für den Anwender gar nicht bemerkbar. Im Falle der Inversion einer 100 × 100-Matrix erweist er sich aber – trotz zusätzlichen Programmaufrufs sowie Schreib- und Lesebefehlen – ungefähr fünfmal so schnell wie die direkte Berechnung mit der Maxima-internen Funktion `invert`.

9.6.3 Übergabe von Daten beim Programmaufruf

Auch bei dieser Art der Kommunikation kann Maxima sowohl das *rufende* als auch das *aufgerufene* Programm sein.

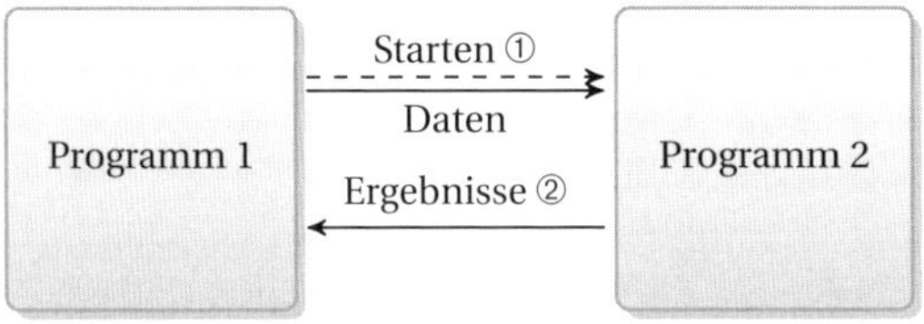

① Starten des Programms 2
und Übergabe der Daten als Parameter
② Beenden des Programms 2
und Rückgabe der Ergebnisse

Bild 9.4 Kommunikation mit Übergabe von Daten beim Programmaufruf

Im folgenden Beispiel wird Maxima von einem Perl-Programm aufgerufen, das einen mathematischen Ausdruck, der als Kommandozeilen-Parameter angegeben wird, in die TeX-Darstellung umwandelt und diese ausgibt:

```
# ===================================================================
# f2tex.pl - Umwandlung eines mathematischen Ausdruckes in TeX
# (W. Haager, 28.8.2013)
# ===================================================================
@preprocess = ( 'assume_pos:true', 'fpprintprec:5');
$string="";
foreach (@preprocess) {$string .= $_.'$';}
$string .= "tex($ARGV[0])\$";
$result = qx(maxima --very-quiet --batch-string=\"$command\");
$result =~ s/.+\$\$(.+)\$\$.+/\$\$\1\$\$/s;
print $result;
```

Der Perl-Operator `qx` startet Maxima und übergibt als Kommandozeilen-Parameter die Maxima-Befehle, die in der Zeichenkette `$command` abgelegt sind. Diese Maxima-Befehle sind einerseits Initialisierungsbefehle, die im Array `@preprocess` abgelegt sind, andererseits der Befehl `tex`, der den eingegebenen Ausdruck (in `$ARGV[0]` abgespeichert) in die TeX-Darstellung umformt.

`qx` liefert als Ergebnis die letzte Ausgabe von Maxima; diese wird in der Variablen `$result` abgelegt. Mit dem Ersetzungsoperator `s/.../.../` wird daraus die TeX-Formel extrahiert.

Der Aufruf des Perl-Programms in der Kommandozeile (eventuell betriebssystemabhängig)

```
perl f2tex.pl 'integrate(sin(omega*t)*exp(-s*t),t,0,inf)
```

liefert folgendes Ergebnis:

```
$$\int_{0}^{\infty }{e^ {- s\,t }\,\sin \left(\omega\,t\right)\;dt}$$
```

Durch den vorangestellten Quote-Operator wurde die Auswertung des eingegebenen mathematischen Ausdrucks verhindert. Die zugehörige TEX-Ausgabe sieht folgendermaßen aus:

$$\int_0^{\infty} e^{-s\,t} \sin\left(\omega\,t\right)\;dt$$

9.6.4 Kommunikation über ein internes Netzwerk

Ein internes Netzwerk, eine sogenannte Socket-Verbindung, bietet die eleganteste Möglichkeit zur Kommunikation zwischen zwei Programmen. Dabei ist ein Programm der *Server*, der auf Anfragen des zweiten Programms, des *Clients*, wartet und diese Anfragen beantwortet [Wal]. Die Initiative zur Kommunikation geht dabei immer vom Client aus; der Server kann nie von sich aus aktiv werden.

Bei den in den vorigen Abschnitten beschriebenen Methoden zur Kommunikation zwischen zwei Programmen ist immer nur ein Programm aktiv: Erst nach dem Beenden des *aufgerufenen* Programms kann das *rufende* Programm seine Arbeit fortsetzen. Der große Vorteil der Kommunikation über eine Socket-Verbindung ist, dass dabei beide kommunizierenden Programme als eigenständige Prozesse *gleichzeitig* aktiv sind und gegenseitig beliebig Informationen austauschen können.

Bei einer Socket-Verbindung ist Maxima immer der Client; die Maxima-Ausgabe – sowohl ein Berechnungsergebnis als auch die nächste Eingabemarke – wird vom Server als Anfrage interpretiert, auf die der Server mit der nächsten Maxima-Eingabe antwortet.

Das Serverprogramm erstellt einen sogenannten Server-Socket, der auf einem bestimmten Port mit einer vereinbarten Nummer auf eingehende Anfragen wartet. Anschließend wird Maxima in einem eigenständigen Prozess als Client mit der vereinbarten Portnummer gestartet. Damit ist die Verbindung zwischen beiden Programmen hergestellt. Mit der Startmeldung und der ersten Eingabemarke beginnt Maxima mit der Kommunikation, die erst beendet wird, wenn der Server die Verbindung trennt oder wenn sich der Client mit dem Befehl `quit()` verabschiedet.

Im folgenden Beispiel erstellt ein Perl-Programm als Server einen Socket und startet in einem eigenständigen Prozess Maxima als Client. Das Programm liest in einer Endlosschleife Ausdrücke von der Tastatur ein und leitet sie an Maxima weiter. Die Ergebnisse von Maxima werden auf dem Bildschirm ausgegeben. Durch bloßes Betätigen der *Enter*-Taste (ohne vorherige Eingabe) wird die Endlosschleife verlassen und das Programm beendet.

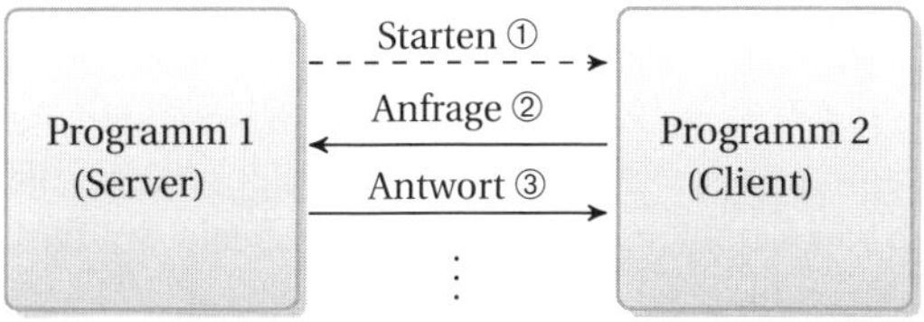

① Server startet Client
② Anfrage an den Server
③ Antwort vom Server

Schritte ② und ③ können beliebig oft wiederholt werden.

Bild 9.5 Kommunikation über ein internes Netzwerk

```
# ================================================================
# Perl Server fuer Maxima (W. Haager, 25.8.2013)
# ================================================================
use POSIX;
use IO::Socket;
$|=1; # unbuffered output
# ----------------------------------------------------------------
# Socket-Verbindung herstellen und am Port lauschen:
# ----------------------------------------------------------------
my $server = IO::Socket::INET -> new(LocalPort => 8888,
      Type => SOCK_STREAM, Reuse => 1, Listen => 5);
# ----------------------------------------------------------------
# Maxima-Client starten:
# ----------------------------------------------------------------
$cpid=fork();
unless($cpid) {system("maxima -s=8888 --quiet >nul");}
else
{
# ----------------------------------------------------------------
# Client bedienen:
# ----------------------------------------------------------------
   while ($client = $server -> accept())
   {
      <$client>; # Erste Ausgabe (Prozess-ID) verschlucken
      while(1) # Hauptschleife zur Ausgabe und Eingabe
      {
         $maxout = "";
         until ($maxout=~/\(%i\d+\)/) # Maxima-Ausgabe zusammenbauen
         {
            sysread($client,$chunk,POSIX::BUFSIZ);
            $maxout.=$chunk;
         }
         print "$maxout ";
         $maxin = <>; # Maxima-Ausdruck eingeben
         last if $maxin eq "\n"; # Beenden mit <CR>
         print $client $maxin; # Eingabe an Maxima senden
      }
   $client -> close();
   exit;
}}
```

Herzstück der Kommunikation bilden die beiden Befehle `sysread` und `print $client`. Maxima beendet seine Ausgabe nicht wie anständige Programme mit einem Zeilentrenner <CR>, sondern sofort nach der Eingabemarke. Daher funktioniert hier auch normales zeilenweises Einlesen mit dem <>-Operator nicht, sondern nur mit dem Befehl `sysread`, der die Ausgaben von Maxima häppchenweise (`$chunk`) – ohne Rücksicht auf Zeilenvorschübe – in einer Schleife einliest und sie zur Zeichenkette `$maxout` zusammenbaut. Dieses Einlesen erfolgt solange, bis das Muster einer Eingabemarke erkannt wird. Der Befehl `print` mit dem Ausgabeziel `$client` sendet anschließend den nächsten Befehl an Maxima.

Das Programm kann als Grundgerüst für eine Perl-Maxima-Symbiose betrachtet werden, das in Bezug auf Funktionalität und Bedienungskomfort beliebig ausbaubar ist.

Literatur

[Alb] *Albert, A.:* Regression and the Moore-Penrose Pseudoinverse, Academic Press 1972.

[Bar] *Barski, C.:* Land of Lisp, No Starch Press 2010.

[Ben] *Benker, H.:* Mathematik mit Mathcad. Arbeitsbuch für Studierende, Ingenieure und Naturwissenschaftler, Springer 2004.

[Bra] *Braun, R.; Meise, R.:* Analysis mit Maple, Vieweg & Teubner 2011.

[Gnu] *Diverse Autoren:* Gnuplot. An Interactive Plotting Program, 2007.

[Grae] *Gräbe, H.:* Mathematica. Einführung, Anwendung, Referenz, Addison-Wesley 2002.

[Grah] *Graham, P.:* ANSI Common Lisp, Prentice Hall 1995.

[Gray] *Gray, J. W.:* Mastering Mathematica, AP Professional Cambridge Massachusetts 1994.

[Haa] *Haager, W.:* Regelungstechnik, Hölder-Pichler-Tempsky 1997.

[Jan] *Janert, P.:* Gnuplot in Action. Understanding data with graphs, Manning 2010.

[Kling] *Klingbeil, H.:* Elektromagnetische Feldtheorie, Teubner 2003.

[Koe] *Koepf, W.:* Computeralgebra. Eine algorithmisch orientierte Einführung, Springer 2006.

[LaT] *Lamport, L.:* LaTeX: A Document Preparation System, Addison-Wesley 1994.

[Mai] *Diverse Autoren:* Maxima Mailing List, `http://www.math.utexas.edu/mailman/listinfo/maxima`.

[Max] *Maxima Development Team:* Maxima Reference Manual V.5.30, 2013.

[Mich] *Michaelson, G.:* An Introduction to Functional Programming Through Lambda Calculus, Dover Publications 2010.

[Qua] *Piessens, R.; de Doncker-Kapenga, E.; Überhuber, C. W.; Kahaner, D. K.:* Quadpack, Springer, Berlin 2003.

[Red] *Hearn, A.:* Reduce User's Manual, Santa Monica, CA 2004.

[Rod] *Rodríguez Riotorto, M.:* A Maxima-Gnuplot Interface, `http://riotorto.users.sourceforge.net/gnuplot`.

[Sci] *Baudin, M.:* Introduction to Scilab, The Scilab Consortium – Digiteo 2010.

[Seib] *Seibel, P.:* Practical Common Lisp, Apress 2012.

[Seif] *Seifritz, W.:* Wachstum, Rückkopplung und Chaos, Hanser, München 1987.

[Sim] *Simonyi, K.:* Theoretische Elektrotechnik, VEB Verlag der Wissenschaften 1980.

[StWei] *Steiner, G.; Weilharter, J.:* Mathematik und ihre Anwendungen in der Wirtschaft. Bände 1 – 4, Hölder-Pichler-Tempsky 2008.

[TeX] *Knuth, D.:* The TeXbook, Addison-Wesley 1989.

[Vel] *Velten, K.:* Mathematical Modeling and Simulation, Wiley-VCH 2009.

[Vod] *Vodopivec, A.:* wxMaxima, `http://www.wxmaxima.sourceforge.net`.

[Wal] *Wall, L.; Christiansen, T.; Orwant, J.:* Programmieren mit Perl, O'Reilly, Köln 2001.

[Wol] *Wolfram, S.:* Das Mathematica Buch, Addison-Wesley 1997.

[Zak] *Zak, S. H.:* Systems and Control, Oxford University Press 2003.

[Zieg] *Ziegenbalg, J., O. und B.:* Algorithmen von Hammurapi bis Gödel. Mit Beispielen aus den Computeralgebra Systemen Mathematica und Maxima, Harri Deutsch 2010.

Befehlsverzeichnis

A

B

C

F

G

H

I

T

Index

R

S